电子工程技术丛书

先进PID控制MATLAB仿真

（第5版）

刘金琨　编著

电子工业出版社

Publishing House of Electronics Industry

北京·BEIJING

内 容 简 介

本书系统地介绍了 PID 控制的几种设计方法，是作者多年来从事控制系统教学和科研工作的结晶，同时融入了国内外同行近年来所取得的最新成果。

全书共 18 章，包括基本的 PID 控制、PID 控制器的整定、时滞系统的 PID 控制、基于微分器的 PID 控制、基于观测器的 PID 控制、自抗扰控制器及其 PID 控制、PD 鲁棒自适应控制、模糊 PD 控制和专家 PID 控制、神经网络 PID 控制、基于差分进化的 PID 控制、伺服系统 PID 控制、迭代学习 PID 控制、挠性及奇异摄动系统的 PD 控制、机械手 PID 控制、飞行器双闭环 PD 控制、小车倒立摆系统的控制及 GUI 动画演示、自适应容错 PD 控制、基于事件驱动及输入延迟的 PID 控制。每种控制方法都给出了算法推导、实例分析和相应的 MATLAB 仿真设计程序。

本书各部分内容既相互联系又相互独立。读者可根据自己的需要选择学习。本书适合从事生产过程自动化、计算机应用、机械电子和电气自动化领域工作的工程技术人员阅读，也可作为大专院校工业自动化、自动控制、机械电子、自动化仪表、计算机应用等专业的教学参考书。

未经许可，不得以任何方式复制或抄袭本书之部分或全部内容。
版权所有，侵权必究。

图书在版编目（CIP）数据

先进 PID 控制 MATLAB 仿真 / 刘金琨编著. —5 版. —北京：电子工业出版社，2023.4
（电子工程技术丛书）
ISBN 978-7-121-45295-6

Ⅰ．①先… Ⅱ．①刘… Ⅲ．①PID 控制-系统设计 Ⅳ．①TP273

中国国家版本馆 CIP 数据核字（2023）第 047308 号

责任编辑：刘海艳
印　　刷：固安县铭成印刷有限公司
装　　订：固安县铭成印刷有限公司
出版发行：电子工业出版社
　　　　　北京市海淀区万寿路 173 信箱　邮编　100036
开　　本：787×1092　1/16　印张：36　字数：921.6 千字
版　　次：2003 年 1 月第 1 版
　　　　　2023 年 4 月第 5 版
印　　次：2024 年 9 月第 3 次印刷
定　　价：169.00 元

凡所购买电子工业出版社图书有缺损问题，请向购买书店调换。若书店售缺，请与本社发行部联系，联系及邮购电话：(010) 88254888，88258888。

质量投诉请发邮件至 zlts@phei.com.cn，盗版侵权举报请发邮件至 dbqq@phei.com.cn。
本书咨询联系方式：lhy@phei.com.cn。

前　　言

PID 控制是最早发展起来的控制策略之一，由于算法简单、鲁棒性好、可靠性高，被广泛应用于过程控制和运动控制，尤其适用于可建立精确数学模型的确定性控制系统。然而实际工业生产过程往往具有非线性、时变不确定性，参数整定方法繁杂，难以建立精确的数学模型，应用常规 PID 控制器不能达到理想的控制效果，参数往往整定不良、性能欠佳，对运行工况的适应性很差。

计算机技术和智能控制理论的发展为复杂动态不确定系统的控制提供了新的途径，采用智能控制技术，可设计智能 PID 和进行 PID 的智能整定。

有关智能 PID 控制等新型 PID 控制理论及其工程应用，近年来已有大量的论文发表。作者多年来一直从事智能控制方面的研究和教学工作，为了促进 PID 控制和自动化技术的进步，反映 PID 控制设计与应用的最新研究成果，并使广大工程技术人员能了解、掌握和应用这一领域的最新技术，学会用 MATLAB 语言进行 PID 控制器的设计，编写了这本书，以抛砖引玉，供广大读者学习参考。

本书在总结作者多年研究成果的基础上，又经过了进一步理论化、系统化、规范化、实用化，具有的特点如下。

（1）PID 控制算法取材新颖，内容先进，重点基于学科交叉部分的前沿研究和一些有潜力的新思想、新方法和新技术，取材着重于基本概念、基本理论和基本方法。

（2）针对每种 PID 算法给出了完整的 MATLAB 仿真程序、程序说明和仿真结果。这些程序都可以在线运行，具有很强的可读性，容易转化为其他各种实用语言的程序。

（3）着重从应用领域角度出发，突出理论联系实际，面向广大工程技术人员，具有很强的工程性和实用性。书中有大量应用实例及其结果分析，为读者提供了有益的借鉴。

（4）所给出的各种 PID 算法完整，程序设计力求简单明了，便于自学和进一步开发。

本书共 18 章。第 1 章介绍连续系统 PID 控制和离散系统数字 PID 控制的几种基本方法，通过仿真和分析进行说明；第 2 章介绍 PID 控制器整定的几种方法；第 3 章介绍时滞系统的 PID 控制，包括串级计算机控制系统的 PID 控制、纯滞后控制系统 Dahlin 算法和基于 Smith 预估的 PID 控制；第 4 章介绍基于微分器的 PID 控制，包括基于全程快速微分器和基于 Levant 微分器的 PID 控制；第 5 章介绍基于观测器的 PID 控制，包括基于干扰观测器、扩张观测器和输出延迟观测器的 PID 控制；第 6 章介绍自抗扰控制器及其 PID 控制，包括非线性跟踪微分器、安排过渡过程及 PID 控制、基于非线性扩张观测器的 PID 控制、非线性 PID 控制和自抗扰控制；第 7 章介绍几种 PID 鲁棒自适应控制方法，包括一种稳定的 PD 控制算法、基于模型的 PI 鲁棒控制、基于名义模型的机械手 PI 鲁棒控制、基于 Anti-windup 的 PID 抗饱和控制和基于增益自适应调节的模型参考自适应 PD 控制；第 8 章介绍模糊 PD 控制和专家 PID 控制，其中模糊 PD 控制包括基于自适应模糊补偿的倒立摆 PD 控制、基于模糊规则表的模糊 PD 控制和模糊自适应整定 PID 控制；第 9 章介绍神经网络 PID 控制，包括基于单神经元网络的 PID 智能控制、基于二次型性能指标学习算法的单神经元自适应 PID 控制和基于自适应神经网络补偿的倒立摆 PD 控制；第 10 章介绍基于差分进化的 PID 控制，主要包括基于差分进化整定的 PID 控制和基于差分进化摩擦模型参数辨识的 PID 控制；第 11 章介绍伺服系统的 PID 控制，包括伺服系统在低速摩擦条件下的 PID 控制、单质量伺服系统 PID 控制和二质量伺服系统 PID 控制；第 12 章介绍迭代学习 PID 控制，包括迭代学习 PID 控制基本原理和基本设计方法；第 13 章介绍挠性及奇异摄动系统的 PD 控制，包括基于输入成型的挠性机械系统 PD 控制和基于奇异摄动理论的 P 控制；第 14 章介绍机械手 PID 控制，包括机械手独立 PD 控制、工作空间中机械手末端轨迹 PD 控制、工作空间中机械手末端的阻抗 PD 控制和移动机器人的 P+前馈控制；第 15 章介绍飞行器双闭环 PD 控制，包括基于双环设计的 VTOL 飞行器轨迹跟踪 PD 控制和基于内外环的四旋翼飞行器的 PD 控制；第 16 章介绍倒立摆系统的一种控制方法及 GUI 动画演示；第 17 章介绍自适应容错 PD 控制设计和分析方法，包括基于 PD 的执行器自适应容错控制、执行器和传感器同时容错的自适应 PD 控制和基于神经网络执行器自适应容错速度跟踪三种方法；第 18 章介绍基于事件驱动及输入延迟的 PID 控制设计和分析方法，包括基于事件驱动的 P 控制、输入延迟补偿 PID 控制、基于干扰观测器的输入延迟补偿 PID 控制和基于状态观测器的控制输入延迟控制。

本书各个章节的内容具有很强的独立性，读者可以结合自己的方向深入地进行研究。

本书在编写过程中，北京航空航天大学尔联洁教授在伺服系统设计方面提出了许多宝贵意见，东北大学徐心和教授、薛定宇教授给予了大力支持和帮助，并得益于与研究生在控制系统分析方面的探讨，在此一并向他们表示感谢。

由于作者水平有限，书中难免存在一些不足和错误之处，欢迎广大读者批评指正。

刘金琨
北京航空航天大学
2023 年 3 月 1 日

常用符号说明

P	比例
I	积分
D	微分
T	采样时间
K	采样
A	正弦信号幅值
F	正弦信号频率
x_d、y_d	输入理想信号
y、yout	输出信号
θ	角度
e、error	误差
de、derror	误差变化率
k_p、k_i、k_d	PID 控制的比例、积分、微分系数
u	控制器输出
w_{ij}	神经网络权值
η	学习速率
α	惯性量
M、S	信号选择变量
n	噪声信号
d	干扰
τ	延迟时间

作 者 简 介

刘金琨，辽宁人，1965 年生。分别于 1989 年 7 月、1994 年 3 月和 1997 年 3 月获东北大学工学学士、工学硕士和工学博士学位。1997 年 3 月至 1998 年 12 月在浙江大学工业控制技术研究所从事博士后研究工作。1999 年 1 月至 1999 年 7 月在香港科技大学从事合作研究。1999 年 11 月至今在北京航空航天大学自动化学院从事教学与科研工作，现任教授、博士生导师。主讲"智能控制""先进控制系统设计"和"系统辨识"等课程。研究方向为控制理论与应用。自从从事研究工作以来，主持国家自然基金等科研项目 10 余项，发表学术论文 100 余篇。曾出版《智能控制》《机器人控制系统的设计与 MATLAB 仿真》《滑模变结构控制 MATLAB 仿真》《RBF 神经网络自适应控制 MATLAB 仿真》《系统辨识》和《微分器设计与应用——信号滤波与求导》等。

目 录

第1章 基本的PID控制 (1)
- 1.1 PID控制原理 (1)
- 1.2 连续系统的PID仿真 (2)
  - 1.2.1 基本的PID控制 (2)
  - 1.2.2 线性时变系统的PID控制 (8)
- 1.3 数字PID控制 (12)
  - 1.3.1 位置式PID控制算法 (12)
  - 1.3.2 连续系统的数字PID控制算法 (13)
  - 1.3.3 离散系统的数字PID控制算法 (18)
  - 1.3.4 增量式PID控制算法 (25)
  - 1.3.5 积分分离PID控制算法 (26)
  - 1.3.6 抗积分饱和PID控制算法 (31)
  - 1.3.7 梯形积分PID控制算法 (34)
  - 1.3.8 变速积分PID控制算法 (34)
  - 1.3.9 带滤波器的PID控制算法 (38)
  - 1.3.10 不完全微分PID控制算法 (44)
  - 1.3.11 微分先行PID控制算法 (48)
  - 1.3.12 带死区的PID控制算法 (51)
  - 1.3.13 基于前馈补偿的PID控制算法 (55)
  - 1.3.14 步进式PID控制算法 (57)
  - 1.3.15 PID控制的方波响应 (60)
  - 1.3.16 基于卡尔曼滤波器的PID控制算法 (62)
- 1.4 S函数介绍 (71)
  - 1.4.1 S函数简介 (71)
  - 1.4.2 S函数使用步骤 (72)
  - 1.4.3 S函数的基本功能及重要参数设定 (72)
  - 1.4.4 实例说明 (72)
- 1.5 PID研究新进展 (73)
- 参考文献 (73)

第2章 PID控制器的整定 (75)
- 2.1 概述 (75)
- 2.2 基于响应曲线法的PID整定 (75)
  - 2.2.1 基本原理 (75)
  - 2.2.2 仿真实例 (76)

2.3 基于 Ziegler-Nichols 的频域响应 PID 整定 ……（79）
2.3.1 连续 Ziegler-Nichols 方法的 PID 整定 ……（79）
2.3.2 仿真实例 ……（80）
2.3.3 离散 Ziegler-Nichols 方法的 PID 整定 ……（83）
2.3.4 仿真实例 ……（83）
2.4 基于频域分析的 PD 整定 ……（87）
2.4.1 基本原理 ……（87）
2.4.2 仿真实例 ……（87）
2.5 基于相位裕度整定的 PI 控制 ……（89）
2.5.1 基本原理 ……（89）
2.5.2 仿真实例 ……（92）
2.6 基于极点配置的稳定 PD 控制 ……（94）
2.6.1 基本原理 ……（94）
2.6.2 仿真实例 ……（95）
2.7 基于临界比例度法的 PID 整定 ……（97）
2.7.1 基本原理 ……（97）
2.7.2 仿真实例 ……（98）
2.8 一类非线性整定的 PID 控制 ……（100）
2.8.1 基本原理 ……（100）
2.8.2 仿真实例 ……（102）
2.9 基于优化函数的 PID 整定 ……（104）
2.9.1 基本原理 ……（104）
2.9.2 仿真实例 ……（104）
2.10 基于 NCD 优化的 PID 整定 ……（106）
2.10.1 基本原理 ……（106）
2.10.2 仿真实例 ……（106）
2.11 基于 NCD 与优化函数结合的 PID 整定 ……（109）
2.11.1 基本原理 ……（109）
2.11.2 仿真实例 ……（110）
2.12 传递函数的频域测试 ……（111）
2.12.1 基本原理 ……（111）
2.12.2 仿真实例 ……（112）

参考文献 ……（115）

第 3 章 时滞系统的 PID 控制 ……（116）
3.1 单回路 PID 控制系统 ……（116）
3.2 串级 PID 控制 ……（116）
3.2.1 串级 PID 控制原理 ……（116）
3.2.2 仿真实例 ……（117）
3.3 纯滞后系统的大林控制算法 ……（121）

3.3.1　大林控制算法原理 ………………………………………………………（121）
　　　3.3.2　仿真实例 …………………………………………………………………（121）
　3.4　纯滞后系统的 Smith 控制算法 ……………………………………………………（123）
　　　3.4.1　连续 Smith 预估控制 ……………………………………………………（123）
　　　3.4.2　仿真实例 …………………………………………………………………（125）
　　　3.4.3　数字 Smith 预估控制 ……………………………………………………（127）
　　　3.4.4　仿真实例 …………………………………………………………………（128）
　参考文献 ……………………………………………………………………………………（133）

第4章　基于微分器的 PID 控制 …………………………………………………………（134）
　4.1　基于全程快速微分器的 PD 控制 …………………………………………………（134）
　　　4.1.1　全程快速微分器 …………………………………………………………（134）
　　　4.1.2　仿真实例 …………………………………………………………………（134）
　4.2　基于 Levant 微分器的 PID 控制 …………………………………………………（143）
　　　4.2.1　Levant 微分器 ……………………………………………………………（143）
　　　4.2.2　仿真实例 …………………………………………………………………（144）
　参考文献 ……………………………………………………………………………………（155）

第5章　基于观测器的 PID 控制 …………………………………………………………（156）
　5.1　基于慢干扰观测器补偿的 PID 控制 ………………………………………………（156）
　　　5.1.1　系统描述 …………………………………………………………………（156）
　　　5.1.2　观测器设计 ………………………………………………………………（156）
　　　5.1.3　仿真实例 …………………………………………………………………（157）
　5.2　基于指数收敛干扰观测器的 PID 控制 ……………………………………………（162）
　　　5.2.1　系统描述 …………………………………………………………………（163）
　　　5.2.2　指数收敛干扰观测器的问题提出 ………………………………………（163）
　　　5.2.3　指数收敛干扰观测器的设计 ……………………………………………（163）
　　　5.2.4　PID 控制器的设计及分析 ………………………………………………（164）
　　　5.2.5　仿真实例 …………………………………………………………………（164）
　5.3　基于名义模型干扰观测器的 PID 控制 ……………………………………………（171）
　　　5.3.1　干扰观测器基本原理 ……………………………………………………（171）
　　　5.3.2　干扰观测器的性能分析 …………………………………………………（172）
　　　5.3.3　干扰观测器鲁棒稳定性 …………………………………………………（173）
　　　5.3.4　低通滤波器 $Q(s)$ 的设计 …………………………………………………（175）
　　　5.3.5　仿真实例 …………………………………………………………………（176）
　5.4　基于扩张观测器的 PID 控制 ………………………………………………………（181）
　　　5.4.1　扩张观测器的设计 ………………………………………………………（181）
　　　5.4.2　扩张观测器的分析 ………………………………………………………（181）
　　　5.4.3　仿真实例 …………………………………………………………………（184）
　5.5　基于输出延迟观测器的 PID 控制 …………………………………………………（198）
　　　5.5.1　系统描述 …………………………………………………………………（198）

  5.5.2 输出延迟观测器的设计 …………………………………………………（198）
  5.5.3 仿真实例 ………………………………………………………………（199）
 5.6 基于鲁棒观测器的 PD 控制 …………………………………………………（208）
  5.6.1 系统描述 ………………………………………………………………（208）
  5.6.2 鲁棒观测器的设计 ……………………………………………………（208）
  5.6.3 鲁棒观测器收敛性分析 ………………………………………………（209）
  5.6.4 仿真实例 ………………………………………………………………（210）
 参考文献 ……………………………………………………………………………（217）

第 6 章 自抗扰控制器及其 PID 控制 ……………………………………………（218）
 6.1 非线性跟踪微分器 ……………………………………………………………（218）
  6.1.1 微分器描述 ……………………………………………………………（218）
  6.1.2 仿真实例 ………………………………………………………………（218）
 6.2 安排过渡过程及 PID 控制 ……………………………………………………（223）
  6.2.1 安排过渡过程 …………………………………………………………（223）
  6.2.2 仿真实例 ………………………………………………………………（223）
 6.3 基于非线性扩张观测器的 PID 控制 …………………………………………（229）
  6.3.1 系统描述 ………………………………………………………………（229）
  6.3.2 非线性扩张观测器 ……………………………………………………（229）
  6.3.3 仿真实例 ………………………………………………………………（230）
 6.4 非线性 PID 控制 ………………………………………………………………（242）
  6.4.1 非线性 PID 控制算法 …………………………………………………（242）
  6.4.2 仿真实例 ………………………………………………………………（243）
 6.5 自抗扰控制 ……………………………………………………………………（245）
  6.5.1 自抗扰控制结构 ………………………………………………………（245）
  6.5.2 仿真实例 ………………………………………………………………（246）
 参考文献 ……………………………………………………………………………（255）

第 7 章 PD 鲁棒自适应控制 ……………………………………………………（256）
 7.1 稳定的 PD 控制算法 …………………………………………………………（256）
  7.1.1 问题的提出 ……………………………………………………………（256）
  7.1.2 PD 控制律的设计 ……………………………………………………（256）
  7.1.3 仿真实例 ………………………………………………………………（257）
 7.2 基于模型的 PI 鲁棒控制 ………………………………………………………（260）
  7.2.1 问题的提出 ……………………………………………………………（260）
  7.2.2 PD 控制律的设计 ……………………………………………………（260）
  7.2.3 稳定性分析 ……………………………………………………………（261）
  7.2.4 仿真实例 ………………………………………………………………（261）
 7.3 基于名义模型的机械手 PI 鲁棒控制 …………………………………………（265）
  7.3.1 问题的提出 ……………………………………………………………（265）
  7.3.2 鲁棒控制律的设计 ……………………………………………………（266）

7.3.3 稳定性分析 …（266）
7.3.4 仿真实例 …（267）
7.4 基于 Anti-windup 的 PID 控制 …（275）
7.4.1 Anti-windup 基本原理 …（275）
7.4.2 一种 Anti-windup 的 PID 控制算法 …（275）
7.4.3 仿真实例 …（276）
7.5 基于 PD 增益自适应调节的模型参考自适应控制 …（280）
7.5.1 问题描述 …（280）
7.5.2 控制律的设计与分析 …（280）
7.5.3 仿真实例 …（281）
参考文献 …（289）

第 8 章 模糊 PD 控制和专家 PID 控制 …（290）
8.1 倒立摆稳定的 PD 控制 …（290）
8.1.1 系统描述 …（290）
8.1.2 控制律设计 …（290）
8.1.3 仿真实例 …（291）
8.2 基于自适应模糊补偿的倒立摆 PD 控制 …（294）
8.2.1 问题描述 …（294）
8.2.2 自适应模糊控制器设计与分析 …（295）
8.2.3 稳定性分析 …（296）
8.2.4 仿真实例 …（298）
8.3 基于模糊规则表的模糊 PD 控制 …（305）
8.3.1 基本原理 …（305）
8.3.2 仿真实例 …（305）
8.4 模糊自适应整定 PID 控制 …（308）
8.4.1 模糊自适应整定 PID 控制原理 …（308）
8.4.2 仿真实例 …（310）
8.5 专家 PID 控制 …（316）
8.5.1 专家 PID 控制原理 …（316）
8.5.2 仿真实例 …（318）
参考文献 …（320）

第 9 章 神经网络 PID 控制 …（321）
9.1 基于单神经元网络的 PID 智能控制 …（321）
9.1.1 几种典型的学习规则 …（321）
9.1.2 单神经元自适应 PID 控制 …（321）
9.1.3 改进的单神经元自适应 PID 控制 …（322）
9.1.4 仿真实例 …（323）
9.2 基于二次型性能指标学习算法的单神经元自适应 PID 控制 …（326）
9.2.1 控制律的设计 …（326）

9.2.2　仿真实例 ··（327）

9.3　基于自适应神经网络补偿的 PD 控制 ··（330）

　　9.3.1　问题描述 ··（330）

　　9.3.2　自适应神经网络设计与分析 ···（331）

　　9.3.3　仿真实例 ··（333）

参考文献 ··（339）

第 10 章　基于差分进化的 PID 控制 （340）

10.1　差分进化算法的基本原理 ··（340）

　　10.1.1　差分进化算法的提出 ···（340）

　　10.1.2　标准差分进化算法 ··（340）

　　10.1.3　差分进化算法的基本流程 ···（341）

　　10.1.4　差分进化算法的参数设置 ···（342）

10.2　基于差分进化算法的函数优化 ··（343）

10.3　基于差分进化整定的 PD 控制 ··（346）

　　10.3.1　基本原理 ··（347）

　　10.3.2　基于差分进化的 PD 整定 ···（347）

10.4　基于摩擦模型辨识和补偿的 PD 控制 ···（351）

　　10.4.1　摩擦模型的在线参数辨识 ···（351）

　　10.4.2　仿真实例 ··（352）

10.5　基于最优轨迹规划的 PID 控制 ···（356）

　　10.5.1　问题的提出 ···（356）

　　10.5.2　一个简单的样条插值实例 ···（356）

　　10.5.3　最优轨迹的设计 ···（358）

　　10.5.4　最优轨迹的优化 ···（358）

　　10.5.5　仿真实例 ··（359）

参考文献 ··（365）

第 11 章　伺服系统 PID 控制 （366）

11.1　基于 LuGre 摩擦模型的 PID 控制 ··（366）

　　11.1.1　伺服系统的摩擦现象 ···（366）

　　11.1.2　伺服系统的 LuGre 摩擦模型 ··（366）

　　11.1.3　仿真实例 ··（367）

11.2　基于 Stribeck 摩擦模型的 PID 控制 ··（369）

　　11.2.1　Stribeck 摩擦模型描述 ··（369）

　　11.2.2　一个典型伺服系统描述 ··（370）

　　11.2.3　仿真实例 ··（371）

11.3　伺服系统三环的 PID 控制 ··（377）

　　11.3.1　伺服系统三环的 PID 控制原理 ···（377）

　　11.3.2　仿真实例 ··（378）

11.4　二质量伺服系统的 PID 控制 ··（381）

11.4.1　二质量伺服系统的PID控制原理 ··（381）
　　　11.4.2　仿真实例 ···（382）
　11.5　伺服系统的模拟PD+数字前馈控制 ··（385）
　　　11.5.1　伺服系统的模拟PD+数字前馈控制原理 ···（385）
　　　11.5.2　仿真实例 ···（386）
　参考文献 ···（388）

第12章　迭代学习PID控制 ··（389）
　12.1　迭代学习控制方法介绍 ··（389）
　12.2　迭代学习控制基本原理 ··（389）
　12.3　基本的迭代学习控制算法 ··（390）
　12.4　基于PID型的迭代学习控制 ··（390）
　　　12.4.1　系统描述 ···（390）
　　　12.4.2　控制器设计 ···（390）
　　　12.4.3　仿真实例 ···（391）
　参考文献 ···（396）

第13章　挠性及奇异摄动系统的PD控制 ··（397）
　13.1　基于输入成型的挠性机械系统PD控制 ··（397）
　　　13.1.1　系统描述 ···（397）
　　　13.1.2　控制器设计 ···（397）
　　　13.1.3　输入成型器基本原理 ···（397）
　　　13.1.4　仿真实例 ···（399）
　13.2　基于奇异摄动理论的P控制 ··（404）
　　　13.2.1　问题描述 ···（405）
　　　13.2.2　模型分解 ···（405）
　　　13.2.3　控制律设计 ···（405）
　　　13.2.4　仿真实例 ···（406）
　13.3　柔性机械臂的偏微分方程动力学建模 ··（409）
　　　13.3.1　柔性机械臂的控制问题 ···（409）
　　　13.3.2　柔性机械臂的偏微分方程建模 ···（409）
　13.4　柔性机械臂分布式参数边界控制 ··（413）
　　　13.4.1　模型描述 ···（413）
　　　13.4.2　边界PD控制律设计 ···（414）
　　　13.4.3　仿真实例 ···（416）
　参考文献 ···（423）

第14章　机械手PID控制 ··（424）
　14.1　机械手独立PD控制 ··（424）
　　　14.1.1　控制律设计 ···（424）
　　　14.1.2　收敛性分析 ···（424）
　　　14.1.3　仿真实例 ···（424）

14.2 工作空间中机械手末端轨迹 PD 控制 (428)
  14.2.1 工作空间直角坐标与关节角位置的转换 (429)
  14.2.2 机械手在工作空间的建模 (430)
  14.2.3 PD 控制器的设计 (430)
  14.2.4 仿真实例 (431)
14.3 工作空间中机械手末端的阻抗 PD 控制 (437)
  14.3.1 问题的提出 (437)
  14.3.2 阻抗模型的建立 (438)
  14.3.3 控制器的设计 (439)
  14.3.4 仿真实例 (439)
  14.3.5 仿真中的代数环问题 (442)
14.4 移动机器人的 P+前馈控制 (450)
  14.4.1 移动机器人运动学模型 (450)
  14.4.2 位置控制律设计 (451)
  14.4.3 姿态控制律设计 (452)
  14.4.4 闭环系统的设计关键 (452)
  14.4.5 仿真实例 (453)
14.5 主辅电机的协调跟踪 PD 控制 (460)
  14.5.1 系统描述 (460)
  14.5.2 控制律设计 (460)
  14.5.3 仿真实例 (460)
14.6 两个移动运动体协调 P 控制 (464)
  14.6.1 系统描述 (464)
  14.6.2 控制律设计与分析 (464)
  14.6.3 仿真实例 (465)
参考文献 (471)

第 15 章 飞行器双闭环 PD 控制 (472)
15.1 基于双环设计的 VTOL 飞行器轨迹跟踪 PD 控制 (472)
  15.1.1 VTOL 模型描述 (472)
  15.1.2 针对第 1 个子系统的控制 (473)
  15.1.3 针对第 2 个子系统的控制 (474)
  15.1.4 仿真实例 (474)
15.2 基于内外环的四旋翼飞行器的 PD 控制 (481)
  15.2.1 四旋翼飞行器动力学模型 (481)
  15.2.2 位置控制律设计 (482)
  15.2.3 虚拟姿态角度的求解 (483)
  15.2.4 姿态控制律设计 (484)
  15.2.5 闭环系统的设计关键 (485)
  15.2.6 仿真实例 (485)

参考文献 ·· (494)

第16章 小车倒立摆系统的控制及 GUI 动画演示 ·· (496)

16.1 小车倒立摆的 H_∞ 控制 ··· (496)
16.1.1 系统描述 ·· (496)
16.1.2 H_∞ 控制器要求 ··· (497)
16.1.3 基于 Riccati 方程的 H_∞ 控制 ··· (497)
16.1.4 LMI 及其 MATLAB 求解 ·· (498)
16.1.5 基于 LMI 的 H_∞ 控制 ··· (499)
16.1.6 仿真实例 ·· (499)

16.2 单级倒立摆控制系统的 GUI 动画演示 ·· (506)
16.2.1 GUI 介绍 ·· (506)
16.2.2 演示程序的构成 ·· (507)
16.2.3 主程序的实现 ··· (507)
16.2.4 演示界面的 GUI 设计 ·· (507)
16.2.5 演示步骤 ·· (507)

参考文献 ·· (510)

第17章 自适应容错 PD 控制 ·· (511)

17.1 基于 PD 的执行器自适应容错控制 ·· (511)
17.1.1 问题的提出 ··· (511)
17.1.2 PD 控制律的设计 ·· (511)
17.1.3 仿真实例 ·· (512)

17.2 执行器和传感器同时容错的自适应 PD 控制 ····································· (516)
17.2.1 问题的提出 ··· (516)
17.2.2 PD 控制律的设计 ·· (517)
17.2.3 仿真实例 ·· (518)

17.3 基于神经网络的执行器自适应容错速度跟踪 ···································· (521)
17.3.1 问题的提出 ··· (521)
17.3.2 RBF 神经网络设计 ··· (522)
17.3.3 控制律的设计 ··· (522)
17.3.4 仿真实例 ·· (523)

参考文献 ·· (527)

第18章 基于事件驱动及输入延迟的 PID 控制 ·· (528)

18.1 基于事件驱动的 P 控制 ·· (528)
18.1.1 基本原理 ·· (528)
18.1.2 控制器设计 ··· (528)
18.1.3 仿真实例 ·· (529)

18.2 输入延迟补偿 PID 控制 ·· (533)
18.2.1 系统描述 ·· (533)
18.2.2 控制器设计与分析 ··· (533)

  18.2.3 仿真实例 ……………………………………………………………（535）
18.3 基于干扰观测器的输入延迟补偿 PID 控制 …………………………………（539）
  18.3.1 系统描述 ……………………………………………………………（539）
  18.3.2 控制器设计与分析 …………………………………………………（540）
  18.3.3 仿真实例 ……………………………………………………………（542）
18.4 基于状态观测器的控制输入延迟控制 ………………………………………（548）
  18.4.1 系统描述 ……………………………………………………………（548）
  18.4.2 控制器设计与分析 …………………………………………………（549）
  18.4.3 仿真实例 ……………………………………………………………（551）
参考文献 …………………………………………………………………………………（557）

附录 A ………………………………………………………………………………（558）
 参考文献 ………………………………………………………………………………（558）

第1章 基本的PID控制

自从计算机进入控制领域以来，用数字计算机代替模拟计算机调节器组成计算机控制系统，不仅可以用软件实现 PID 控制算法，而且可以利用计算机的逻辑功能，使 PID 控制更加灵活。数字 PID 控制在生产过程中是一种最普遍采用的控制方法，在机电、冶金、机械、化工等行业中获得了广泛的应用，其将偏差的比例（P）、积分（I）和微分（D）通过线性组合构成控制量，对被控对象进行控制，故称 PID 控制器。

1.1 PID 控制原理

在模拟控制系统中，控制器最常用的控制规律是 PID 控制。模拟 PID 控制系统原理框图如图 1-1 所示。系统由模拟 PID 控制器和被控对象组成。

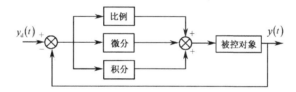

图 1-1 模拟 PID 控制系统原理框图

PID 控制器是一种线性控制器，它根据给定值 $y_d(t)$ 与实际输出值 $y(t)$ 构成控制偏差：

$$\text{error}(t) = y_d(t) - y(t) \tag{1.1}$$

PID 的控制规律为

$$u(t) = k_p \left[\text{error}(t) + \frac{1}{T_I} \int_0^t \text{error}(t) \mathrm{d}t + \frac{T_D \mathrm{derror}(t)}{\mathrm{d}t} \right] \tag{1.2}$$

或写成传递函数的形式：

$$G(s) = \frac{U(s)}{E(s)} = k_p \left(1 + \frac{1}{T_I s} + T_D s \right) \tag{1.3}$$

式中，k_p 为比例系数；T_I 为积分时间常数；T_D 为微分时间常数。

简单说来，PID 控制器各校正环节的作用如下。

① 比例环节：成比例地反映控制系统的偏差信号 error(t)，偏差一旦产生，控制器立即产生控制作用，以减少偏差。

② 积分环节：主要用于消除静差，提高系统的无差度。积分作用的强弱取决于积分时间常数 T_I，T_I 越大，积分作用越弱，反之则越强。

③ 微分环节：反映偏差信号的变化趋势（变化速率），并能在偏差信号变得太大之前，在系统中引入一个有效的早期修正信号，从而加快系统的动作速度，缩短调节时间。

1.2 连续系统的 PID 仿真

1.2.1 基本的 PID 控制

以二阶线性传递函数 $\dfrac{133}{s^2+25s}$ 为被控对象，进行模拟 PID 控制。在信号发生器中选择正弦信号，仿真时取 $k_p=60$、$k_i=1$、$k_d=3$，输入指令为 $y_d(t)=A\sin(2\pi Ft)$，其中 $A=1.0$，$F=0.20\text{Hz}$。采用 ODE45 迭代方法，仿真时间为 10s。

【仿真之一】 PID 控制 Simulink 仿真

PID 控制器由 Simulink 下的工具箱提供。
Simulink 仿真程序：chap1_1.mdl。

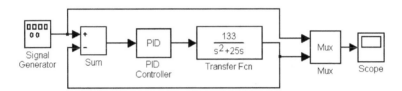

上述 PID 控制器采用 Simulink 封装的形式，其内部结构如下：

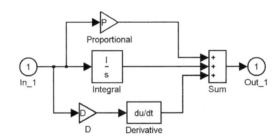

连续系统的模拟 PID 控制正弦响应如图 1-2 所示。

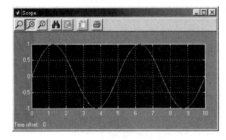

图 1-2 连续系统的模拟 PID 控制正弦响应

【仿真之二】 基于 M 语言作图的 PID 控制 Simulink 仿真

在仿真之一的基础上，将仿真结果输出到工作空间中，利用 M 语言作图，仿真结果如图 1-3 所示。

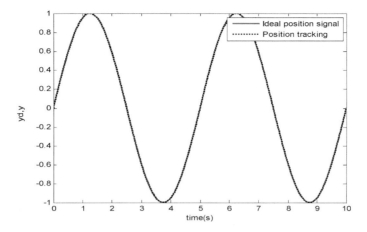

图 1-3 基于 M 语言作图的 PID 控制正弦响应

〖仿真程序〗

（1）Simulink 仿真程序：chap1_2.mdl

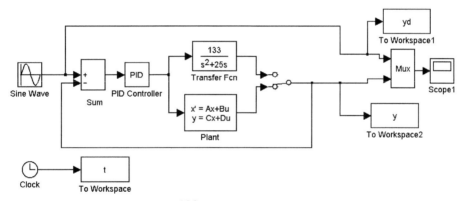

程序中同时采用了传递函数 $\dfrac{133}{s^2+25s}$ 的另一种表达方式，即状态方程的形式，其中

$A=\begin{bmatrix}0 & 1\\ 0 & -25\end{bmatrix}$，$B=\begin{bmatrix}0\\ 133\end{bmatrix}$，$C=\begin{bmatrix}1 & 0\end{bmatrix}$，$D=0$。

（2）作图程序：chap1_2plot.m

```
close all;

plot(t,yd(:,1),'r',t,y(:,1),'k:','linewidth',2);
xlabel('time(s)');ylabel('yd,y');
legend('Ideal position signal','Position tracking');
```

【仿真之三】 基于 S 函数的 PID 控制 Simulink 仿真

仍以二阶线性传递函数为被控对象，进行模拟 PID 控制。被控对象形式为 $\dfrac{a}{s^2+bs}$，其中 b

为在[103,163]范围内随机变化，a 为在[15,35]范围内随机变化，则被控对象的描述方式可转换为

$$\dot{x}_1 = x_2$$
$$\dot{x}_2 = -ax_2 + bu$$

S 函数是 Simulink 一项重要的功能，采用 S 函数可实现在 Simulink 下复杂控制器和复杂被控对象的编程。在仿真之一的基础上，利用 S 函数实现上述对象的表达、控制器的设计及仿真结果的输出。

在 S 函数中，采用初始化、微分函数和输出函数，即 mdlInitializeSizes 函数、mdlDerivatives 函数和 mdlOutputs 函数。在初始化中采用 sizes 结构，选择 2 个输出、3 个输入，3 个输入实现了 P、I、D 三项的输入。S 函数嵌入在 Simulink 程序中。系统初始状态为 $x(0) = 0$、$\dot{x}(0) = 0$。仿真结果如图 1-4 所示。

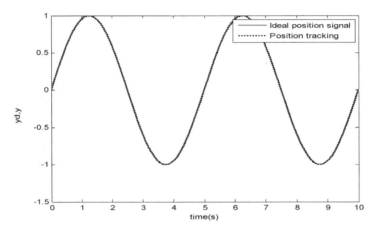

图 1-4 基于 S 函数的 PID 控制正弦响应

〖仿真程序〗

（1）Simulink 仿真主程序：chap1_3.mdl

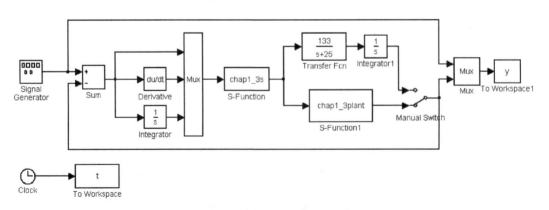

（2）S 函数 PID 控制器程序：chap1_3s.m

```
%S-function for continuous state equation
function [sys,x0,str,ts]=s_function(t,x,u,flag)
```

```
switch flag,
%Initialization
  case 0,
     [sys,x0,str,ts]=mdlInitializeSizes;
%Outputs
  case 3,
     sys=mdlOutputs(t,x,u);
%Unhandled flags
  case {2, 4, 9 }
     sys = [ ];
%Unexpected flags
  otherwise
     error(['Unhandled flag = ',num2str(flag)]);
end
%mdlInitializeSizes
function [sys,x0,str,ts]=mdlInitializeSizes
sizes = simsizes;
sizes.NumContStates  = 0;
sizes.NumDiscStates  = 0;
sizes.NumOutputs     = 1;
sizes.NumInputs      = 3;
sizes.DirFeedthrough = 1;
sizes.NumSampleTimes = 0;
sys=simsizes(sizes);
x0=[];
str=[];
ts=[];
function sys=mdlOutputs(t,x,u)
error=u(1);
derror=u(2);
errori=u(3);

kp=60;
ki=1;
kd=3;
ut=kp*error+kd*derror+ki*errori;
sys(1)=ut;
```

（3）S 函数被控对象程序：chap1_3plant.m

```
%S-function for continuous state equation
function [sys,x0,str,ts]=s_function(t,x,u,flag)

switch flag,
%Initialization
  case 0,
     [sys,x0,str,ts]=mdlInitializeSizes;
case 1,
     sys=mdlDerivatives(t,x,u);
%Outputs
```

```
     case 3,
         sys=mdlOutputs(t,x,u);
%Unhandled flags
     case {2, 4, 9 }
         sys = [];
%Unexpected flags
     otherwise
         error(['Unhandled flag = ',num2str(flag)]);
end

%mdlInitializeSizes
function [sys,x0,str,ts]=mdlInitializeSizes
sizes = simsizes;
sizes.NumContStates  = 2;
sizes.NumDiscStates  = 0;
sizes.NumOutputs     = 1;
sizes.NumInputs      = 1;
sizes.DirFeedthrough = 0;
sizes.NumSampleTimes = 0;

sys=simsizes(sizes);
x0=[0,0];
str=[];
ts=[];

function sys=mdlDerivatives(t,x,u)
sys(1)=x(2);
%sys(2)=-(25+5*sin(t))*x(2)+(133+10*sin(t))*u;
sys(2)=-(25+10*rands(1))*x(2)+(133+30*rands(1))*u;

function sys=mdlOutputs(t,x,u)

sys(1)=x(1);
```

（4）作图程序：chap1_3plot.m

```
close all;

plot(t,y(:,1),'r',t,y(:,2),'k:','linewidth',2);
xlabel('time(s)');ylabel('yd,y');
legend('Ideal position signal','Position tracking');
```

【仿真之四】 基于简化 S 函数的 PID 控制 Simulink 仿真

利用简化 S 函数形式实现被控对象的表达、控制器的设计及仿真结果的输出。在简化 S 函数中，flag=0 时为 S 函数初始化。S 函数支持多采样周期的系统，x0=[]为系统初始值设定，flag=1 时为 S 函数被控对象微分方程的描述，flag=3 时为 S 函数输出。仿真结果如图 1-5 所示。

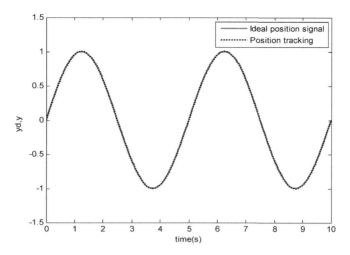

图 1-5 基于简化 S 函数的 PID 控制正弦响应

〖仿真程序〗

（1）Simulink 仿真主程序：chap1_3n.mdl

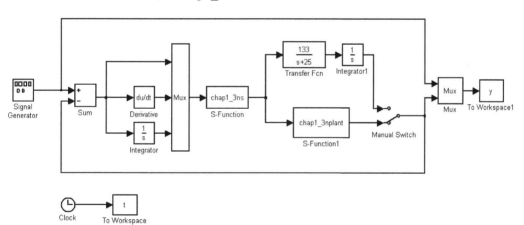

（2）简化的 S 函数控制器程序：chap1_3ns.m

```
function [sys,x0]=s_function(t,x,u,flag)
kp=60;ki=1;kd=3;
if flag==0
    sys=[0,0,1,3,0,1];    %Outputs=1,Inputs=3,DirFeedthrough=0;
    x0=[];
elseif flag==3
        sys(1)=kp*u(1)+ki*u(2)+kd*u(3);
else
    sys=[];
end
```

（3）简化 S 函数被控对象程序：chap1_3nplant.m

```
function [sys,x0]=s_function(t,x,u,flag)
if flag==0
```

```
            sys=[2,0,1,1,0,0];      %ContStates=2,Outputs=1,Inputs=1
            x0=[0,0];
        elseif flag==1
            sys(1)=x(2);
            sys(2)=-(25+10*rands(1))*x(2)+(133+30*rands(1))*u;
        elseif flag==3
            sys(1)=x(1);
        else
            sys=[];
        end
```

（4）作图程序：chap1_3nplot.m

```
        close all;

        plot(t,y(:,1),'r',t,y(:,2),'k:','linewidth',2);
        xlabel('time(s)');ylabel('yd,y');
        legend('Ideal position signal','Position tracking');
```

1.2.2 线性时变系统的 PID 控制

被控对象为

$$G(s) = \frac{K}{s^2 + Js}$$

输入指令信号为 $0.5\sin(2\pi t)$，$J = 20 + 10\sin(6\pi t)$，$K = 400 + 300\sin(2\pi t)$。采用 PD 控制算法进行正弦响应。

【仿真之一】 基于 Simulink 模块的 PID 控制

通过 Simulink 模块实现不确定对象的表示，取 $k_p = 10$、$k_i = 10$、$k_d = 10$。仿真结果如图 1-6 所示。

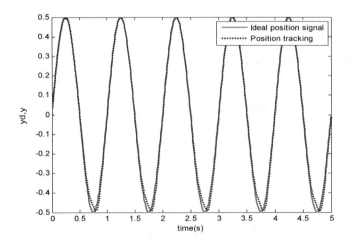

图 1-6 基于 Simulink 模块的 PID 控制正弦响应

〖仿真程序〗

（1）Simulink 仿真主程序：chap1_4.mdl

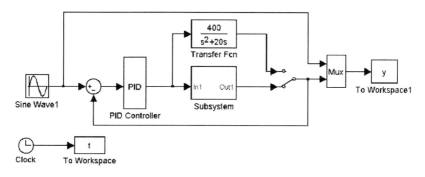

其中被控对象封装模块如下：

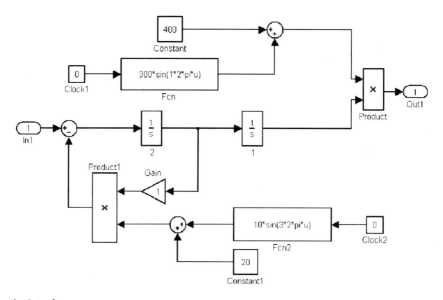

（2）作图程序：chap1_4plot.m

```
close all;
plot(t,y(:,1),'r',t,y(:,2),'k:','linewidth',2);
xlabel('time(s)');ylabel('yd,y');
legend('Ideal position signal','Position tracking');
```

【仿真之二】 基于 S 函数的 PID 控制

被控对象为

$$G(s) = \frac{K}{s^2 + Js}$$

被控对象的描述方式可转换为

$$\dot{x}_1 = x_2$$
$$\dot{x}_2 = -Jx_2 + Ku$$

在 S 函数中，采用初始化、微分函数和输出函数，即 mdlInitializeSizes 函数、mdlDerivatives 函数和 mdlOutputs 函数。在初始化中采用 sizes 结构，选择 1 个输出、3 个输入，3 个输入实现了 P、I、D 三项的输入。S 函数嵌入在 Simulink 程序中。系统初始状态为 $x(0)=0$、$\dot{x}(0)=0$。取 $k_p=10$、$k_i=2$、$k_d=1$。仿真结果如图 1-7 所示。

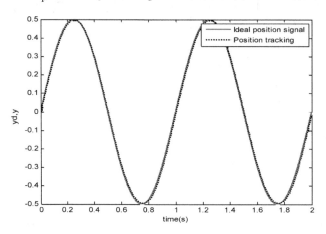

图 1-7 基于 S 函数的 PID 控制正弦响应

〖仿真程序〗

（1）Simulink 主程序：chap1_5.mdl

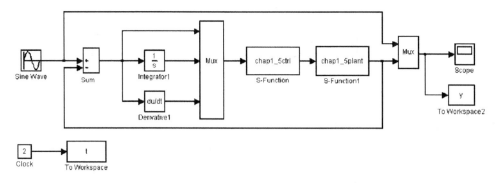

（2）S 函数控制器子程序：chap1_5ctrl.m

```
function [sys,x0,str,ts] = spacemodel(t,x,u,flag)

switch flag,
case 0,
    [sys,x0,str,ts]=mdlInitializeSizes;
case 1,
    sys=mdlDerivatives(t,x,u);
case 3,
    sys=mdlOutputs(t,x,u);
```

```
case {2,4,9}
    sys=[];
otherwise
    error(['Unhandled flag = ',num2str(flag)]);
end
function [sys,x0,str,ts]=mdlInitializeSizes
sizes = simsizes;
sizes.NumContStates  = 0;
sizes.NumDiscStates  = 0;
sizes.NumOutputs     = 1;
sizes.NumInputs      = 3;
sizes.DirFeedthrough = 1;
sizes.NumSampleTimes = 1;   % At least one sample time is needed
sys = simsizes(sizes);
x0  = [];
str = [];
ts  = [0 0];
function sys=mdlOutputs(t,x,u)
kp=10;
ki=2;
kd=1;
ut=kp*u(1)+ki*u(2)+kd*u(3);
sys(1)=ut;
```

（3）S 函数被控对象子程序：chap1_5plant.m

```
function [sys,x0,str,ts] = spacemodel(t,x,u,flag)
switch flag,
case 0,
    [sys,x0,str,ts]=mdlInitializeSizes;
case 1,
    sys=mdlDerivatives(t,x,u);
case 3,
    sys=mdlOutputs(t,x,u);
case {2,4,9}
    sys=[];
otherwise
    error(['Unhandled flag = ',num2str(flag)]);
end
function [sys,x0,str,ts]=mdlInitializeSizes
sizes = simsizes;
sizes.NumContStates  = 2;
sizes.NumDiscStates  = 0;
sizes.NumOutputs     = 1;
sizes.NumInputs      = 1;
sizes.DirFeedthrough = 0;
sizes.NumSampleTimes = 1;   % At least one sample time is needed
sys = simsizes(sizes);
x0  = [0;0];
str = [];
ts  = [0 0];
```

```
function sys=mdlDerivatives(t,x,u)    %Time-varying model
ut=u(1);
J=20+10*sin(6*pi*t);
K=400+300*sin(2*pi*t);
sys(1)=x(2);
sys(2)=-J*x(2)+K*ut;
function sys=mdlOutputs(t,x,u)
sys(1)=x(1);
```

（4）作图程序：chap1_5plot.m

```
close all;

plot(t,y(:,1),'r',t,y(:,2),'k:','linewidth',2);
xlabel('time(s)');ylabel('yd,y');
legend('Ideal position signal','Position tracking');s
```

通过本实例的仿真可见，采用 S 函数可很容易地表示复杂的被控对象及控制算法，特别适合于复杂控制系统的仿真。

1.3 数字 PID 控制

计算机控制是一种采样控制，它只能根据采样时刻的偏差值计算控制量。因此，连续 PID 控制算法不能直接使用，需要采用离散化方法。在计算机 PID 控制中，使用的是数字 PID 控制器。

1.3.1 位置式 PID 控制算法

按模拟 PID 控制算法，以一系列的采样时刻点 kT 代表连续时间 t，以矩形法数值积分近似代替积分，以一阶后向差分近似代替微分，即

$$\begin{cases} t \approx kT \quad (k=0,1,2,\cdots) \\ \int_0^t \text{error}(t)\text{d}t \approx T\sum_{j=0}^{k}\text{error}(jT) = T\sum_{j=0}^{k}\text{error}(j) \\ \dfrac{\text{derror}(t)}{\text{d}t} \approx \dfrac{\text{error}(kT) - \text{error}((k-1)T)}{T} = \dfrac{\text{error}(k) - \text{error}(k-1)}{T} \end{cases} \quad (1.4)$$

可得离散 PID 表达式：

$$\begin{aligned} u(k) &= k_\text{p}\left(\text{error}(k) + \dfrac{T}{T_\text{I}}\sum_{j=0}^{k}\text{error}(j) + \dfrac{T_\text{D}}{T}(\text{error}(k) - \text{error}(k-1))\right) \\ &= k_\text{p}\text{error}(k) + k_\text{i}\sum_{j=0}^{k}\text{error}(j)T + k_\text{d}\dfrac{\text{error}(k) - \text{error}(k-1)}{T} \end{aligned} \quad (1.5)$$

式中，$k_\text{i} = \dfrac{k_\text{p}}{T_\text{I}}$；$k_\text{d} = k_\text{p}T_\text{D}$；$T$ 为采样周期；k 为采样序号，$k=1,2,\cdots$；$\text{error}(k-1)$ 和 $\text{error}(k)$ 分别为第 $(k-1)$ 和第 k 时刻所得的偏差信号。

位置式 PID 控制系统如图 1-8 所示。
根据位置式 PID 控制算法得到其程序框图如图 1-9 所示。

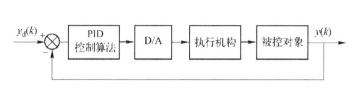

图 1-8 位置式 PID 控制系统

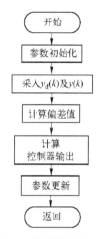

图 1-9 位置式 PID 控制算法程序框图

在仿真过程中，可根据实际情况，对控制器的输出进行限幅：[-10, +10]。

1.3.2 连续系统的数字 PID 控制算法

本方法可实现 D/A 及 A/D 的功能，符合数字实时控制的真实情况，计算机及 DSP 的实时 PID 控制都属于这种情况。

【仿真之一】 采用 M 语言进行仿真

被控对象为一电机模型传递函数：

$$G(s) = \frac{1}{Js^2 + Bs}$$

式中，$J = 0.0067$；$B = 0.10$。

采用 M 函数的形式，利用 ODE45 的方法求解连续对象方程，输入指令信号为 $y_d(k) = 0.50\sin(2\pi t)$，采用 PID 控制方法设计控制器，$k_p = 20.0$、$k_d = 0.50$，仿真结果如图 1-10 所示。

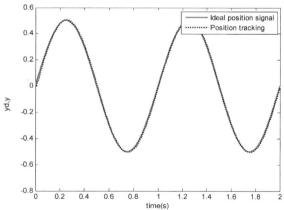

图 1-10 采用 M 语言的 PID 正弦跟踪

〖仿真程序〗

（1）控制主程序：chap1_6.m

```
%Discrete PID control for continuous plant
clear all;
close all;

ts=0.001;   %Sampling time
xk=zeros(2,1);
e_1=0;
u_1=0;

for k=1:1:2000
time(k) = k*ts;

yd(k)=0.50*sin(1*2*pi*k*ts);

para=u_1;
tSpan=[0 ts];
[tt,xx]=ode45('chap1_6plant',tSpan,xk,[],para);
xk = xx(length(xx),:);
y(k)=xk(1);

e(k)=yd(k)-y(k);
de(k)=(e(k)-e_1)/ts;

u(k)=20.0*e(k)+0.50*de(k);
%Control limit
if u(k)>10.0
    u(k)=10.0;
end
if u(k)<-10.0
    u(k)=-10.0;
end

u_1=u(k);
e_1=e(k);
end
figure(1);
plot(time,yd,'r',time,y,'k:','linewidth',2);
xlabel('time(s)');ylabel('yd,y');
legend('Ideal position signal','Position tracking');
figure(2);
plot(time,yd-y,'r','linewidth',2);
xlabel('time(s)'),ylabel('error');
```

（2）连续对象子程序：chap1_6plant.m

```
function dy = PlantModel(t,y,flag,para)
u=para;
```

```
J=0.0067;B=0.1;

dy=zeros(2,1);
dy(1) = y(2);
dy(2) = -(B/J)*y(2) + (1/J)*u;
```

【仿真之二】 采用 Simulink 模块进行仿真

被控对象为三阶传递函数 $G(s) = \dfrac{523500}{s^3 + 87.35s^2 + 10470s}$，采用 Simulink 模块与 M 函数相结合的形式，利用 ODE45 的方法求解连续对象方程，主程序由 Simulink 模块实现，控制器由 M 函数实现。输入指令信号为正弦信号 $0.05\sin(2\pi t)$。采用 PID 方法设计控制器，其中，$k_p = 2.5$，$k_i = 0.02$，$k_d = 0.50$。误差的初始化是通过时钟功能实现的，从而在 M 函数中实现了误差的积分和微分。仿真结果如图 1-11 所示。

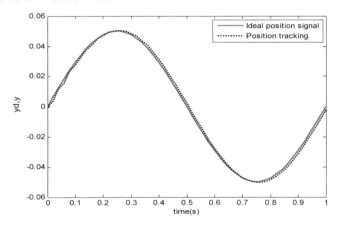

图 1-11 采用 Simulink 模块的 PID 正弦跟踪

〖仿真程序〗

（1）Simulink 主程序：chap1_7.mdl

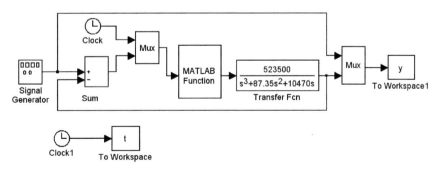

（2）控制器子程序：chap1_7ctrl.m

```
function [u]=pidsimf(u1,u2)
persistent pidmat errori error_1
t=u1;
```

```
if t==0
    errori=0;
    error_1=0;
end

kp=2.5;
ki=0.020;
kd=0.50;

error=u2;
errord=error-error_1;
errori=errori+error;

u=kp*error+kd*errord+ki*errori;
error_1=error;
```

（3）作图程序：chap1_7plot.m

```
close all;

plot(t,y(:,1),'r',t,y(:,2),'k:','linewidth',2);
xlabel('time(s)');ylabel('yd,y');
legend('Ideal position signal','Position tracking');
```

【仿真之三】 采用 S 函数的离散 PID 控制进行仿真

被控对象为三阶传递函数 $G(s)=\dfrac{523500}{s^3+87.35s^2+10470s}$，在 S 函数中，采用初始化函数、更新函数和输出函数，即 mdlInitializeSizes 函数、mdlUpdates 函数和 mdlOutputs 函数。在初始化中采用 sizes 结构，选择 1 个输出、2 个输入。其中一个输入为误差信号，另一个输入为误差信号上一时刻的值。S 函数嵌入在 Simulink 程序中，采样时间为 1ms。仿真结果如图 1-12 所示。

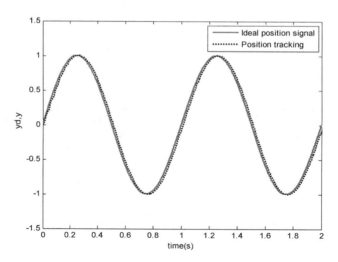

图 1-12　采用 S 函数进行仿真的 PID 正弦跟踪

〖仿真程序〗

（1）Simulink 主程序：chap1_8.mdl

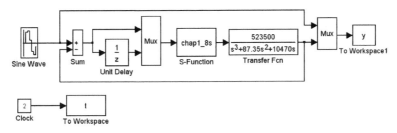

（2）PID 控制器程序：chap1_8s.m

```
function [sys,x0,str,ts]=exp_pidf(t,x,u,flag)
switch flag,
case 0              % initializations
    [sys,x0,str,ts] = mdlInitializeSizes;
case 2              % discrete states updates
    sys = mdlUpdates(x,u);
case 3              % computation of control signal
%   sys = mdlOutputs(t,x,u,kp,ki,kd,MTab);
    sys=mdlOutputs(t,x,u);
case {1, 4, 9}      % unused flag values
    sys = [];
otherwise           % error handling
    error(['Unhandled flag = ',num2str(flag)]);
end;

%========================================
% when flag=0, perform system initialization
%========================================
function [sys,x0,str,ts] = mdlInitializeSizes
sizes = simsizes;           % read default control variables
sizes.NumContStates = 0;    % no continuous states
sizes.NumDiscStates = 3;    % 3 states and assume they are the P/I/D components
sizes.NumOutputs = 1;       % 2 output variables: control u(t) and state x(3)
sizes.NumInputs = 2;        % 4 input signals
sizes.DirFeedthrough = 1;   % input reflected directly in output
sizes.NumSampleTimes = 1;   % single sampling period
sys = simsizes(sizes);      %
x0 = [0; 0; 0];             % zero initial states
str = [];
ts = [-1 0];                % sampling period
%========================================
% when flag=2, updates the discrete states
%========================================
function sys = mdlUpdates(x,u)
T=0.001;
sys=[ u(1);
      x(2)+u(1)*T;
```

```
            (u(1)-u(2))/T];

%==============================================================
% when flag=3, computates the output signals
%==============================================================
function sys = mdlOutputs(t,x,u,kp,ki,kd,MTab)

kp=1.5;
ki=2.0;
kd=0.05;

%sys=[kp,ki,kd]*x;
sys=kp*x(1)+ki*x(2)+kd*x(3);
```

（3）作图程序：chap1_8plot.m

```
close all;

plot(t,y(:,1),'r',t,y(:,2),'k:','linewidth',2);
xlabel('time(s)');ylabel('yd,y');
legend('Ideal position signal','Position tracking');
```

1.3.3 离散系统的数字 PID 控制算法

控制对象为

$$G(s) = \frac{523500}{s^3 + 87.35s^2 + 10470s}$$

采样时间为 1ms，采用 z 变换进行离散化，经过 z 变换后的离散化对象为

$$y(k) = -\text{den}(2)y(k-1) - \text{den}(3)y(k-2) - \text{den}(4)y(k-3)$$
$$+ \text{num}(2)u(k-1) + \text{num}(3)u(k-2) + \text{num}(4)u(k-3)$$

【仿真之一】 指令为阶跃信号、正弦信号和方波信号

设计离散 PID 控制器。其中，S 为信号选择变量，$S=1$ 时为阶跃跟踪，$S=2$ 时为方波跟踪，$S=3$ 时为正弦跟踪，仿真结果如图 1-13～图 1-15 所示。

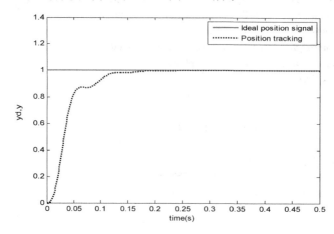

图 1-13 PID 阶跃跟踪（$S=1$）

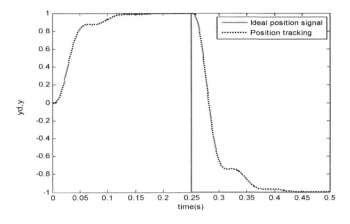

图 1-14　PID 方波跟踪（$S=2$）

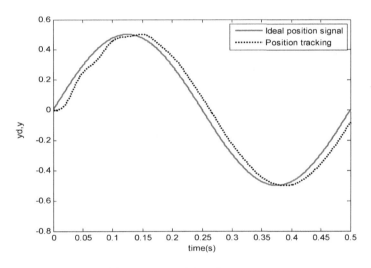

图 1-15　PID 正弦跟踪（$S=3$）

〖仿真程序〗　chap1_9.m

```
%PID Controller
clear all;
close all;

ts=0.001;
sys=tf(5.235e005,[1,87.35,1.047e004,0]);
dsys=c2d(sys,ts,'z');
[num,den]=tfdata(dsys,'v');

u_1=0.0;u_2=0.0;u_3=0.0;
y_1=0.0;y_2=0.0;y_3=0.0;
x=[0,0,0]';
error_1=0;
for k=1:1:500
```

```
    time(k)=k*ts;

    S=3;
    if S==1
        kp=0.50;ki=0.001;kd=0.001;
        yd(k)=1;                            %Step Signal
    elseif S==2
        kp=0.50;ki=0.001;kd=0.001;
        yd(k)=sign(sin(2*2*pi*k*ts));       %Square Wave Signal
    elseif S==3
        kp=1.5;ki=1.0;kd=0.01;              %Sine Signal
        yd(k)=0.5*sin(2*2*pi*k*ts);
    end

    u(k)=kp*x(1)+kd*x(2)+ki*x(3);           %PID Controller
    %Restricting the output of controller
    if u(k)>=10
        u(k)=10;
    end
    if u(k)<=-10
        u(k)=-10;
    end
    %Linear model
    y(k)=-den(2)*y_1-den(3)*y_2-den(4)*y_3+num(2)*u_1+num(3)*u_2+num(4)*u_3;

    error(k)=yd(k)-y(k);

    %Return of parameters
    u_3=u_2;u_2=u_1;u_1=u(k);
    y_3=y_2;y_2=y_1;y_1=y(k);

    x(1)=error(k);                          %Calculating P
    x(2)=(error(k)-error_1)/ts;             %Calculating D
    x(3)=x(3)+error(k)*ts;                  %Calculating I

    error_1=error(k);
end
figure(1);
plot(time,yd,'r',time,y,'k:','linewidth',2);
xlabel('time(s)');ylabel('yd,y');
legend('Ideal position signal','Position tracking');
```

【仿真之二】 指令为三角波、锯齿波和随机信号

设计离散 PID 控制器，各信号的跟踪结果如图 1-16～图 1-18 所示，其中 S 代表输入指令信号的类型。通过取余指令 mod 实现三角波和锯齿波。当 S=1 时为三角波，S=2 时为锯齿波，S=3 时为随机信号。在仿真过程中，如果 D=1，则通过 pause 命令实现动态演示仿真。在随机信号跟踪中，对随机信号的变化速率进行了限制。

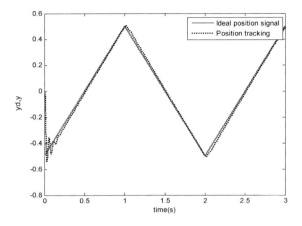

图 1-16　PID 三角波跟踪（S=1）

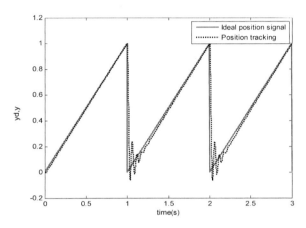

图 1-17　PID 锯齿波跟踪（S=2）

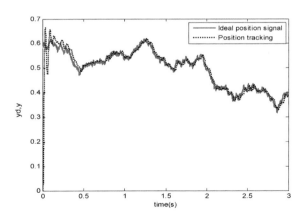

图 1-18　PID 随机信号跟踪（S=3）

〖仿真程序〗　chap1_10.m

```
%PID Controller
clear all;
```

```
close all;

ts=0.001;
sys=tf(5.235e005,[1,87.35,1.047e004,0]);
dsys=c2d(sys,ts,'z');
[num,den]=tfdata(dsys,'v');

u_1=0.0;u_2=0.0;u_3=0.0;
yd_1=rand;
y_1=0;y_2=0;y_3=0;

x=[0,0,0]';
error_1=0;

for k=1:1:3000
time(k)=k*ts;

kp=1.0;ki=2.0;kd=0.01;

S=3;
if S==1     %Triangle Signal
    if mod(time(k),2)<1
        yd(k)=mod(time(k),1);
    else
        yd(k)=1-mod(time(k),1);
    end
        yd(k)=yd(k)-0.5;
end
if S==2     %Sawtooth Signal
    yd(k)=mod(time(k),1.0);
end
if S==3     %Random Signal
    yd(k)=rand;
    dyd(k)=(yd(k)-yd_1)/ts;    %Max speed is 5.0
    while abs(dyd(k))>=5.0
    yd(k)=rand;
        dyd(k)=abs((yd(k)-yd_1)/ts);
    end
end

u(k)=kp*x(1)+kd*x(2)+ki*x(3);      %PID Controller

%Restricting the output of controller
if u(k)>=10
    u(k)=10;
end
if u(k)<=-10
    u(k)=-10;
end

%Linear model
```

```
y(k)=-den(2)*y_1-den(3)*y_2-den(4)*y_3+num(2)*u_1+num(3)*u_2+num(4)*u_3;
error(k)=yd(k)-y(k);

yd_1=yd(k);

u_3=u_2;u_2=u_1;u_1=u(k);
y_3=y_2;y_2=y_1;y_1=y(k);

x(1)=error(k);                  %Calculating P
x(2)=(error(k)-error_1)/ts;     %Calculating D
x(3)=x(3)+error(k)*ts;          %Calculating I
xi(k)=x(3);

error_1=error(k);
D=0;
if D==1    %Dynamic Simulation Display
    plot(time,yd,'b',time,y,'r');
    pause(0.00000000000000000);
end
end
figure(1);
plot(time,yd,'r',time,y,'k:','linewidth',2);
xlabel('time(s)');ylabel('yd,y');
legend('Ideal position signal','Position tracking');
```

上述 PID 控制算法的缺点是，由于采用全量输出，所以每次输出均与过去的状态有关，计算时要对 error(k) 量进行累加，计算机输出控制量 $u(k)$ 对应的是执行机构的实际位置偏差，如果位置传感器出现故障，$u(k)$ 可能会出现大幅度变化。$u(k)$ 的大幅度变化会引起执行机构位置的大幅度变化，这种情况在生产中是不允许的，在某些重要场合还可能造成重大事故。为避免这种情况的发生，可采用增量式 PID 控制算法。

【仿真之三】 采用 Simulink 实现离散 PID 控制器

离散 PID 控制的封装界面如图 1-19 所示，在该界面中可设定 PID 的三个系数、采样时间及控制输入的上下界。仿真结果如图 1-20 所示。

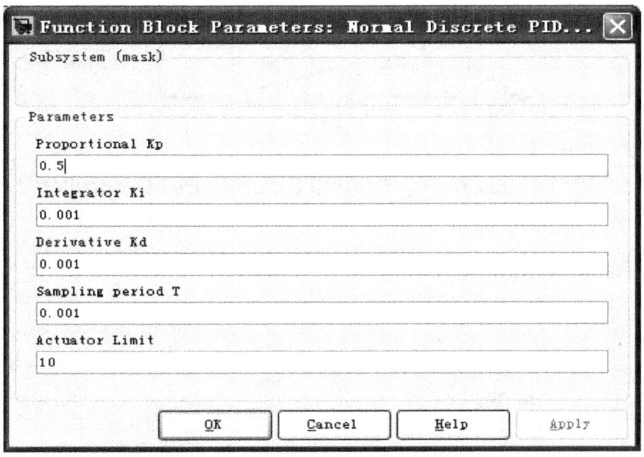

图 1-19 离散 PID 控制的封装界面

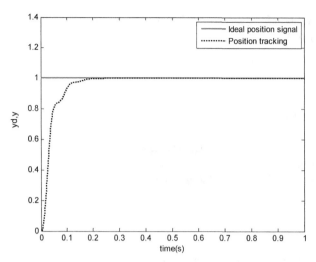

图 1-20 采用 Simulink 离散 PID 控制的阶跃跟踪

〖仿真程序〗

（1）Simulink 主程序：chap1_11.mdl

离散 PID 控制的比例、微分和积分三项分别由 Simulink 模块实现。

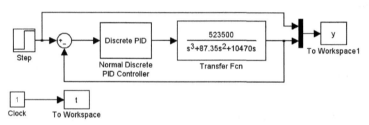

离散 PID 控制器子程序如下：

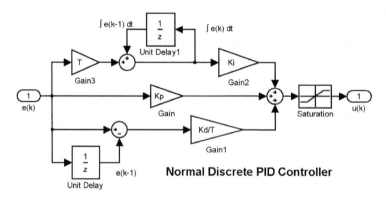

（2）作图程序：chap1_11plot.m

```
close all;

plot(t,y(:,1),'r',t,y(:,2),'k:','linewidth',2);
xlabel('time(s)');ylabel('yd,y');
legend('Ideal position signal','Position tracking');
```

1.3.4 增量式 PID 控制算法

当执行机构需要的是控制量的增量（例如驱动步进电机）时，应采用增量式 PID 控制。根据递推原理可得

$$u(k-1) = k_p(\text{error}(k-1) + k_i \sum_{j=0}^{k-1}\text{error}(j) + k_d(\text{error}(k-1) - \text{error}(k-2))) \quad (1.6)$$

增量式 PID 控制算法：

$$\Delta u(k) = u(k) - u(k-1)$$

$$\Delta u(k) = k_p(\text{error}(k) - \text{error}(k-1)) + k_i\text{error}(k) + k_d(\text{error}(k) - 2\text{error}(k-1) + \text{error}(k-2)) \quad (1.7)$$

根据增量式 PID 控制算法，设计了仿真程序，被控对象如下：

$$G(s) = \frac{400}{s^2 + 50s}$$

PID 控制参数：$k_p = 8$，$k_i = 0.10$，$k_d = 10$。增量式 PID 阶跃跟踪如图 1-21 所示。

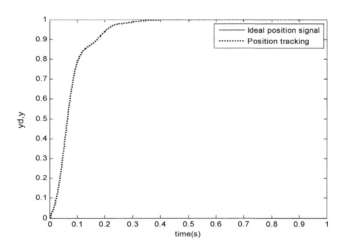

图 1-21 增量式 PID 阶跃跟踪

〖仿真程序〗 chap1_12.m

```
%Increment PID Controller
clear all;
close all;

ts=0.001;
sys=tf(400,[1,50,0]);
dsys=c2d(sys,ts,'z');
[num,den]=tfdata(dsys,'v');

u_1=0.0;u_2=0.0;u_3=0.0;
y_1=0;y_2=0;y_3=0;

x=[0,0,0]';
```

```
error_1=0;
error_2=0;
for k=1:1:1000
    time(k)=k*ts;

    yd(k)=1.0;
    kp=8;
    ki=0.10;
    kd=10;

    du(k)=kp*x(1)+kd*x(2)+ki*x(3);
    u(k)=u_1+du(k);

    if u(k)>=10
        u(k)=10;
    end
    if u(k)<=-10
        u(k)=-10;
    end
    y(k)=-den(2)*y_1-den(3)*y_2+num(2)*u_1+num(3)*u_2;

    error=yd(k)-y(k);
    u_3=u_2;u_2=u_1;u_1=u(k);
    y_3=y_2;y_2=y_1;y_1=y(k);

    x(1)=error-error_1;                %Calculating P
    x(2)=error-2*error_1+error_2;      %Calculating D
    x(3)=error;                        %Calculating I

    error_2=error_1;
    error_1=error;
end
figure(1);
plot(time,yd,'r',time,y,'k','linewidth',2);
xlabel('time(s)');ylabel('yd,y');
legend('ideal position value','tracking position value');
```

由于控制算法中不需要累加,控制增量 $\Delta u(k)$ 仅与最近 k 次的采样有关,所以误动作时影响小,而且较容易通过加权处理获得比较好的控制效果。

在计算机控制系统中,PID 控制是通过计算机程序实现的,因此灵活性很大。一些原来在模拟 PID 控制器中无法实现的问题,在引入计算机以后,就可以得到解决,于是产生了一系列的改进算法,形成非标准的控制算法,以改善系统品质,满足不同控制系统的需要。

1.3.5 积分分离 PID 控制算法

在普通 PID 控制中引入积分环节的目的,主要是为了消除静差,提高控制精度。但在过程的启动、结束或大幅度增减设定时,短时间内系统输出有很大的偏差,会造成 PID 运算的积分积累,致使控制量超过执行机构可能允许的最大动作范围对应的极限控制量,引起系统较大的超调，甚至引起系统较大的振荡。这在生产中是绝对不允许的。

积分分离控制基本思路：当被控量与设定值偏差较大时，取消积分作用，以免由于积分作用使系统稳定性降低，超调量增大；当被控量接近给定值时，引入积分控制，以便消除静差，提高控制精度。其具体实现步骤如下：

① 根据实际情况，人为设定阈值 $\varepsilon > 0$；
② 当 $|\text{error}(k)| > \varepsilon$ 时，采用 PD 控制，可避免产生过大的超调，又使系统有较快的响应；
③ 当 $|\text{error}(k)| \leqslant \varepsilon$ 时，采用 PID 控制，以保证系统的控制精度。

积分分离控制算法可表示为

$$u(k) = k_p \text{error}(k) + \beta k_i \sum_{j=0}^{k} \text{error}(j)T + k_d (\text{error}(k) - \text{error}(k-1))/T \tag{1.8}$$

式中，T 为采样时间；β 为积分项的开关系数。

$$\beta = \begin{cases} 1 & |\text{error}(k)| \leqslant \varepsilon \\ 0 & |\text{error}(k)| > \varepsilon \end{cases} \tag{1.9}$$

根据积分分离式 PID 控制算法得到其程序框图如图 1-22 所示。

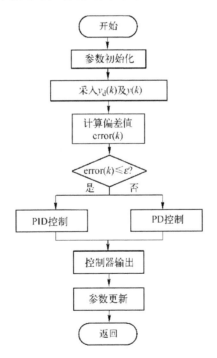

图 1-22 积分分离式 PID 控制算法程序框图

【仿真实例】

设被控对象为一延迟对象：

$$G(s) = \frac{e^{-80s}}{60s + 1}$$

采样时间为 20s，延迟时间为 4 个采样时间，即 80s，被控对象离散化为

$$y(k) = -\text{den}(2)y(k-1) + \text{num}(2)u(k-5)$$

【仿真之一】 采用 M 语言进行仿真

取 $M=1$，采用积分分离式 PID 控制器进行阶跃响应，对积分分离式 PID 控制算法进行改进，采用分段积分分离方式，即根据误差绝对值的不同，采用不同的积分强度。仿真中指令信号为 $y_d(k)=40$，控制器输出限制在 $[-110,110]$，其阶跃跟踪如图 1-23 所示。取 $M=2$，采用普通 PID 控制，其阶跃跟踪如图 1-24 所示。

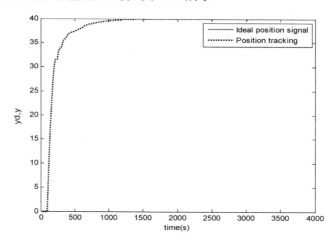

图 1-23 积分分离式 PID 阶跃跟踪（$M=1$）

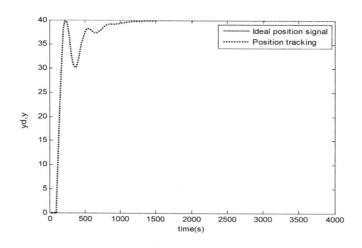

图 1-24 采用普通 PID 阶跃跟踪（$M=2$）

〖仿真程序〗 chap1_13.m

```
%Integration Separation PID Controller
clear all;
close all;

ts=20;
```

```
%Delay plant
sys=tf([1],[60,1],'inputdelay',80);
dsys=c2d(sys,ts,'zoh');
[num,den]=tfdata(dsys,'v');

u_1=0;u_2=0;u_3=0;u_4=0;u_5=0;
y_1=0;y_2=0;y_3=0;
error_1=0;error_2=0;
ei=0;
for k=1:1:200
time(k)=k*ts;

%Delay plant
y(k)=-den(2)*y_1+num(2)*u_5;

%I separation
yd(k)=40;
error(k)=yd(k)-y(k);
ei=ei+error(k)*ts;

M=2;
if M==1                %Using integration separation
   if abs(error(k))>=30
       beta=0.0;
   elseif abs(error(k))>=20&abs(error(k))<=30
       beta=0.6;
   elseif abs(error(k))>=10&abs(error(k))<=20
       beta=0.9;
   else
       beta=1.0;
   end
elseif M==2
       beta=1.0;    %Not using integration separation
end

kp=0.80;
ki=0.005;
kd=3.0;
u(k)=kp*error(k)+kd*(error(k)-error_1)/ts+beta*ki*ei;

if u(k)>=110         % Restricting the output of controller
   u(k)=110;
end
if u(k)<=-110
   u(k)=-110;
end

u_5=u_4;u_4=u_3;u_3=u_2;u_2=u_1;u_1=u(k);
y_3=y_2;y_2=y_1;y_1=y(k);

error_2=error_1;
```

```
        error_1=error(k);
    end
    figure(1);
    plot(time,yd,'r',time,y,'k:','linewidth',2);
    xlabel('time(s)');ylabel('yd,y');
    legend('Ideal position signal','Position tracking');
    figure(2);
    plot(time,u,'r','linewidth',2);
    xlabel('time(s)');ylabel('Control input');
```

由仿真结果可以看出，采用积分分离方法控制效果有很大的改善。值得注意的是，为保证引入积分作用后系统的稳定性不变，在输入积分作用时比例系数 k_p 可作相应变化。此外，β 值应根据具体对象及要求而定：若 β 过大，则达不到积分分离的目的；若 β 过小，则会导致无法进入积分区。如果只进行 PD 控制，会使控制出现余差。

【仿真之二】 采用 Simulink 仿真

通过 Simulink 模块实现积分分离 PID 控制算法阶跃响应，仿真结果如图 1-25 所示。

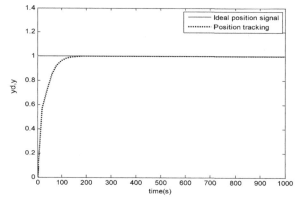

图 1-25 采用 Simulink 仿真的阶跃响应

〖仿真程序〗

（1）初始化程序：chap1_14int.m

```
    clear all;
    close all;

    ts=20;
    sys=tf([1],[60,1],'inputdelay',80);
    dsys=c2d(sys,ts,'zoh');
    [num,den]=tfdata(dsys,'v');

    kp=1.80;
    ki=0.05;
    kd=0.20;
```

（2）Simulink 主程序：chap1_14.mdl

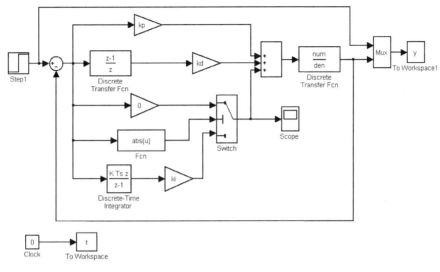

（3）作图程序：chap1_14plot.m

```
close all;

plot(t,y(:,1),'r',t,y(:,2),'k:','linewidth',2);
xlabel('time(s)');ylabel('yd,y');
legend('Ideal position signal','Position tracking');
```

1.3.6 抗积分饱和 PID 控制算法

1. 积分饱和现象

积分饱和现象是指若系统存在一个方向的偏差，PID 控制器的输出由于积分作用的不断累加而加大，从而导致执行机构达到极限位置 X_{max}（例如阀门开度达到最大），如图 1-26 所示。若控制器输出 $u(k)$ 继续增大，阀门开度不可能再增大，此时就称计算机输出控制量超出了正常运行范围而进入了饱和区。一旦系统出现反向偏差，$u(k)$ 逐渐从饱和区退出。进入饱和区越深，退出饱和区所需时间越长。在这段时间内，执行机构仍停留在极限位置而不能随偏差反向立即做出相应的改变，这时系统就像失去控制一样，造成控制性能恶化。积分饱和现象也称为积分失控现象。

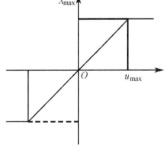

图 1-26 执行机构饱和特性

2. 抗积分饱和算法

防止积分饱和的方法之一就是抗积分饱和法。该方法的思路是在计算 $u(k)$ 时，首先判断上一时刻的控制量 $u(k-1)$ 是否已超出限制范围：若 $u(k-1) > u_{max}$，则只累加负偏差；若 $u(k-1) < u_{max}$，则只累加正偏差。这种算法可以避免控制量长时间停留在饱和区。

【仿真实例】

控制对象为

$$G(s) = \frac{523500}{s^3 + 87.35s^2 + 10470s}$$

采样时间为 1ms，取指令信号 $y_d(k) = 30$，$M=1$，采用抗积分饱和算法进行离散系统阶跃响应，仿真结果如图 1-27 所示。取 $M=2$，采用普通 PID 算法进行离散系统阶跃响应，仿真结果如图 1-28 所示。由仿真结果可以看出，采用抗积分饱和 PID 算法可以避免控制量长时间停留在饱和区，防止系统产生超调。

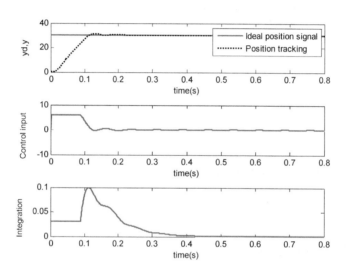

图 1-27　抗积分饱和算法进行离散系统阶跃响应（$M=1$）

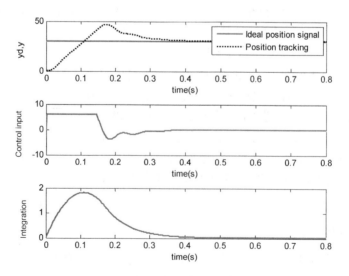

图 1-28　普通 PID 算法进行离散系统阶跃响应（$M=2$）

〖仿真程序〗 chap1_15.m

```matlab
%PID Controler with intergration sturation
clear all;
close all;

ts=0.001;
sys=tf(5.235e005,[1,87.35,1.047e004,0]);
dsys=c2d(sys,ts,'z');
[num,den]=tfdata(dsys,'v');

u_1=0.0;u_2=0.0;u_3=0.0;
y_1=0;y_2=0;y_3=0;

x=[0,0,0]';

error_1=0;

um=6;
kp=0.85;ki=9.0;kd=0.0;
for k=1:1:800
time(k)=k*ts;

yd(k)=30;              %Step Signal
u(k)=kp*x(1)+kd*x(2)+ki*x(3);     % PID Controller

if u(k)>=um
    u(k)=um;
end
if u(k)<=-um
    u(k)=-um;
end

%Linear model
y(k)=-den(2)*y_1-den(3)*y_2-den(4)*y_3+num(2)*u_1+num(3)*u_2+num(4)*u_3;

error(k)=yd(k)-y(k);

M=2;
if M==1   %Using intergration sturation
if u(k)>=um
    if error(k)>0
        alpha=0;
    else
        alpha=1;
    end
elseif u(k)<=-um
    if error(k)>0
```

```
            alpha=1;
        else
            alpha=0;
        end
    else
        alpha=1;
    end

elseif M==2    %Not using intergration sturation
    alpha=1;
end

%Return of PID parameters
u_3=u_2;u_2=u_1;u_1=u(k);
y_3=y_2;y_2=y_1;y_1=y(k);
error_1=error(k);

x(1)=error(k);                    % Calculating P
x(2)=(error(k)-error_1)/ts;       % Calculating D
x(3)=x(3)+alpha*error(k)*ts;      % Calculating I

xi(k)=x(3);
end
figure(1);
subplot(311);
plot(time,yd,'r',time,y,'k:','linewidth',2);
xlabel('time(s)');ylabel('yd,y');
legend('Ideal position signal','Position tracking');
subplot(312);
plot(time,u,'r','linewidth',2);
xlabel('time(s)');ylabel('Control input');
subplot(313);
plot(time,xi,'r','linewidth',2);
xlabel('time(s)');ylabel('Integration');
```

1.3.7 梯形积分 PID 控制算法

在 PID 控制律中积分项的作用是消除余差。为了减小余差，应提高积分项的运算精度，为此，可将矩形积分改为梯形积分。梯形积分的计算公式为

$$\int_0^t e(t)\mathrm{d}t = \sum_{i=0}^{k} \frac{e(i)+e(i-1)}{2} T \tag{1.10}$$

1.3.8 变速积分 PID 控制算法

在普通的 PID 控制算法中，由于积分系数 k_i 是常数，所以在整个控制过程中，积分增量不变。系统对积分项的要求是，系统偏差大时，积分作用应减弱甚至全无；系统偏差小时，则应加强。积分系数取大了会产生超调，甚至积分饱和，取小了又迟迟不能消除静差。

因此，如何根据系统偏差大小改变积分的速度，对于提高系统品质是很重要的。变速积分 PID 可较好地解决这一问题。

变速积分 PID 的基本思想是设法改变积分项的累加速度，使其与偏差大小相对应：偏差越大，积分越慢，反之则越快。

为此，设置系数 $f(e(k))$，它是 $e(k)$ 的函数。当 $|e(k)|$ 增大时，f 减小，反之增大。变速积分的 PID 积分项表达式为

$$u_i(k) = k_i \left\{ \sum_{i=0}^{k-1} e(i) + f[e(k)]e(k) \right\} T \tag{1.11}$$

系数 f 与偏差当前值 $|e(k)|$ 的关系可以是线性的或非线性的，可设为

$$f[e(k)] = \begin{cases} 1 & |e(k)| \leqslant B \\ \dfrac{A - |e(k)| + B}{A} & B < |e(k)| \leqslant A+B \\ 0 & |e(k)| > A+B \end{cases} \tag{1.12}$$

f 值在[0, 1]区间内变化，当 $|e(k)|$ 大于所给分离区间 $A+B$ 后，$f=0$，不再对当前值 $e(k)$ 进行继续累加；当 $|e(k)|$ 小于 B 时，加入当前值 $e(k)$，即积分项变为 $u_i(k) = k_i \sum_{i=0}^{k} e(i)T$，与一般 PID 积分项相同，积分动作达到最高速；而当 $|e(k)|$ 在 B 与 $A+B$ 之间时，则累加计入的是部分当前值，其值在 $0 \sim |e(k)|$ 之间随 $|e(k)|$ 的大小而变化，因此，其积分速度在 $k_i \sum_{i=0}^{k-1} e(i)T$ 和 $k_i \sum_{i=0}^{k} e(i)T$ 之间。变速积分 PID 算法为

$$u(k) = k_p e(k) + k_i \left\{ \sum_{i=0}^{k-1} e(i) + f[e(k)]e(k) \right\} \cdot T + k_d [e(k) - e(k-1)] \tag{1.13}$$

这种算法对 A、B 两参数的要求不精确，参数整定较容易。

【仿真实例】

设被控对象为一延迟对象：

$$G(s) = \frac{e^{-80s}}{60s+1}$$

式中，e^{-80s} 为延迟因子。

采样时间为 20s，延迟时间为 4 个采样时间，即 80s，取 $k_p = 0.45$、$k_d = 12$、$k_i = 0.0048$、$A = 0.4$、$B = 0.6$。取 $M=1$，采用变速积分 PID 控制算法进行阶跃响应，仿真结果如图 1-29 和图 1-30 所示。取 $M=2$，采用普通 PID 控制，仿真结果如图 1-31 所示。由仿真结果可以看出，变速积分与积分分离两种控制方法很类似，但调节方式不同，前者对积分项采用的是缓慢变化，而后者则采用所谓"开关"控制。变速积分调节质量更高。

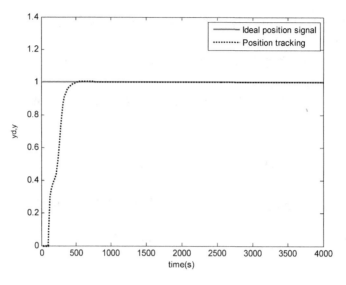

图 1-29 变速积分阶跃响应（$M=1$）

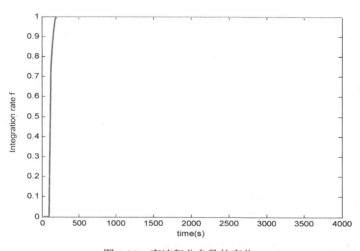

图 1-30 变速积分参数的变化

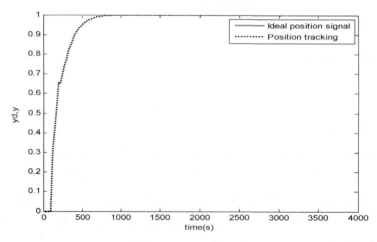

图 1-31 普通 PID 控制阶跃响应（$M=2$）

〖仿真程序〗 chap1_16.m

```matlab
%PID Controller with changing integration rate
clear all;
close all;
%Big time delay Plant
ts=20;
sys=tf([1],[60,1],'inputdelay',80);
dsys=c2d(sys,ts,'zoh');
[num,den]=tfdata(dsys,'v');

u_1=0;u_2=0;u_3=0;u_4=0;u_5=0;
y_1=0;y_2=0;y_3=0;
error_1=0;error_2=0;
ei=0;

for k=1:1:200
time(k)=k*ts;

yd(k)=1.0;    %Step Signal

%Linear model
y(k)=-den(2)*y_1+num(2)*u_5;
error(k)=yd(k)-y(k);

kp=0.45;kd=12;ki=0.0048;
A=0.4;B=0.6;

%T type integration
ei=ei+(error(k)+error_1)/2*ts;

M=1;
if M==1        %Changing integration rate
if abs(error(k))<=B
    f(k)=1;
elseif abs(error(k))>B&abs(error(k))<=A+B
    f(k)=(A-abs(error(k))+B)/A;
else
    f(k)=0;
end
elseif M==2    %Not changing integration rate
     f(k)=1;
end

u(k)=kp*error(k)+kd*(error(k)-error_1)/ts+ki*f(k)*ei;

if u(k)>=10
    u(k)=10;
end
if u(k)<=-10
```

```
            u(k)=-10;
end
%Return of PID parameters
u_5=u_4;u_4=u_3;u_3=u_2;u_2=u_1;u_1=u(k);
y_3=y_2;y_2=y_1;y_1=y(k);
error_2=error_1;
error_1=error(k);
end
figure(1);
plot(time,yd,'r',time,y,'k:','linewidth',2);
xlabel('time(s)');ylabel('yd,y');
legend('Ideal position signal','Position tracking');
figure(2);
plot(time,f,'r','linewidth',2);
xlabel('time(s)');ylabel('Integration rate f');
```

1.3.9 带滤波器的 PID 控制算法

采用低通滤波器可有效地滤掉噪声信号,在控制系统的设计中是一种常用的方法。通过以下两个实例验证低通滤波器的滤波性能。

【仿真实例 1】 基于低通滤波器的信号处理

设低通滤波器为

$$Q(s) = \frac{1}{0.04s+1}$$

采样时间为 1ms,输入信号为带有高频(100Hz)正弦噪声的低频(0.2Hz)正弦信号。采用低通滤波器滤掉高频正弦信号。滤波器的离散化采用 Tustin 变换,其 Bode 图如图 1-32 和图 1-33 所示。仿真结果表明,该滤波器对高频信号具有很好的滤波作用。

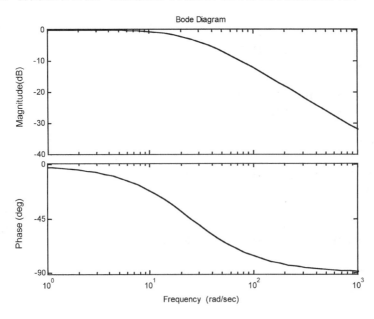

图 1-32 低通滤波器 Bode 图

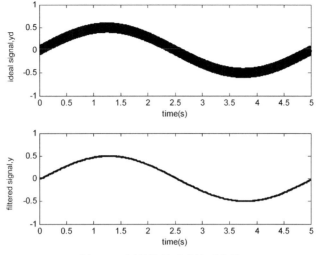

图 1-33 原始信号及滤波后信号

〖仿真程序〗 chap1_17.m

```
%Low Pass Filter
clear all;
close all;

ts=0.001;
Q=tf([1],[0.04,1]);     %Low Freq Signal Filter
Qz=c2d(Q,ts,'tucsin');
[num,den]=tfdata(Qz,'v');

y_1=0;y_2=0;
yd_1=0;yd_2=0;
for k=1:1:5000
time(k)=k*ts;

%Input Signal with noise
n(k)=0.10*sin(100*2*pi*k*ts);    %Noise signal
yd(k)=n(k)+0.50*sin(0.2*2*pi*k*ts); %Input Signal

y(k)=-den(2)*y_1+num(1)*yd(k)+num(2)*yd_1;

y_2=y_1;y_1=y(k);
yd_2=yd_1;yd_1=yd(k);
end
figure(1);bode(Q);
figure(2);
subplot(211);
plot(time,yd,'k','linewidth',2);
xlabel('time(s)');ylabel('ideal signal,yd');
subplot(212);
plot(time,y,'k','linewidth',2);
xlabel('time(s)');ylabel('filtered signal,y');
```

【仿真实例2】 采用低通滤波器的 PID 控制

被控对象为三阶传递函数：

$$G_p(s) = \frac{523500}{s^3 + 87.35s^2 + 10470s}$$

低通滤波器为

$$Q(s) = \frac{1}{0.04s + 1}$$

采样时间为 1ms，噪声信号加在对象的输出端。

【仿真之一】 采用 M 语言进行仿真

分三种情况进行：$M=1$ 时，为未加噪声信号；$M=2$ 时，为加噪声信号未加滤波；$M=3$ 时，为加噪声信号加滤波。三种情况的阶跃响应仿真结果如图 1-34～图 1-36 所示。

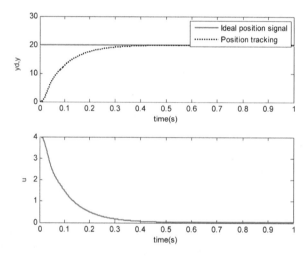

图 1-34 普通 PID 控制阶跃响应（$M=1$）

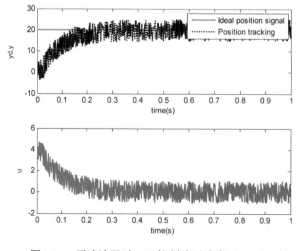

图 1-35 无滤波器时 PID 控制阶跃响应（$M=2$）

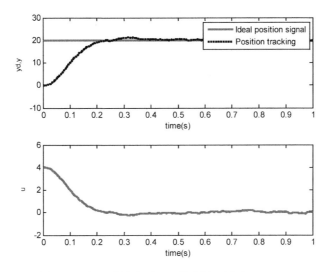

图 1-36 加入滤波器后 PID 控制阶跃响应（$M=3$）

〖仿真程序〗 chap1_18.m

```
%PID Controller with Partial differential
clear all;
close all;

ts=0.001;
sys=tf(5.235e005,[1,87.35,1.047e004,0]);
dsys=c2d(sys,ts,'z');
[num,den]=tfdata(dsys,'v');

u_1=0;u_2=0;u_3=0;u_4=0;u_5=0;
y_1=0;y_2=0;y_3=0;
yn_1=0;
error_1=0;error_2=0;ei=0;

kp=0.20;ki=0.05;

sys1=tf([1],[0.04,1]);     %Low Freq Signal Filter
dsys1=c2d(sys1,ts,'tucsin');
[num1,den1]=tfdata(dsys1,'v');
f_1=0;

M=3;
for k=1:1:1000
time(k)=k*ts;

yd(k)=20;   %Step Signal
%Linear model
y(k)=-den(2)*y_1-den(3)*y_2-den(4)*y_3+num(2)*u_1+num(3)*u_2+num(4)*u_3;

if M==1                   %No noisy signal
```

```
        error(k)=yd(k)-y(k);
        filty(k)=y(k);
end

    n(k)=5.0*rands(1);          %Noisy signal
    yn(k)=y(k)+n(k);

    if M==2                     %No filter
        filty(k)=yn(k);
        error(k)=yd(k)-filty(k);
    end
    if M==3                     %Using low frequency filter
        filty(k)=-den1(2)*f_1+num1(1)*(yn(k)+yn_1);
        error(k)=yd(k)-filty(k);
    end

%I separation
if abs(error(k))<=0.8
    ei=ei+error(k)*ts;
else
    ei=0;
end
    u(k)=kp*error(k)+ki*ei;
%----------Return of PID parameters-------------
yd_1=yd(k);
u_5=u_4;u_4=u_3;u_3=u_2;u_2=u_1;u_1=u(k);
y_3=y_2;y_2=y_1;y_1=y(k);

f_1=filty(k);
yn_1=yn(k);

error_2=error_1;
error_1=error(k);
end
figure(1);
subplot(211);
plot(time,yd,'r',time,filty,'k:','linewidth',2);
xlabel('time(s)');ylabel('yd,y');
legend('Ideal position signal','Position tracking');
subplot(212);
plot(time,u,'r','linewidth',2);
xlabel('time(s)');ylabel('u');
figure(2);
plot(time,n,'r','linewidth',2);
xlabel('time(s)');ylabel('Noisy signal');
```

【仿真之二】 采用 Simulink 进行仿真

控制器采用积分分离 PI 控制，即当误差的绝对值小于等于 0.80 时，加入积分控制，仿真结果如图 1-37 和 1-38 所示。

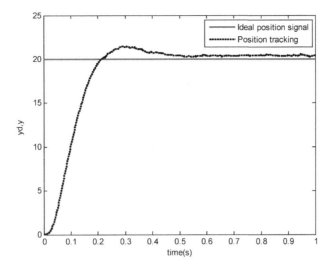

图 1-37 加入滤波器时 PID 控制阶跃响应

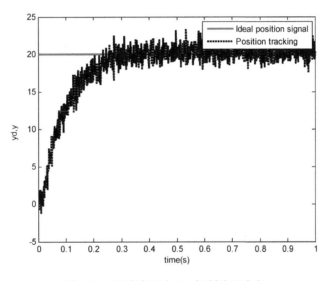

图 1-38 无滤波器时 PID 控制阶跃响应

〖仿真程序〗

（1）初始化程序：chap1_19int.m

```
clear all;
close all;

ts=0.001;
%Low Filter
Q=tf([1],[0.04,1]);
Qz=c2d(Q,ts,'tustin');
[numQ,denQ]=tfdata(Qz,'v');

%Plant
```

```
sys=tf(5.235e005,[1,87.35,1.047e004,0]);
dsys=c2d(sys,ts,'z');
[num,den]=tfdata(dsys,'v');

kp=0.20;
ki=0.05;
```

(2) Simulink 主程序: chap1_19.mdl

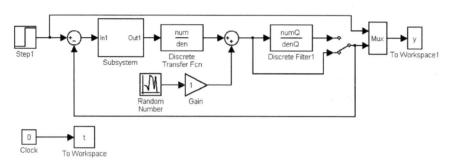

PI 控制器子程序如下:

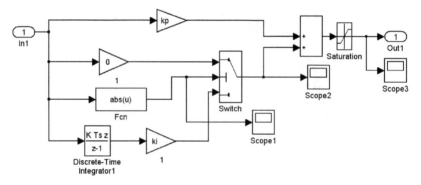

(3) 作图程序: chap1_19plot.m

```
close all;

plot(t,y(:,1),'r',t,y(:,2),'k:','linewidth',2);
xlabel('time(s)');ylabel('yd,y');
legend('Ideal position signal','Position tracking');
```

1.3.10 不完全微分 PID 控制算法

在 PID 控制中,微分信号的引入可改善系统的动态特性,但也易引进高频干扰,在误差扰动突变时尤其显出微分项的不足。若在控制算法中加入低通滤波器,则可使系统性能得到改善。

克服上述缺点的方法之一是在 PID 算法中加入一个一阶惯性环节(低通滤波器) $G_f(s) = \dfrac{1}{1+T_f s}$,可使系统性能得到改善。

不完全微分 PID 控制算法的结构如图 1-39 (a)、(b) 所示,其中图 (a) 是将低通滤波器直接加在微分环节上,图 (b) 是将低通滤波加在整个 PID 控制器之后。下面以图 (a) 为例进行仿真说明不完全微分PID如何改进了普通PID的性能。

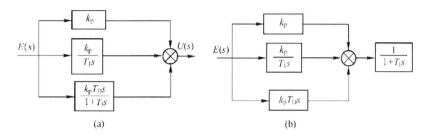

图1-39 不完全微分PID控制算法结构图

对图1-39（a）所示的不完全微分结构，其传递函数为

$$U(s) = \left(k_\mathrm{p} + \frac{k_\mathrm{p}/T_\mathrm{I}}{s} + \frac{k_\mathrm{p}T_\mathrm{D}s}{T_\mathrm{f}s+1}\right)E(s) = u_\mathrm{P}(s) + u_\mathrm{I}(s) + u_\mathrm{D}(s) \quad (1.14)$$

将式（1.14）离散化为

$$u(k) = u_\mathrm{P}(k) + u_\mathrm{I}(k) + u_\mathrm{D}(k) \quad (1.15)$$

现将 $u_\mathrm{D}(k)$ 推导，

$$u_\mathrm{D}(s) = \frac{k_\mathrm{p}T_\mathrm{D}s}{T_\mathrm{f}s+1}E(s) \quad (1.16)$$

写成微分方程为

$$u_\mathrm{D}(k) + T_\mathrm{f}\frac{\mathrm{d}u_\mathrm{D}(t)}{\mathrm{d}t} = k_\mathrm{p}T_\mathrm{D}\frac{\mathrm{d}\mathrm{error}(t)}{\mathrm{d}t}$$

取采样时间为 T_s，将上式离散化为

$$u_\mathrm{D}(k) + T_\mathrm{f}\frac{u_\mathrm{D}(k) - u_\mathrm{D}(k-1)}{T_\mathrm{s}} = k_\mathrm{p}T_\mathrm{D}\frac{\mathrm{error}(k) - \mathrm{error}(k-1)}{T_\mathrm{s}} \quad (1.17)$$

经整理得

$$u_\mathrm{D}(k) = \frac{T_\mathrm{f}}{T_\mathrm{s}+T_\mathrm{f}}u_\mathrm{D}(k-1) + k_\mathrm{p}\frac{T_\mathrm{D}}{T_\mathrm{s}+T_\mathrm{f}}(\mathrm{error}(k) - \mathrm{error}(k-1)) \quad (1.18)$$

令 $\alpha = \frac{T_\mathrm{f}}{T_\mathrm{s}+T_\mathrm{f}}$，则 $\frac{T_\mathrm{s}}{T_\mathrm{s}+T_\mathrm{f}} = 1-\alpha$，显然有 $\alpha < 1$，$1-\alpha < 1$ 成立，则可得不完全微分算法

$$u_\mathrm{D}(k) = K_\mathrm{D}(1-\alpha)(\mathrm{error}(k) - \mathrm{error}(k-1)) + \alpha u_\mathrm{D}(k-1) \quad (1.19)$$

式中，$K_\mathrm{D} = k_\mathrm{p} \cdot T_\mathrm{D}/T_\mathrm{s}$。

可见，不完全微分的 $u_\mathrm{D}(k)$ 多了一项 $\alpha u_\mathrm{D}(k-1)$，而原微分系数由 k_d 降至 $k_\mathrm{d}(1-\alpha)$。

以上各式中，T_s 为采样时间，$\Delta t = T_\mathrm{s}$，k_p 为比例系数，T_I 和 T_D 分别为积分时间常数和微分时间常数，T_f 为滤波器系数。

【仿真实例】

采用第一种不完全微分算法，被控对象为一时滞系统传递函数：

$$G(s) = \frac{\mathrm{e}^{-80s}}{60s+1}$$

式中，e^{-80s} 为延迟因子。

在对象的输出端加幅值为 0.01 的随机信号 $n(k)$。采样时间为 20ms。

低通滤波器为

$$Q(s) = \frac{1}{180s+1}$$

取 $M=1$，采用具有不完全微分 PID 方法，其控制阶跃响应仿真结果如图 1-40 所示。取 $M=2$，采用普通 PID 方法，阶跃响应仿真结果如图 1-41 所示。由仿真结果可以看出，引入不完全微分后，能有效地克服普通 PID 的不足。尽管不完全微分 PID 控制算法比普通 PID 控制算法要复杂些，但由于其良好的控制特性，近年来越来越得到广泛的应用。

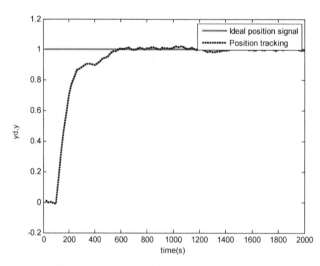

图 1-40 不完全微分控制阶跃响应（$M=1$）

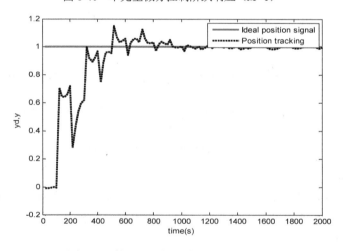

图 1-41 普通 PID 控制阶跃响应（$M=2$）

〖仿真程序〗 chap1_20.m

```
%PID Controler with Partial differential
clear all;
```

```
close all;

ts=20;
sys=tf([1],[60,1],'inputdelay',80);
dsys=c2d(sys,ts,'zoh');
[num,den]=tfdata(dsys,'v');

u_1=0;u_2=0;u_3=0;u_4=0;u_5=0;
ud_1=0;
y_1=0;y_2=0;y_3=0;
error_1=0;
ei=0;

for k=1:1:100
time(k)=k*ts;

yd(k)=1.0;

%Linear model
y(k)=-den(2)*y_1+num(2)*u_5;

n(k)=0.01*rands(1);
y(k)=y(k)+n(k);

error(k)=yd(k)-y(k);

%PID Controller with partly differential
ei=ei+error(k)*ts;
kc=0.30;
ki=0.0055;
TD=140;

kd=kc*TD/ts;

Tf=180;
Q=tf([1],[Tf,1]);      %Low Freq Signal Filter

M=2;
if M==1         %Using PID with Partial differential
    alfa=Tf/(ts+Tf);
    ud(k)=kd*(1-alfa)*(error(k)-error_1)+alfa*ud_1;
    u(k)=kc*error(k)+ud(k)+ki*ei;
    ud_1=ud(k);
elseif M==2    %Using Simple PID
    u(k)=kc*error(k)+kd*(error(k)-error_1)+ki*ei;
end

%Restricting the output of controller
if u(k)>=10
    u(k)=10;
end
```

```
    if u(k)<=-10
        u(k)=-10;
    end

    u_5=u_4;u_4=u_3;u_3=u_2;u_2=u_1;u_1=u(k);
    y_3=y_2;y_2=y_1;y_1=y(k);
    error_1=error(k);
end
figure(1);
plot(time,yd,'r',time,y,'k:','linewidth',2);
xlabel('time(s)');ylabel('yd,y');
legend('Ideal position signal','Position tracking');
figure(2);
plot(time,u,'r','linewidth',2);
xlabel('time(s)');ylabel('u');
figure(3);
bode(Q,'r');
dcgain(Q);
```

1.3.11 微分先行 PID 控制算法

微分先行 PID 控制的结构如图 1-42 所示，其特点是只对输出量 $y(k)$ 进行微分，而对给定值 $y_d(k)$ 不进行微分。这样，在改变给定值时，输出不会改变，而被控量的变化通常是比较缓和的。这种输出量先行微分控制适用于给定值 $y_d(k)$ 频繁升降的场合，可以避免给定值升降时所引起的系统振荡，从而明显地改善了系统的动态特性。

令微分部分的传递函数为

$$\frac{u_D(s)}{y(s)} = \frac{T_D s + 1}{\gamma T_D s + 1} \qquad \gamma < 1 \tag{1.20}$$

式中，$\dfrac{1}{\gamma T_D s + 1}$ 相当于低通滤波器。

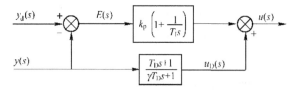

图 1-42 微分先行 PID 控制结构图

则

$$\gamma T_D \frac{du_D}{dt} + u_D = T_D \frac{dy}{dt} + y \tag{1.21}$$

由差分得

$$\frac{du_D}{dt} \approx \frac{u_D(k) - u_D(k-1)}{T}$$

$$\frac{dy}{dt} \approx \frac{y(k) - y(k-1)}{T}$$

$$\gamma T_D \frac{u_D(k) - u_D(k-1)}{T} + u_D(k) = T_D \frac{y(k) - y(k-1)}{T} + y(k)$$

$$u_D(k) = \left(\frac{\gamma T_D}{\gamma T_D + T}\right) u_D(k-1) + \left(\frac{T_D + T}{\gamma T_D + T}\right) y(k) - \left(\frac{T_D}{\gamma T_D + T}\right) y(k-1)$$

$$u_D(k) = c_1 u_D(k-1) + c_2 y(k) - c_3 y(k-1) \tag{1.22}$$

式中，

$$c_1 = \frac{\gamma T_D}{\gamma T_D + T}, \quad c_2 = \frac{T_D + T}{\gamma T_D + T}, \quad c_1 = \frac{T_D}{\gamma T_D + T} \tag{1.23}$$

PI 控制部分传递函数为

$$\frac{u_{PI}(s)}{E(s)} = k_p \left(1 + \frac{1}{T_I s}\right) \tag{1.24}$$

式中，T_I 为积分时间常数。

离散控制律为

$$u(k) = u_{PI}(k) + u_D(k) \tag{1.25}$$

【仿真实例】

设被控对象为一延迟对象：

$$G(s) = \frac{e^{-80s}}{60s + 1}$$

采样时间为 20s，延迟时间为 4 个采样时间，即 80s。采用 PID 控制器进行阶跃响应。输入信号为带有高频干扰的方波信号：$y_d(t) = 1.0\,\text{sgn}(\sin(0.0005\pi t)) + 0.05\sin(0.03\pi t)$。

取 $M = 1$，采有微分先行 PID 控制方法，其方波响应仿真结果如图 1-43 所示。取 $M = 2$，采用普通 PID 控制方法，其方波响应仿真结果如图 1-44 所示。由仿真结果可以看出，对于给定值 $y_d(k)$ 频繁升降的场合，引入微分先行后，可以避免给定值升降时所引起的系统振荡，明显地改善了系统的动态特性。

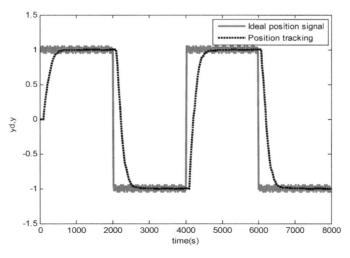

图 1-43 微分先行 PID 控制方波响应（$M=1$）

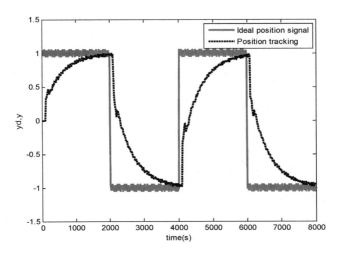

图 1-44　普通 PID 控制方波响应（$M=2$）

〖**仿真程序**〗　chap1_21.m

```
%PID Controler with differential in advance
clear all;
close all;

ts=20;
sys=tf([1],[60,1],'inputdelay',80);
dsys=c2d(sys,ts,'zoh');
[num,den]=tfdata(dsys,'v');

u_1=0;u_2=0;u_3=0;u_4=0;u_5=0;
ud_1=0;
y_1=0;y_2=0;y_3=0;
error_1=0;error_2=0;
ei=0;
for k=1:1:400
time(k)=k*ts;

%Linear model
y(k)=-den(2)*y_1+num(2)*u_5;

kp=0.36;kd=14;ki=0.0021;

yd(k)=1.0*sign(sin(0.00025*2*pi*k*ts));
yd(k)=yd(k)+0.05*sin(0.03*pi*k*ts);

error(k)=yd(k)-y(k);
ei=ei+error(k)*ts;

gama=0.50;
Td=kd/kp;
Ti=0.5;
```

```
c1=gama*Td/(gama*Td+ts);
c2=(Td+ts)/(gama*Td+ts);
c3=Td/(gama*Td+ts);

M=2;
if M==1        %PID Control with differential in advance
    ud(k)=c1*ud_1+c2*y(k)-c3*y_1;
    u(k)=kp*error(k)+ud(k)+ki*ei;
elseif M==2    %Simple PID Control
    u(k)=kp*error(k)+kd*(error(k)-error_1)/ts+ki*ei;
end

if u(k)>=110
    u(k)=110;
end
if u(k)<=-110
    u(k)=-110;
end
%Update parameters
u_5=u_4;u_4=u_3;u_3=u_2;u_2=u_1;u_1=u(k);
y_3=y_2;y_2=y_1;y_1=y(k);

error_2=error_1;
error_1=error(k);
end
figure(1);
plot(time,yd,'r',time,y,'k:','linewidth',2);
xlabel('time(s)');ylabel('yd,y');
legend('Ideal position signal','Position tracking');
figure(2);
plot(time,u,'r','linewidth',2);
xlabel('time(s)');ylabel('u');
```

1.3.12 带死区的 PID 控制算法

在计算机控制系统中，某些系统为了避免控制作用过于频繁，消除由于频繁动作所引起的振荡，可采用带死区的 PID 控制算法：

$$e(k) = \begin{cases} 0 & |e(k)| \leqslant |e_0| \\ e(k) & |e(k)| > |e_0| \end{cases} \quad (1.26)$$

式中，$e(k)$ 为位置跟踪偏差；e_0 为一个可调参数，其具体数值可根据实际控制对象由实验确定。若 e_0 值太小，会使控制动作过于频繁，达不到稳定被控对象的目的；若 e_0 值太大，则系统将产生较大的滞后。

带死区的控制系统实际上是一个非线性系统，当 $|e(k)| \leqslant |e_0|$ 时，数字调节器输出为零；当 $|e(k)| > |e_0|$ 时，数字输出调节器有 PID 输出。带死区的 PID 控制算法流程图如图 1-45 所示。

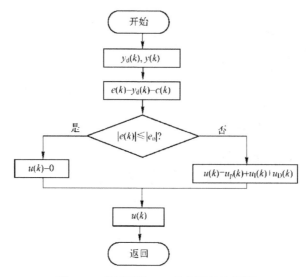

图 1-45 带死区的 PID 控制算法流程图

【仿真实例】

被控对象为

$$G(s) = \frac{523500}{s^3 + 87.35s^2 + 10470s}$$

采样时间为 1ms，对象输出上有一个幅值为 0.5 的正态分布的随机干扰信号。采用积分分离式 PID 控制算法进行阶跃响应，取 $\varepsilon = 0.20$，死区参数 $e_0 = 0.10$，采用低通滤波器对对象输出信号进行滤波，滤波器为

$$Q(s) = \frac{1}{0.04s + 1}$$

取 $M = 1$，采用一般积分分离式 PID 控制方法，其仿真结果如图 1-46 所示。取 $M = 2$，采用带死区的积分分离式 PID 控制方法，其仿真结果如图 1-47 所示。由仿真结果可以看出，引入带死区 PID 控制后，控制器输出更加平稳。

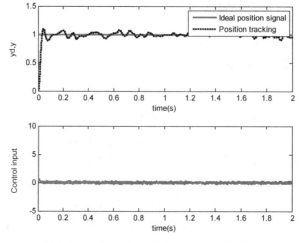

图 1-46 一般积分分离式 PID 控制（M=1）

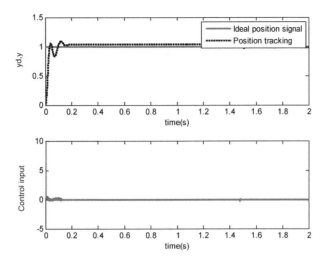

图 1-47 带死区的积分分离式 PID 控制（$M=2$）

〖仿真程序〗 chap1_22.m

```
%PID Controler with dead zone
clear all;
close all;

ts=0.001;
sys=tf(5.235e005,[1,87.35,1.047e004,0]);
dsys=c2d(sys,ts,'z');
[num,den]=tfdata(dsys,'v');

u_1=0;u_2=0;u_3=0;u_4=0;u_5=0;
y_1=0;y_2=0;y_3=0;
yn_1=0;
error_1=0;error_2=0;ei=0;

sys1=tf([1],[0.04,1]);    %Low Freq Signal Filter
dsys1=c2d(sys1,ts,'tucsin');
[num1,den1]=tfdata(dsys1,'v');
f_1=0;

for k=1:1:2000
time(k)=k*ts;

yd(k)=1; %Step Signal

%Linear model
y(k)=-den(2)*y_1-den(3)*y_2-den(4)*y_3+num(2)*u_1+num(3)*u_2+num(4)*u_3;

n(k)=0.50*rands(1);     %Noisy signal
yn(k)=y(k)+n(k);

%Low frequency filter
```

```
filty(k)=-den1(2)*f_1+num1(1)*(yn(k)+yn_1);
error(k)=yd(k)-filty(k);

if abs(error(k))<=0.20
    ei=ei+error(k)*ts;
else
    ei=0;
end

kp=0.50;ki=0.10;kd=0.020;
u(k)=kp*error(k)+ki*ei+kd*(error(k)-error_1)/ts;

M=2;
if M==1
    u(k)=u(k);
elseif M==2    %Using Dead zone control
    if abs(error(k))<=0.10
        u(k)=0;
    end
end

if u(k)>=10
    u(k)=10;
end
if u(k)<=-10
    u(k)=-10;
end
%----------Return of PID parameters------------
yd_1=yd(k);
u_3=u_2;u_2=u_1;u_1=u(k);
y_3=y_2;y_2=y_1;y_1=y(k);

f_1=filty(k);
yn_1=yn(k);

error_2=error_1;
error_1=error(k);
end
figure(1);
subplot(211);
plot(time,yd,'r',time,y,'k:','linewidth',2);
xlabel('time(s)');ylabel('yd,y');
legend('Ideal position signal','Position tracking');
subplot(212);
plot(time,u,'r','linewidth',2);
xlabel('time(s)');ylabel('Control input');
figure(2);
plot(time,n,'r','linewidth',2);
xlabel('time(s)');ylabel('Noisy signal');
```

1.3.13 基于前馈补偿的 PID 控制算法

在高精度伺服控制中，前馈控制可用来提高系统的跟踪性能。经典控制理论中的前馈控制设计基于复合控制思想，当闭环系统为连续系统时，使前馈环节与闭环系统的传递函数之积为 1，从而实现输出完全复现输入。作者利用前馈控制的思想，针对 PID 控制设计了前馈补偿，以提高系统的跟踪性能，其结构如图 1-48 所示。

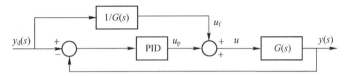

图 1-48 前馈补偿的 PID 控制结构

设计前馈补偿控制器为

$$u_f(s) = y_d(s)\frac{1}{G(s)} \tag{1.27}$$

总控制输出为 PID 控制输出＋前馈控制输出：

$$u(t) = u_p(t) + u_f(t) \tag{1.28}$$

写成离散形式为

$$u(k) = u_p(k) + u_f(k) \tag{1.29}$$

【仿真实例】

被控对象为

$$G(s) = \frac{133}{s^2 + 25s}$$

输入信号为 $y_d(k) = 0.5\sin(6\pi t)$，采样时间为 1ms。

$$u_f(t) = \frac{25}{133}\dot{y}_d(t) + \frac{1}{133}\ddot{y}_d(t)$$

只采用 PID 的正弦跟踪及跟踪误差如图 1-49 所示。基于前馈补偿的 PID 正弦跟踪及跟踪误差如图 1-50 所示。可见，通过前馈补偿可大大提高系统的跟踪性能。

本方法的不足之处是需要被控对象的精确模型。

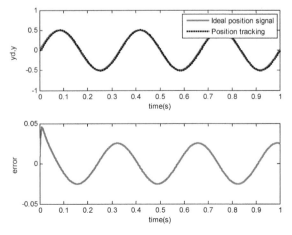

图 1-49 只采用 PID 的正弦跟踪及跟踪误差（$M=1$）

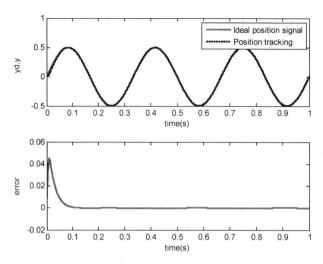

图 1-50 基于前馈补偿的 PID 正弦跟踪及跟踪误差（M=2）

〖仿真程序〗 chap1_23.m

```matlab
%PID Feedforward Controler
clear all;
close all;

ts=0.001;
sys=tf(133,[1,25,0]);
dsys=c2d(sys,ts,'z');
[num,den]=tfdata(dsys,'v');

u_1=0;u_2=0;
y_1=0;y_2=0;

error_1=0;ei=0;
for k=1:1:1000
time(k)=k*ts;

A=0.5;F=3.0;
yd(k)=A*sin(F*2*pi*k*ts);
dyd(k)=A*F*2*pi*cos(F*2*pi*k*ts);
ddyd(k)=-A*F*2*pi*F*2*pi*sin(F*2*pi*k*ts);

%Linear model
y(k)=-den(2)*y_1-den(3)*y_2+num(2)*u_1+num(3)*u_2;

error(k)=yd(k)-y(k);

ei=ei+error(k)*ts;

up(k)=80*error(k)+20*ei+2.0*(error(k)-error_1)/ts;

uf(k)=25/133*dyd(k)+1/133*ddyd(k);
```

```
M=2;
if M==1          %Only using PID
    u(k)=up(k);
elseif M==2      %PID+Feedforward
    u(k)=up(k)+uf(k);
end

if u(k)>=10
    u(k)=10;
end
if u(k)<=-10
    u(k)=-10;
end

u_2=u_1;u_1=u(k);
y_2=y_1;y_1=y(k);
error_1=error(k);
end
figure(1);
subplot(211);
plot(time,yd,'r',time,y,'k:','linewidth',2);
xlabel('time(s)');ylabel('yd,y');
legend('Ideal position signal','Position tracking');
subplot(212);
plot(time,error,'r','linewidth',2);
xlabel('time(s)');ylabel('error');
figure(2);
plot(time,up,'k',time,uf,'b',time,u,'r','linewidth',2);
xlabel('time(s)');ylabel('up,uf,u');
```

1.3.14 步进式 PID 控制算法

在较大阶跃响应时，很容易产生超调。采用步进式积分分离 PID 控制，该方法不直接对阶跃信号进行响应，而是使输入指令信号一步一步地逼近所要求的阶跃信号，可使对象运行平稳，适用于高精度伺服系统的位置跟踪。

在步进式 PID 控制的仿真中，取位置指令为 $R=20$，实际输入指令 $y_d(k)$ 采用 0.25 的步长变化，逐渐逼近输入指令信号 R。仿真结果表明，采用积分分离式 PID 控制，响应速度快，但阶跃响应不平稳，需要的控制输入信号大；而采用步进式 PID 控制，虽然响应速度慢，但阶跃响应平稳，需要的控制输入信号小，具有很好的工程实用价值。

【仿真实例】

被控对象为

$$G(s) = \frac{523500}{s^3 + 87.35s^2 + 10470s}$$

采样时间为 1ms，输入指令信号为 $R=20$。采用本控制算法进行阶跃响应：$M=1$ 时，为积分分离式 PID 控制，响应结果如图 1-51 所示；$M=2$ 时，为步进式积分分离 PID 控制，响应结果及输入信号的变化如图 1-52 和图 1-53 所示。

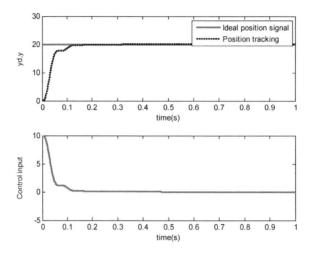

图 1-51　采用积分分离 PID 控制的阶跃响应（$M=1$）

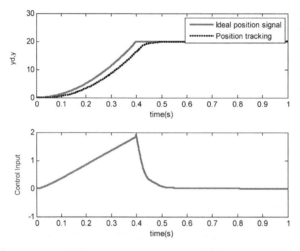

图 1-52　采用步进式积分分离 PID 控制的阶跃响应（$M=2$）

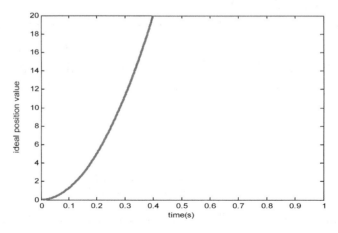

图 1-53　步进式积分分离阶跃信号 $y_d(k)$ 的变化

〖仿真程序〗 chap1_24.m

```matlab
%PID Control with Gradual approaching input value
clear all;
close all;

ts=0.001;
sys=tf(5.235e005,[1,87.35,1.047e004,0]);
dsys=c2d(sys,ts,'z');
[num,den]=tfdata(dsys,'v');

u_1=0;u_2=0;u_3=0;u_4=0;u_5=0;
y_1=0;y_2=0;y_3=0;
error_1=0;error_2=0;ei=0;

kp=0.50;ki=0.05;
rate=0.25;
ydi=0.0;

for k=1:1:1000
time(k)=k*ts;
R=20;   %Step Signal

%Linear model
y(k)=-den(2)*y_1-den(3)*y_2-den(4)*y_3+num(2)*u_1+num(3)*u_2+num(4)*u_3;

M=2;
if M==1     %Using simple PID
   yd(k)=R;
   error(k)=yd(k)-y(k);
end
if M==2     %Using Gradual approaching input value
if ydi<R-0.25
   ydi=ydi+k*ts*rate;
elseif ydi>R+0.25
   ydi=ydi-k*ts*rate;
else
   ydi=R;
end
   yd(k)=ydi;
   error(k)=yd(k)-y(k);
end

%PID with I separation
if abs(error(k))<=0.8
   ei=ei+error(k)*ts;
else
   ei=0;
```

```
end
u(k)=kp*error(k)+ki*ei;

%----------Return of PID parameters------------
yd_1=yd(k);
u_3=u_2;u_2=u_1;u_1=u(k);
y_3=y_2;y_2=y_1;y_1=y(k);

error_2=error_1;
error_1=error(k);
end
figure(1);
subplot(211);
plot(time,yd,'r',time,y,'k:','linewidth',2);
xlabel('time(s)');ylabel('yd,y');
legend('Ideal position signal','Position tracking');
subplot(212);
plot(time,u,'r','linewidth',2);
xlabel('time(s)');ylabel('Control input');
figure(2);
plot(time,yd,'r','linewidth',2);
xlabel('time(s)');ylabel('ideal position value');
```

1.3.15　PID 控制的方波响应

设被控对象为一延迟对象：

$$G(s) = \frac{e^{-80s}}{60s+1}$$

式中，e^{-80s} 为延迟因子。

采样时间为 20s，延迟时间为 4 个采样时间，即 80s，被控对象离散化为

$$y(k) = -\text{den}(2)y(k-1) + \text{num}(2)u(k-5)$$

由于方波信号的速度、加速度不连续，当位置跟踪指令为方波信号时，如采用滤波器对指令信号进行滤波，将滤波输出作为给定信号，可使方波响应及执行器的动作更加平稳，在工程上具有一定意义。

为了保证滤波后幅值不变，取三阶离散滤波器为

$$F(z-1) = a_1 + a_2 z^{-1} + a_1 z^{-2}$$
$$2a_1 + a_2 = 1$$

取方波信号为 $y_d(t) = \text{sgn}(\sin(0.0001\pi t))$，滤波器参数取 $a_1 = 0.10$，$a_2 = 0.80$。

分两种情况进行仿真：$M=1$ 时，为普通方波指令信号，方波响应结果如图 1-54 所示；$M=2$ 时，为加滤波的方波指令信号，方波响应结果如图 1-55 所示。

可见，将方波指令信号加滤波后，方波响应更加平稳，控制输入信号的抖动消除。

第 1 章 基本的 PID 控制

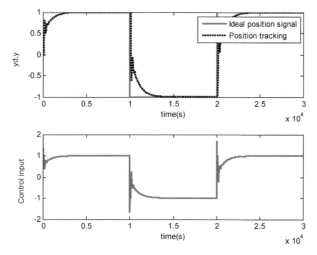

图 1-54 普通方波指令信号的 PID 响应和控制输入（$M=1$）

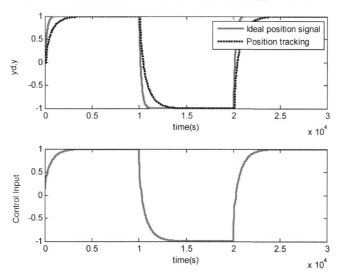

图 1-55 加滤波的方波指令信号 PID 响应和控制输入（$M=2$）

〖仿真程序〗 chap1_25.m

```
%PID Controler for Square Tracking with Filtered Signal
clear all;
close all;

ts=20;
sys=tf([1],[60,1],'inputdelay',80);
dsys=c2d(sys,ts,'zoh');
[num,den]=tfdata(dsys,'v');

u_1=0;u_2=0;u_3=0;u_4=0;u_5=0;
y_1=0;
error_1=0;
ei=0;
```

```
yd_1=0;yd_2=0;
for k=1:1:1500
time(k)=k*ts;

yd(k)=1.0*sign(sin(0.00005*2*pi*k*ts));

M=1;
switch M;
case 1
    yd(k)=yd(k);
case 2
    yd(k)=0.10*yd(k)+0.80*yd_1+0.10*yd_2;
end

%Linear model
y(k)=-den(2)*y_1+num(2)*u_5;

kp=0.80;
kd=10;
ki=0.002;

error(k)=yd(k)-y(k);
ei=ei+error(k)*ts;

u(k)=kp*error(k)+kd*(error(k)-error_1)/ts+ki*ei;

%Update parameters
u_5=u_4;u_4=u_3;u_3=u_2;u_2=u_1;u_1=u(k);
y_1=y(k);

error_2=error_1;
error_1=error(k);
yd_2=yd_1;
yd_1=yd(k);
end
figure(1);
subplot(211);
plot(time,yd,'r',time,y,'k:','linewidth',2);
xlabel('time(s)');ylabel('yd,y');
legend('Ideal position signal','Position tracking');
subplot(212);
plot(time,u,'r','linewidth',2);
xlabel('time(s)');ylabel('Control input');
```

1.3.16 基于卡尔曼滤波器的 PID 控制算法

1. 卡尔曼滤波器原理

在现代随机最优控制和随机信号处理技术中，信号和噪声往往是多维非平稳随机过程。因其时变性，功率谱不固定。在 1960 年年初提出了卡尔曼滤波理论，该理论采用时域上的递推算法在数字计算机上进行数据滤波处理。

对于离散域线性系统：

$$x(k) = Ax(k-1) + B(u(k) + w(k))$$
$$y_v(k) = Cx(k) + v(k) \quad (1.30)$$

式中，$w(k)$ 为过程噪声信号；$v(k)$ 为测量噪声信号。

离散卡尔曼滤波器递推算法为

$$M_n(k) = \frac{P(k)C^T}{CP(k)C^T + R} \quad (1.31)$$

$$P(k) = AP(k-1)A^T + BQB^T \quad (1.32)$$

$$P(k) = (I_n - M_n(k)C)P(k) \quad (1.33)$$

$$x(k) = Ax(k-1) + M_n(k)(y_v(k) - CAx(k-1)) \quad (1.34)$$

$$y_e(k) = Cx(k) \quad (1.35)$$

误差的协方差为

$$\text{errcov}(k) = CP(k)C^T \quad (1.36)$$

卡尔曼滤波器结构如图 1-56 所示。

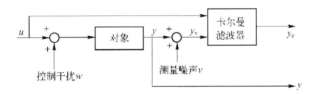

图 1-56　卡尔曼滤波器结构图

【仿真实例】

验证卡尔曼滤波器的滤波性能。对象为二阶传递函数：

$$G_p(s) = \frac{133}{s^2 + 25s}$$

取采样时间为 1ms，采用 Z 变换将对象离散化，并描述为离散状态方程的形式：

$$x(k+1) = Ax(k) + B(u(k) + w(k))$$
$$y(k) = Cx(k)$$

带有测量噪声的被控对象输出为

$$y_v(k) = Cx(k) + v(k)$$

式中，$A = \begin{bmatrix} 1.0000000, & 0.0009876 \\ 0.0000000, & 0.9753099 \end{bmatrix}$，$B = \begin{bmatrix} 0.0000659 \\ 0.1313512 \end{bmatrix}$，$C = [1,0]$，$D = [0]$。

【仿真之一】 采用 M 语言进行仿真

控制干扰信号 $w(k)$ 和测量噪声信号 $v(k)$ 幅值均为 0.10 的白噪声信号，输入信号幅值为 1.0、频率为 1.5Hz 的正弦信号。采用卡尔曼滤波器实现信号的滤波，取 $Q=1$、$R=1$。仿真时间为 3s，原始信号及带有噪声的原始信号、原始信号及滤波后的信号和误差协方差的变化分别如图 1-57～1-59 所示。仿真结果表明，该滤波器对控制干扰和测量噪声具有很好的滤波作用。

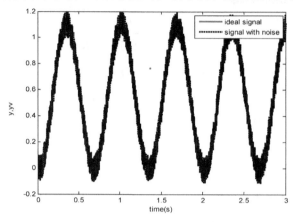

图 1-57　原始信号及带有噪声的原始信号

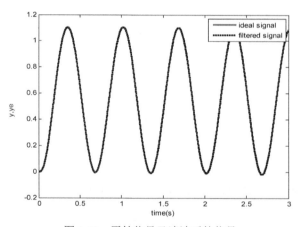

图 1-58　原始信号及滤波后的信号

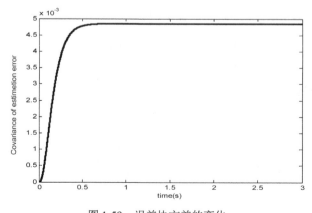

图 1-59　误差协方差的变化

〖仿真程序〗 chap1_26.m

```matlab
%Kalman filter
%x=Ax+B(u+w(k));
%y=Cx+D+v(k)
clear all;
close all;

ts=0.001;
M=3000;

%Continuous Plant
a=25;b=133;
sys=tf(b,[1,a,0]);
dsys=c2d(sys,ts,'z');
[num,den]=tfdata(dsys,'v');

A1=[0 1;0 -a];
B1=[0;b];
C1=[1 0];
D1=[0];
[A,B,C,D]=c2dm(A1,B1,C1,D1,ts,'z');

Q=1;            %Covariances of w
R=1;            %Covariances of v

P=B*Q*B';       %Initial error covariance
x=zeros(2,1);   %Initial condition on the state

ye=zeros(M,1);
ycov=zeros(M,1);

u_1=0;u_2=0;
y_1=0;y_2=0;

for k=1:1:M
time(k)=k*ts;

w(k)=0.10*rands(1);     %Process noise on u
v(k)=0.10*rands(1);     %Measurement noise on y

u(k)=1.0*sin(2*pi*1.5*k*ts);
u(k)=u(k)+w(k);

y(k)=-den(2)*y_1-den(3)*y_2+num(2)*u_1+num(3)*u_2;
yv(k)=y(k)+v(k);

%Measurement update
    Mn=P*C'/(C*P*C'+R);
    P=A*P*A'+B*Q*B';
```

```
    P=(eye(2)-Mn*C)*P;

    x=A*x+Mn*(yv(k)-C*A*x);
    ye(k)=C*x+D;              %Filtered value

    errcov(k)=C*P*C';         %Covariance of estimation error

%Time update
    x=A*x+B*u(k);

    u_2=u_1;u_1=u(k);
    y_2=y_1;y_1=ye(k);
end
figure(1);
plot(time,y,'r',time,yv,'k:','linewidth',2);
xlabel('time(s)');ylabel('y,yv')
legend('ideal signal','signal with noise');
figure(2);
plot(time,y,'r',time,ye,'k:','linewidth',2);
xlabel('time(s)');ylabel('y,ye')
legend('ideal signal','filtered signal');
figure(3);
plot(time,errcov,'k','linewidth',2);
xlabel('time(s)');ylabel('Covariance of estimation error');
```

【仿真之二】 采用 Simulink 进行仿真

Kalman 算法由 M 函数实现。控制干扰信号 $w(k)$ 和测量噪声信号 $v(k)$ 幅值均为 0.10 的白噪声信号，输入信号幅值为 1.0、频率为 0.5Hz 的正弦信号。采用卡尔曼滤波器实现信号的滤波，取 $Q=1$、$R=1$。仿真结果如图 1-60 和图 1-61 所示。

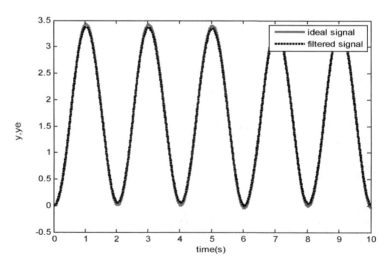

图 1-60　原始信号 y 及滤波后的信号 y_e

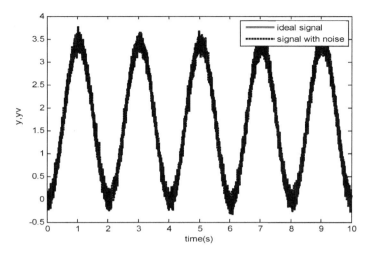

图 1-61　原始信号 y 及带有噪声的原始信号 y_v

〖仿真程序〗

（1）Simulink 主程序：chap1_27.mdl

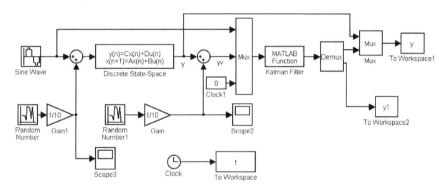

（2）Kalman 滤波子程序：chap1_27f.m

```
%Discrete Kalman filter
%x=Ax+B(u+w(k));
%y=Cx+D+v(k)
function [u]=kalman(u1,u2,u3)
persistent A B C D Q R P x

yv=u2;
if u3==0
    x=zeros(2,1);
    ts=0.001;
    a=25;b=133;
    sys=tf(b,[1,a,0]);
    A1=[0 1;0 -a];
    B1=[0;b];
    C1=[1 0];
    D1=[0];
    [A,B,C,D]=c2dm(A1,B1,C1,D1,ts,'z');
```

```
            Q=1;                  %Covariances of w
            R=1;                  %Covariances of v
            P=B*Q*B';             %Initial error covariance
        end

        %Measurement update
        Mn=P*C'/(C*P*C'+R);

        x=A*x+Mn*(yv-C*A*x);

        P=(eye(2)-Mn*C)*P;

        ye=C*x+D;              %Filtered value

        u(1)=ye;      %Filtered signal
        u(2)=yv;      %Signal with noise

        errcov=C*P*C';         %Covariance of estimation error

        %Time update
        x=A*x+B*u1;
        P=A*P*A'+B*Q*B';
```

(3) 作图程序: chap1_27plot.m

```
        close all;
        figure(1);
        plot(t,y(:,1),'r',t,y(:,2),'k:','linewidth',2);
        xlabel('time(s)');ylabel('y,ye');
        legend('ideal signal','filtered signal');

        figure(2);
        plot(t,y(:,1),'r',t,y1(:,1),'k:','linewidth',2);
        xlabel('time(s)');ylabel('y,yv');
        legend('ideal signal','signal with noise');
```

2. 基于卡尔曼滤波器的 PID 控制

基于卡尔曼（Kalman）滤波的 PID 控制系统结构如图 1-62 所示。

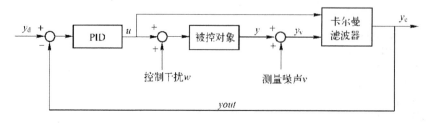

图 1-62　基于卡尔曼滤波的 PID 控制系统结构图

【仿真实例】

采用卡尔曼滤波器的 PID 控制。被控对象为二阶传递函数：

$$G_p(s) = \frac{133}{s^2 + 25s}$$

离散化结果与"1. 卡尔曼滤波器原理"的仿真实例相同。采样时间为 1ms。控制干扰信号 $w(k)$ 和测量噪声信号 $v(k)$ 幅值均为 0.002 的白噪声信号，输入信号为一阶跃信号。采用卡尔曼滤波器实现信号的滤波，取 $Q=1$、$R=1$。仿真时间为 1s。分两种情况进行仿真：$M=1$ 时为未加滤波，$M=2$ 时为加滤波。在 PID 控制器中，取 $k_p=8.0$、$k_i=0.80$、$k_d=0.20$。加入滤波器前后 PID 控制阶跃响应如图 1-63 和图 1-64 所示。仿真结果表明，通过采用滤波器使控制效果明显改善。

本方法的不足之处是设计卡尔曼滤波器时需要被控对象的精确模型。

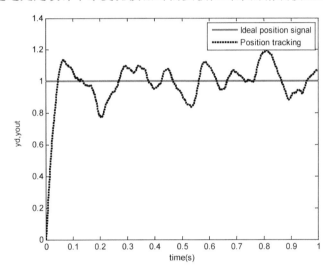

图 1-63 无滤波器时 PID 控制阶跃响应（$M=1$）

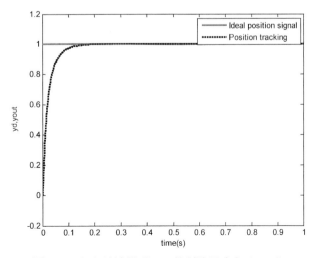

图 1-64 加入滤波器后 PID 控制阶跃响应（$M=2$）

〖仿真程序〗 chap1_28.m

```
%Discrete Kalman filter for PID control
%Reference kalman_2rank.m
%x=Ax+B(u+w(k));
%y=Cx+D+v(k)
clear all;
close all;

ts=0.001;
%Continuous Plant
a=25;b=133;
sys=tf(b,[1,a,0]);
dsys=c2d(sys,ts,'z');
[num,den]=tfdata(dsys,'v');

A1=[0 1;0 -a];
B1=[0;b];
C1=[1 0];
D1=[0];
[A,B,C,D]=c2dm(A1,B1,C1,D1,ts,'z');

Q=1;                %Covariances of w
R=1;                %Covariances of v

P=B*Q*B';           %Initial error covariance
x=zeros(2,1);       %Initial condition on the state

u_1=0;u_2=0;
y_1=0;y_2=0;
ei=0;
error_1=0;
for k=1:1:1000
time(k)=k*ts;

yd(k)=1;
kp=8.0;ki=0.80;kd=0.20;

w(k)=0.002*rands(1);     %Process noise on u
v(k)=0.002*rands(1);     %Measurement noise on y

y(k)=-den(2)*y_1-den(3)*y_2+num(2)*u_1+num(3)*u_2;
yv(k)=y(k)+v(k);

%Measurement update
Mn=P*C'/(C*P*C'+R);
P=A*P*A'+B*Q*B';
P=(eye(2)-Mn*C)*P;

x=A*x+Mn*(yv(k)-C*A*x);
```

```
ye(k)=C*x+D;        %Filtered value

M=1;
if M==1             %No kalman filter
    yout(k)=yv(k);
elseif M==2         %Using kalman filter
    yout(k)=ye(k);
end
error(k)=yd(k)-yout(k);
ei=ei+error(k)*ts;

u(k)=kp*error(k)+ki*ei+kd*(error(k)-error_1)/ts;    %PID
u(k)=u(k)+w(k);

errcov(k)=C*P*C';   %Covariance of estimation error

%Time update
x=A*x+B*u(k);

u_2=u_1;u_1=u(k);
y_2=y_1;y_1=yout(k);
error_1=error(k);
end
figure(1);
plot(time,yd,'r',time,yout,'k:','linewidth',2);
xlabel('time(s)');ylabel('yd,yout');
legend('Ideal position signal','Position tracking');
```

1.4 S 函数介绍

S 函数中使用文本方式输入公式和方程，适合复杂动态系统的数学描述，并且在仿真过程中可以对仿真参数进行更精确的描述。在本书的控制系统的 Simulink 仿真中，主要使用 S 函数来实现控制律、自适应律和被控对象的描述。

1.4.1 S 函数简介

S 函数模块是整个 Simulink 动态系统的核心，也可以说 S 函数是 Simulink 最具魅力的地方。

S 函数是系统函数（system function）的简称，是指采用非图形化的方式（即计算机语言，区别于 Simulink 的系统模块）描述的一个功能块。用户可以采用 MATLAB 代码、C、C++等语言编写 S 函数。S 函数由一种特定的语法构成，用来描述并实现连续系统、离散系统和复合系统等动态系统。S 函数能够接受来自 Simulink 求解器的相关信息，并对求解器发出的命令做出适当的响应，这种交互作用非常类似于 Simulink 系统模块与求解器的交互作用。一个结构体系完整的 S 函数包含了描述动态系统所需的全部能力，所有其他的使用情况都是这个结构体系的特例。

1.4.2 S 函数使用步骤

一般而言，S 函数的使用步骤如下：

① 创建 S 函数源文件。创建 S 函数源文件有多种方法，Simulink 提供了很多 S 函数模板和例子，用户可以根据自己的需要修改相应的模板或例子即可。

② 在动态系统的 Simulink 模型框图中添加 S-function 模块，并进行正确的设置。

③ 在 Simulink 模型框图中按照定义好的功能连接输入/输出端口。

为了方便 S 函数的使用和编写，Simulink 的 Functions&Tables 模块库还提供了 S-function demos 模块组，为用户提供了编写 S 函数的各种例子和 S 函数模板模块。

1.4.3 S 函数的基本功能及重要参数设定

① S 函数功能模块：各种功能模块完成不同的任务，这些功能模块（函数）称为仿真例程或回调函数（call-back functions），包括初始化（initialization）、导数（mdlDerivative）、输出（mdlOutput）等。

② NumContStates 表示 S 函数描述的模块中连续状态的个数。

③ NumDiscStates 表示离散状态的个数。

④ NumOutputs 和 NumInputs 分别表示模块输入和输出的个数。

⑤ 直接馈通（dirFeedthrough）为输入信号是否在输出端出现的标识，取值为 0 或 1。

⑥ NumSampleTimes 为模块采样周期的个数，S 函数支持多采样周期的系统。

除了 sys 外，还应设置系统的初始状态变量 x_0、说明变量 str 和采样周期变量 t_s。t_s 变量为双列矩阵，其中每一行对应一个采样周期。对连续系统和单个采样周期的系统来说，该变量为 $[t_1, t_2]$，t_1 为采样周期，$t_1 = -1$ 表示继承输入信号的采样周期，t_2 为偏移量，一般取为 0。对连续系统来说，t_s 取 $[-1, 0]$。

1.4.4 实例说明

在控制系统仿真中，通常采用 S 函数描述控制律、自适应律和被控对象。本章采用 S 函数进行控制系统仿真的例子见 1.2.1 节的仿真之三和仿真之四，1.2.2 节的仿真之二和 1.3.2 节的仿真之三。

以 1.2.1 节的仿真之三为例，采用 S 函数实现了控制系统的 Simulink 仿真，仿真主程序为 chap1_3.mdl。分别采用 S 函数描述控制律和被控对象，介绍如下：

① 采用 S 函数描述被控对象，见程序 chap1_3plant.m。利用 S 函数的微分子模块描述被控对象

$$\dot{x}_1 = x_2$$
$$\dot{x}_2 = -ax_2 + bu$$

仿真程序如下：

```
function sys=mdlDerivatives(t,x,u)
sys(1)=x(2);
sys(2)=-(25+10*rands(1))*x(2)+(133+30*rands(1))*u;
```

② 采用 S 函数描述 PID 控制器，见程序 chap1_3s.m。利用 S 函数的输出子模块描述

PID 控制算法，程序如下：

```
function sys=mdlOutputs(t,x,u)
error=u(1);
derror=u(2);
errori=u(3);

kp=60;
ki=1;
kd=3;
ut=kp*error+kd*derror+ki*errori;
sys(1)=ut;
```

1.5　PID 研究新进展

① 在理论研究方面。A. N. Gundes 等[1]研究了线性 MIMO 系统的 PID 控制稳定性问题，V. A. Oliveira 等[2]针对时滞系统的 PID 控制问题进行了深入探讨，J. A. Ramirez 等[3]研究了控制输入受限下的 PID 控制算法。

② 在应用研究方面。韩京清提出了基于自抗扰控制理论的非线性 PID 控制[4]，该理论结合微分器、扩张观测器和过渡过程，有效地提高了控制性能。Y. X. Su 等[5]将韩京清所提出的方法成功地应用于机械手的控制中。

③ 先进 PID 整定研究。J.Chen 等[6]采用神经网络实现了 PID 的在线整定，T. K. Teng 等[7]采用遗传算法实现了 PID 的在线整定。T. H. Kim 等[8]以 H^∞ 为优化性能指标，采用粒子群算法实现了 PID 的整定。K. S. Tang 等[9]采用模糊逻辑，并利用遗传算法优化，实现了 PID 的整定。F. Zheng 等[10]采用线性矩阵不等式 LMI 方法实现了 PID 参数的整定，使之满足最优性能。

④ PID 控制器产品。文献[11,12]深入分析了 P、I、D 三项的独立整定效果和对闭环系统稳定性的影响，并介绍了国际上有代表性的 PID 控制算法专利、PID 控制软件包和 PID 硬件系统。

⑤ 有关 PID 控制相关著作。文献[13]探讨了针对延迟系统的 PID 控制器设计方法，文献[14]探讨了针对延迟系统的 PID 控制器设计方法，文献[15,16]针对实际工程探讨了 PID 控制器设计方法，文献[17]给出了各种情况下 PID 控制器的调节规则。

参 考 文 献

[1] GUNDES A N, OZGULER A B. PID stabilization of MIMO plants[J]. IEEE Transactions on Automatic Control, 2007, 52(8):1502-1508.

[2] OLIVEIRA V A, L V COSSI, TEIXEIRA M C M, SILVA A M F. Synthesis of PID controllers for a class of time delay systems[J]. Automatica, 2009, 45(7):1778-1782.

[3] RAMIREZ J A, KELLY R, CERVANTES I. Semiglobal stability of saturated linear PID control for robot manipulators[J]. Automatica, 2003, 39(6):989-995.

[4] HAN J Q. From PID to active disturbance rejection control[J]. IEEE Transactions on Industrial Electronics, 2009, 56(3):900-906.

[5] SU Y X, DUAN B Y, ZHENG C H. Nonlinear PID control of a six-DOF parallel manipulator[J]. IEE Proceedings - Control Theory and Applications, 2004, 151(1):95-102.

[6] CHEN J, HUANG T C. Applying neural networks to on-line updated PID controllers for nonlinear process control[J]. Journal of Process Control, 2004, 14(2):211-230.

[7] TENG T K, SHIEH J S, CHEN C S. Genetic algorithms applied in online autotuning PID parameters of a liquid-level control system[J]. Transactions of the Institute of Measurement and Control, 2003, 25(5):433-450.

[8] KIM T H, MARUTA I, SUGIE T. Robust PID controller tuning based on the constrained particle swarm optimization[J]. Automatica, 2008, 44(4):1104-1110.

[9] TANG K S, MAN K F, CHEN G, et al. An optimal fuzzy PID controller[J]. IEEE Transactions on Industrial Electronics, 2001, 48(4):757-765.

[10] ZHENG F, WANG Q G, LEE T H. On the design of multivariable PID controllers via LMI approach[J]. Automatica, 2002, 38(3):517-526.

[11] ANG K H, CHONG G, LI Y. PID control system analysis, design, and technology[J]. IEEE Transactions on Control Systems Technology, 2005, 13(4):559-576.

[12] LI Y, ANG K H, CHONG G C Y. Patents, software and hardware for PID control: an overview and analysis of the current art[J]. IEEE Control Systems Magazine, 2006, 26(1):42-54.

[13] DATTA A, HO M T, BHATTACHARYYA S P. Structure and synthesis of PID controllers[M]. Springer-Verlag Press, 2000.

[14] SILVA G J, DATTA A, BHATTACHARYYA S P. PID controllers for time-delay systems[M]. Boston: Birkhauser, 2005.

[15] VISIOLI A. Practical PID control[M]. Springer-Verlag Press, 2006.

[16] TAN K K, WANG Q G, HANGC C. Advances in PID control[M]. Springer London Ltd, 1988.

[17] DWYER A O. Handbook of PI and PID controller tuning rules[M]. 2nd ed. Imperial College Press, 2006.

第 2 章 PID 控制器的整定

2.1 概述

几十年来，PID 控制的参数整定方法和技术处于不断发展中，特别是近年来，国际自动控制领域对 PID 控制的参数整定方法的研究仍在继续，许多重要国际杂志不断发表新的研究成果。Astrom 和 Hagglund 于 1988 年出版了专著《PID 控制器自整定》[1]，并于 1995 年再次出版了《PID 控制器：理论、设计及整定》一书，介绍了 PID 整定的常用方法[2]。

自 Ziegler 和 Nichols[3]提出 PID 参数整定方法起，有许多技术已经被用于 PID 控制器的手动和自动整定。根据发展阶段的划分，可分为常规 PID 参数整定方法及智能 PID 参数整定方法；按照被控对象个数来划分，可分为单变量 PID 参数整定方法[4]及多变量 PID 参数整定方法[5]，前者包括现有大多数整定方法，后者是研究的热点及难点；按控制量的组合形式来划分，可分为线性 PID 参数整定方法及非线性 PID 参数整定方法，前者用于经典 PID 调节器，后者用于由非线性跟踪-微分器和非线性组合方式生成的非线性 PID 控制器[6]。

2.2 基于响应曲线法的 PID 整定

工业生产中常用的 PID 整定方法有经验法、衰减曲线法和响应曲线法。其中经验法也叫试凑法，具体包括先比例、后积分、再微分三个步骤。衰减曲线法包括 4∶1 衰减曲线法和 10∶1 衰减曲线法。下面以响应曲线法和临界比例度法的 PID 整定为例来介绍。

2.2.1 基本原理

可根据带有时滞环节的一阶近似模型的阶跃响应来整定 PID。该模型表示为

$$G(s) = \frac{K}{Ts+1} e^{-\tau s} \quad (2.1)$$

式中，一阶响应的特征参数 K、T 和 τ 可以由图 2-1 所构成的示意图提取出来。

响应曲线法是根据给定对象的瞬态响应特性参数 K、T 和 τ 来确定 PID 控制器的参数，整定公式如表 2-1 所示[2]。如果单位阶跃响应曲线为 S 形曲线，则可用此法，否则不能用。

PID 控制算法为

$$u(t) = \frac{1}{\delta}\left(e + \frac{1}{T_I}\int_0^t e\,dt + T_D \frac{de}{dt}\right) \quad (2.2)$$

式中，δ 为比例度；T_I 为积分时间；T_D 为微分时间。

如果取 $k_p = \frac{1}{\delta}$、$k_i = \frac{k_p}{T_I}$、$k_d = k_p T_D$，则 PID 控制律表示为

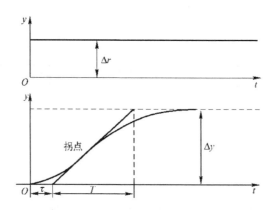

图 2-1 开环系统对阶跃输入信号的响应曲线示意图

$$u(t) = k_{\mathrm{p}}e + k_{\mathrm{i}}\int_0^t e\mathrm{d}t + k_{\mathrm{d}}\frac{\mathrm{d}e}{\mathrm{d}t} \qquad (2.3)$$

该方法首先要通过实验测定开环系统对阶跃输入信号的响应曲线，具体步骤如下。

① 首先进行开环控制，断开反馈通道，给被控对象一个阶跃输入信号 Δu；
② 记录被控对象的输出特性曲线；
③ 从曲线上求得参数 $u_{\min}$、$u_{\max}$、$y_{\min}$、$y_{\max}$、T 和 τ；
④ 计算 K 和飞升速度 ε；
⑤ 根据所求的 τ 和 ε，按表 2-1 的经验公式求出不同类型的控制器参数。

K 和 ε 按下式计算：

$$K = \frac{\dfrac{\Delta y}{y_{\max} - y_{\min}}}{\dfrac{\Delta u}{u_{\max} - u_{\min}}},\quad \varepsilon = \frac{K}{T} \qquad (2.4)$$

表 2-1 响应曲线法整定 PID 参数

控制器类型	比例度 δ(%)	积分时间 T_{I}	微分时间 T_{D}
P	$\varepsilon\tau$		
PI	$1.1\varepsilon\tau$	3.3τ	
PID	$0.85\varepsilon\tau$	2τ	0.5τ

式中，Δu 为输入信号的阶跃值；$u_{\min}$ 和 $u_{\max}$ 分别为输入信号的最大值和最小值；$y_{\min}$ 和 $y_{\max}$ 分别为对象输出的最大值和最小值。

2.2.2 仿真实例

设被控对象为

$$G_{\mathrm{p}}(s) = \frac{K}{Ts+1}\mathrm{e}^{-\tau s}$$

响应曲线法整定分以下三步。

① 首先断开反馈通道，给被控对象一个阶跃输入信号，仿真程序为 chap2_1sim.mdl，这是一个反复测试的过程，如图 2-2 所示。

② 由图 2-2 可以近似得到 $\tau = 80$，$T = 60$，从而得到

$$K = \frac{\dfrac{\Delta y}{y_{\max} - y_{\min}}}{\dfrac{\Delta u}{u_{\max} - u_{\min}}} = 1,\quad \varepsilon = \frac{K}{T} = \frac{1}{60}$$

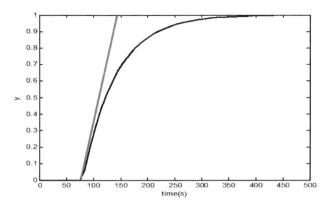

图 2-2　开环系统对阶跃输入信号的响应

则对象模型可表示为

$$G_p(s) = \frac{1}{60s+1} e^{-80s}$$

③ 采用 PID 控制算法，根据表 2-1 可计算得 $\delta = 0.85\varepsilon\tau = 0.85 \times \frac{1}{60} \times 80 = 1.1333$，即 $k_p = \frac{1}{\delta} = 0.8824$，$T_I = 2\tau = 160$，$T_D = 0.5\tau = 40$。

采用控制律式（2.2），连续系统控制仿真结果如图 2-3 所示。取采样周期为 $T_s = 20$，将被控对象和 PID 控制器离散化，离散控制仿真结果如图 2-4 所示。

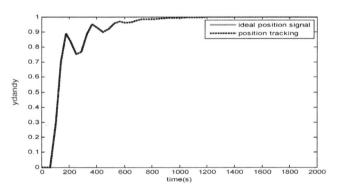

图 2-3　连续 PID 控制单位阶跃响应

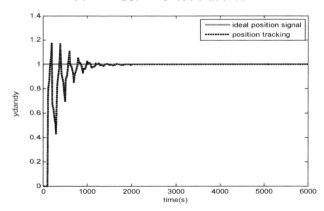

图 2-4　离散 PID 控制单位阶跃响应

〖仿真程序〗

（1）对象开环测试

① Simulink 主程序：chap2_1sim.mdl。

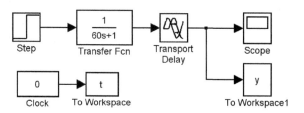

② 作图程序：chap2_1plot.m。

```
close all;

figure（1）;
plot(t,y(:,1),'k','linewidth',2);
xlabel('time(s)');ylabel('y');
```

（2）连续 PID 控制仿真

① Simulink 主程序：chap2_2sim.mdl。

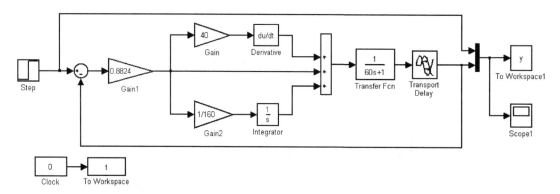

② 作图程序：chap2_2plot.m。

```
close all;

figure(1);
plot(t,y(:,1),'r',t,y(:,2),'k:','linewidth',2);
xlabel('time(s)');ylabel('yd and y');
legend('ideal position signal','position tracking');
```

（3）离散 PID 控制仿真：chap2_3.m

```
clear all;
close all;
Ts=20;

%Delay plant
```

```
K=1;
Tp=60;
tol=80;
sys=tf([K],[Tp,1],'inputdelay',tol);
dsys=c2d(sys,Ts,'zoh');
[num,den]=tfdata(dsys,'v');

u_1=0.0;u_2=0.0;u_3=0.0;u_4=0.0;u_5=0.0;
e_1=0;
ei=0;
y_1=0.0;
for k=1:1:300
time(k)=k*Ts;

yd(k)=1.0;        %Tracing Step Signal

y(k)=-den(2)*y_1+num(2)*u_5;

e(k)=yd(k)-y(k);
de(k)=(e(k)-e_1)/Ts;
ei=ei+Ts*e(k);

delta=0.885;
TI=160;
TD=40;

u(k)=delta*(e(k)+1/TI*ei+TD*de(k));

e_1=e(k);
u_5=u_4;u_4=u_3;u_3=u_2;u_2=u_1;u_1=u(k);
y_1=y(k);
end
figure(1);
plot(time,yd,'r',time,y,'k:','linewidth',2);
xlabel('time(s)');ylabel('yd and y');
legend('ideal position signal','position tracking');
```

2.3 基于 Ziegler-Nichols 的频域响应 PID 整定

2.3.1 连续 Ziegler-Nichols 方法的 PID 整定

Ziegler-Nichols 频域整定方法是基于稳定性分析的频域响应 PID 整定方法。该方法整定的思想是，对于给定的被控对象传递函数，可以得到其根轨迹，对应穿越 $j\omega$ 轴的点，增益即为 K_m，而此点的 ω 值即为 ω_m。

整定公式如下[3]：

$$K_p = 0.6K_m, \quad K_d = \frac{K_p \pi}{4\omega_m}, \quad K_i = \frac{K_p \omega_m}{\pi} \qquad (2.5)$$

式中，K_m 为系统开始振荡时的增益 K 值；ω_m 为振荡频率。

2.3.2 仿真实例

设被控对象为

$$G(s) = \frac{400}{s(s^2 + 30s + 200)}$$

运行整定程序 chap2_4tuning.m，可得图 2-5～图 2-7。图 2-5 为系统未补偿的根轨迹图，在该图上可选定穿越 $j\omega$ 轴时的点（共有两个点，任选其一），从而获得增益 K_m 和该点的 ω 值即 ω_m。

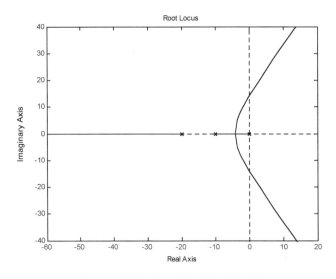

图 2-5 未整定时开环系统的根轨迹图

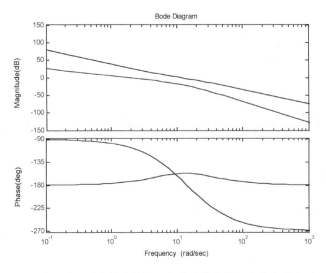

图 2-6 整定前后系统的伯特图（实线为整定前，虚线为整定后）

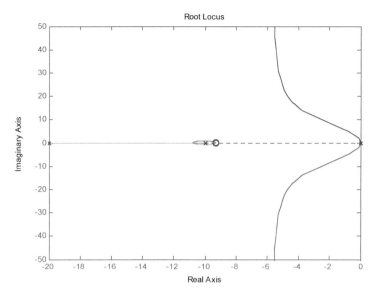

图 2-7 整定后闭环系统的根轨迹

使用 rlocus 及 rlocfind 命令可求得穿越增益 $K_m = 14$ 和穿越频率 $\omega_m = 14 \text{rad/s}$。采用 Ziegler-Nichols 整定方法式（2.5）可求得 PID 参数：

$$K_p = 8.8371, \quad K_d = 0.4945, \quad K_i = 39.4847$$

整定程序中，sys_pid 和 sysc 分别为控制器和闭环系统的传递函数。图 2-6 为整定前后系统的伯特图，可见，该系统整定后，频带拓宽，相移超前。图 2-7 所示为整定后系统的根轨迹，所有极点位于负半面，达到完全稳定状态。

运行 Simulink 控制程序 chap2_4.mdl，通过开关切换进行两种方法的仿真，可得图 2-8 和图 2-9。图 2-8 所示为系统未补偿的正弦跟踪。图 2-9 所示为系统采用 PID 补偿后的正弦跟踪。

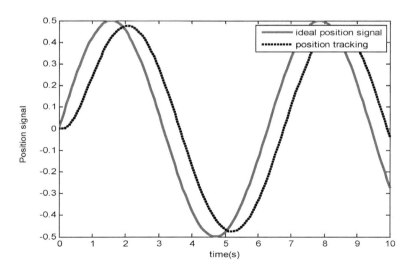

图 2-8 系统未补偿的正弦跟踪

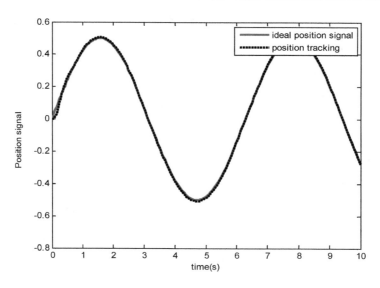

图 2-9 采用 PID 补偿后的正弦跟踪

〖**仿真程序**〗 分为 PID 整定程序、Simulink 主程序和作图程序三部分。

（1）整定程序：chap2_4tuning.m

```
%PID Controler Based on Ziegler-Nichols
clear all;
close all;

sys=tf(400,[1,30,200,0]);

figure(1);
rlocus(sys);
[km,pole]=rlocfind(sys)

wm=imag(pole(2));
kp=0.6*km
kd=kp*pi/(4*wm)
ki=kp*wm/pi

figure(2);
grid on;
bode(sys,'r');

sys_pid=tf([kd,kp,ki],[1,0])
sysc=series(sys,sys_pid)
hold on;
bode(sysc,'b')

figure(3);
rlocus(sysc);
```

（2）Simulink 主程序：chap2_4sim.mdl

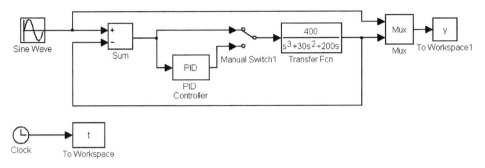

（3）作图程序：chap2_4plot.m

```
close all;
plot(t,y(:,1),'r',t,y(:,2),'k:','linewidth',2);
xlabel('time(s)');ylabel('position signal');
legend('ideal position signal','position tracking');
```

2.3.3 离散 Ziegler-Nichols 方法的 PID 整定

Ziegler-Nichols 方法同样也适用于离散系统的 PID 整定。该方法整定比例系数的思想是：对于给定的被控对象传递函数，选择其离散系统的根轨迹图与 z 平面单位圆交点（共有两个点，任选其一），从而获得增益 K_m 和该点的 ω 值即 ω_m。整定公式如下：

$$K_p = 0.6K_m, \quad K_d = \frac{K_p \pi}{4\omega_m}, \quad K_i = \frac{K_p \omega_m}{\pi} \tag{2.6}$$

式中，K_m 为系统开始振荡时的 K_p 值；ω_m 为振荡频率。振荡频率 ω_m 可以由极点位于单位圆上的角度 θ 得到，$\omega_m = \dfrac{\theta}{T}$（$T$ 为采样周期）。

2.3.4 仿真实例

设被控对象为

$$G(s) = \frac{1}{10s^2 + 2s}$$

采样周期为 T=0.25s。

采用零阶保持器将对象离散化，使用 rlocus 及 rlocfind 命令作出 $G(z)$ 的根轨迹图，可求得振荡增益 K_m=11.2604 和振荡频率 ω_m=1.0546rad/s。采用 Ziegler-Nichols 公式（2.6）可求得离散 PID 参数：

$$K_p = 6.7562, \quad K_d = 5.0318, \quad K_i = 2.2679$$

运行整定程序 chap2_5tuning.m，可得图 2-10 和图 2-11。图 2-10 所示为系统未补偿时开环系统的根轨迹图与 z 平面单位圆的比较，在根轨迹图上选定与 z 平面单位圆上的交点（共有两个点，任选其一），则求得所对应的增益 K_m 和该点对应的 ω_m。整定程序中，dsysc 为校正后的离散闭环系统。图 2-11 所示为 PID 整定后闭环系统的根轨迹。

运行控制程序 chap2_5.m，通过开关切换进行两种方法的仿真，可得图 2-12 和图 2-13。图 2-12 所示为系统采用 PID 校正后的正弦跟踪。图 2-13 所示为系统未校正的正弦跟踪。

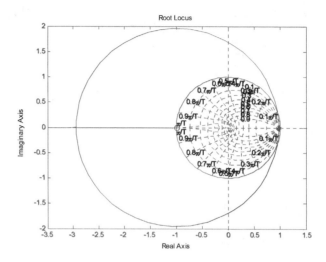

图 2-10　系统未补偿时开环系统的根轨迹图与 z 平面单位圆比较

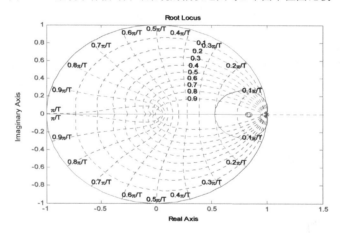

图 2-11　PID 整定后闭环系统的根轨迹

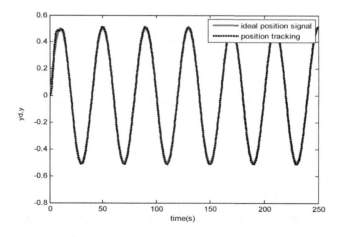

图 2-12　系统采用 PID 校正后的正弦跟踪

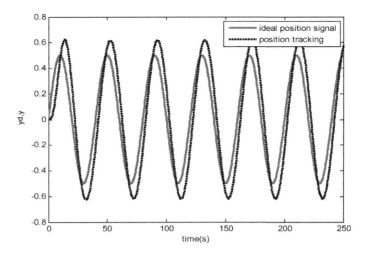

图 2-13 系统未校正的正弦跟踪（$M=2$）

〖仿真程序〗 分为 PID 整定程序和 PID 控制程序两部分。

（1）PID 整定程序：chap2_5tuning.m

```
%PID Controler Based on Ziegler-Nichols
clear all;
close all;

ts=0.25;
sys=tf(1,[10,2,0]);
dsys=c2d(sys,ts,'zoh');
[num,den]=tfdata(dsys,'v');

axis('normal'),zgrid('new');

figure(1);
rlocus(dsys);
[km,pole]=rlocfind(dsys)

wm=angle(pole(1))/ts;
kp=0.6*km
kd=kp*pi/(4*wm)
ki=kp*wm/pi

sysc=tf([kd,kp,ki],[10,2,0,0]);
dsysc=c2d(sysc,ts,'zoh');
figure(2);
rlocus(dsysc);
axis('normal'),zgrid;
```

（2）PID 控制程序：chap2_5.m

```
close all;
```

```matlab
ts=0.25;
sys=tf(1,[10,2,0]);
dsys=c2d(sys,ts,'z');
[num,den]=tfdata(dsys,'v');

u_1=0;u_2=0;
y_1=0;y_2=0;

x=[0,0,0]';
error_1=0;
for k=1:1:1000
time(k)=k*ts;

%yd(k)=1.0;
yd(k)=0.5*sin(0.025*2*pi*k*ts);

%Linear model
y(k)=-den(2)*y_1-den(3)*y_2+num(2)*u_1+num(3)*u_2;
error(k)=yd(k)-y(k);

x(1)=error(k);                  % Calculating P
x(2)=(error(k)-error_1)/ts;     % Calculating D
x(3)=x(3) +error(k)*ts;         % Calculating I

M=1;
switch M
    case 1          %Using PID
     u(k)=kp*x(1)+kd*x(2)+ki*x(3);
    case 2          %No PID
     u(k)=error(k);
end

u_2=u_1;
u_1=u(k);

y_2=y_1;
y_1=y(k);

error_1=error(k);
end
figure(1);
plot(time,yd,'r',time,y,'k:','linewidth',2);
xlabel('time(s)');ylabel('yd,y');
legend('ideal position signal','position tracking');
figure(2);
plot(time,yd-y,'r');
xlabel('time(s)');ylabel('error');
```

2.4 基于频域分析的PD整定

2.4.1 基本原理

针对二阶系统传递函数，采用频域分析方法[7]，可实现 PD 的整定。二阶系统传递函数的标准形式为

$$\phi(s) = \frac{\omega_n^2}{s^2 + 2\xi\omega_n s + \omega_n^2} \quad (2.7)$$

二阶系统的动态特性可用系统阻尼比 ξ 和固有频率 ω_n 来描述，它的动态特性为

$$s^2 + 2\xi\omega_n s + \omega_n^2 = 0 \quad (2.8)$$

下面以二阶系统为例来说明 PD 控制机理。被控对象为

$$G(s) = \frac{K}{s(\tau s + 1)} \quad (2.9)$$

闭环控制器采用 PD 控制：

$$D(s) = K_p + K_d s \quad (2.10)$$

则闭环系统的传递函数为 $\dfrac{D(s)G(s)}{1+D(s)G(s)}$，其特征方程为 $1+D(s)G(s)=0$，即

$$\tau s^2 + (1+KK_d)s + KK_p = 0 \quad (2.11)$$

根据式（2.11），可得系统的固有频率为

$$\omega_n = \sqrt{KK_p/\tau} \quad (2.12)$$

由上式可见，PD 控制律中的比例项 K_p 决定了系统的固有频率，即响应速度。

根据式（2.11），可得系统的阻尼比 ξ 为

$$\xi = \frac{1+KK_d}{2\tau}\sqrt{\frac{\tau}{KK_p}} \quad (2.13)$$

由上式可见，系统的阻尼特性取决于微分项 K_d。

由上述分析可见，在 PD 控制中，当增加 K_p 提高系统的响应速度时，系统的阻尼将下降。微分项 K_d 起到增加阻尼的作用，提高了系统的相对稳定性。

2.4.2 仿真实例

采用控制律式（2.10），为了分析 K_p 和 K_d 对 PD 控制效果的影响，仿真中分别取 $M=1,2,3$，采用 3 组不同的 K_p 和 K_d 进行分析。仿真结果如图 2-14～图 2-16 所示。

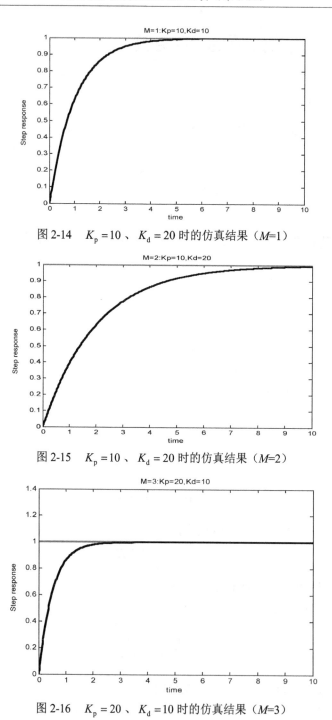

图 2-14　$K_p = 10$、$K_d = 20$ 时的仿真结果（$M=1$）

图 2-15　$K_p = 10$、$K_d = 20$ 时的仿真结果（$M=2$）

图 2-16　$K_p = 20$、$K_d = 10$ 时的仿真结果（$M=3$）

〖仿真程序〗

（1）初始化程序：chap2_6int.m

```
clear all;
close all;
K=10;
```

```
tol=1.0;

M=3;
if M==1
    Kp=10;Kd=10;
elseif M==2
    Kp=10;Kd=20;
elseif M==3
    Kp=20;Kd=10;
end
```

（2）Simulink 主程序：chap2_6sim.mdl

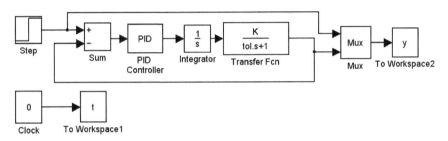

（3）作图程序：chap2_6plot.m

```
close all;
figure(1);
plot(t,y(:,1),'r',t,y(:,2),'k','linewidth',2);
xlabel('time');ylabel('Step response');

if M==1
    title('M=1:Kp=10,Kd=10');
elseif M==2
    title('M=2:Kp=10,Kd=20');
elseif M==3
    title('M=3:Kp=20,Kd=10');
end
```

2.5 基于相位裕度整定的 PI 控制

2.5.1 基本原理

相位裕度是衡量系统稳定度的一个重要指标。它是指频率的回路增益等 0dB（单位增益）时，反馈信号总的相位偏移与-180°的差。

相位裕度可以看作系统进入不稳定状态之前可以增加的相位变化，相位裕度越大，系统更加稳定，但同时时间响应速度减慢了，因此必须要有一个比较合适的相位裕度。经研究发现，相位裕度至少要45°，最好是60°[7]。

针对具有一阶加积分形式的被控对象：

$$G(s) = \frac{K_g}{s(T_g s + 1)} = \frac{K_g \omega_g}{s(s + \omega_g)} \tag{2.14}$$

式中，$\omega_g = \dfrac{1}{T_g}$。

PI 控制器表示为

$$K(s) = K_p\left(1 + \frac{1}{T_i s}\right) = K_p\left(1 + \frac{\omega_i}{s}\right) \tag{2.15}$$

针对具有一阶加积分形式的被控对象具有如下频率特性：当转折频率是对称分布时，闭环系统 $K(s)G(s)$ 的相位裕度有最大值，如图 2-17 所示[7]。

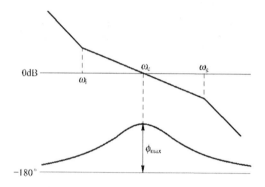

图 2-17　闭环系统 $K(s)G(s)$ 的相位裕度（对称整定法）

根据图 2-17，有如下关系：

$$2\lg\omega_c = \lg\omega_i + \lg\omega_g$$

即

$$\frac{\omega_g}{\omega_c} = \frac{\omega_c}{\omega_i} \tag{2.16}$$

令 $\alpha = \dfrac{\omega_g}{\omega_i}$，则有

$$\omega_c^2 = \omega_g \omega_i = \omega_g \frac{\omega_g}{\alpha}，\text{即 } \omega_c = \omega_g / \sqrt{\alpha} \tag{2.17}$$

$$\omega_i = \omega_g / \alpha \tag{2.18}$$

$$\frac{\omega_c}{\omega_i} = \frac{\omega_g / \sqrt{\alpha}}{\omega_g / \alpha} = \sqrt{\alpha} \tag{2.19}$$

通过文献[7]，下面给出 K_p 的设计方法。

1. 分析 K_p 的设计

闭环系统可写为

$$G(s)K(s) = \frac{K_g}{s(T_g s+1)} K_p \left(1 + \frac{1}{T_i s}\right) = K_g K_p \frac{1}{s} \frac{1}{s} \frac{1}{T_i} \frac{1}{T_g s+1}(T_i s+1)$$

根据典型环节的频率特性可知,积分环节 $\frac{1}{s}$ 的幅频为 $\frac{1}{\omega}$,一阶惯性环节 $\frac{1}{T_g s+1}$ 的幅频为 $\frac{1}{\sqrt{(T_g \omega)^2 + 1}}$,一阶微分环节 $T_i s+1$ 的幅频为 $\sqrt{(T_i \omega)^2 + 1}$,则闭环系统 $G(s)K(s)$ 的幅频 $A(\omega)$ 为 $K_g K_p \frac{1}{\omega} \frac{1}{\omega} \frac{1}{T_i} \frac{1}{\sqrt{(T_g \omega)^2 + 1}} \sqrt{(T_i \omega)^2 + 1}$。

由图 2-17 可知,当闭环系统相位裕度为最大时,$\lg A(\omega_c) = 0$,即 $A(\omega_c) = 1$,此时

$$K_g K_p \frac{1}{\omega_c} \frac{1}{\omega_c} \frac{1}{T_i} \frac{\sqrt{(T_i \omega_c)^2 + 1}}{\sqrt{(T_g \omega_c)^2 + 1}} = 1 \tag{2.20}$$

由于

$$\frac{1}{T_i} \frac{\sqrt{(T_i \omega_c)^2 + 1}}{\sqrt{(T_g \omega_c)^2 + 1}} = \omega_i \frac{\sqrt{\left(\frac{\omega_c}{\omega_i}\right)^2 + 1}}{\sqrt{\left(\frac{\omega_c}{\omega_g}\right)^2 + 1}} = \omega_i \frac{\sqrt{\left(\frac{\omega_c}{\omega_i}\right)^2 + 1}}{\sqrt{\left(\frac{\omega_c}{\omega_i}\right)^2 + 1}} = \omega_i \frac{\frac{1}{\omega_i}\sqrt{\omega_c^2 + \omega_i^2}}{\frac{1}{\omega_c}\sqrt{\omega_i^2 + \omega_c^2}} = \omega_c$$

则式(2.20)变为

$$K_g K_p \frac{1}{\omega_c} \frac{1}{\omega_c} \frac{1}{T_i} \frac{\sqrt{(T_i \omega_c)^2 + 1}}{\sqrt{(T_g \omega_c)^2 + 1}} = K_g K_p \frac{1}{\omega_c} \frac{1}{\omega_c} \omega_c = 1$$

即

$$K_g K_p \frac{1}{\omega_c} = 1$$
$$K_p = \omega_c / K_g \tag{2.21}$$

2. 分析参数 α 的设计

根据典型环节的频率特性可知,积分环节 $\frac{1}{s}$ 的相频为 $-\frac{\pi}{2}$,一阶惯性环节 $\frac{1}{s+1}$ 的相频为 $-\arctan T\omega$;一阶微分环节 $\tau s+1$ 的相频为 $\arctan \tau \omega$,则 $G(s) = \frac{K_g}{s(T_g s+1)}$ 的相位为 $\varphi_G(\omega) = -\frac{\pi}{2} - \arctan T_g \omega$,PI 控制器 $K(s) = K_p\left(1 + \frac{1}{T_i s}\right) = K_p \frac{1}{s}\frac{1}{T_i}(T_i s+1)$ 的相位为 $\varphi_K(\omega) = -\frac{\pi}{2} + \arctan T_i \omega$。

根据相位裕度的定义,可得闭环系统 $G(s)K(s)$ 的相位裕度为

$$\varphi_{GK}(\omega) = \varphi_G(\omega) + \varphi_K(\omega) - (-\pi)$$
$$= -\frac{\pi}{2} - \arctan T_g\omega - \frac{\pi}{2} + \arctan T_i\omega - (-\pi)$$
$$= -\arctan T_g\omega + \arctan T_i\omega$$

闭环系统 $G(s)K(s)$ 的最大相位裕度为

$$\phi_m = \varphi_{GK}(\omega_c) = -\arctan T_g\omega_c + \arctan T_i\omega_c$$
$$= -\arctan\frac{\omega_c}{\omega_g} + \arctan\frac{\omega_c}{\omega_i} = -\arctan\frac{1}{\sqrt{\alpha}} + \arctan\sqrt{\alpha}$$

根据 $\tan(\alpha - \beta) = \dfrac{\tan\alpha - \tan\beta}{1 + \tan\alpha\tan\beta}$，则

$$\tan\phi_m = \tan\left(\arctan\sqrt{\alpha} - \arctan\frac{1}{\sqrt{\alpha}}\right) = \frac{\sqrt{\alpha} - \dfrac{1}{\sqrt{\alpha}}}{1 + \sqrt{\alpha}\dfrac{1}{\sqrt{\alpha}}} = \frac{\sqrt{\alpha} - \dfrac{1}{\sqrt{\alpha}}}{2} = \frac{\alpha - 1}{2\sqrt{\alpha}}$$

由 $\tan\phi_m = \dfrac{\sin\phi_m}{\cos\phi_m}$ 代入，整理得

$$\alpha\cos\phi_m - 2\sqrt{\alpha}\sin\phi_m - \cos\phi_m = 0$$

令 $x = \sqrt{\alpha}$，则上式写为

$$x^2\cos\phi_m - 2x\sin\phi_m - \cos\phi_m = 0 \tag{2.22}$$

解方程，得

$$x_{1,2} = \frac{2\sin\phi_m \pm \sqrt{4\sin\phi_m^2 - 4\cos\phi_m(-\cos\phi_m)}}{2\cos\phi_m} = \frac{\sin\phi_m \pm 1}{\cos\phi_m}$$

即方程式（2.22）的解为 $x_1 = \dfrac{\sin\phi_m + 1}{\cos\phi_m}$，$x_2 = \dfrac{\sin\phi_m - 1}{\cos\phi_m}$。由于 $x = \sqrt{\alpha} > 0$，当取最大相位裕度为 $\phi_m = 60$ 时，$x_2 = \dfrac{\sin\phi_m - 1}{\cos\phi_m}$ 不成立，故方程（2.22）的唯一解为 $x_1 = \dfrac{\sin\phi_m + 1}{\cos\phi_m}$，即 $\sqrt{\alpha} = \dfrac{\sin\phi_m + 1}{\cos\phi_m}$，从而可得相位裕度 ϕ_m 与参数 α 的关系为

$$\alpha = \left(\frac{1 + \sin\phi_m}{\cos\phi_m}\right)^2 \tag{2.23}$$

因此，可以根据控制系统所要求的 ϕ_m 来计算 α，并通过式（2.21）和式（2.18）可求得 PI 控制的参数 K_p 和 ω_i。

2.5.2 仿真实例

被控对象为

$$G(s) = \frac{133}{s^2 + 25s}$$

对比式（2.14），可得 $K_g = 133/25$，$T_g = 1/25$，$\omega_g = \dfrac{1}{T_g} = 25$。

取最大相位裕度为 $\phi_m = 60$，根据式（2.23）得 $\alpha = \left(\dfrac{1+\sin\phi_m}{\cos\phi_m}\right)^2 = 13.9282$。根据式（2.17）～式（2.21），得 $\omega_c = \omega_g/\sqrt{\alpha} = 6.6987$，$\omega_i = \omega_g/\alpha = 1.7949$，$K_p = \omega_c/K_g = 1.2592$。$K(s)G(s)$ 的 Bode 图（对称整定法）如图 2-18 所示。可见，所设计的方法符合对称整定法。闭环系统阶跃响应如图 2-19 所示。

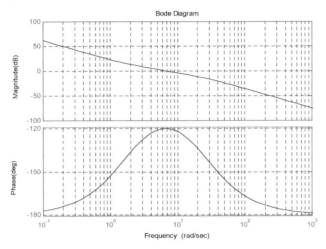

图 2-18　$K(s)G(s)$ 的 Bode 图（对称整定法）

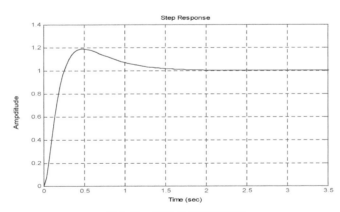

图 2-19　闭环系统阶跃响应

〖仿真程序〗　chap2_7.m

```
clear all;
close all;

G=tf(133,[1 25 0]);
Kg=133/25;
Tg=1/25;
wg=1/Tg;
```

```
ph_max=60*pi/180;        %Designed maximum phase margin
alfa=((1+sin(ph_max))/cos(ph_max))^2;

wc=wg/sqrt(alfa);
wi=wg/alfa;
Kp=wc/Kg;

K=Kp*tf([1 wi],[1 0]);

figure(1);
bode(G*K);

Gc=K*G/(1+K*G);
figure(2);
step(Gc);
```

2.6 基于极点配置的稳定 PD 控制

2.6.1 基本原理

由 2.5 节的内容可知,由频率测试法或时域法可获得对象的精确模型。本节介绍一种基于精确模型极点配制的 PD 控制器设计方法。

假设被控对象为一电机模型传递函数:

$$G(s) = \frac{133}{s^2 + 25s} \quad (2.24)$$

取 $a = 25$,$b = 133$,则被控对象可表示为

$$\ddot{\theta} = -a\dot{\theta} + bu$$

式中,θ 为位置信号;u 为控制输入。

假设理想位置指令为 θ_d,且跟踪误差为 $e = \theta - \theta_d$,有 $\dot{\theta} = \dot{e} + \dot{\theta}_d$,$\ddot{\theta} = \ddot{e} + \ddot{\theta}_d$,则被控对象可写为

$$\ddot{e} + \ddot{\theta}_d = -a(\dot{e} + \dot{\theta}_d) + bu$$

将控制律设计为 PD 控制+前馈的形式,即

$$u = \frac{1}{b}\left(-k_p e - k_d \dot{e} + a\dot{\theta}_d + \ddot{\theta}_d\right) \quad (2.25)$$

将控制律代入式(2.24),可得闭环系统:

$$\ddot{e} + \ddot{\theta}_d = -a(\dot{e} + \dot{\theta}_d) + \left(-k_p e - k_d \dot{e} + a\dot{\theta}_d + \ddot{\theta}_d\right)$$

整理得

$$\ddot{e} + (k_d + a)\dot{e} + k_p e = 0$$

为了使闭环系统稳定,需要满足 $s^2 + (k_d + a)s + k_p$ 为 Hurwitz,即需要使

$s^2 + (k_d + a)s + k_p = 0$ 的特征根为负实部。

对于 $k > 0$，取特征根为 $-k$，由 $(s+k)^2 = 0$ 可得 $s^2 + 2ks + k^2 = 0$，从而可设计 $k_d + a = 2k$，$k_p = k^2$，即 $k_d = 2k - a$，$k_p = k^2$。因此，可以通过 k 的设计得到 k_p 和 k_d，从而实现控制律式（2.25）的设计。

另外，也可采用 Hurwitz 判据进行设计，二阶系统 $a_2 s^2 + a_1 s + a_0 = 0$ 的稳定性充要条件为

$$\begin{cases} a_0、a_1、a_2 > 0 \\ \Delta_1 = a_1 > 0 \\ \Delta_1 = \begin{vmatrix} a_1 & 0 \\ a_2 & a_0 \end{vmatrix} = a_1 a_0 > 0 \end{cases}$$

针对本问题，Hurwitz 判据对应的充要条件为 $k_p > 0$，$k_d + a > 0$。

2.6.2 仿真实例

被控对象为式（2.24），控制律采用式（2.25），取对于 $k = 3$，则 $k_d = 2k - a = -19$，$k_p = 9$。取 $\theta_d = \sin t$，正弦跟踪仿真结果如图 2-20 所示。

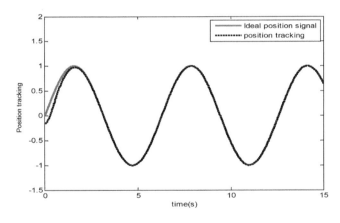

图 2-20 正弦跟踪

〖仿真程序〗

（1）Simulink 主程序：chap2_8sim.mdl

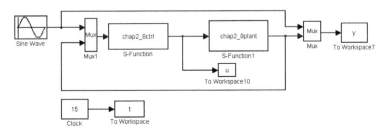

(2) 控制器子程序: chap2_8ctrl.m

```
function [sys,x0,str,ts] = spacemodel(t,x,u,flag)
switch flag,
case 0,
    [sys,x0,str,ts]=mdlInitializeSizes;
case 3,
    sys=mdlOutputs(t,x,u);
case {2,4,9}
    sys=[];
otherwise
    error(['Unhandled flag = ',num2str(flag)]);
end
function [sys,x0,str,ts]=mdlInitializeSizes
sizes = simsizes;
sizes.NumContStates  = 0;
sizes.NumDiscStates  = 0;
sizes.NumOutputs     = 1;
sizes.NumInputs      = 3;
sizes.DirFeedthrough = 1;
sizes.NumSampleTimes = 0;
sys = simsizes(sizes);
x0  = [];
str = [];
ts  = [];
function sys=mdlOutputs(t,x,u)
thd=u(1);
dthd=cos(t);
ddthd=-sin(t);

th=u(2);
dth=u(3);

e=th-thd;
de=dth-dthd;

a=25;
b=133;

k=3;
kp=k^2;
kd=2*k-a;

ut=1/b*(-kp*e-kd*de+a*dthd+ddthd);
sys(1)=ut;
```

(3) 被控对象子程序: chap2_8plant.m

```
function [sys,x0,str,ts]=s_function(t,x,u,flag)
switch flag,
case 0,
    [sys,x0,str,ts]=mdlInitializeSizes;
```

```
case 1,
    sys=mdlDerivatives(t,x,u);
case 3,
    sys=mdlOutputs(t,x,u);
case {2, 4, 9 }
    sys = [];
otherwise
    error(['Unhandled flag = ',num2str(flag)]);
end
function [sys,x0,str,ts]=mdlInitializeSizes
sizes = simsizes;
sizes.NumContStates    = 2;
sizes.NumDiscStates    = 0;
sizes.NumOutputs       = 2;
sizes.NumInputs        = 1;
sizes.DirFeedthrough = 0;
sizes.NumSampleTimes = 0;
sys=simsizes(sizes);
x0=[-0.15 -0.15];
str=[];
ts=[];
function sys=mdlDerivatives(t,x,u)
sys(1)=x(2);
sys(2)=-25*x(2)+133*u;
function sys=mdlOutputs(t,x,u)
sys(1)=x(1);
sys(2)=x(2);
```

（4）作图子程序：chap2_8plot.m

```
close all;

figure(1);
plot(t,y(:,1),'r',t,y(:,2),'k:','linewidth',2);
xlabel('time(s)');ylabel('Position tracking');
axis([0 15 -1.5 2]);
legend('Ideal position signal','position tracking','location','NorthEast');

figure(2);
plot(t,u(:,1),'r','linewidth',2);
xlabel('time(s)');ylabel('Control input');
```

2.7 基于临界比例度法的 PID 整定

2.7.1 基本原理

考虑如下被控对象：

$$G_p(s) = \frac{1}{T_p s + 1} e^{-\tau s} \quad (2.26)$$

PID 控制算法为

$$u(t) = \frac{1}{\delta}\left(e + \frac{1}{T_I}\int_0^t e \,\mathrm{d}t + T_D \frac{\mathrm{d}e}{\mathrm{d}t}\right) \quad (2.27)$$

步骤如下：

① 先采用比例控制，从较大的比例度 δ 开始，逐步减小比例度，使系统对阶跃输入的响应达到临界振荡状态。将此时的比例度记作 δ_r，临界振荡周期记作 T_r。临界振荡曲线如图 2-21 所示。

② 根据 Ziegler-Nichols 提供的临界比例度法经验公式确定 PID 控制器参数，见表 2-2。

本方法适用于有自平衡能力的被控对象。

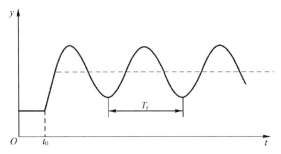

表 2-2 临界比例度法整定 PID 控制器参数

控制器类型	比例度 δ%	积分时间 T_I	微分时间 T_D
P	$2\delta_r$		
PI	$2.2\delta_r$	$0.85T_r$	
PID	$1.7\delta_r$	$0.5T_r$	$0.13T_r$

图 2-21 临界振荡曲线

2.7.2 仿真实例

设被控对象为

$$G_p(s) = \frac{1}{60s+1} e^{-80s}$$

临界比例度法整定分成两步：

① 采样周期取为 $T_s = 20$，将被控对象和 PID 控制器离散化。首先采用纯比例控制（程序中取 $M=1$），取 $\delta_r = 0.575$，使系统对阶跃输入的响应达到临界振荡状态，如图 2-22 所示。这是一个反复测试的过程。

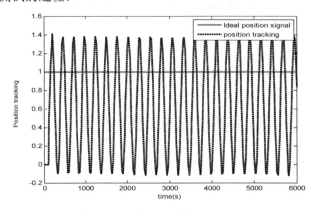

图 2-22 等幅振荡曲线（$M=1$）

② 然后按照临界比例度法，根据图2-22可得到 $T_r = 500 - 200 = 300$。

③ 根据表 2-2，采用 PI 控制算法式（2.27），可计算得到 K_p、T_I 的值。程序中取 $M=3$，仿真结果如图2-23所示。

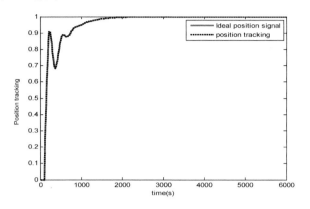

图 2-23 闭环 PID 控制单位阶跃响应曲线（$M=3$）

〖仿真程序〗 chap2_9.m

```
clear all;
close all;
Ts=20;

%Delay plant
deltar=0.575;
Tr=1000/4;      %From 4000 to 5000

kp=1;
Tp=60;
tol=80;
sys=tf([kp],[Tp,1],'inputdelay',tol);
dsys=c2d(sys,Ts,'zoh');
[num,den]=tfdata(dsys,'v');

u_1=0.0;u_2=0.0;u_3=0.0;u_4=0.0;u_5=0.0;
e_1=0;
ei=0;
y_1=0.0;
for k=1:1:300
    time(k)=k*Ts;

yd(k)=1.0;      %Tracing Step Signal

y(k)=-den(2)*y_1+num(2)*u_5;

e(k)=yd(k)-y(k);
de(k)=(e(k)-e_1)/Ts;
```

```
            ei=ei+Ts*e(k);

            u(k)=1/deltar*e(k);

            M=1;
            if M==1       %Critical testing
                delta=deltar;
                u(k)=1/delta*e(k);
            elseif M==2            %P
                delta1=2*deltar;
                u(k)=1/delta1*e(k);
            elseif M==3            %PI
                delta2=2.2*deltar;
                TI2=0.85*Tr;
                u(k)=1/delta2*(e(k)+1/TI2*ei);
            elseif M==4            %PID
                delta3=1.7*deltar;
                TI3=0.5*Tr;
                TD3=0.13*Tr;
                u(k)=1/delta3*(e(k)+1/TI3*ei+TD3*de(k));
            end
            e_1=e(k);
            u_5=u_4;u_4=u_3;u_3=u_2;u_2=u_1;u_1=u(k);
            y_1=y(k);
         end
         plot(time,yd,'r',time,y,'k:','linewidth',2);
         xlabel('time(s)');ylabel('Position tracking');
         legend('Ideal position signal','position tracking','location','NorthEast');
```

2.8 一类非线性整定的 PID 控制

2.8.1 基本原理

设图 2-24 是一般的系统阶跃响应曲线，采用该曲线可以分析非线性 PID 控制器增益参数的构造思想，实现 PID 的三个调节参数在一定范围内的整定。

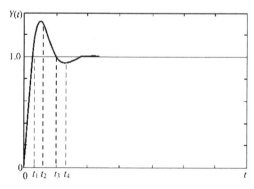

图 2-24 一般系统阶跃响应曲线

参考文献[8]，非线性整定的基本原理如下。

① 比例增益参数 k_p：在响应时间 $0 \leq t \leq t_1$ 段，为保证系统有较快的响应速度，比例增益参数 k_p 在初始时应较大，同时为了减小超调量，希望误差 e_p 逐渐减小时，比例增益也随之减小；在 $t_1 \leq t \leq t_2$ 段，为了增大反向控制作用，减小超调，期望 k_p 逐渐增大；在 $t_2 \leq t \leq t_3$ 段，为了使系统尽快回到稳定点，并不再产生大的惯性，期望 k_p 逐渐减小；在 $t_3 \leq t \leq t_4$ 段，期望 k_p 逐渐增大，作用与 $t_1 \leq t \leq t_2$ 段相同。显然，按上述变化规律，k_p 随误差 e_p 变化的大致形状如图 2-25（a）所示，根据该图可以构造如下非线性函数：

$$k_p(e_p(t)) = a_p + b_p(1 - \operatorname{sech}(c_p e_p(t))) \tag{2.28}$$

式中，a_p、b_p、c_p 为正实常数。当误差 $e_p \to \pm\infty$ 时，k_p 取最大值为 $a_p + b_p$；当 $e_p = 0$ 时，k_p 取最小值为 a_p；b_p 为 k_p 的变化区间，调整 c_p 的大小可调整 k_p 变化的速率。

② 微分增益参数 k_d：在响应时间 $0 \leq t \leq t_1$ 段，微分增益参数 k_d 应由小逐渐增大，这样可以保证在不影响响应速度的前提下，抑制超调的产生；在 $t_1 \leq t \leq t_2$ 段，继续增大 k_d，从而增大反向控制作用，减小超调量。在 t_2 时刻，减小微分增益参数 k_d，并在随后的 $t_2 \leq t \leq t_4$ 段再次逐渐增大 k_d，抑制超调的产生。根据 k_d 的变化要求，在构造 k_d 的非线性函数时应考虑到误差变化速率 e_v 的符号。k_d 的变化形状如图 2-25（b）所示，所构造的非线性函数为

$$k_d(e_p(t)) = a_d + b_d / (1 + c_d \exp(d_d \cdot e_p(t))) \tag{2.29}$$

式中，$e_v = \dot{e}_p$ 为误差变化速率；a_d、b_d、c_d、d_d 为正实常数；a_d 为 k_d 的最小值；$a_d + b_d$ 为 k_d 的最大值，当 $e_p = 0$ 时，$k_d = a_d + b_d/(1 + c_d)$，调整 d_d 的大小可调整 k_d 的变化速率。

③ 积分增益参数 k_i：当误差信号较大时，希望积分增益不要太大，以防止响应产生震荡，有利于减小超调量；而当误差较小时，希望积分增益增大，以消除系统的稳态误差。根据积分增益的希望变化特性，积分增益参数 k_i 的变化形状如图 2-25（c）所示，其非线性函数可表示为

$$k_i(e_p(t)) = a_i \operatorname{sech}(c_i e_i(t)) \tag{2.30}$$

式中，$k_i(e_p(t)) = a_i \operatorname{sech}(c_i e_i(t))$，为正实常数；$k_i$ 的取值范围为 $(0, a_i)$，当 $e_p = 0$ 时，k_i 取最大值；c_i 的取值决定了 k_i 的变化快慢程度。

非线性 PID 调节器的控制输入为

$$u(t) = k_p(e_p(t))e_p(t) + k_i(e_p(t))\int_0^t e_p(t)dt + k_d(e_p(t), e_v(t))\frac{de_p(t)}{dt} \tag{2.31}$$

由上述分析可知，如果非线性函数中的各项参数选择适当的话，能够使控制系统既达到响应快，又无超调现象。另外，由于非线性 PID 调节器中的增益参数能够随控制误差而变化，因而其抗干扰能力也较常规线性 PID 控制强。k_p、k_i、k_d 变化的示意图如图 2-25 所示。

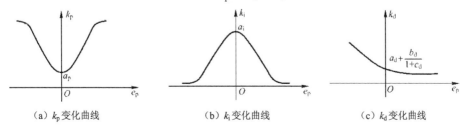

（a）k_p 变化曲线　　　　　（b）k_i 变化曲线　　　　　（c）k_d 变化曲线

图 2-25　非线性调节增益参数变化曲线

2.8.2 仿真实例

求二阶传递函数的阶跃响应：

$$G_p(s) = \frac{133}{s^2 + 25s}$$

采用离散 PID 进行仿真，采样时间为 1ms。

针对阶跃进行仿真，控制律取式（2.31），阶跃响应如图 2-26 所示，其中 k_p、k_i、k_d 随偏差的变化曲线如图 2-27 所示，k_p、k_i、k_d 随时间的变化曲线如图 2-28 所示。从仿真结果可以看出，k_p、k_i、k_d 的变化规律符合 PID 控制的原理，取得了很好的仿真效果。

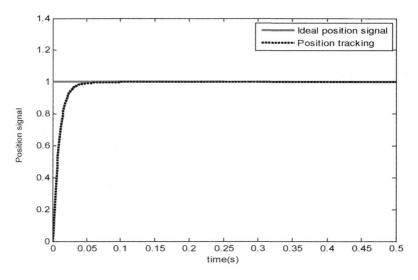

图 2-26 阶跃响应

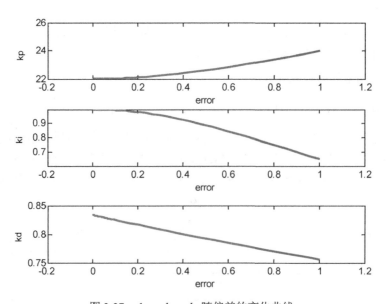

图 2-27 k_p、k_i、k_d 随偏差的变化曲线

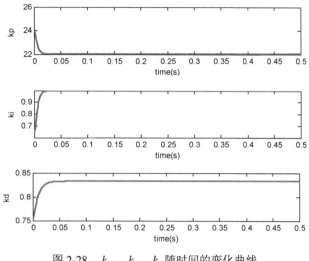

图 2-28 k_p、k_i、k_d 随时间的变化曲线

〖仿真程序〗 chap2_10.m

```
%Nonlinear PID Control for a servo system
clear all;
close all;

ts=0.001;
J=1/133;
q=25/133;
sys=tf(1,[J,q,0]);
dsys=c2d(sys,ts,'z');
[num,den]=tfdata(dsys,'v');

u_1=0;u_2=0;
y_1=0;y_2=0;
error_1=0;
ei=0;
for k=1:1:500
time(k)=k*ts;

yd(k)=1.0;
y(k)=-den(2)*y_1-den(3)*y_2+num(2)*u_1+num(3)*u_2;
error(k)=yd(k)-y(k);
derror(k)=(error(k)-error_1)/ts;

ap=22;bp=8.0;cp=0.8;
kp(k)=ap+bp*(1-sech(cp*error(k)));

ad=0.5;bd=2.5;cd=6.5;dd=0.30;
kd(k)=ad+bd/(1+cd*exp(dd*error(k)));

ai=1;ci=1;
```

```
            ki(k)=ai*sech(ci*error(k));

            ei=ei+error(k)*ts;
            u(k)=kp(k)*error(k)+kd(k)*derror(k)+ki(k)*ei;

            %Update Parameters
            u_2=u_1;u_1=u(k);
            y_2=y_1;y_1=y(k);
            error_1=error(k);
            end
            figure(1);
            plot(time,yd,'r',time,y,'k:','linewidth',2);
            xlabel('time(s)');ylabel('Position signal');
            legend('Ideal position signal','Position tracking','location','NorthEast');
            figure(2);
            subplot(311);
            plot(error,kp,'r','linewidth',2);xlabel('error');ylabel('kp');
            subplot(312);
            plot(error,kd,'r','linewidth',2);xlabel('error');ylabel('kd');
            subplot(313);
            plot(error,ki,'r','linewidth',2);xlabel('error');ylabel('ki');
            figure(3);
            subplot(311);
            plot(time,kp,'r','linewidth',2);xlabel('time(s)');ylabel('kp');
            subplot(312);
            plot(time,kd,'r','linewidth',2);xlabel('time(s)');ylabel('kd');
            subplot(313);
            plot(time,ki,'r','linewidth',2);xlabel('time(s)');ylabel('ki');
```

2.9 基于优化函数的 PID 整定

2.9.1 基本原理

采用 MATLAB 优化工具箱提供的各类函数可实现 PID 的整定。一种整定方法为[10]：利用 MATLAB 非线性最小平方函数 lsqnonlin()，按照最小平方指标 $J = \int e^2 \mathrm{d}t$ 进行 PID 参数寻优，得到优化的 k_p、k_i、k_d，实现 PID 的整定。

2.9.2 仿真实例

被控对象为

$$G(s) = \frac{50s + 50}{s^3 + s^2 + s}$$

控制输入限制在[–5, 5]，分两步来实现 PID 的整定：首先运行主程序 chap2_11main.m，初始化的参数为 $k_\mathrm{p} = 0$，$k_\mathrm{i} = 0$，$k_\mathrm{d} = 0$，上下界分别取为 LB=[0 0 0]，UB=[100 100 100]，

在运行过程中可通过 Simulink 程序中的 scope 窗口观察到动态优化过程，优化结果为 $k_p = 1.3814$，$k_i = 0.0014$，$k_d = 0.1787$；然后采用优化后的 PID 参数运行 Simulink 程序 chap2_11sim.mdl，优化后的阶跃响应如图2-29所示。

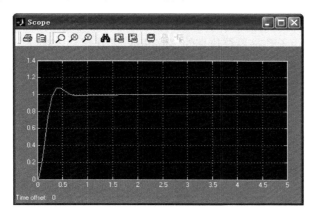

图 2-29　采用优化函数整定的阶跃响应

〖**仿真程序**〗 分为主程序、M 函数子程序和 Simulink 子程序三部分。

（1）主程序：chap2_11main.m

```
clear all;
close all;
K_pid0=[0 0 0];
LB=[0 0 0];
UB=[100 100 100];
K_pid=lsqnonlin('chap2_11plant',K_pid0,LB,UB)
chap2_11sim
```

（2）M 函数子程序：chap2_11plant.m

```
function e=pid_eq(K_pid)
assignin('base','kp',K_pid(1));
assignin('base','ki',K_pid(2));
assignin('base','kd',K_pid(3));
opt=simset('solver','ode5');
[tout,xout,y]=sim('chap2_11sim',[0 10],opt);
r=1.0;
e=r-y;
```

（3）Simulink 子程序：chap2_11sim.mdl

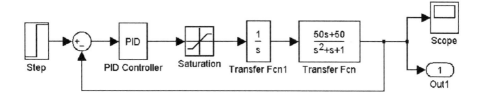

2.10 基于 NCD 优化的 PID 整定

2.10.1 基本原理

MATLAB 不但有用于动态系统仿真的 Simulink 工具箱,还有一个专用于非线性控制系统优化设计的工具箱 NCD（Nonlinear Control Design）。本节借助 MATLAB 6.5 版本下的 NCD 工具箱,实现 PID 参数的优化设计[9]。

在 MATLAB NCD 工具箱中提供有一个专门作系统优化设计的 NCD Blockset（非线性控制系统设计模块组）,利用该模块组,系统的优化设计可以自动实现。

2.10.2 仿真实例

被控对象传递函数为

$$G(s) = \frac{1.5}{50s^2 + a_2s^2 + a_1s + 1}$$

式中,$a_2 = 43$；$a_1 = 3$。

系统包含控制输入饱和环节 ±1.0 和速度限制环节 ±0.8 两个非线性环节。系统含有不确定因素：a_2 在 40~50 之间变化,a_1 在 $(0.5 \sim 2.0) \times 3$ 之间变化。采用 PID 控制器,PID 的优化指标如下：

① 最大超调量不大于 20%；
② 上升时间不大于 20s；
③ 调整时间不大于 30s；
④ 系统具有鲁棒性。

仿真程序包括两个部分：Simulink 程序及初始化的 M 函数程序。采用 MATLAB 中的非线性系统设计工具箱 NCD 可实现 PID 控制器的优化。

基于 NCD 的 PID 控制器优化步骤如下。

第一步：参数初始化,首先运行初始化程序 chap2_12int.m,实现 PID 控制算法中 k_p、k_i、k_d 和被控对象 a_2、a_1 的初始化。

第二步：运行 Simulink 主程序 chap2_12sim.mdl,可得到初始 k_p、k_i、k_d 下的 PID 控制响应结果。

第三步：打开 NCD 环境,如果是第一次 NCD 优化,则需要进行参数的初始化,否则可调用以前的优化参数文件*.mat。

第四步：单击 Start 功能,实现 k_p、k_i、k_d 的优化,优化完成后,可在 Matlab 环境下得到 k_p、k_i、k_d 的优化结果。

第五步：再运行 Simulink 主程序 chap2_12sim.mdl,可得到优化 k_p、k_i、k_d 下的 PID 控制响应结果。每次优化结果需要通过 NCD 环境下的 Save 功能保存在*.mat 文件中。

仿真的关键是 NCD 功能的使用。在 Simulink 环境中双击 NCD Output 模块,弹出 NCD Blockset 约束窗口,通过 Options 菜单和 Parameters 菜单实现该功能的使用。具体说明如下：

(1) Options 菜单的使用

① 通过 Step Response 命令定义阶跃响应性能指标，如图 2-30 所示。

Setting time：调整时间，选 30s。

Rise time：上升时间，选 20s。

Percent setting：稳态误差百分数，取 5。

Percent overshot：超调量百分数，取 20。

Percent undershot：振荡负幅值百分数，取 1。

Step time：启动时间，取 0。

Final time：终止时间，取 100。

Initial output：初始值，取 0。

Final output：最终值，取 1。

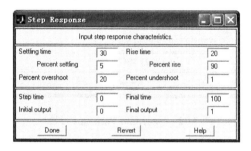

图 2-30　Step Response 设置

② 通过 Time range 命令，设置优化时间，取 0~100s。

③ 通过选择 Y-Axis 命令，设置阶跃响应范围，取[-0.131, 1.321]。

(2) Optimization 菜单的使用

① 选择 Parameters 项，定义调整变量及有关参数，如图 2-31 所示。

输入：待调整优化变量 k_p、k_i、k_d 及它们的上下限。

下限：0　0　0。

上限：100　100　100。

变量允差：0.001。

约束允差：0.001。

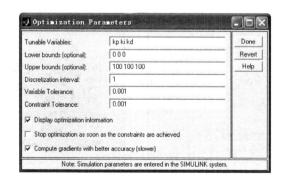

图 2-31　Optimization Parameters 设置

② 选择 Uncertainty 项，定义不确定变量及有关参数，如图 2-32 所示。
输入：不确定变量 a_1、a_2 的上下限。
下限：1.5   40。
上限：6.0   50。

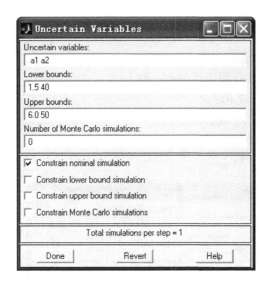

图 2-32 Uncertain Variables 设置

③ 选择 Start 命令，进行调整变量的优化，直到阶跃响应指标达到要求为止。优化时 NCD 约束窗口不断显示阶跃响应的优化过程，MATLAB COMMAND 窗口也不断显示有关信息。

在 NCD 优化过程中，如果将性能指标设计得过高，如上升时间取得过小（比如取 10s），可能会造成死机。通过调整 NCD 优化边界，可实现优化指标的调整，从而可得到更好或更合理的优化结果。阶跃响应性能限制可以直接由鼠标在 NCD Blockset 约束窗口设置。

每次优化结果需要通过 NCD 环境下的 Save 功能保存在*.mat 文件中，例如可命名为 chap2_12save.mat，以供下一次调用。

初始 PID 参数为 $k_p=1.0$，$k_i=0.10$，$k_d=10$，NCD 优化参数为 $k_p=1.477$，$k_i=0.0858$，$k_d=9.4283$。优化过程及优化前后的响应曲线如图 2-33～图 2-35 所示。

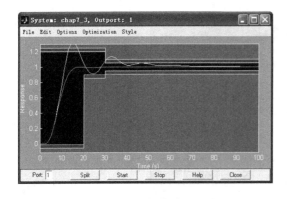 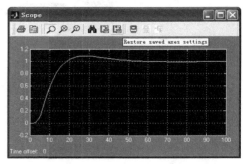

图 2-33 NCD 优化过程界面   图 2-34 NCD 优化前阶跃响应曲线

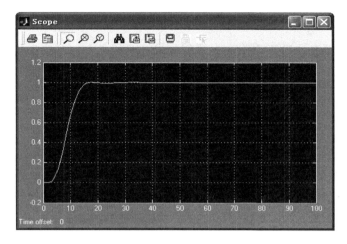

图 2-35 优化后阶跃响应曲线

〖仿真程序〗

(1) 初始化程序: chap2_12int.m

```
clear all;
close all;

kp=1;ki=0.10;kd=10;
a2=43;
a1=3;
```

(2) Simulink 主程序: chap2_12sim.mdl

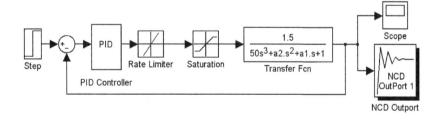

2.11 基于 NCD 与优化函数结合的 PID 整定

2.11.1 基本原理

单纯采用 NCD 优化 PID 控制参数,如果初始值选择不当,会造成 NCD 无法运行。可采用其他优化方法先确定 PID 控制器的参数初始值,然后再用 NCD 优化。本节采用 MATLAB 6.5 版本下的非线性控制系统设计工具箱 NCD 并结合优化工具箱提供的各类函数可实现 PID 的整定。

分两步来实现 PID 的整定[10]:首先,利用 MATLAB 非线性最小平方函数 lsqnonlin(),

按照最小平方指标 $J = \int e^2 \mathrm{d}t$ 进行 PID 参数寻优，得到较优的 k_p、k_i、k_d；然后，在此 k_p、k_i、k_d 基础上再进行 NCD 优化，从而得到最终的 k_p、k_i、k_d，实现 PID 的整定。

2.11.2 仿真实例

被控对象为

$$G(s) = \frac{50s + 50}{s^3 + s^2 + s}$$

分两步来实现 PID 的整定：首先运行主程序 chap2_13main.m，初始化的参数为 $k_\mathrm{p} = 0$，$k_\mathrm{i} = 0$，$k_\mathrm{d} = 0$，上下界分别取为 LB=[0 0 0]，UB=[100 100 100]。优化结果为 $k_\mathrm{p} = 1.0592$，$k_\mathrm{i} = 0.0185$，$k_\mathrm{d} = 0.1427$，优化后的阶跃响应如图 2-36 所示；然后采用优化参数运行 Simulink 程序 chap2_13sim.mdl，在 NCD 环境下进行 PID 再优化，k_p、k_i、k_d 优化范围设置如图 2-37 所示。优化过程中通过鼠标不断调整 NCD 响应指标，使阶跃响应性能指标尽量优化，经过多次调整得优化结果为 $k_\mathrm{p} = 9.7254$，$k_\mathrm{i} = 0.0011$，$k_\mathrm{d} = 4.7124$，优化前后的阶跃响应如图 2-38 和图 2-39 所示。

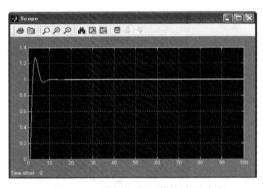

图 2-36 采用优化函数的阶跃响应

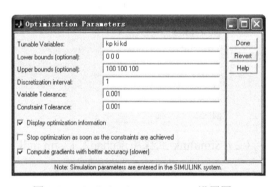

图 2-37 Optimization Parameters 设置图

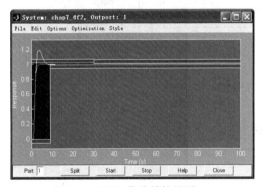

图 2-38 NCD 优化前的界面

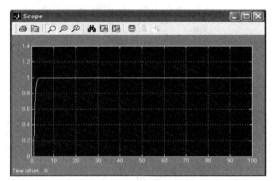

图 2-39 NCD 优化后的阶跃响应

〖仿真程序〗

仿真程序分为主程序、M 函数子程序和 Simulink 子程序三部分。

（1）主程序：chap2_13main.m

```
clear all;
close all;
```

```
K_pid0=[0 0 0];
LB=[0.1 0.0 0.0];
UB=[100 100 100];
K_pid=lsqnonlin('chap2_13eq',K_pid0,LB,UB)
chap2_13sim
```

（2）M 函数子程序：chap2_13eq.m

```
function e=pid_eq(K_pid)
assignin('base','kp',K_pid（1）);
assignin('base','ki',K_pid（2）);
assignin('base','kd',K_pid（3）);
opt=simset('solver','ode5');
[tout,xout,y]=sim('chap2_13sim',[0 10],opt);
r=1.0;
e=r-y;
```

（3）Simulink 子程序：chap2_13sim.mdl

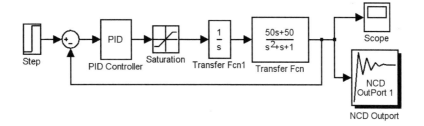

2.12 传递函数的频域测试

本章中有几种 PID 整定算法需要对象的精确模型，如基于极点配置 PD 整定方法。下面介绍一种工程上常用的对象精确模型测试法-频率测试方法。

2.12.1 基本原理

可通过扫频测试得到对象的传递函数，假设模型为 $G_p(s)$，如图 2-40 所示。

设开环系统输入指令信号为

$$u(t) = A_m \sin(\omega t) \quad (2.32)$$

式中，A_m、ω 分别为输入信号的幅度和角速度。

图 2-40 开坏传递函数测试框图

假设开环系统是线性的，则其位置输出可表示为

$$\begin{aligned} y(t) &= A_f \sin(\omega t + \varphi) \\ &= A_f \sin(\omega t)\cos(\varphi) + A_f \cos(\omega t)\sin\varphi \\ &= \begin{bmatrix} \sin(\omega t) & \cos(\omega t) \end{bmatrix} \begin{bmatrix} A_f \cos\varphi \\ A_f \sin\varphi \end{bmatrix} \end{aligned} \quad (2.33)$$

式中，A_f、φ 分别为开环系统输出的幅度和相位。

在时间域上取 $t=0, h, 2h, \cdots, nh$，并设

$$\boldsymbol{Y}^{\mathrm{T}} = \begin{bmatrix} y(0) & y(h) & \cdots & y(nh) \end{bmatrix}$$

$$\boldsymbol{\Psi}^{\mathrm{T}} = \begin{bmatrix} \sin(w0) & \sin(wh) & \cdots & \sin(wnh) \\ \cos(w0) & \cos(wh) & \cdots & \cos(wnh) \end{bmatrix} \quad (2.34)$$

$$c_1 = A_{\mathrm{f}} \cos\varphi, \quad c_2 = A_{\mathrm{f}} \sin\varphi$$

由式（2.32）和式（2.33）得

$$\boldsymbol{Y} = \boldsymbol{\Psi} \cdot \begin{bmatrix} c_1 \\ c_2 \end{bmatrix} \quad (2.35)$$

由式（2.35），根据最小二乘原理，可求出 c_1、c_2 的最小二乘解为

$$\begin{bmatrix} \hat{c}_1 \\ \hat{c}_2 \end{bmatrix} = \left(\boldsymbol{\Psi}^{\mathrm{T}}\boldsymbol{\Psi}\right)^{-1} \boldsymbol{\Psi}^{\mathrm{T}} \boldsymbol{Y} \quad (2.36)$$

根据测得的 $\hat{c}_1$ 和 $\hat{c}_2$，输出信号的振幅和相位估计值如下：

$$\hat{A}_{\mathrm{f}} = \sqrt{\hat{c}_1^2 + \hat{c}_2^2} \quad (2.37)$$

$$\hat{\varphi} = \arctan\left(\frac{\hat{c}_2}{\hat{c}_1}\right) \quad (2.38)$$

相频为输出信号与输入信号相位之差，幅频为稳态输出振幅与输入振幅之比的分贝表示。由于输入信号 $u(t) = A_{\mathrm{m}} \sin(\omega t)$ 的相移为零，则开环传递函数的相频和幅频估计值为

$$\hat{\varphi}_{\mathrm{e}} = \varphi_{\mathrm{out}} - \varphi_{\mathrm{in}} = \hat{\varphi} - 0 = \arctan^{-1}\left(\frac{\hat{c}_2}{\hat{c}_1}\right) \quad (2.39)$$

$$\hat{M} = 20\lg\left(\frac{\hat{A}_{\mathrm{f}}}{A_{\mathrm{m}}}\right) = 20\lg\left(\frac{\sqrt{\hat{c}_1^2 + \hat{c}_2^2}}{A_{\mathrm{m}}}\right) \quad (2.40)$$

在待测量的频率段取角频率序列 $\{\omega_i\}$，$i = 0,1,\cdots,n$，对每个角频率点，用上面方法计算相频和幅频，就可得到开环传递函数的频率特性数据，从而得到模型的传递函数。

2.12.2 仿真实例

取模型为

$$G_{\mathrm{p}}(s) = \frac{133}{s^2 + 25s + 10}$$

采样周期取 1ms，即 $h = 0.001$。输入信号为幅度为正弦信号 $u(t) = 0.5\sin(2\pi Ft)$，频率 F 的起始频率为 1Hz，终止频率为 10Hz，步长为 0.5Hz，对每个频率点，运行 20000 个采样时间，并记录采样区间为[10000, 15000]的数据。

求出实际模型在各个频率点的相频和幅频后，可写出开环传递函数频率特性的复数表

示,即 $h_p = M(\cos\varphi_e + \mathrm{j}\sin\varphi_e)$。由于 $w = 2\pi F$,利用 MATLAB 函数 invfreqs(h_p, w, nb, na),可得到与复频特性 h_p 相对应的、分子分母阶数分别为 nb 和 na 的传递函数的分子分母系数 bb 和 aa,从而得到逼近的开环传递函数,表示为

$$\hat{G}_p(s) = \frac{131.3}{s^2 + 24.28s + 10.08}$$

拟合对象传递函数 Bode 图和实际对象 Bode 图的比较如图 2-41 所示。可见,采用该算法能精确地求出对象的传递函数。

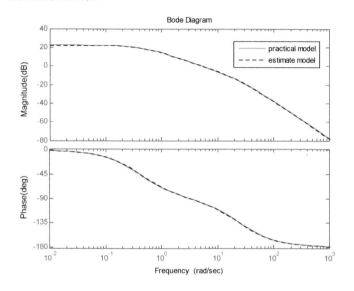

图 2-41 拟合对象传递函数 Bode 图和实际对象 Bode 图的比较

〖仿真程序〗 chap2_14.m

```
%Transfer function identification with frequency test
clear all;
close all;

ts=0.001;
a=25;b=133;c=10;
sys=tf(b,[1,a,c]);
dsys=c2d(sys,ts,'z');
[num,den]=tfdata(dsys,'v');

Am=0.5;
kk=0;

for F=1:0.5:10
kk=kk+1;
FF(kk)=F;

u_1=0.0;u_2=0.0;
```

```
y_1=0;y_2=0;

for k=1:1:20000
time(k)=k*ts;

u(k)=Am*sin(1*2*pi*F*k*ts);           % Sine Signal with different frequency
y(k)=-den(2)*y_1-den(3)*y_2+num(2)*u_1+num(3)*u_2;

u_2=u_1;u_1=u(k);
y_2=y_1;y_1=y(k);
end

plot(time,u,'r',time,y,'b');     %Dynamic Simulation
pause(0.2);

for i=10001:1:15000
    fai(1,i-10000) = sin(2*pi*F*i*ts);
    fai(2,i-10000) = cos(2*pi*F*i*ts);
end
Fai=fai';

fai_in(kk)=0;

Y_out=y(10001:1:15000)';
cout=inv(Fai'*Fai)*Fai'*Y_out;
fai_out(kk)=atan(cout(2)/cout(1));       % Phase Frequency(Deg.)

if fai_out(kk)>0
   fai_out(kk)=fai_out(kk)-pi;
end

Af(kk)=sqrt(cout(1)^2+cout(2)^2);        % Magnitude Frequency(dB)
mag_e(kk)=20*log10(Af(kk)/Am);           % in dB.
ph_e(kk)=(fai_out(kk)-fai_in(kk))*180/pi; % in Deg.

if ph_e(kk)>0
   ph_e(kk)=ph_e(kk)-360;
end
end

FF=FF';
%%%%%%%%%%%%%%%%%% Closed system modelling
mag_e1=Af/Am;       %From dB.to ratio
ph_e1=fai_out'-fai_in'; %From Deg. to rad

hp=mag_e1.*(cos(ph_e1)+j*sin(ph_e1)) ;   %Practical frequency response vector

na=2;    % Second order transfer function
nb=0;
```

```
w=2*pi*FF;    % in rad./s
% bb and aa gives real numerator and denominator of transfer function
[bb,aa]=invfreqs(hp,w,nb,na);    % w(in rad./s) contains the frequency values

G=tf(bb,aa)    % Transfer function fitting

Figure(1);
bode(sys,'r',G,'k:');
legend('practical model','estimate model');
```

参 考 文 献

[1] ASTROM K J, HAGGLUND T. Automatic tuning of PID controllers[M]. Research Triangle Park, North Carolina: Instrument Society of America, 1988.

[2] ASTROM K J, HAGGLUND T. PID controllers: theory, design, and tuning[M]. 2nd ed. Research Triangle Park, North Carolina: Instrument Society of America, 1995.

[3] ZIEGLER J G, NICHOLS N B. Optimum settings for automatic controllers[J]. Transaction of ASME, 1942, 64:759-768.

[4] HO W K, LIM K W, XU W. Optimal gain and phase margin tuning for PID controllers[J]. Automatica, 1998, 34(8):1009-1014.

[5] WANG Q G, ZOU B, LEE T H, et al. Auto tuning of multivariable PID controllers from decentralized relay feedback[J]. Automatica, 19b97, 33(3):319-330.

[6] 韩京清. 非线性 PID 控制器[J]. 自动化学报, 1994, 20(4):487-490.

[7] 王广雄, 何朕. 控制系统设计[M]. 北京: 清华大学出版社, 2008.

[8] 肖永利, 张琛. 位置伺服系统的一类非线性 PID 调节器设计[J]. 电气自动化, 2000, 1:20-22.

[9] 张绍德. 使用 NCD 模块优化 PID 调节器参数[J]. 自动化与仪器仪表, 2003, 3:52-53.

[10] 陈剑桥. 非线性 PID 控制器的计算机辅助设计[J]. 扬州职业大学学报, 2001, 5(4):12-15.

第 3 章　时滞系统的 PID 控制

3.1　单回路 PID 控制系统

系统只有一个 PID 控制器,如图 3-1 所示。本书所述的大部分内容都是关于单回路 PID 控制系统的。

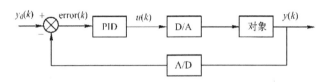

图 3-1　单回路 PID 控制系统

单回路 PID 控制系统的 MATLAB 仿真见第 1 章。

3.2　串级 PID 控制

3.2.1　串级 PID 控制原理

串级计算机控制系统的典型结构如图 3-2 所示,系统中有两个 PID 控制器,$G_{c2}(s)$ 称为副调节器传递函数,包围 $G_{c2}(s)$ 的内环称为副回路。$G_{c1}(s)$ 称为主调节器传递函数,包围 $G_{c1}(s)$ 的外环称为主回路。主调节器的输出控制量 u_1 作为副回路的给定量 $R_2(s)$。

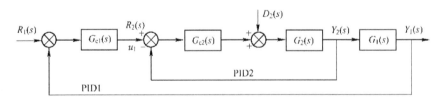

图 3-2　串级计算机控制系统的典型结构框图

串级控制系统的计算顺序是先主回路（PID1）,后副回路（PID2）。控制方式有两种:一种是异步采样控制,即主回路的采样控制周期 T_1 是副回路采样控制周期 T_2 的整数倍。这是因为一般串级控制系统中主控对象的响应速度慢、副控对象的响应速度快的缘故。另一种是同步采样控制,即主、副回路的采样控制周期相同。这时,应根据副回路选择采样周期,因为副回路的受控对象的响应速度较快。

串级控制的主要优点[1]:

① 将干扰加到副回路中，由副回路控制对其进行抑制；
② 副回路中参数的变化，由副回路给予控制，对被控量 G_1 的影响大为减弱；
③ 副回路的惯性由副回路给予调节，因而提高了整个系统的响应速度。

副回路是串级系统设计的关键。副回路设计的方式有很多种，下面介绍按预期闭环特性设计副调节器的设计方法。

由副回路框图可得副回路闭环系统的传递函数为

$$\varphi_2(z) = \frac{Y_2(z)}{U_1(z)} = \frac{G_{c2}(z)G_2(z)}{1+G_{c2}(z)G_2(z)} \tag{3.1}$$

可得副调节器控制律

$$G_{c2}(z) = \frac{\varphi_2(z)}{G_2(z)(1-\varphi_2(z))} \tag{3.2}$$

一般选择

$$\varphi_2(z) = z^{-n} \tag{3.3}$$

式中，n 为 $G_2(z)$ 有理多项式分母最高次幂。

3.2.2 仿真实例

设副对象特性为 $G_2(s) = \dfrac{1}{T_{02}s+1}$，主对象特性为 $G_1(s) = \dfrac{1}{T_{01}s+1}$，$T_{01} = T_{02} = 10$，采样时间为 2s，外加干扰信号为一幅度为 0.01 的随机信号 $d_2(k) = 0.01\text{rands}(1)$。

【仿真方法一】

在离散方式下进行仿真，采用 M 语言进行编程。按预期闭环方法设计副调节器。由于副对象的传递函数为一阶，故由式（3.3）得到副回路闭环系统传递函数 $\varphi_2(z) = z^{-1}$。

主调节器采用 PI 控制，取 $k_p = 1.2$，$k_i = 0.02$，副调节器按控制律式（3.2）设计，副回路输入、输出及阶跃响应、外加干扰信号如图 3-3～图 3-5 所示。

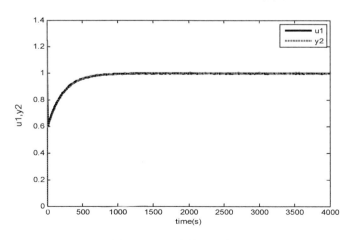

图 3-3　副回路输入、输出

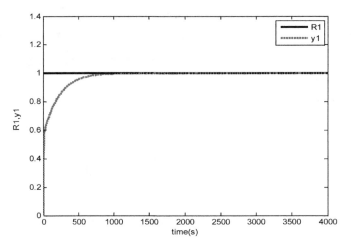

图 3-4　主回路阶跃响应

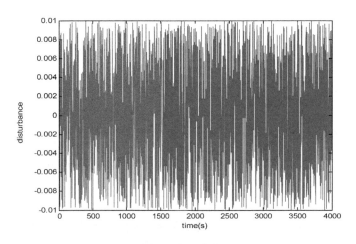

图 3-5　外加干扰信号

〖仿真程序〗　chap3_1.m

```
%Series System Control
clear all;
close all;

ts=2;
sys1=tf(1,[10,1]);
dsys1=c2d(sys1,ts,'z');
[num1,den1]=tfdata(dsys1,'v');

sys2=tf(1,[10,1]);
dsys2=c2d(sys2,ts,'z');
[num2,den2]=tfdata(dsys2,'v');

dph=1/zpk('z',ts);
```

```
Gc2=dph/(dsys2*(1-dph));
[nump,denp]=tfdata(Gc2,'v');

u1_1=0.0;u2_1=0.0;
y1_1=0;y2_1=0;
e2_1=0;ei=0;

for k=1:1:2000
time(k)=k*ts;

R1(k)=1;
%Linear model
y1(k)=-den1(2)*y1_1+num1(2)*y2_1;   %Main plant

y2(k)=-den2(2)*y2_1+num2(2)*u2_1;   %Assistant plant

error(k)=R1(k)-y1(k);
ei=ei+error(k);
u1(k)=1.2*error(k)+0.02*ei;   %Main Controller

e2(k)=u1(k)-y2(k);            %Assistant Controller
u2(k)=-denp(2)*u2_1+nump(1)*e2(k)+nump(2)*e2_1;

d2(k)=0.01*rands(1);
u2(k)=u2(k)+d2(k);

%----------Return of PID parameters------------
u1_1=u1(k);
u2_1=u2(k);

e2_1=e2(k);

y1_1=y1(k);
y2_1=y2(k);
end
figure(1);       %Assistant Control
plot(time,u1,'k',time,y2,'r:','linewidth',2);
xlabel('time(s)');ylabel('u1,y2');
legend('u1','y2');

figure(2);       %Main Control
plot(time,R1,'k',time,y1,'r:','linewidth',2);
xlabel('time(s)');ylabel('R1,y1');
legend('R1','y1');

figure(3);
plot(time,d2,'r');
xlabel('time(s)');ylabel('disturbance');
```

【仿真方法二】

按串级控制的基本原理，采用 Simulink 进行编程，在连续方式下进行仿真。在串级控制中，主调节器采用 PI 控制，取 $k_p=50$，$k_i=5$，副调节器采用 P 控制，$k_p=200$。外加干扰为正弦信号 $\sin(50t)$，通过切换开关的切换，分别实现传统 PID 控制及串级控制，它们的阶跃响应如图 3-6 和图 3-7 所示。

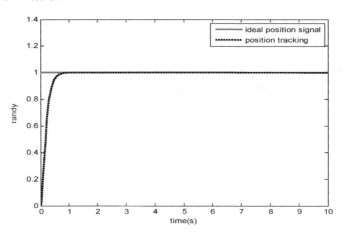

图 3-6　串级控制的阶跃响应

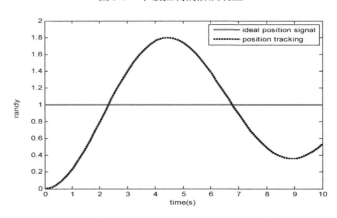

图 3-7　传统 PID 控制的阶跃响应

〖仿真程序〗

（1）Simulink 主程序：chap3_2sim.mdl

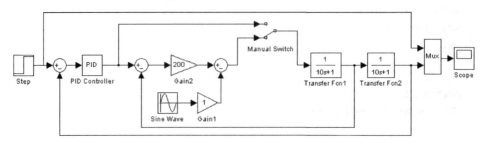

（2）作图程序：chap3_2plot.m

```
close all;
plot(t,y(:,1),'r',t,y(:,2),'k:','linewidth',2);
xlabel('time(s)');ylabel('r and y');
legend('ideal position signal','position tracking');
```

3.3 纯滞后系统的大林控制算法

3.3.1 大林控制算法原理

早在 1968 年，美国 IBM 公司的大林（Dahlin）就提出了一种不同于常规 PID 控制规律的新型算法，即大林算法。该算法的最大特点是将期望的闭环响应设计成一阶惯性加纯延迟，然后反过来得到能满足这种闭环响应的控制器[1]。

对于图 3-8 所示的单回路控制系统，$G_c(z)$ 为数字控制器，$G_p(z)$ 为被控对象，则闭环系统传递函数为

$$\phi(z) = \frac{Y(z)}{R(z)} = \frac{G_c(z)G_p(z)}{1+G_c(z)G_p(z)} \tag{3.4}$$

图 3-8 单回路控制系统框图

则

$$G_c(z) = \frac{U(z)}{E(z)} = \frac{1}{G_p(z)}\frac{\phi(z)}{1-\phi(z)} \tag{3.5}$$

如果能事先设定系统的闭环响应 $\phi(z)$，则可得控制器 $G_c(z)$。大林指出，通常的期望闭环响应是一阶惯性加纯延迟形式，其延迟时间等于对象的纯延迟时间 τ。

$$\phi(s) = \frac{Y(s)}{R(s)} = \frac{e^{-\tau s}}{T_\phi s + 1} \tag{3.6}$$

式中，T_ϕ 为闭环系统的时间常数，由此而得到的控制律称为大林算法。

3.3.2 仿真实例

设被控对象为

$$G_p(s) = \frac{e^{-0.76s}}{0.4s+1}$$

采样时间为 0.5s，期望的闭环响应设计为

$$\phi(s) = \frac{Y(s)}{R(s)} = \frac{e^{-0.76s}}{0.15s+1}$$

位置指令为 $y_d = 1.0$，$M = 1$ 时为采用大林控制算法式（3.5），$M = 2$ 时为采用普通 PID 控制算法，阶跃响应如图 3-9 和图 3-10 所示。可见，采用大林算法可取得很好的控制效果。

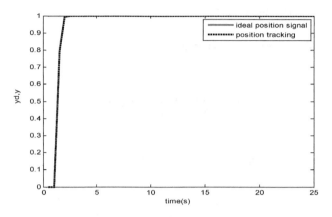

图 3-9 大林算法阶跃响应（M=1）

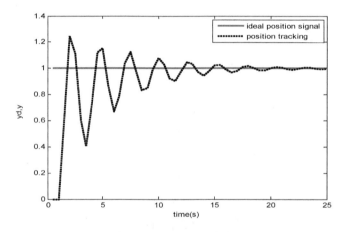

图 3-10 普通 PID 算法阶跃响应（M=2）

〖仿真程序〗 chap3_3.m

```
%Delay Control with Dalin Algorithm
clear all;
close all;
ts=0.5;

%Plant
sys1=tf([1],[0.4,1],'inputdelay',0.76);
dsys1=c2d(sys1,ts,'zoh');
[num1,den1]=tfdata(dsys1,'v');

%Ideal closed loop
sys2=tf([1],[0.15,1],'inputdelay',0.76);
dsys2=c2d(sys2,ts,'zoh');
```

```
%Design Dalin controller
dsys=1/dsys1*dsys2/(1-dsys2);
[num,den]=tfdata(dsys,'v');

u_1=0.0;u_2=0.0;u_3=0.0;u_4=0.0;u_5=0.0;
y_1=0.0;

error_1=0.0;error_2=0.0;error_3=0.0;
ei=0;
for k=1:1:50
time(k)=k*ts;

yd(k)=1.0;   %Tracing Step Signal

y(k)=-den1(2)*y_1+num1(2)*u_2+num1(3)*u_3;
error(k)=yd(k)-y(k);

M=2;
if M==1           %Using Dalin Method
u(k)=(num(1)*error(k)+num(2)*error_1+num(3)*error_2+num(4)*error_3...
      -den(3)*u_1-den(4)*u_2-den(5)*u_3-den(6)*u_4-den(7)*u_5)/den(2);
elseif M==2       %Using PID Method
ei=ei+error(k)*ts;
u(k)=1.0*error(k)+0.10*(error(k)-error_1)/ts+0.50*ei;
end
%----------Return of dalin parameters------------
u_5=u_4;u_4=u_3;u_3=u_2;u_2=u_1;u_1=u(k);
y_1=y(k);

error_3=error_2;error_2=error_1;error_1=error(k);
end
figure(1);
plot(time,yd,'r',time,y,'k:','linewidth',2);
xlabel('time(s)');ylabel('yd,y');
legend('ideal position signal','position tracking');
```

3.4 纯滞后系统的 Smith 控制算法

在工业过程控制中，许多被控对象具有纯滞后的性质。Smith（史密斯）提出了一种纯滞后补偿模型，其原理为：与 PID 控制器并接一补偿环节，该补偿环节称为 Smith 预估器[2]。

3.4.1 连续 Smith 预估控制

带有纯延迟的单回路控制系统如图 3-11 所示，其闭环传递函数为

$$\phi(s) = \frac{Y(s)}{R(s)} = \frac{G_c(s)G_0(s)e^{-\tau s}}{1+G_c(s)G_0(s)e^{-\tau s}} \tag{3.7}$$

其特征方程为

$$1+G_c(s)G_0(s)e^{-\tau s} = 0 \tag{3.8}$$

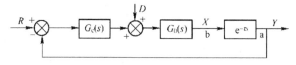

图 3-11　带有纯延迟的单回路控制系统

可见，特征方程中出现了纯延迟环节，使系统稳定性降低，如果 τ 足够大，系统将不稳定，这就是大延迟过程难于控制的本质。而 $e^{-\tau s}$ 之所以在特征方程中出现，是由于反馈信号是从系统的 a 点引出来的，若能将反馈信号从 b 点引出，则把纯延迟环节移到控制回路的外边，如图 3-12 所示，经过 τ 的延迟时间后，被调量 Y 将重复 X 同样的变化。

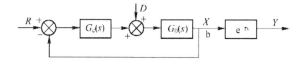

图 3-12　改进的有纯延迟的单回路控制系统

由于反馈信号 X 没有延迟，系统的响应会大大地改善。但在实际系统中，b 点或是不存在，或是受物理条件的限制，无法从 b 点引出反馈信号来。针对这种问题，Smith 提出采用人造模型的方法，构造如图 3-13 所示的控制系统。

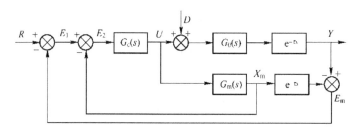

图 3-13　Smith 预估控制系统

如果模型是精确的，即 $G_0(s) = G_m(s), \tau = \tau_m$，且不存在负荷扰动（$D=0$），则 $Y = Y_m$，$E_m = Y - Y_m = 0$，$X = X_m$，可以用 X_m 代替 X 作第一条反馈回路，实现将纯延迟环节移到控制回路的外边。如果模型是不精确的或是出现负荷扰动，则 X 就不等于 X_m，$E_m = Y - Y_m \neq 0$，控制精度也就不能令人满意。为此，采用 E_m 实现第二条反馈回路。这就是 Smith 预估器的控制策略。

实际上预估模型不是并联在过程上，而是反向并联在控制器上的，因此，将图 3-13 变换可得到 Smith 预估控制系统等效图，如图 3-14 所示。

显然，Smith 控制方法的前提是必须确切地知道被控对象的数学模型，在此基础上才能建立精确的预估模型。

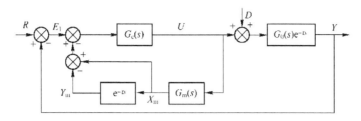

图 3-14 Smith 预估控制系统等效图

3.4.2 仿真实例

被控对象为

$$G_p(s) = \frac{e^{-80s}}{60s+1}$$

采用 Smith 控制方法，按图 3-13 的结构进行设计。在 PI 控制中，取 $k_p = 4.0$，$k_i = 0.022$，假设预测模型精确，阶跃指令信号取 100。采用 Smith 补偿与不采用 Smith 补偿的阶跃响应如图 3-15 和图 3-16 所示。仿真结果表明，Smith 控制方法具有很好的控制效果。

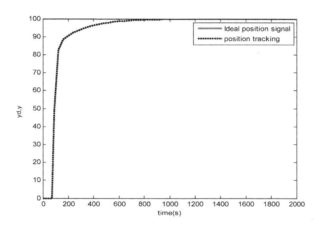

图 3-15 采用 Smith 补偿的阶跃响应

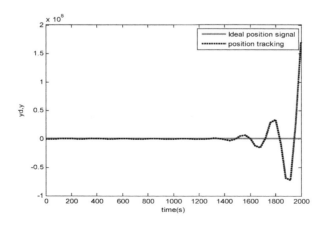

图 3-16 不用 Smith 补偿的阶跃响应

〖仿真程序〗

按图 3-13 设计 Smith 控制系统。

（1）Simulink 主程序：chap3_4sim.mdl

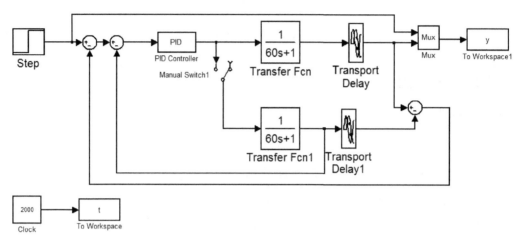

（2）作图程序：chap3_4plot.m

```
close all;
figure(1);
plot(t,y(:,1),'r',t,y(:,2),'k:','linewidth',2);
xlabel('time(s)');ylabel('yd,y');
legend('Ideal position signal','position tracking');
```

采用 Smith 控制方法，按图 3-14 的结构进行设计。在 PI 控制中，取 $k_p = 4.0$，$k_i = 0.022$，假设预测模型精确，阶跃指令信号取 100。不采用 Smith 补偿与采用 Smith 补偿的阶跃响应如图 3-17 和图 3-18 所示。仿真结果表明，Smith 控制方法具有很好的控制效果。

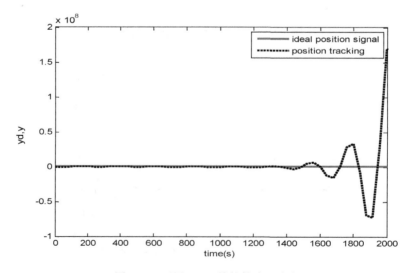

图 3-17　不用 Smith 补偿的阶跃响应

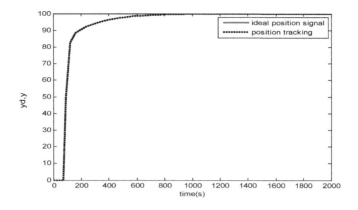

图 3-18 采用 Smith 补偿的阶跃响应

〖仿真程序〗 按图 3-14 设计 Smith 控制系统。

（1）Simulink 主程序：chap3_5sim.md

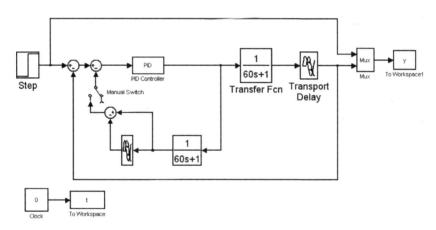

（2）作图程序：chap3_5plot.m

```
close all;
figure(1);
plot(t,y(:,1),'r',t,y(:,2),'k:','linewidth',2);
xlabel('time(s)');ylabel('yd,y');
legend('ideal position signal','position tracking');
```

3.4.3 数字 Smith 预估控制

本节主要研究带有纯延迟的一阶过程在计算机控制时的史密斯预估控制算法的仿真。设被控对象的传递函数为

$$G_p(s) = \frac{k_p e^{-\tau s}}{T_p s + 1} = G_0(s) e^{-\tau s} \tag{3.9}$$

被控对象离散化分别为 $G_p(z)$ 和 $G_0(z)$，将 Smith 预估控制系统等效图 3-14 离散化，得到数字 Smith 预估控制系统框图，如图 3-19 所示。其中，$G_{HP}(z)$ 和 $G_{HO}(z)$ 分别为 $G_p(z)$ 和

$G_0(z)$ 的估计模型。

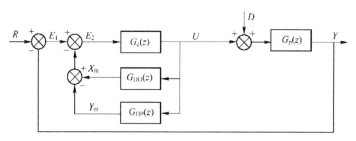

图 3-19 数字 Smith 预估控制系统框图

由图 3-19 可得

$$e_2(k) = e_1(k) - x_m(k) + y_m(k) = r(k) - y(k) - x_m(k) + y_m(k) \tag{3.10}$$

若模型是精确的,则

$$y(k) = y_m(k) \tag{3.11}$$

$$e_2(k) = r(k) - x_m(k) \tag{3.12}$$

$e_2(k)$ 为数字控制器 $G_c(z)$ 的输入,$G_c(z)$ 一般采用 PI 控制算法。

3.4.4 仿真实例

设被控对象为

$$G_p(s) = \frac{e^{-80s}}{60s+1}$$

其中,采样时间为 20s。

【仿真方法一】

采用 M 语言进行数字化仿真。按 Smith 算法设计控制器。取位置指令为方波信号,取 $y_d = r$,M 代表三种情况下的仿真:$M=1$ 为模型不精确,$M=2$ 为模型精确,$M=3$ 为采用 PI 控制。取 $S=2$,针对 $M=1$、$M=2$、$M=3$ 三种情况进行仿真。在 PI 控制中,$k_p = 0.50$,$k_i = 0.010$。三种情况的响应如图 3-20~图 3-22 所示。

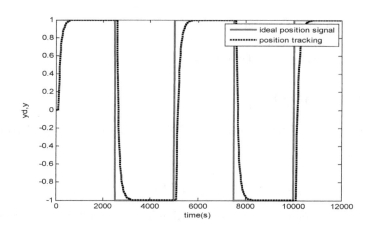

图 3-20 模型不精确时方波响应($M=1$)

第3章 时滞系统的 PID 控制

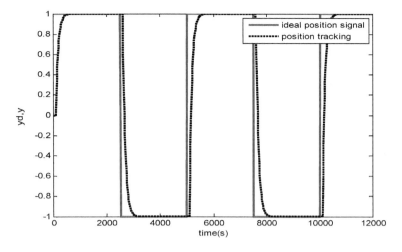

图 3-21 模型精确时方波响应（$M=2$）

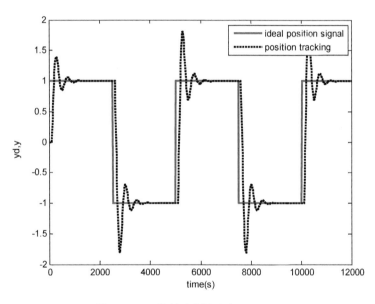

图 3-22 PI 控制时方波响应（$M=3$）

〖仿真程序〗 chap3_6.m

```
%Big Delay PID Control with Smith Algorithm
clear all;close all;
Ts=20;

%Delay plant
kp=1;
Tp=60;
tol=80;
sysP=tf([kp],[Tp,1],'inputdelay',tol);    %Plant
dsysP=c2d(sysP,Ts,'zoh');
```

```
[numP,denP]=tfdata(dsysP,'v');

M=1;
%Prediction model
if M==1    %No Precise Model: PI+Smith
    kp1=kp*1.10;
    Tp1=Tp*1.10;
    tol1=tol*1.0;
elseif M==2|M==3   %Precise Model: PI+Smith
    kp1=kp;
    Tp1=Tp;
    tol1=tol;
end

sysHO=tf([kp1],[Tp1,1]);   %Model without delay
dsysHO=c2d(sysHO,Ts,'zoh');
[numHO,denHO]=tfdata(dsysHO,'v');

sysHP=tf([kp1],[Tp1,1],'inputdelay',tol1);   %Model with delay
dsysHP=c2d(sysHP,Ts,'zoh');
[numHP,denHP]=tfdata(dsysHP,'v');

u_1=0.0;u_2=0.0;u_3=0.0;u_4=0.0;u_5=0.0;
e1_1=0;
e2=0.0;
e2_1=0.0;
ei=0;

xm_1=0.0;
ym_1=0.0;
y_1=0.0;

for k=1:1:600
    time(k)=k*Ts;

yd(k)=sign(sin(0.0002*2*pi*k*Ts));    %Tracing Square Wave Signal

y(k)=-denP(2)*y_1+numP(2)*u_5;    %GP(z):Practical Plant

%Prediction model
xm(k)=-denHO(2)*xm_1+numHO(2)*u_1;   %GHO(z):Without Delay
ym(k)=-denHP(2)*ym_1+numHP(2)*u_5;   %GHP(z):With Delay

if M==1        %No Precise Model: PI+Smith
    e1(k)=yd(k)-y(k);
    e2(k)=e1(k)-xm(k)+ym(k);
    ei=ei+Ts*e2(k);
    u(k)=0.50*e2(k)+0.010*ei;
    e1_1=e1(k);
```

```
elseif M==2    %Precise Model: PI+Smith
    e2(k)=yd(k)-xm(k);
    ei=ei+Ts*e2(k);
    u(k)=0.50*e2(k)+0.010*ei;
    e2_1=e2(k);
elseif M==3    %Only PI
    e1(k)=yd(k)-y(k);
    ei=ei+Ts*e1(k);
    u(k)=0.50*e1(k)+0.010*ei;
    e1_1=e1(k);
end

%----------Return of smith parameters------------
xm_1=xm(k);
ym_1=ym(k);

u_5=u_4;u_4=u_3;u_3=u_2;u_2=u_1;u_1=u(k);
y_1=y(k);
end
figure(1);
plot(time,yd,'r',time,y,'k:','linewidth',2);
xlabel('time(s)');ylabel('yd,y');
legend('ideal position signal','position tracking');
```

【仿真方法二】

采用 Simulink 进行数字化仿真，按 Smith 算法图 3-19 设计 Simulink 模块。在 PI 控制中，$k_p = 0.5$，$k_i = 0.01$。响应如图 3-23 和图 3-24 所示。

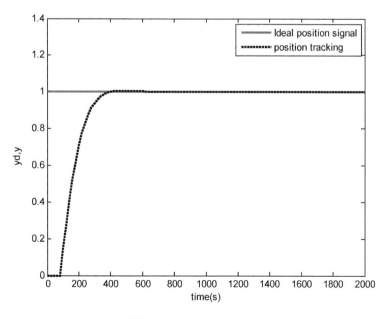

图 3-23 Smith 阶跃响应

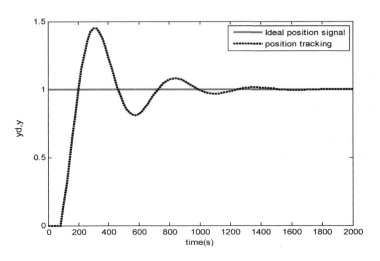

图 3-24 只采用 PI 控制时的阶跃响应

〖**仿真程序**〗

（1）初始化程序：chap3_7int.m

```
%Big Delay PID Control with Smith Algorithm
clear all;close all;
Ts=20;

%Delay plant
kp=1;
Tp=60;
tol=80;
sysP=tf([kp],[Tp,1],'inputdelay',tol);    %Plant
dsysP=c2d(sysP,Ts,'zoh');
[numP,denP]=tfdata(dsysP,'v');
```

（2）仿真主程序：chap3_7sim.mdl

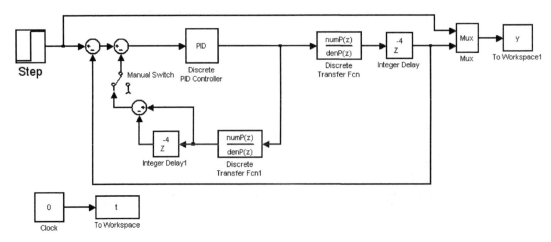

（3）作图程序：chap3_7plot.m

```
close all;
figure(1);
plot(t,y(:,1),'r',t,y(:,2),'k:','linewidth',2);
xlabel('time(s)');ylabel('yd,y');
legend('Ideal position signal','position tracking');
```

参 考 文 献

[1] 傅信鉴. 过程计算机控制系统[M]. 西安：西北工业大学出版社，1995.
[2] 王骥程，祝和云. 化工过程控制工程[M]. 北京：化学工业出版社，1996.

第4章 基于微分器的 PID 控制

信号微分的求取是 PID 控制的关键问题，迅速精确地获取信号的速度对于控制系统至关重要。在工程上，根据传感器测量到的位置信息估计其速度是困难的任务和具有挑战性的问题。

针对微分器的时域和频域分析见文献[1]。本章采用微分器实现带有噪声信号的提取并求导，从而实现无需速度测量的控制。

4.1 基于全程快速微分器的 PD 控制

4.1.1 全程快速微分器

全程快速微分器[2]：

$$\begin{aligned} \dot{x}_1 &= x_2 \\ \dot{x}_2 &= R^2 \left(-a_0 \left(x_1 - v(t) \right) - a_1 \left(x_1 - v(t) \right)^{\frac{m}{n}} - b_0 \frac{x_2}{R} - b_1 \left(\frac{x_2}{R} \right)^{\frac{m}{n}} \right) \\ y &= x_2(t) \end{aligned} \quad (4.1)$$

式中，$R>0$；$a_0, a_1, b_0, b_1 \geq 0$；$m$、$n$ 均为大于 0 的奇数，且 $m<n$。系统输出 $y=x_2(t)$ 跟踪信号 $v(t)$ 的一阶导数 $\dot{v}(t)$。当取 $a_1=b_1=0$ 时，线性微分器起主导作用。

$$\begin{aligned} \dot{x}_1 &= x_2 \\ \dot{x}_2 &= R^2 \left(-a_0 \left(x_1 - v(t) \right) - b_0 \frac{x_2}{R} \right) \\ y &= x_2(t) \end{aligned} \quad (4.2)$$

该种形式微分器可直接通过差分或高精度数值迭代方法来离散化，具体设计方法可参考文献[1]。

4.1.2 仿真实例

取 $R=\dfrac{1}{0.01}$，$a_0=0.1$，$b_0=0.1$，采用微分器式（4.2），输入信号为 $v(t)=\sin t$，采用连续微分器，数值求解器中取固定步长 0.001，扰动为幅值为 0.05 的随机信号，信号跟踪及导数估计曲线如图 4-1 和图 4-2 所示。图 4-1 中，上图为带有噪声的单位正弦信号，下图为理想单位正弦信号和线性微分器输出 x_1。图 4-2 为信号理想导数 $\cos t$ 与线性微分器的输出 x_2，见仿真程序 chap4_1sim.mdl。

采用离散化微分器，扰动为幅值为 0.01 的随机信号，信号跟踪及导数估计曲线如图 4-3 和图 4-4 所示。图 4-3 中，上图为带有噪声的单位正弦信号，下图为理想单位正弦信号和线

性微分器输出 x_1。图 4-4 中，上图为采用差分方法求导的导数输出，下图为信号理想导数 $\cos t$ 与线性微分器式的输出 x_2，见仿真程序 chap4_2.m。

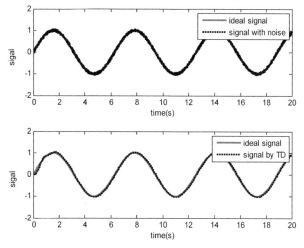

图 4-1 采用连续微分器位置信号的跟踪

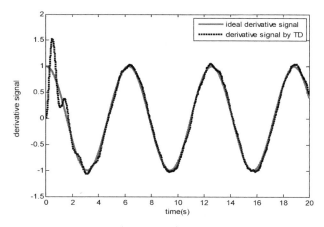

图 4-2 采用连续微分器位置信号的导数估计

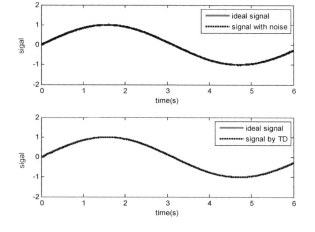

图 4-3 采用离散化微分器位置信号的提取

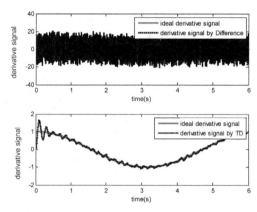

图 4-4　采用离散化微分器位置信号的导数估计

将微分器用于闭环控制中，位置指令为 $y_d(t)=\sin t$，被控对象为 $\dfrac{133}{s^2+25s}$，取 $R=\dfrac{1}{0.01}$，$a_0=2$，$b_0=1$，采用微分器式（4.2），对象输出叠加幅值为 0.5 的随机毛刺信号，采用 PD 控制律，取 $k_p=10$，$k_d=0.5$，仿真结果如图 4-5～图 4-8 所示，其中图 4-5 和图 4-8 分别为采用和不采用微分器的正弦位置跟踪。这种情况见仿真程序 chap4_3sim.mdl。

取采样时间为 $T=0.001$，可实现相应的数字微分器的信号处理和闭环控制，见仿真程序 chap4_4.m。

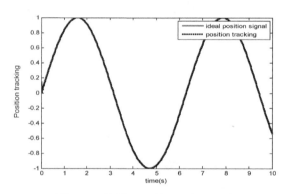

图 4-5　采用微分器的正弦位置跟踪

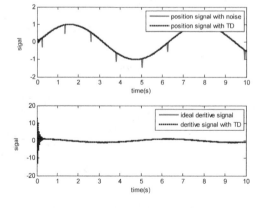

图 4-6　位置信号的提取及导数估计

第4章 基于微分器的PID控制

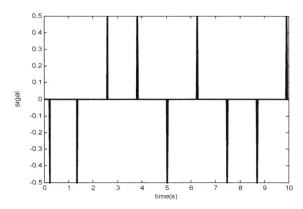

图 4-7　加在对象输出端的随机毛刺信号

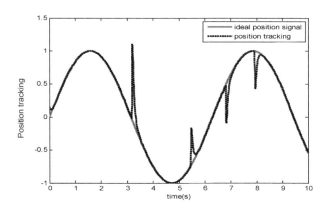

图 4-8　不采用微分器的正弦位置跟踪

〖**仿真程序**〗

（1）微分器信号处理

① 连续系统仿真。

a. 主程序：chap4_1sim.mdl。

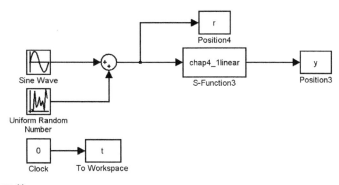

b. 微分器 S 函数：chap4_1linear.m。

```
function [sys,x0,str,ts] = Differentiator(t,x,u,flag)
switch flag,
case 0,
```

```
        [sys,x0,str,ts]=mdlInitializeSizes;
case 1,
        sys=mdlDerivatives(t,x,u);
case 3,
        sys=mdlOutputs(t,x,u);
case {2, 4, 9 }
        sys = [];
otherwise
        error(['Unhandled flag = ',num2str(flag)]);
end
function [sys,x0,str,ts]=mdlInitializeSizes
sizes = simsizes;
sizes.NumContStates  = 2;
sizes.NumDiscStates  = 0;
sizes.NumOutputs     = 2;
sizes.NumInputs      = 1;
sizes.DirFeedthrough = 1;
sizes.NumSampleTimes = 1;
sys = simsizes(sizes);
x0  = [0 0];
str = [];
ts  = [0 0];
function sys=mdlDerivatives(t,x,u)
vt=u(1);
e=x(1)-vt;
R=1/0.05;a0=0.1;b0=0.1;

sys(1)=x(2);
sys(2)=R^2*(-a0*e-b0*x(2)/R);
function sys=mdlOutputs(t,x,u)
sys = x;
```

c. 作图程序：chap4_1plot.m。

```
close all;

figure(1);
subplot(211);
plot(t,sin(t),'r',t,r,'k:','linewidth',2);
xlabel('time(s)');ylabel('sigal');
legend('ideal signal','signal with noise');
subplot(212);
plot(t,sin(t),'r',t,y(:,1),'k:','linewidth',2);
xlabel('time(s)');ylabel('sigal');
legend('ideal signal','signal by TD');

figure(2);
plot(t,cos(t),'r',t,y(:,2),'k:','linewidth',2);
xlabel('time(s)');ylabel('derivative signal');
legend('ideal derivative signal','derivative signal by TD');
```

② 数字仿真。

离散微分器程序：chap4_2.m。

```
close all;
clear all;
T=0.001;
y_1=0;dy_1=0;
yv_1=0;
v_1=0;
for k=1:1:6000
t=k*T;
time(k)=t;

v(k)=sin(t);
dv(k)=cos(t);

d(k)=0.01*rands(1);      %Noise
yv(k)=v(k)+d(k);         %Practical signal

R=1/0.01;a0=0.1;b0=0.1;
y(k)=y_1+T*dy_1;
dy(k)=dy_1+T*R^2*(-a0*(y(k)-yv(k))-b0*dy_1/R);

dyv(k)=(yv(k)-yv_1)/T;   %Speed by Difference

y_1=y(k);
v_1=v(k);
yv_1=yv(k);
dy_1=dy(k);
end
figure(1);
subplot(211);
plot(time,v,'r',time,yv,'k:','linewidth',2);
xlabel('time(s)');ylabel('sigal');
legend('ideal signal','signal with noise');
subplot(212);
plot(time,v,'r',time,y,'k:','linewidth',2);
xlabel('time(s)');ylabel('sigal');
legend('ideal signal','signal by TD');

figure(2);
subplot(211);
plot(time,dv,'r',time,dyv,'k:','linewidth',2);
xlabel('time(s)');ylabel('derivative signal');
legend('ideal derivative signal','derivative signal by Difference');
subplot(212);
plot(time,dv,'r',time,dy,'k:','linewidth',2);
xlabel('time(s)');ylabel('derivative signal');
legend('ideal derivative signal','derivative signal by TD');
```

（2）基于微分器的 PD 控制

① 连续系统仿真。

a. 主程序：chap4_3sim.mdl。

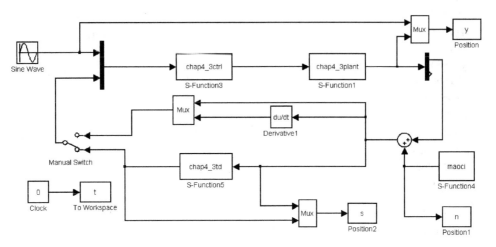

b. 控制器 S 函数：chap4_3ctrl.m。

```
function [sys,x0,str,ts] = Differentiator(t,x,u,flag)
switch flag,
case 0,
    [sys,x0,str,ts]=mdlInitializeSizes;
case 3,
    sys=mdlOutputs(t,x,u);
case {1,2,4,9 }
    sys = [];
otherwise
    error(['Unhandled flag = ',num2str(flag)]);
end
function [sys,x0,str,ts]=mdlInitializeSizes
sizes = simsizes;
sizes.NumDiscStates  = 0;
sizes.NumOutputs     = 1;
sizes.NumInputs      = 3;
sizes.DirFeedthrough = 1;
sizes.NumSampleTimes = 1;
sys = simsizes(sizes);
x0  = [];
str = [];
ts  = [0 0];
function sys=mdlOutputs(t,x,u)
yd=u(1);
dyd=cos(t);
y=u(2);
dy=u(3);
e=yd-y;
de=dyd-dy;
```

```
kp=10;kd=0.5;
ut=kp*e+kd*de;
sys(1)=ut;
```

c. 微分器 S 函数：chap4_3td.m。

```
function [sys,x0,str,ts] = Differentiator(t,x,u,flag)
switch flag,
case 0,
    [sys,x0,str,ts]=mdlInitializeSizes;
case 1,
    sys=mdlDerivatives(t,x,u);
case 3,
    sys=mdlOutputs(t,x,u);
case {2, 4, 9 }
    sys = [];
otherwise
    error(['Unhandled flag = ',num2str(flag)]);
end
function [sys,x0,str,ts]=mdlInitializeSizes
sizes = simsizes;
sizes.NumContStates  = 2;
sizes.NumDiscStates  = 0;
sizes.NumOutputs     = 2;
sizes.NumInputs      = 1;
sizes.DirFeedthrough = 1;
sizes.NumSampleTimes = 1;
sys = simsizes(sizes);
x0  = [0 0];
str = [];
ts  = [0 0];
function sys=mdlDerivatives(t,x,u)
vt=u(1);
e=x(1)-vt;
R=1/0.01;a0=2;b0=1;
sys(1)=x(2);
sys(2)=R^2*(-a0*e-b0*x(2)/R);
function sys=mdlOutputs(t,x,u)
sys(1)=x(1);
sys(2)=x(2);
```

d. 作图程序：chap4_3plot.m。

```
close all;

figure(1);
plot(t,y(:,1),'k',t,y(:,2),'r:','linewidth',2);
xlabel('time(s)');ylabel('Position tracking');
legend('ideal position signal','tracking signal');
```

```
figure(2);
subplot(211);
plot(t,s(:,1),'k',t,s(:,2),'r:','linewidth',2);
xlabel('time(s)');ylabel('sigal');
legend('practical position signal','position signal with TD');
subplot(212);
plot(t,y(:,3),'k',t,s(:,3),'r:','linewidth',2);
xlabel('time(s)');ylabel('sigal');
legend('ideal deritive signal','deritive signal with TD');

figure(3);
plot(t,n(:,1),'k','linewidth',2);
xlabel('time(s)');ylabel('sigal');
```

② 数字仿真。

离散微分器控制程序：chap4_4.m。

```
close all;
clear all;

T=0.001;
y_1=0;yp_1=0;
dy_1=0;

%Plant
a=25;b=133;
sys=tf(b,[1,a,0]);
dsys=c2d(sys,T,'z');
[num,den]=tfdata(dsys,'v');
u_1=0;u_2=0;
p_1=0;p_2=0;
for k=1:1:5000
t=k*T;
time(k)=t;

p(k)=-den(2)*p_1-den(3)*p_2+num(2)*u_1+num(3)*u_2;
dp(k)=(p(k)-p_1)/T;

yd(k)=sin(t);
dyd(k)=cos(t);
d(k)=1.5*sign(rands(1)); %Noise

  if mod(k,100)==1|mod(k,100)==2
     yp(k)=p(k)+d(k);       %Practical signal
  else
     yp(k)=p(k);
  end
yp(k)=yp(k)+0.1*rands(1);

M=2;
```

```
if M==1            %By Difference
    y(k)=yp(k);
    dy(k)=(yp(k)-yp_1)/T;
elseif M==2        %By TD
    R=100;a0=2;b0=1;
    y(k)=y_1+T*dy_1;
    dy(k)=dy_1+T*R^2*(-a0*(y(k)-yp(k))-b0*dy_1/R);
end
kp=10;kd=0.2;
u(k)=kp*(yd(k)-y(k))+kd*(dyd(k)-dy(k));

if M==3         %Using ideal plant
    u(k)=kp*(yd(k)-p(k))+kd*(dyd(k)-dp(k));
end

y_1=y(k);
yp_1=yp(k);
dy_1=dy(k);

u_2=u_1;u_1=u(k);
p_2=p_1;p_1=p(k);
end
figure(1);
plot(time,p,'k',time,yp,'r-',time,y,'b:','linewidth',2);
xlabel('time(s)');ylabel('position tracking');
legend('ideal position signal','position signal with noise','position signal by TD');
figure(2);
plot(time,yd,'r',time,p,'k:','linewidth',2);
xlabel('time(s)');ylabel('Position tracking');
legend('ideal position signal','position tracking');
```

4.2 基于 Levant 微分器的 PID 控制

4.2.1 Levant 微分器

微分器中需要注意的问题是既要尽量准确求导,又要对信号的测量误差和输入噪声具有鲁棒性。Levant[3] 提出了一种基于滑模技术的非线性微分器,其中二阶滑模微分器表达式为

$$\dot{x}=u$$
$$u=u_1-\lambda|x-v(t)|^{1/2}\operatorname{sgn}(x-v(t)) \qquad (4.3)$$
$$\dot{u}_1=-\alpha\operatorname{sgn}(x-v(t))$$

其中

$$\alpha>C,\lambda^2\geqslant 4C\frac{\alpha+C}{\alpha-C} \qquad (4.4)$$

并且 $C>0$,是输入信号 $v(t)$ 导数的 Lipschitz 常数上界。

采用二阶 Levant 微分器,可实现 x 跟踪 $v(t)$, u_1 跟踪 $\dot{v}(t)$ 。对于 Levant 微分器,需要

事先知道输入信号 $v(t)$ 导数的 Lipschitz 常数上界,才能设计微分器参数,这就限制了输入信号的类型。而且,对于这种微分器,抖振现象不可避免。

4.2.2 仿真实例

1. 微分器频域分析

通过采用扫频测试的方法对 Levant 微分器进行频域分析,可得该微分器的频域特性。扫频测试原理见文献[1]中的第 2 章 2.3 节。

采样时间为 $T=0.001s$,令输入信号为 $v(t)=\sin(2\pi t)$,按式(4.3)设计微分器,$v(t)$ 导数的上界为 2π,取 $C=2\pi$,采用 0~30Hz 的正弦信号进行扫频。按式(4.4),取 Levant 参数为 $\alpha=15$,$\lambda=10$,频域特性如图 4-9(a)所示;取 Levant 参数为 $\alpha=15$,$\lambda=20$,频域特性如图 4-9(b)所示。可见,Levant 微分器具有很好低频跟踪效果以及较强的抑制

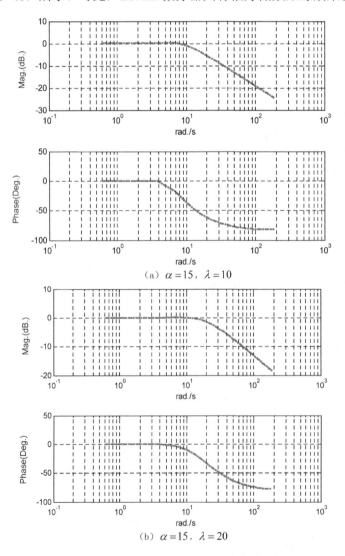

(a) $\alpha=15$,$\lambda=10$

(b) $\alpha=15$,$\lambda=20$

图 4-9 不同参数下 Levant 微分器的频域特性

噪声能力，如果增大 λ 值，可以拓宽频带，但同时增加了 Levant 微分器切换增益，加大了抖振。

2. 微分器信号处理

输入信号取 $v(t)=\sin t$，则可得 $C=1.0$，按式（4.3）设计微分器，按式（4.4），取 $\alpha=18$，则 $\lambda^2 \geqslant 4C\dfrac{\alpha+C}{\alpha-C}=4\dfrac{18+1}{18-1}=4.4706$，则可取 $\lambda=6$。扰动为随机信号。采用连续系统仿真，信号跟踪及导数估计如图 4-10 和图 4-11 所示。图 4-10 中，上图为带有噪声的单位正弦信号，下图为 Levant 微分器输出 x_1 和理想的正弦信号。图 4-11 中，上图为采用 Matlab 工具对信号求导的输出，下图为 Levant 微分器导数估计输出 x_2。采用离散系统仿真可得到同样结果，见仿真程序 chap4_7.m。

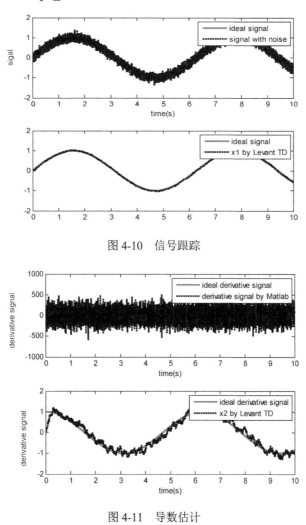

图 4-10　信号跟踪

图 4-11　导数估计

3. 基于微分器的 PID 控制

输入信号为 $v(t)=\sin(t)$，$v(t)$ 导数的上界为 1，取 $C=1$，按式（4.4）取 Levant 参数

为 $\alpha=15$，$\lambda=10$。采用 PD 控制律，取 $k_p=10$，$k_d=0.5$。采用连续系统仿真，通过 Levant 微分器式（4.3）来获得位置和速度，位置跟踪如图 4-12 所示。采用传统的微分方式获得位置和速度，位置跟踪如图 4-13 所示。离散系统仿真程序见 chap4_9.m。

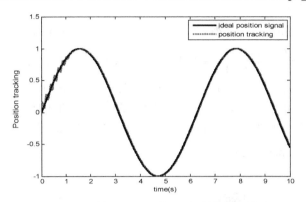

图 4-12 基于 Levant 的 PD 控制位置跟踪

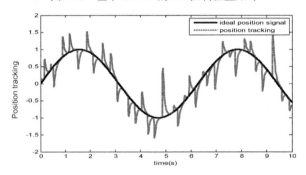

图 4-13 基于传统差分方式的 PD 控制位置跟踪

〖仿真程序〗

（1）微分器扫频分析

① 扫频测试程序：chap4_5a.m。

```
clear all;
close all;

T=0.001;
Am=1;

f=1;
for F=0.1:0.5:30
u_1=0;y_1=0;dy_1=0;
for k=1:1:10000
time(k)=k*T;
u(f,k)=Am*sin(1*2*pi*F*k*T);         % Sine Signal with different frequency

%Levant TD
    afa=15;nbd=10;          %From Levant paper
```

```
            afa=15;nbd=20;        %From Levant paper
            y(f,k)=y_1+T*(dy_1-nbd*sqrt(abs(y_1-u(f,k)))*sign(y_1-u(f,k)));
            dy(k)=dy_1-T*afa*sign(y_1-u(f,k));
            dy_1=dy(k);


    uk(k)=u(f,k);
    yk(k)=y(f,k);

    y_1=yk(k);
    u_1=uk(k);
    end
    f=f+1;
    end

    save TDfile y;
```

② 微分器频域特性分析程序：chap4_5b.m。

```
    close all;
    clear all;
    T=0.001;
    Am=1;

    load TDfile;
    kk=0;
    f=1;
    for F=0.1:0.5:30
    kk=kk+1;
    FF(kk)=F;
    w=FF*2*pi;    % in rad./s

    for i=5001:1:10000
        fai(1,i-5000) = sin(2*pi*F*i*T);
        fai(2,i-5000) = cos(2*pi*F*i*T);
    end
    Fai=fai';

    fai_in(kk)=0;

    Y_out=y(f,5001:1:10000)';
    cout=inv(Fai'*Fai)*Fai'*Y_out;
    fai_out(kk)=atan(cout(2)/cout(1));       % Phase Frequency(Deg.)

    Af(kk)=sqrt(cout(1)^2+cout(2)^2);        % Magnitude Frequency(dB)
    mag_e(kk)=20*log10(Af(kk)/Am);           % in dB
    ph_e(kk)=(fai_out(kk)-fai_in(kk))*180/pi; % in Deg.

    f=f+1;
    end
    figure(1);
```

```
hold on;
subplot(2,1,1);
semilogx(w,mag_e,'r-.','linewidth',2);grid on;
xlabel('rad./s');ylabel('Mag.(dB.)');
hold on;
subplot(2,1,2);
semilogx(w,ph_e,'r-.','linewidth',2);grid on;
xlabel('rad./s');ylabel('Phase(Deg.)');
```

(2)微分器信号处理

微分器信号处理分连续系统和离散系统两种情况。

① 连续系统仿真。

a. Simulink 仿真主程序：chap4_6sim.mdl。

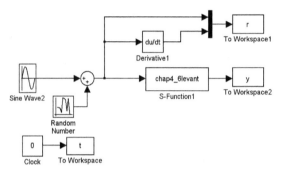

b. 微分器 S 函数：chap4_6levant.m。

```
function [sys,x0,str,ts] = Differentiator(t,x,u,flag)
switch flag,
case 0,
    [sys,x0,str,ts]=mdlInitializeSizes;
case 1,
    sys=mdlDerivatives(t,x,u);
case 3,
    sys=mdlOutputs(t,x,u);
case {2, 4, 9 }
    sys = [];
otherwise
    error(['Unhandled flag = ',num2str(flag)]);
end
function [sys,x0,str,ts]=mdlInitializeSizes
sizes = simsizes;
sizes.NumContStates  = 2;
sizes.NumDiscStates  = 0;
sizes.NumOutputs     = 2;
sizes.NumInputs      = 1;
sizes.DirFeedthrough = 1;
sizes.NumSampleTimes = 1;
sys = simsizes(sizes);
x0  = [0 0];
```

```
str = [];
ts   = [0 0];
function sys=mdlDerivatives(t,x,u)
vt=u(1);
e=x(1)-vt;

nmn=6;
alfa=18;

sys(1)=x(2)-nmn*(abs(e))^0.5*sign(e);
sys(2)=-alfa*sign(e);
function sys=mdlOutputs(t,x,u)
sys = x;
```

c. 作图程序：chap4_6plot.m。

```
close all;

figure(1);
subplot(211);
plot(t,sin(t),'r',t,r(:,1),'k:','linewidth',2);
xlabel('time(s)');ylabel('sigal');
legend('ideal signal','signal with noise');
subplot(212);
plot(t,sin(t),'r',t,y(:,1),'k:','linewidth',2);
legend('ideal signal','x1 by Levant TD');

figure(2);
subplot(211);
plot(t,cos(t),'r',t,r(:,2),'k:','linewidth',2);
xlabel('time(s)');ylabel('derivative signal');
legend('ideal derivative signal','derivative signal by Matlab');
subplot(212);
plot(t,cos(t),'r',t,y(:,2),'k:','linewidth',2);
xlabel('time(s)');ylabel('derivative signal');
legend('ideal derivative signal','x2 by Levant TD');
```

② 离散系统仿真：chap4_7.m。

```
%Discrete Levant TD
close all;
clear all;
T=0.001;
y_1=0;dy_1=0;
for k=1:1:10000
    t=k*T;
    time(k)=t;

    u(k)=sin(k*T);
    du(k)=cos(k*T);
```

```
        d(k)=0.5; %Noise
        d(k)=-0.5; %Noise
        d(k)=0.5*sign(rands(1)); %Noise
if mod(k,100)==1
    up(k)=u(k)+1*d(k); %Practical signal
else
    up(k)=u(k);
end
up(k)=up(k)+0.15*rands(1);

alfa=8;nmna=6;      %M=1    Low Frequency

y(k)=y_1+T*(dy_1-nmna*sqrt(abs(y_1-up(k)))*sign(y_1-up(k)));
dy(k)=dy_1-T*alfa*sign(y_1-up(k));

y_1=y(k); dy_1=dy(k);
end
figure(1);
subplot(211);
plot(time,u,'r',time,up,'k:','linewidth',2);
xlabel('time(s)'),ylabel('input signal');
legend('sin(t)','signal with noises');
subplot(212);
plot(time,u,'r',time,y,'k:','linewidth',2);
xlabel('time(s)'),ylabel('input signal');
legend('sin(t)','signal with TD');

figure(2);
plot(time,du,'r',time,dy,'k:','linewidth',2);
xlabel('time(s)'),ylabel('derivative estimation');
legend('cos(t)','x2 by Levant differentiator');
```

（3）基于微分器的 PID 控制

基于微分器的 PID 控制分连续系统和离散系统两种情况。

① 连续系统仿真。

a. 基于微分器的 PID 控制 Simulink 仿真主程序：chap4_8sim.mdl。

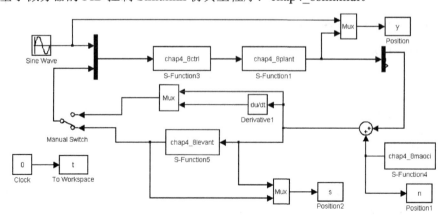

b. 被控对象 S 函数：chap4_8plant.m。

```
function [sys,x0,str,ts]=s_function(t,x,u,flag)
switch flag,
case 0,
    [sys,x0,str,ts]=mdlInitializeSizes;
case 1,
    sys=mdlDerivatives(t,x,u);
case 3,
    sys=mdlOutputs(t,x,u);
case {2, 4, 9 }
    sys = [];
otherwise
    error(['Unhandled flag = ',num2str(flag)]);
end
function [sys,x0,str,ts]=mdlInitializeSizes
sizes = simsizes;
sizes.NumContStates  = 2;
sizes.NumDiscStates  = 0;
sizes.NumOutputs     = 2;
sizes.NumInputs      = 1;
sizes.DirFeedthrough = 0;
sizes.NumSampleTimes = 1;
sys=simsizes(sizes);
x0=[0.15 0];
str=[];
ts=[-1 0];
function sys=mdlDerivatives(t,x,u)
sys(1)=x(2);
sys(2)=-25*x(2)+133*u;
function sys=mdlOutputs(t,x,u)
sys(1)=x(1);
sys(2)=x(2);
```

c. 控制器 S 函数：chap4_8ctrl.m。

```
function [sys,x0,str,ts] = Differentiator(t,x,u,flag)
switch flag,
case 0,
    [sys,x0,str,ts]=mdlInitializeSizes;
case 3,
    sys=mdlOutputs(t,x,u);
case {1,2, 4, 9 }
    sys = [];
otherwise
    error(['Unhandled flag = ',num2str(flag)]);
end
function [sys,x0,str,ts]=mdlInitializeSizes
sizes = simsizes;
sizes.NumDiscStates  = 0;
```

```
       sizes.NumOutputs     = 1;
       sizes.NumInputs      = 3;
       sizes.DirFeedthrough = 1;
       sizes.NumSampleTimes = 1;
       sys = simsizes(sizes);
       x0  = [];
       str = [];
       ts  = [0 0];
       function sys=mdlOutputs(t,x,u)
       yd=u(1);
       dyd=cos(t);
       y=u(2);
       dy=u(3);
       e=yd-y;
       de=dyd-dy;

       kp=10;kd=0.5;
       ut=kp*e+kd*de;
       sys(1)=ut;
```

d. 微分器 S 函数：chap4_8levant.m。

```
function [sys,x0,str,ts] = Differentiator(t,x,u,flag)
switch flag,
case 0,
    [sys,x0,str,ts]=mdlInitializeSizes;
case 1,
    sys=mdlDerivatives(t,x,u);
case 3,
    sys=mdlOutputs(t,x,u);
case {2, 4, 9 }
    sys = [];
otherwise
    error(['Unhandled flag = ',num2str(flag)]);
end
function [sys,x0,str,ts]=mdlInitializeSizes
sizes = simsizes;
sizes.NumContStates  = 2;
sizes.NumDiscStates  = 0;
sizes.NumOutputs     = 2;
sizes.NumInputs      = 1;
sizes.DirFeedthrough = 1;
sizes.NumSampleTimes = 1;
sys = simsizes(sizes);
x0  = [0 0];
str = [];
ts  = [0 0];
function sys=mdlDerivatives(t,x,u)
vt=u(1);
e=x(1)-vt;
```

```
alfa=15;nmna=10;

sys(1)=x(2)-nmna*sqrt(abs(e))*sign(e);
sys(2)=-alfa*sign(e);
function sys=mdlOutputs(t,x,u)
sys(1)=x(1);
sys(2)=x(2);
```

e. 作图程序：chap4_8plot.m。

```
close all;

figure(1);
plot(t,y(:,1),'k',t,y(:,2),'r:','linewidth',2);
xlabel('time(s)');ylabel('Position tracking');
legend('ideal position signal','position tracking');

figure(2);
subplot(211);
plot(t,s(:,1),'k',t,s(:,2),'r:','linewidth',2);
xlabel('time(s)');ylabel('sigal');
legend('position signal with noise','position signal with TD');
subplot(212);
plot(t,y(:,3),'r',t,s(:,3),'k:','linewidth',2);
xlabel('time(s)');ylabel('sigal');
legend('practical deritive signal','deritive signal with TD');

figure(3);
plot(t,n(:,1),'k','linewidth',2);
xlabel('time(s)');ylabel('sigal');
```

f. 毛刺信号生成程序：chap4_8maoci.m。

```
function [sys,x0,str,ts] = Differentiator(t,x,u,flag)
switch flag,
case 0,
    [sys,x0,str,ts]=mdlInitializeSizes;
case 3,
sys=mdlOutputs(t,x,u);
case {1, 2, 4, 9 }
sys = [];
otherwise
error(['Unhandled flag = ',num2str(flag)]);
end
function [sys,x0,str,ts]=mdlInitializeSizes
sizes = simsizes;
sizes.NumContStates  = 0;
sizes.NumDiscStates  = 0;
sizes.NumOutputs     = 1;
sizes.NumInputs      = 0;
sizes.DirFeedthrough = 1;
sizes.NumSampleTimes = 1;
```

```
sys = simsizes(sizes);
x0  = [];
str = [];
ts  = [0 0];
function sys=mdlOutputs(t,x,u)
persistent k
if t==0
    k=0;
end
k=k+1;

d=0.50*sign(rands(1)); %Noise
if mod(k,100)==0
    n=d;    %Practical signal
else
    n=0;
end
%n=n+0.03*rands(1);
sys=n;
```

② 离散系统仿真：chap4_9.m。

```
%PID based on Discrete Levant TD
close all;
clear all;

T=0.001;
y_1=0;yp_1=0;
dy_1=0;

%Plant
a=25;b=133;
sys=tf(b,[1,a,0]);
dsys=c2d(sys,T,'z');
[num,den]=tfdata(dsys,'v');
u_1=0;u_2=0;
p_1=0;p_2=0;
for k=1:1:5000
t=k*T;
time(k)=t;

yd(k)=sin(t);
dyd(k)=cos(t);
p(k)=-den(2)*p_1-den(3)*p_2+num(2)*u_1+num(3)*u_2;

d(k)=0.5*sign(rands(1));
if mod(k,100)==1|mod(k,100)==2
    yp(k)=p(k)+d(k);       %Practical signal
else
    yp(k)=p(k);
```

```
        end
        M=2;
        if M==1           %By Difference
            y(k)=yp(k);
            dy(k)=(yp(k)-yp_1)/T;
        elseif M==2       %By TD
            alfa=8;nmna=6;
            y(k)=y_1+T*(dy_1-nmna*sqrt(abs(y_1-yp(k)))*sign(y_1-yp(k)));
            dy(k)=dy_1-T*alfa*sign(y_1-yp(k));
        end
        kp=10;kd=0.1;
        u(k)=kp*(yd(k)-y(k))+kd*(dyd(k)-dy(k));

        y_1=y(k);
        yp_1=yp(k);
        dy_1=dy(k);

        u_2=u_1;u_1=u(k);
        p_2=p_1;p_1=p(k);
        end
        if M==1           %By Difference
        figure(1);
        plot(time,yd,'k',time,p,'r:','linewidth',2);
        xlabel('time(s)');ylabel('Position tracking');
        legend('ideal position signal','position tracking');
        elseif M==2       %By TD
        figure(1);
        subplot(211);
        plot(time,p,'k',time,yp,'r:',time,y,'b:','linewidth',2);
        xlabel('time(s)');ylabel('position signal');
        legend('ideal position signal','position signal with noise','position signal by TD');
        subplot(212);
        plot(time,dy,'k','linewidth',2);
        xlabel('time(s)');ylabel('speed signal');
        legend('speed signal by TD');
        figure(2);
        plot(time,yd,'r',time,p,'k:','linewidth',2);
        xlabel('time(s)');ylabel('Position tracking');
        legend('ideal position signal','position tracking');
        end
```

参 考 文 献

[1] 王新华，刘金琨. 微分器设计与应用：信号滤波与求导[M]. 北京：电子工业出版社，2010.

[2] 王新华，陈增强，袁著祉. 全程快速非线性跟踪：微分器[J]. 控制理论与应用，2003, 20(6):875-878.

[3] LEVANT A. Robust exact differentiation via sliding mode technique[J]. Automatica, 1998, 34:379-384.

第 5 章 基于观测器的 PID 控制

5.1 基于慢干扰观测器补偿的 PID 控制

5.1.1 系统描述

考虑带有慢干扰的二阶系统：

$$\ddot{\theta} = -b\dot{\theta} + au - d \tag{5.1}$$

式中，$b>0$，$a>0$，a 和 b 为已知值；d 为慢干扰时变信号。

5.1.2 观测器设计

设计观测器为[1]

$$\dot{\hat{d}} = k_1 (\hat{\omega} - \dot{\theta}) \tag{5.2}$$

$$\dot{\hat{\omega}} = -\hat{d} + au - k_2(\hat{\omega} - \dot{\theta}) - b\dot{\theta} \tag{5.3}$$

式中，$\hat{d}$ 为对 d 项的估计；$\hat{\omega}$ 为对 $\dot{\theta}$ 的估计；$k_1 > 0$；$k_2 > 0$。

稳定性分析如下：

定义 Lyapunov 函数为

$$V = \frac{1}{2k_1}\tilde{d}^2 + \frac{1}{2}\tilde{\omega}^2 \tag{5.4}$$

式中，$\tilde{d} = d - \hat{d}$；$\tilde{\omega} = \dot{\theta} - \hat{\omega}$，则

$$\dot{V} = \frac{1}{k_1}\tilde{d}\dot{\tilde{d}} + \tilde{\omega}\dot{\tilde{\omega}} = \frac{1}{k_1}\tilde{d}(\dot{d} - \dot{\hat{d}}) + \tilde{\omega}(\ddot{\theta} - \dot{\hat{\omega}}) \tag{5.5}$$

假设干扰 d 为慢时变信号，$\dot{d}$ 很小，当取 k_1 较大值时，有

$$\frac{1}{k_1}\dot{d} \approx 0 \tag{5.6}$$

将式（5.2）、式（5.3）、式（5.6）代入式（5.5），得

$$\begin{aligned}
\dot{V} &= \frac{1}{k_1}\tilde{d}\dot{d} - \frac{1}{k_1}\tilde{d}\dot{\hat{d}} + \tilde{\omega}\left(\ddot{\theta} - \left(-\hat{d} + au - k_2(\hat{\omega} - \dot{\theta}) - b\dot{\theta}\right)\right) \\
&= \frac{1}{k_1}\tilde{d}\dot{d} - \frac{1}{k_1}\tilde{d}k_1(\hat{\omega} - \dot{\theta}) + \tilde{\omega}\left(-b\dot{\theta} + au - d - \left(-\hat{d} + au - k_2(\hat{\omega} - \dot{\theta}) - b\dot{\theta}\right)\right) \\
&= \frac{1}{k_1}\tilde{d}\dot{d} - \tilde{d}(\hat{\omega} - \dot{\theta}) + \tilde{\omega}\left(-d + \hat{d} + k_2(\hat{\omega} - \dot{\theta})\right) \\
&= \frac{1}{k_1}\tilde{d}\dot{d} + \tilde{d}\tilde{\omega} + \tilde{\omega}(-\tilde{d} - k_2\tilde{\omega}) = \frac{1}{k_1}\tilde{d}\dot{d} - k_2\tilde{\omega}^2 \leqslant 0
\end{aligned}$$

通过采用本观测器,对 d 项进行有效观测,从而实现补偿。根据式(5.1),加入补偿后的控制律为

$$u = u_0 + \frac{1}{a}\hat{d} \tag{5.7}$$

式中,u_0 为 PID 控制。

5.1.3 仿真实例

对象动态方程为

$$\ddot{\theta} = -b\dot{\theta} + au - d$$

式中,$a=5$;$b=0.15$;d 为干扰,取 $d = 150\mathrm{sgn}(\sin(0.1t))$。

开环测试,输入为 $u = \sin t$,闭环控制,位置指令为 $\theta_d = \sin t$。观测器取式(5.2)和式(5.3),取 $k_1 = 500$,$k_2 = 200$,仿真结果如图 5-1 所示。分别采用加补偿和不加补偿的 PD 控制,取 $k_p = 100$,$k_d = 10$,位置跟踪结果分别如图 5-2 和图 5-3 所示。

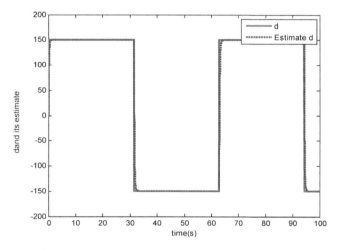

图 5-1 干扰及其观测仿真结果

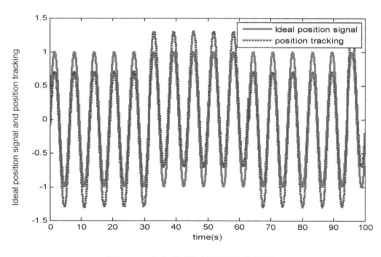

图 5-2 未加补偿时位置跟踪结果

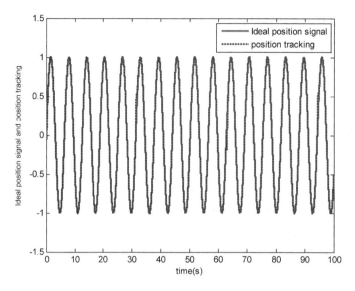

图 5-3 加补偿时位置跟踪结果

〖仿真程序〗

（1）观测器仿真程序

① Simulink 主程序：chap5_1sim.mdl。

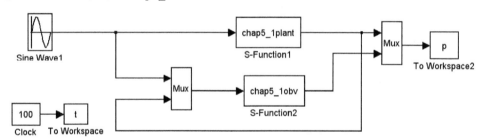

② 观测器 S 函数：chap5_1obv.m。

```
function [sys,x0,str,ts]=s_function(t,x,u,flag)
switch flag,
case 0,
    [sys,x0,str,ts]=mdlInitializeSizes;
case 1,
    sys=mdlDerivatives(t,x,u);
case 3,
    sys=mdlOutputs(t,x,u);
case {2, 4, 9 }
    sys = [];
otherwise
    error(['Unhandled flag = ',num2str(flag)]);
end
function [sys,x0,str,ts]=mdlInitializeSizes
sizes = simsizes;
```

```
sizes.NumContStates  = 2;
sizes.NumDiscStates  = 0;
sizes.NumOutputs     = 2;
sizes.NumInputs      = 4;
sizes.DirFeedthrough = 0;
sizes.NumSampleTimes = 0;
sys=simsizes(sizes);
x0=[0;0];
str=[];
ts=[];
function sys=mdlDerivatives(t,x,u)
ut=u(1);
dth=u(3);

k1=1000;
k2=200;

a=5;b=0.15;
sys(1)=k1*(x(2)-dth);
sys(2)=-x(1)+a*ut-k2*(x(2)-dth)-b*dth;
function sys=mdlOutputs(t,x,u)
sys(1)=x(1);        %d estimate
sys(2)=x(2);        %speed estimate
```

③ 被控对象 S 函数：chap5_1plant.m。

```
function [sys,x0,str,ts]=s_function(t,x,u,flag)
switch flag,
case 0,
    [sys,x0,str,ts]=mdlInitializeSizes;
case 1,
    sys=mdlDerivatives(t,x,u);
case 3,
    sys=mdlOutputs(t,x,u);
case {2, 4, 9 }
    sys = [];
otherwise
    error(['Unhandled flag = ',num2str(flag)]);
end
function [sys,x0,str,ts]=mdlInitializeSizes
sizes = simsizes;
sizes.NumContStates  = 2;
sizes.NumDiscStates  = 0;
sizes.NumOutputs     = 3;
sizes.NumInputs      = 1;
sizes.DirFeedthrough = 0;
sizes.NumSampleTimes = 0;
sys=simsizes(sizes);
x0=[0;0];
str=[];
```

```
ts=[];
function sys=mdlDerivatives(t,x,u)
ut=u(1);
b=0.15;
a=5;

d=150*sign(sin(0.1*t));
ddth=-b*x(2)+a*ut-d;

sys(1)=x(2);
sys(2)=ddth;
function sys=mdlOutputs(t,x,u)
d=150*sign(sin(0.1*t));
sys(1)=x(1);
sys(2)=x(2);
sys(3)=d;
```

④ 作图程序：chap5_1plot.m。

```
close all;

figure(1);
plot(t,p(:,3),'r',t,p(:,4),'b:','linewidth',2);
xlabel('time(s)');ylabel('d and its estimate');
legend('d','Estimate d');
```

（2）PD 控制仿真程序

① Simulink 主程序：chap5_2sim.mdl。

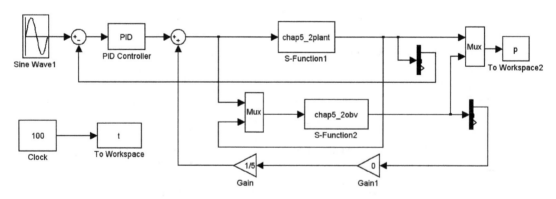

② 观测器 S 函数：chap5_2obv.m。

```
function [sys,x0,str,ts]=s_function(t,x,u,flag)
switch flag,
case 0,
    [sys,x0,str,ts]=mdlInitializeSizes;
case 1,
    sys=mdlDerivatives(t,x,u);
case 3,
```

```
        sys=mdlOutputs(t,x,u);
case {2, 4, 9 }
    sys = [];
otherwise
    error(['Unhandled flag = ',num2str(flag)]);
end
function [sys,x0,str,ts]=mdlInitializeSizes
sizes = simsizes;
sizes.NumContStates  = 2;
sizes.NumDiscStates  = 0;
sizes.NumOutputs     = 2;
sizes.NumInputs      = 4;
sizes.DirFeedthrough = 0;
sizes.NumSampleTimes = 0;
sys=simsizes(sizes);
x0=[0;0];
str=[];
ts=[];
function sys=mdlDerivatives(t,x,u)
ut=u(1);
dth=u(3);

k1=1000;
k2=200;

a=5;b=0.15;
sys(1)=k1*(x(2)-dth);
sys(2)=-x(1)+a*ut-k2*(x(2)-dth)-b*dth;
function sys=mdlOutputs(t,x,u)
sys(1)=x(1);      %d estimate
sys(2)=x(2);      %speed estimate
```

③ 被控对象 S 函数：chap5_2plant.m。

```
function [sys,x0,str,ts]=s_function(t,x,u,flag)
switch flag,
case 0,
    [sys,x0,str,ts]=mdlInitializeSizes;
case 1,
    sys=mdlDerivatives(t,x,u);
case 3,
    sys=mdlOutputs(t,x,u);
case {2, 4, 9 }
    sys = [];
otherwise
    error(['Unhandled flag = ',num2str(flag)]);
end
function [sys,x0,str,ts]=mdlInitializeSizes
sizes = simsizes;
```

```
sizes.NumContStates   = 2;
sizes.NumDiscStates   = 0;
sizes.NumOutputs      = 3;
sizes.NumInputs       = 1;
sizes.DirFeedthrough = 0;
sizes.NumSampleTimes = 0;
sys=simsizes(sizes);
x0=[0;0];
str=[];
ts=[];
function sys=mdlDerivatives(t,x,u)
ut=u(1);
b=0.15;
a=5;

d=150*sign(sin(0.1*t));
ddth=-b*x(2)+a*ut-d;

sys(1)=x(2);
sys(2)=ddth;
function sys=mdlOutputs(t,x,u)
d=150*sign(sin(0.1*t));
sys(1)=x(1);
sys(2)=x(2);
sys(3)=d;
```

④ 作图程序：chap5_2plot.m。

```
close all;

figure(1);
plot(t,p(:,3),'r',t,p(:,4),'b:','linewidth',2);
xlabel('time(s)');ylabel('d and its estimate');
legend('d','Estimate d');

figure(2);
plot(t,sin(t),'r',t,p(:,1),'b:','linewidth',2);
xlabel('time(s)');ylabel('Ideal position signal and position tracking');
legend('Ideal position signal','position tracking');
```

5.2 基于指数收敛干扰观测器的 PID 控制

如果能够实现扰动的指数收敛，则可以更精确地进行扰动补偿。5.1 节所设计的干扰观测器无法实现扰动的指数收敛。本节讨论一种指数收敛的干扰观测器设计及补偿方法。

5.2.1 系统描述

考虑 SISO 系统动态方程：

$$J\ddot{\theta} + b\dot{\theta} = u + d \tag{5.8}$$

式中，J 为转动惯量，$J > 0$；b 为阻尼系数，$b > 0$；u 为控制输入；θ、$\dot{\theta}$ 分别代表角度、角速度；d 为外界干扰。

5.2.2 指数收敛干扰观测器的问题提出

由式（5.8）得

$$d = J\ddot{\theta} + b\dot{\theta} - u \tag{5.9}$$

设计观测器或估计器的基本思想就是用估计输出与实际输出的差值对估计值进行修正。因此，将干扰观测器设计为

$$\dot{\hat{d}} = K\left(d - \hat{d}\right) = -K\hat{d} + Kd = -K\hat{d} + K\left(J\ddot{\theta} + b\dot{\theta} - u\right) \tag{5.10}$$

式中，$K > 0$。

一般没有干扰 d 的微分的先验知识，相对于观测器的动态特性，干扰 d 的变化是缓慢的[2]，即

$$\dot{d} = 0$$

令观测误差为

$$\tilde{d} = d - \hat{d}$$

则

$$\dot{\tilde{d}} = -\dot{\hat{d}} = -K\left(d - \hat{d}\right) = -K\tilde{d}$$

即观测误差满足如下约束：

$$\dot{\tilde{d}} + K\tilde{d} = 0 \tag{5.11}$$

观测器是指数收敛的，且收敛速率可通过选择 K 来确定。

在实际工程中，由于观测噪声很难通过对速度信号求微分得到加速度信号，因此观测器式（5.10）在实际工程中虽然不能实现，但却为下面设计非线性观测器提供了基础。

5.2.3 指数收敛干扰观测器的设计

取 $\dot{\hat{d}} = K\left(d - \hat{d}\right)$，定义辅助参数向量[2]：

$$z = \hat{d} - KJ\dot{\theta} \tag{5.12}$$

则 $\dot{z} = \dot{\hat{d}} - KJ\ddot{\theta}$。由于 $\dot{\hat{d}} = K\left(d - \hat{d}\right) = K\left(J\ddot{\theta} + b\dot{\theta} - u\right) - K\hat{d}$，则

$$\dot{z} = K\left(J\ddot{\theta} + b\dot{\theta} - u\right) - K\hat{d} - KJ\ddot{\theta} = K\left(b\dot{\theta} - u\right) - K\hat{d}$$

干扰观测器设计为

$$\begin{cases} \dot{z} = K\left(b\dot{\theta} - u\right) - K\hat{d} \\ \hat{d} = z + KJ\dot{\theta} \end{cases} \tag{5.13}$$

则
$$\dot{z} = K(b\dot{\theta} - T) - K(z + KJ\dot{\theta}) = K(b\dot{\theta} - T - KJ\dot{\theta}) - Kz$$

针对常值干扰或慢干扰，可假设 $\dot{d} = 0$ [2]，则
$$\dot{\tilde{d}} = \dot{d} - \dot{\hat{d}} = -\dot{\hat{d}} = -\dot{z} - KJ\ddot{\theta}$$

将 $\dot{z}$ 代入，得
$$\begin{aligned}\dot{\tilde{d}} &= -\left(K(b\dot{\theta} - T - KJ\dot{\theta}) - Kz\right) - KJ\ddot{\theta} \\ &= -K(b\dot{\theta} - T - KJ\dot{\theta}) + Kz - KJ\ddot{\theta} = K(z + KJ\dot{\theta}) - K(J\ddot{\theta} + b\dot{\theta} - T) \\ &= K\hat{d} - K(J\ddot{\theta} + b\dot{\theta} - T) = K(\hat{d} - d) = -K\tilde{d}\end{aligned}$$

因而得到观测误差方程为
$$\dot{\tilde{d}} + K\tilde{d} = 0$$

解为
$$\tilde{d}(t) = \tilde{d}(t_0)\exp(-Kt)$$

由于 $\tilde{d}(t_0)$ 是确定的，因此观测器的收敛精度取决于参数 K。通过设计参数 K，使估计值 $\hat{d}$ 按指数逼近干扰 d。由观测器式（5.13）可知，该观测器不需要 $\ddot{\theta}$ 信息。

5.2.4 PID 控制器的设计及分析

采用观测器式（5.13）观测干扰 d，在 PID 控制中对干扰进行补偿，可实现高精度跟踪。

取控制目标 $\theta \to \theta_d$，$\dot{\theta} \to \dot{\theta}_d$，取跟踪误差 $e = \theta_d - \theta$，设计基于前馈和干扰估计补偿的 PD 控制律为
$$u(t) = k_p e + k_d \dot{e} + J\ddot{\theta}_d + b\dot{\theta}_d - \hat{d} \tag{5.14}$$

式中，$k_p > 0$；$k_d > 0$。

收敛性分析如下：将控制律代入模型式（5.8）中，可得
$$J\ddot{\theta} + b\dot{\theta} = k_p e + k_d \dot{e} + J\ddot{\theta}_d + b\dot{\theta}_d - \hat{d} + d$$

即
$$k_p e + (k_d + b)\dot{e} + J\ddot{e} + \tilde{d} = 0$$

由于 $\tilde{d}(t)$ 指数收敛，收敛精度取决于 K，因此通过设计 k_p 和 k_d，可实现跟踪误差 e 和变化率 $\dot{e}$ 指数收敛，收敛精度取决于观测器参数 K 及参数 k_p 和 k_d。

5.2.5 仿真实例

模型为 $\ddot{\theta} = -25\dot{\theta} + 133(u + d)$，对比 $J\ddot{\theta} + b\dot{\theta} = u + d$，可知 $J = \dfrac{1}{133}$，$b = \dfrac{25}{133}$。

1. 干扰观测器的测试

参数 $K = 50$，分别取 $d(t) = -5$ 和 $d(t) = 0.05\sin t$，采用观测器式（5.13），仿真结果分

别如图 5.4 和图 5.5 所示。

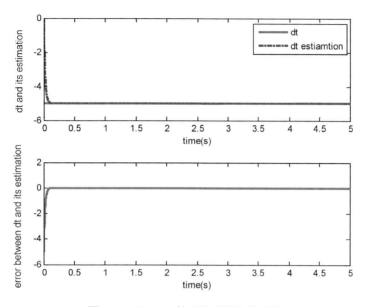

图 5.4　$d(t) = -5$ 的干扰观测仿真结果

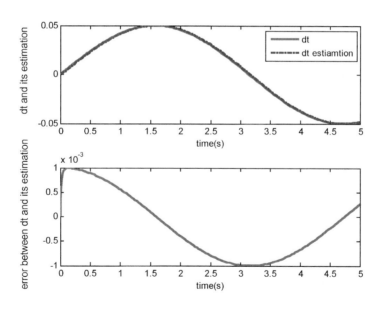

图 5.5　$d(t) = 0.05\sin t$ 的干扰观测仿真结果

需要特殊说明的是，为了提高观测器式（5.13）的求解精度，在 Simulink 环境下可将 ODE45 迭代法的 Relative tolerance 精度取 1e−6 或更小。

2. 闭环控制

针对模型式（5.8），取 $d(t) = -5$，位置指令 $\theta_d = \sin t$，观测器采用式（5.13），控制器采用式（5.14），取 $k_p = 10$，$k_d = 1.0$，仿真结果分别如图 5.6～图 5.8 所示。

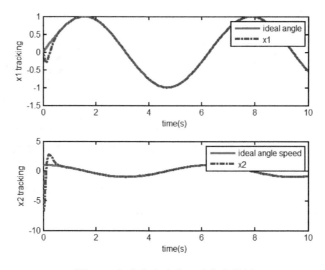

图 5.6 角度和角速度跟踪仿真结果

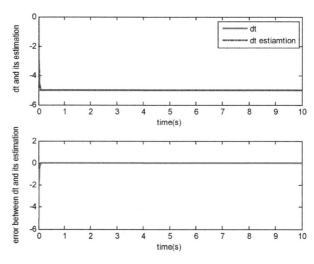

图 5.7 干扰及观测仿真结果

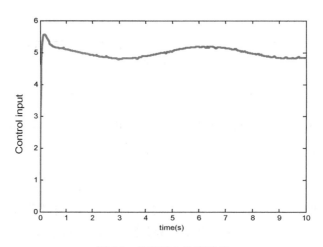

图 5.8 控制输入仿真结果

〖仿真程序〗

（1）仿真实例 1：观测器仿真程序

① Simulink 主程序：chap5_3sim.mdl。

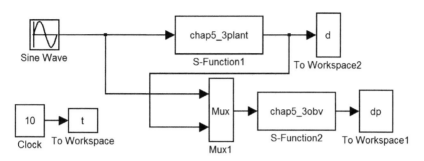

② 被控对象程序：chap5_3plant.m。

```
function [sys,x0,str,ts]= NDO_plant (t,x,u,flag)
switch flag,
case 0,
    [sys,x0,str,ts]=mdlInitializeSizes;
case 1,
    sys=mdlDerivatives(t,x,u);
case 3,
    sys=mdlOutputs(t,x,u);
case {2, 4, 9 }
    sys = [];
otherwise
    error(['Unhandled flag = ',num2str(flag)]);
end
function [sys,x0,str,ts]=mdlInitializeSizes
sizes = simsizes;
sizes.NumContStates  = 2;
sizes.NumDiscStates  = 0;
sizes.NumOutputs     = 3;
sizes.NumInputs      = 1;
sizes.DirFeedthrough = 1;
sizes.NumSampleTimes = 0;
sys=simsizes(sizes);
x0=[0.1,0];
str=[];
ts=[];
function sys=mdlDerivatives(t,x,u)
ut=u(1);
%dt=-5;
dt=0.05*sin(t);
sys(1)=x(2);
sys(2)=-25*x(2)+133*(ut+dt);
function sys=mdlOutputs(t,x,u)
```

```
%dt=-5;
dt=0.05*sin(t);
sys(1)=x(1);
sys(2)=x(2);
sys(3)=dt;
```

③ 干扰观测器程序：chap5_3obv.m。

```
function [sys,x0,str,ts]= NDO(t,x,u,flag)
switch flag,
case 0,
    [sys,x0,str,ts]=mdlInitializeSizes;
case 1,
    sys=mdlDerivatives(t,x,u);
case 3,
    sys=mdlOutputs(t,x,u);
case {2, 4, 9 }
    sys = [];
otherwise
    error(['Unhandled flag = ',num2str(flag)]);
end
function [sys,x0,str,ts]=mdlInitializeSizes
sizes = simsizes;
sizes.NumContStates  = 1;
sizes.NumDiscStates  = 0;
sizes.NumOutputs     = 1;
sizes.NumInputs      = 4;
sizes.DirFeedthrough = 1;
sizes.NumSampleTimes = 0;
sys=simsizes(sizes);
x0=[0];
str=[];
ts=[];
function sys=mdlDerivatives(t,x,u)
K=50;
J=1/133;
b=25/133;

ut=u(1);

dth=u(3);
z=x(1);
dp=z+K*J*dth;

dz=K*(b*dth-ut)-K*dp;
sys(1)=dz;
function sys=mdlOutputs(t,x,u)
K=50;
J=1/133;
dth=u(3);
```

```
z=x(1);
dp=z+K*J*dth;

sys(1)=dp;
```

④ 作图程序：chap5_3plot.m。

```
close all;

figure(1);
subplot(211);
plot(t,d(:,3),'r',t,dp(:,1),'-.b','linewidth',2);
xlabel('time(s)');ylabel('dt and its estimation');
legend('dt','dt estiamtion');
subplot(212);
plot(t,d(:,3)-dp(:,1),'r','linewidth',2);
xlabel('time(s)');ylabel('error between dt and its estimation');
```

（2）仿真实例2：控制系统仿真程序

① Simulink 主程序：chap5_4sim.mdl。

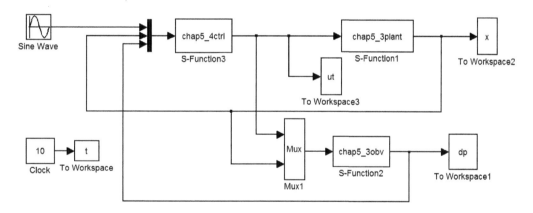

② 被控对象程序：chap5_3plant.m（见"仿真实例1"的仿真程序）。

③ 控制器程序：chap5_4ctrl.m。

```
function [sys,x0,str,ts]=s_function(t,x,u,flag)
switch flag,
case 0,
    [sys,x0,str,ts]=mdlInitializeSizes;
case 3,
    sys=mdlOutputs(t,x,u);
case {1,2, 4, 9 }
    sys = [];
otherwise
    error(['Unhandled flag = ',num2str(flag)]);
end
function [sys,x0,str,ts]=mdlInitializeSizes
```

```
sizes = simsizes;
sizes.NumContStates  = 0;
sizes.NumDiscStates  = 0;
sizes.NumOutputs     = 1;
sizes.NumInputs      = 5;
sizes.DirFeedthrough = 1;
sizes.NumSampleTimes = 1;
sys=simsizes(sizes);
x0=[];
str=[];
ts=[-1 0];
function sys=mdlOutputs(t,x,u)
J=1/133;b=25/133;

thd=u(1);
dthd=cos(t);
ddthd=-sin(t);

th=u(2);
dth=u(3);
dp=u(5);

e=thd-th;
de=dthd-dth;
kp=10;kd=1.0;

ut=kp*e+kd*de+J*ddthd+b*dthd-dp;
sys(1)=ut;
```

④ 干扰观测器程序：chap5_3obv.m（见"仿真实例1"的仿真程序）。

⑤ 作图程序：chap5_4plot.m。

```
close all;
figure(1);
subplot(211);
plot(t,sin(t),'r',t,x(:,1),'-.b','linewidth',2);
xlabel('time(s)');ylabel('x1 tracking');
legend('ideal angle','x1');
subplot(212);
plot(t,cos(t),'r',t,x(:,2),'-.b','linewidth',2);
xlabel('time(s)');ylabel('x2 tracking');
legend('ideal angle speed','x2');

figure(2);
subplot(211);
plot(t,x(:,3),'r',t,dp(:,1),'-.b','linewidth',2);
xlabel('time(s)');ylabel('dt and its estimation');
legend('dt','dt estiamtion');
subplot(212);
```

```
plot(t,x(:,3)-dp(:,1),'r','linewidth',2);
xlabel('time(s)');ylabel('error between dt and its estimation');

figure(3);
plot(t,ut(:,1),'r','linewidth',2);
xlabel('time(s)');ylabel('Control input');
```

5.3 基于名义模型干扰观测器的 PID 控制

5.3.1 干扰观测器基本原理

干扰观测器的基本思想是将外部力矩干扰及由模型参数变化造成的实际对象与名义模型输出的差异，统统等效地控制输入端，即观测出等效干扰，在控制中引入等量的补偿，实现对干扰的完全抑制。干扰观测器的基本思想如图 5-9 所示[3]。

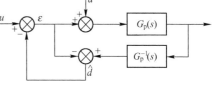

图 5-9 中，$G_p(s)$ 为对象的传递函数，d 为等效干扰，$\hat{d}$ 为观测干扰，u 为控制输入。由图 5-9，求出等效干扰的估计值 $\hat{d}$ 为

$$\hat{d} = (\varepsilon + d)G_p(s)G_p^{-1}(s) - \varepsilon = d \quad (5.15)$$

图 5-9 干扰观测器的基本思想

式（5.15）说明，用上述方法可以实现对干扰的准确估计。

对于实际的物理系统，观测器式（5.15）的实现存在如下问题：

① 通常情况下，$G_p(s)$ 的相对阶不为 0，其逆在物理上不可实现；

② 无法得到对象 $G_p(s)$ 的精确数学模型；

③ 考虑测量噪声的影响，上述方法的观测精度将下降。

解决上述问题的一个自然想法是在 $\hat{d}$ 的后面串入低通滤波器 $Q(s)$，并用名义模型 $G_n(s)$ 的逆 $G_n^{-1}(s)$ 来替代 $G_p^{-1}(s)$，得到如图 5-10 所示的框图。图中，虚线框内部分为干扰观测器，ξ 为测量噪声，u、d、ξ 为输入信号。图 5-10 中干扰观测器等效框图如图 5-11 所示。

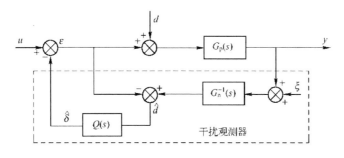

图 5-10 干扰观测器原理框图

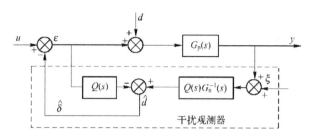

图 5-11 干扰观测器等效框图

5.3.2 干扰观测器的性能分析

根据梅森公式，可由下式求得传递函数：

$$G(s) = \frac{\sum_{k=1}^{n} P_k \Delta_k}{\Delta} \tag{5.16}$$

式中，$\sum_{k=1}^{n} P_k \Delta_k$ 和 Δ 的含义及求取表达式见 5.3 节最后的"知识点"。

由图 5-11 可求得

$$\sum_{k=1}^{n} P_k \Delta_k = G_p(s), \quad \sum L_i = Q(s) - G_n^{-1}(s)Q(s)G_p(s)$$

从而可得到从 u 到 y 的传递函数为

$$G_{uy}(s) = \frac{G_p(s)}{1 - \left[Q(s) - G_n^{-1}(s)Q(s)G_p(s)\right]} = \frac{G_p(s)G_n(s)}{Q(s)G_p(s) + G_n(s)[1 - Q(s)]}$$

$$= \frac{\dfrac{G_p(s)}{1 - Q(s)}}{1 + \dfrac{Q(s)}{G_n(s)} \cdot \dfrac{G_p(s)}{1 - Q(s)}} \tag{5.17}$$

即

$$G_{uy}(s) = \frac{G_p(s)G_n(s)}{G_n(s) + \left[G_p(s) - G_n(s)\right]Q(s)} \tag{5.18}$$

根据式（5.17），对图 5-10 做等效变换，可得到干扰观测器原理简化框图，如图 5-12 所示。

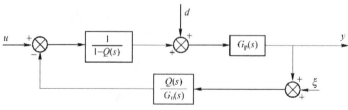

图 5-12 干扰观测器原理简化框图

利用梅森公式，根据图 5-12，可得

$$G_{dy}(s) = \frac{G_p(s)G_n(s)[1-Q(s)]}{G_n(s) + [G_p(s) - G_n(s)]Q(s)} \quad (5.19)$$

$$G_{\xi y}(s) = \frac{G_p(s)Q(s)}{G_n(s) + [G_p(s) - G_n(s)]Q(s)} \quad (5.20)$$

$Q(s)$ 是干扰观测器设计中一个非常重要的环节。由图 5-12 可知，$Q(s)$ 的设计必须满足 $Q(s)G_n^{-1}(s)$ 为正则，即 $Q(s)$ 的相对阶应不小于 $G_n(s)$ 的相对阶；其次，$Q(s)$ 带宽的设计，必须同时满足干扰观测器的鲁棒稳定性和干扰抑制能力。

$Q(s)$ 的设计原则：在低频段，$Q(s) = 1$；在高频段，$Q(s) = 0$。具体分析如下。

① 在低频段，$Q(s) = 1$，由式（5.17）～式（5.19），有

$$G_{uy}(s) = G_n(s), \quad G_{dy}(s) = 0, \quad G_{\xi y}(s) = 1 \quad (5.21)$$

式（5.21）说明，在低频段，干扰观测器仍使得实际对象的响应与名义模型的响应一致，即可以实现对低频干扰的有效观测，从而保证较好的鲁棒性。$G_{dy}(s) = 0$ 说明干扰观测器对于 $Q(s)$ 频段的低频干扰具有完全抑制能力，$G_{\xi y}(s) = 1$ 说明干扰观测器对于低频测量噪声非常敏感，因此在实际应用中，必须考虑采取适当的措施，降低运动状态测量中的低频噪声。

② 在高频段，$Q(s) = 0$，由式（5.18）～式（5.20），有

$$G_{uy}(s) = G_p(s), \quad G_{dy}(s) = G_p(s), \quad G_{\xi y}(s) = 0 \quad (5.22)$$

式（5.22）说明，在高频段，干扰观测器对测量噪声不敏感，可以实现对高频噪声的有效滤除，对于对象参数的摄动及外部扰动没有任何抑制作用。

通过上述分析可见，通过采用低通滤波器设计 $Q(s)$，可以实现对低频干扰的有效观测和高频噪声的有效滤除，是一种很有效的工程设计方法。

由图 5-12 可以从另一个角度来理解干扰观测器的作用。在低频段，$Q(s) = 1$，则 $\frac{1}{1-Q(s)} = \infty$，$\frac{Q(s)}{G_n(s)} = G_n^{-1}(s)$，显然，加入干扰观测器后，系统在低频段时的控制相当于高增益控制；在高频段，$Q(s) = 0$，则 $\frac{1}{1-Q(s)} = 1$，$\frac{Q(s)}{G_n(s)} = 0$，即前向通道的控制增益为 1，反馈系数为 0，从 u 到 y 之间相当于开环，传递函数等于对象的开环传递函数 $G_p(s)$，干扰观测器的作用消失。

5.3.3 干扰观测器鲁棒稳定性

设 $G_p(s)$ 的名义模型为 $G_n(s)$，则不确定对象的集合可以用乘积摄动来描述，即

$$G_p(s) = G_n(s)(1 + \Delta(s)) \quad (5.23)$$

式中，$\Delta(s)$ 表明实际对象频率特性对名义模型的摄动。在通常情况下，频率增加时，对象的不确定性也增大，$|\Delta(j\omega)|$ 表现为 ω 的增函数。

由图 5-12 可得

$$\Delta G_{uy}(s) = \frac{(G_p(s) + \Delta G_p(s))G_n(s)}{G_n(s) + [G_p(s) + \Delta G_p(s) - G_n(s)]Q(s)} - \frac{G_p(s)G_n(s)}{G_n(s) + [G_p(s) - G_n(s)]Q(s)}$$

$$= \frac{G_n(s)\Delta G_p(s)G_n(s)(1-Q(s))}{\{G_n(s) + [G_p(s) + \Delta G_p(s) - G_n(s)]Q(s)\}\{G_n(s) + [G_p(s) - G_n(s)]Q(s)\}}$$

$$\frac{\Delta G_{uy}(s)}{G_{uy}(s)} = \frac{G_n(s)\Delta G_p(s)G_n(s)(1-Q(s))}{\{G_n(s) + [G_p(s) + \Delta G_p(s) - G_n(s)]Q(s)\}\{G_n(s) + [G_p(s) - G_n(s)]Q(s)\}}$$

$$\times \frac{G_n(s) + [G_p(s) - G_n(s)]Q(s)}{G_p(s)G_n(s)} = \frac{\Delta G_p(s)G_n(s)(1-Q(s))}{\{G_n(s) + [G_p(s) + \Delta G_p(s) - G_n(s)]Q(s)\}G_p(s)}$$

$$\frac{\Delta G_{uy}(s)/G_{uy}(s)}{\Delta G_p(s)/G_p(s)} = \frac{\Delta G_p(s)G_n(s)(1-Q(s))}{\{G_n(s) + [G_p(s) + \Delta G_p(s) - G_n(s)]Q(s)\}G_p(s)} \cdot \frac{G_p(s)}{\Delta G_p(s)}$$

$$= \frac{G_n(s)(1-Q(s))}{G_n(s) + [G_p(s) + \Delta G_p(s) - G_n(s)]Q(s)}$$

灵敏度函数 $S(s)$ 为

$$S(s) = \lim_{\Delta G_p(s) \to 0} \frac{\Delta G_{uy}(s)/G_{uy}(s)}{\Delta G_p(s)/G_p(s)} = \lim_{\Delta G_p(s) \to 0} \frac{G_n(s)(1-Q(s))}{G_n(s) + [G_p(s) + \Delta G_p(s) - G_n(s)]Q(s)}$$

$$= \frac{G_n(s)(1-Q(s))}{G_n(s) + [G_p(s) - G_n(s)]Q(s)} \quad (5.24)$$

在低频段,认为 $G_p(s) = G_n(s)$,将式(5.24)中的 $G_p(s)$ 用 $G_n(s)$ 来替代,有

$$S(s) = 1 - Q(s) \quad (5.25)$$

则补灵敏度函数 $T(s)$ 为

$$T(s) = 1 - S(s) = Q(s) \quad (5.26)$$

由鲁棒稳定性定理[4],系统鲁棒稳定的充分必要条件是

$$\|\Delta(j\omega)T(j\omega)\|_\infty = \|\Delta(j\omega)Q(j\omega)\|_\infty \leqslant 1 \quad (5.27)$$

式中,$\|\cdot\|_\infty$ 为 H_∞ 范数。

通过 $Q(s)$ 的设计,可实现鲁棒性要求,式(5.27)可为

$$\|Q(jw)\|_\infty \leqslant \frac{1}{\|\Delta(jw)\|_\infty} \quad (5.28)$$

式(5.28)是 $Q(s)$ 设计的基础。以 $Q(s) = \dfrac{3\tau s + 1}{\tau^3 s^3 + 3\tau^2 s^2 + 3\tau s + 1}$ 为例,假设延迟是唯一不

确定部分，取 $G_p(s) = \dfrac{B(s)}{A(s)}e^{-\tau s}$，$G_n(s) = \dfrac{B(s)}{A(s)}$，$\Delta(s) = e^{-\tau s} - 1$，$\tau_1 = 0.00035$、$\tau_2 = 0.00125$ 和 $\tau_3 = 0.00425$ 分别对应低通滤波器 $Q_1(s)$、$Q_2(s)$ 和 $Q_3(s)$，仿真程序见 chap5_5Q.m，仿真结果如图 5-13 所示。可见，$Q_2(s)$ 和 $Q_3(s)$ 满足式（5.28）的要求。

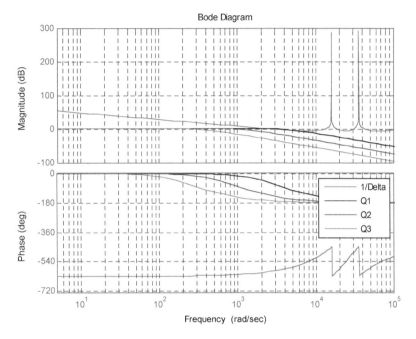

图 5-13　不同 $Q(s)$ 的仿真结果

5.3.4　低通滤波器 $Q(s)$ 的设计

$Q(s)$ 为干扰观测器设计中一个非常重要的环节，目前较为流行的设计方法由 H. S. Lee[5] 提出，表达形式为

$$Q(s) = \dfrac{\sum_{k=0}^{M} \alpha_k (\tau s)^k}{(\tau s + 1)^N} \qquad (5.29)$$

式中，$\alpha_k = \dfrac{N!}{(N-k)!k!}$ 为系数；N 为分母的阶数；M 为分子的阶数。

$Q(s)$ 滤波器的设计归结为确定参数 N、M 和 τ，可从下面 4 个方面来考虑：

① N 和 M 的选择首先要满足使 $Q(s)G_n^{-1}(s)$ 正则，物理可实现。

② $Q(s)$ 滤波器的阶数不应太高。随着 $Q(s)$ 阶数的升高，$\|Q(s)\|_\infty$ 不断增大，由鲁棒稳定的充分必要条件式（5.27），干扰观测器稳定性将变差。另外，$Q(s)$ 阶数的升高，还会使控制器的运算量加大，对实时控制不利。

③ 参数 τ 的取值决定了 $Q(s)$ 的带宽。τ 越小，$Q(s)$ 的频带越宽，系统抑制外干扰的能力越强，对测量噪声的敏感性越大。反之，τ 越大，$Q(s)$ 的频带越窄，干扰观测器对测量噪声越不敏感，对外干扰的抑制能力越弱。因此，参数 τ 的选择实际上是在干扰观测器的对

外干扰抑制能力及对测量噪声的敏感性两者之间折中。

5.3.5 仿真实例

设实际被控对象 $G_p(s) = \dfrac{1}{0.003s^2 + 0.067s}$,名义模型取 $G_n(s) = \dfrac{1}{0.0033s^2 + 0.0673s}$。

图 5-14 为某伺服系统的实测被控对象 $G_p(s)$ 与名义模型 $G_n(s)$ 频率特性。由图可见,当频率增加时,对象的不确定性增大,$|\Delta(j\omega)|$ 表现为频率 ω 的增函数。

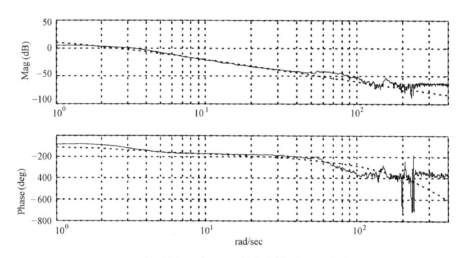

图 5-14 实测被控对象 $G_p(s)$ 与名义模型 $G_n(s)$ 频率特性

忽略非建模动态和不确定性的影响,名义模型可描述为

$$G_n(s) = \dfrac{1}{s(J_n s + b_n)} \tag{5.30}$$

式中,J_n 为等效惯性力矩;b_n 为等效阻尼系数。

采用分母为三阶、分子为一阶的低通滤波器,即 $N = 3$,$M = 1$,$k = 0, 1$。根据式(5.29)得 $\alpha_0 = \dfrac{3!}{(3-0)!0!} = 1$,$\alpha_1 = \dfrac{3!}{(3-1)!1!} = 3$,则低通滤波器表达式为

$$Q(s) = \dfrac{\sum_{k=0}^{M} \alpha_k (\tau s)^k}{(\tau s + 1)^N} = \dfrac{\alpha_0 + \alpha_1 \tau s}{(\tau s + 1)^3} = \dfrac{3\tau s + 1}{\tau^3 s^3 + 3\tau^2 s^2 + 3\tau s + 1} \tag{5.31}$$

先运行参数初始化程序,实现对象参数、名义模型参数和观测器参数的初始化。干扰观测器采用式(5.31),取 $\tau = 0.001$,干扰信号为 $d(t) = 3\sin(2\pi t)$,干扰信号的观测结果及误差如图 5-15 所示。取指令信号 $y_d(t) = \sin t$,PD 控制器中取 $k_p = 10$,$k_d = 5$。通过选择增益模块 Gain 为 1 或 0,分别对加入干扰观测器和不加入干扰观测器两种情况进行仿真,正弦跟踪分别如图 5-16 和图 5-17 所示。

第 5 章 基于观测器的 PID 控制

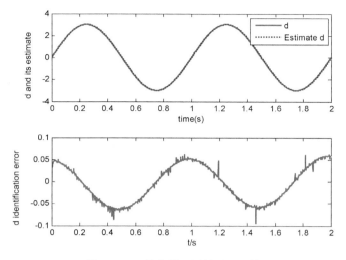

图 5-15　干扰信号观测结果及误差

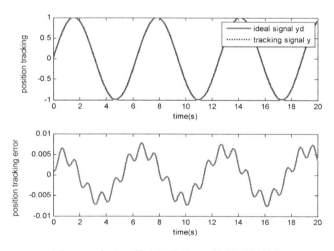

图 5-16　加入干扰观测器的 PD 控制正弦跟踪

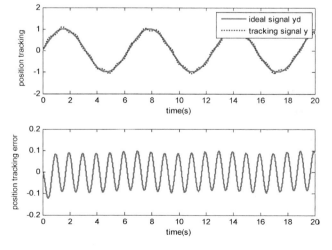

图 5-17　不加入干扰观测器的 PD 控制正弦跟踪

〖仿真程序〗

(1) $Q(s)$ 的选择程序：chap5_5Q.m

```
clear all;
close all;

tol=400*10^(-6);

[np,dp]=pade(tol,6);

delay=tf(np,dp);
delta=tf(np,dp)-1;
sys=1/delta;

figure(1);
bode(1/delta,'r',{5,10^5});grid on;

tol1=0.00035;
Q1=tf([3*tol1,1],[tol1^3,3*tol1^2,3*tol1,1]);
hold on;
bode(Q1,'k');

tol3=0.00125;
Q3=tf([3*tol3,1],[tol3^3,3*tol3^2,3*tol3,1]);
hold on;
bode(Q3,'b');

tol4=0.00425;
Q4=tf([3*tol4,1],[tol4^3,3*tol4^2,3*tol4,1]);
hold on;
bode(Q4,'g');
legend('1/Delta','Q1','Q2','Q3');
```

(2) 干扰观测器仿真程序

① 初始化程序：chap5_5int.m。

```
clear all;
close all;
Jp=0.0030;bp=0.067;
Jn=0.0033;bn=0.0673;
Gp=tf([1],[Jp,bp,0]);   %Practical plant
Gn=tf([1],[Jn,bn,0]);   %Nominal plant

tol=0.001;
Q=tf([3*tol,1],[tol^3,3*tol^2,3*tol,1]);
bode(Q);
dcgain(Q)
QGn=Q/Gn;
[num,den]=tfdata(QGn,'v');
```

② Simulink 主程序：chap5_5sim.mdl（干扰观测器开环测试主程序）。

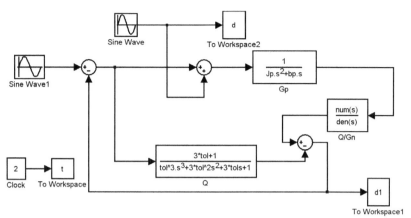

③ 作图程序：chap5_5plot.m。

```
close all;
figure(1);
subplot(211);
plot(t,d(:,1),'r',t,d1(:,1),'b:','linewidth',2);
xlabel('time(s)');ylabel('d and its estimate');
legend('d','Estimate d');
subplot(212);
plot(t,d(:,1)-d1(:,1),'r','linewidth',2);
xlabel('t/s');ylabel('d identification error');
```

（3）基于干扰观测器的 PD 控制仿真程序

① 初始化程序：chap5_6int.m。

```
clear all;
close all;
Jp=0.0030;bp=0.067;
Jn=0.0033;bn=0.0673;
Gp=tf([1],[Jp,bp,0]);    %Practical plant
Gn=tf([1],[Jn,bn,0]);    %Nominal plant

tol=0.001;
Q=tf([3*tol,1],[tol^3,3*tol^2,3*tol,1]);
bode(Q);
dcgain(Q)
OD1=1/(1-Q);
OD2=Q/Gn;

OD3 = Q*Gn;

[num,den]=tfdata(OD2,'v');
[num1,den1]=tfdata(OD1,'v');
[num2,den2]=tfdata(OD3,'v');
```

② Simulink 主程序：chap5_6sim.mdl（干扰观测器闭环测试主程序）。

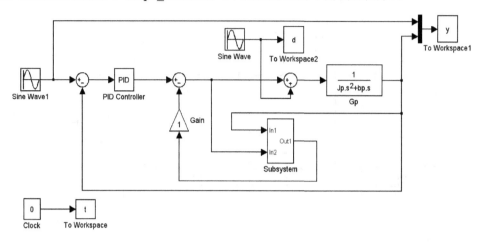

③ 作图程序：chap5_6plot.m。

```
close all;
figure(1);
subplot(211);
plot(t,y(:,1),'r',t,y(:,2),'b:','linewidth',2);
xlabel('time(s)');ylabel('position tracking');
legend('ideal signal yd','tracking signal y');
subplot(212);
plot(t,y(:,1)-y(:,2),'r','linewidth',2);
xlabel('time(s)');ylabel('position tracking error');

figure(2);
subplot(211);
plot(t,d(:,1),'r',t,d1(:,1),'b:','linewidth',2);
xlabel('time(s)');ylabel('d and its estimate');
legend('d','Estimate d');
subplot(212);
plot(t,d(:,1)-d1(:,1),'r','linewidth',2);
xlabel('t/s');ylabel('d identification error');
```

知识点：

用梅森公式求传递函数，梅森公式的一般形式为

$$G(s) = \frac{\sum_{k=1}^{n} P_k \Delta_k}{\Delta}$$

式中，$G(s)$ 为待求传递函数；Δ 为特征式，且 $\Delta = 1 - \sum L_i + \sum L_i L_j - \sum L_i L_j L_k + \cdots$；$P_k$ 为从输入端到输出端第 k 条前向通道的总传递函数；Δ_k 为在特征式 Δ 中，将与第 k 条前向通道接触的回路所在项除去后的余下部分，被称为代数余子式。$\sum L_i$ 为所有各回路的"回路传递函数"之和；$\sum L_i L_j$ 为两两互不接触回路的"回路传递函数"乘积之和；$\sum L_i L_j L_k$ 为所有三个互不接触回路的"回路传递函数"乘积之和。

5.4 基于扩张观测器的 PID 控制

5.4.1 扩张观测器的设计

考虑如下对象：
$$J\ddot{\theta} = u(t) - d(t) \tag{5.32}$$

式中，J 为转动惯量；u 为控制输入；θ 为实际角度；$d(t)$ 为外加干扰。

式（5.32）可写为
$$\ddot{\theta} = bu(t) + f(t) \tag{5.33}$$

式中，$b = \dfrac{1}{J}$ 为已知；$f(t) = -\dfrac{1}{J}d(t)$ 为未知，$f(\cdot)$ 的导数存在且有界。

式（5.33）可写为
$$\dot{x} = Ax + B(bu + f(t)) \tag{5.34}$$
$$y = Cx \tag{5.35}$$

式中，$x = \begin{bmatrix} x_1 \\ x_2 \end{bmatrix} = \begin{bmatrix} \theta \\ \dot{\theta} \end{bmatrix}$；$A = \begin{bmatrix} 0 & 1 \\ 0 & 0 \end{bmatrix}$；$B = \begin{bmatrix} 0 \\ 1 \end{bmatrix}$；$C = \begin{bmatrix} 1 & 0 \end{bmatrix}$；$|\dot{f}(\cdot)| \leq L$。

参考文献[6]，扩张观测器设计为
$$\dot{\hat{x}}_1 = \hat{x}_2 + \frac{\alpha_1}{\varepsilon}(y - \hat{x}_1) \tag{5.36}$$
$$\dot{\hat{x}}_2 = bu + \hat{\sigma} + \frac{\alpha_2}{\varepsilon^2}(y - \hat{x}_1) \tag{5.37}$$
$$\dot{\hat{\sigma}} = \frac{\alpha_3}{\varepsilon^3}(y - \hat{x}_1) \tag{5.38}$$

式中，$\hat{x}_1$、$\hat{x}_2$ 和 $\hat{\sigma}$ 为观测器状态；$\varepsilon > 0$；α_1、α_2 和 α_3 为正实数；多项式 $s^3 + \alpha_1 s^2 + \alpha_2 s + \alpha_3$ 满足 Hurwitz 条件。

采用该扩张观测器，可实现当 $t \to \infty$ 时，$\hat{x}_1(t) \to x_1(t), \hat{x}_2(t) \to x_2(t), \hat{\sigma}(t) \to f(\theta, \dot{\theta}, t)$。

在 PID 控制中，可将对干扰项 $f(t)$ 的观测结果加到控制器 $u(t)$ 中，以提高控制精度。

5.4.2 扩张观测器的分析

参考文献[7]，定义
$$\boldsymbol{\eta} = \begin{bmatrix} \eta_1 & \eta_2 & \eta_3 \end{bmatrix}^\mathrm{T}$$

$$\eta_1 = \frac{x_1 - \hat{x}_1}{\varepsilon^2}, \quad \eta_2 = \frac{x_2 - \hat{x}_2}{\varepsilon}, \quad \eta_3 = f - \hat{\sigma}$$

由于

$$\varepsilon \dot{\eta}_1 = \frac{\dot{x}_1 - \dot{\hat{x}}_1}{\varepsilon} = \frac{1}{\varepsilon}\left(x_2 - \left(\hat{x}_2 + \frac{\alpha_1}{\varepsilon}(y - \hat{x}_1)\right)\right)$$

$$= \frac{1}{\varepsilon}\left(x_2 - \hat{x}_2 - \frac{\alpha_1}{\varepsilon}(y - \hat{x}_1)\right) = -\frac{\alpha_1}{\varepsilon^2}(x_1 - \hat{x}_1) + \frac{1}{\varepsilon}(x_2 - \hat{x}_2) = -\alpha_1\eta_1 + \eta_2$$

$$\varepsilon \dot{\eta}_2 = \varepsilon \frac{\dot{x}_2 - \dot{\hat{x}}_2}{\varepsilon} = \left(bu + f(\cdot)\right) - \left(bu + \hat{\sigma} + \frac{\alpha_2}{\varepsilon^2}(y - \hat{x}_1)\right)$$

$$= \left(f(\cdot) - \hat{\sigma} - \frac{\alpha_2}{\varepsilon^2}(y - \hat{x}_1)\right) = -\frac{\alpha_2}{\varepsilon^2}(x_1 - \hat{x}_1) + (f - \hat{\sigma}) = -\alpha_2\eta_1 + \eta_3$$

$$\varepsilon \dot{\eta}_3 = \varepsilon\left(\dot{f} - \dot{\hat{\sigma}}\right) = \varepsilon\left(\dot{f} - \frac{\alpha_3}{\varepsilon^3}(y - \hat{x}_1)\right) = \varepsilon\dot{f} - \frac{\alpha_3}{\varepsilon^2}(y - \hat{x}_1) = -\alpha_3\eta_1 + \varepsilon\dot{f}$$

因此观测误差状态方程可写为

$$\varepsilon \dot{\boldsymbol{\eta}} = \overline{\boldsymbol{A}}\boldsymbol{\eta} + \varepsilon \overline{\boldsymbol{B}}\dot{f} \tag{5.39}$$

$$\overline{\boldsymbol{A}} = \begin{bmatrix} -\alpha_1 & 1 & 0 \\ -\alpha_2 & 0 & 1 \\ -\alpha_3 & 0 & 0 \end{bmatrix}, \quad \overline{\boldsymbol{B}} = \begin{bmatrix} 0 \\ 0 \\ 1 \end{bmatrix}$$

矩阵 $\overline{\boldsymbol{A}}$ 的特征方程为

$$|\lambda \boldsymbol{I} - \overline{\boldsymbol{A}}| = \begin{vmatrix} \lambda + \alpha_1 & -1 & 0 \\ \alpha_2 & \lambda & -1 \\ \alpha_3 & 0 & \lambda \end{vmatrix} = 0$$

则

$$(\lambda + \alpha_1)\lambda^2 + \alpha_3 + \alpha_2\lambda = 0$$

且

$$\lambda^3 + \alpha_1\lambda^2 + \alpha_2\lambda + \alpha_3 = 0 \tag{5.40}$$

通过选择 $\alpha_i \, (i=1,2,3)$ 使 $\overline{\boldsymbol{A}}$ 为 Hurwitz，则对于任意给定的对称正定阵 $\boldsymbol{Q}$，存在对称正定阵 $\boldsymbol{P}$ 满足如下 Lyapunov 方程：

$$\overline{\boldsymbol{A}}^\mathrm{T}\boldsymbol{P} + \boldsymbol{P}\overline{\boldsymbol{A}} + \boldsymbol{Q} = 0 \tag{5.41}$$

定义观测器的 Lyapunov 函数为

$$V_\mathrm{o} = \varepsilon \boldsymbol{\eta}^\mathrm{T} \boldsymbol{P} \boldsymbol{\eta} \tag{5.42}$$

则

$$\begin{aligned}
\dot{V}_o &= \varepsilon \dot{\boldsymbol{\eta}}^T \boldsymbol{P} \boldsymbol{\eta} + \varepsilon \boldsymbol{\eta}^T \boldsymbol{P} \dot{\boldsymbol{\eta}} \\
&= \left(\overline{\boldsymbol{A}}\boldsymbol{\eta} + \varepsilon \overline{\boldsymbol{B}} \dot{f}\right)^T \boldsymbol{P} \boldsymbol{\eta} + \boldsymbol{\eta}^T \boldsymbol{P} \left(\overline{\boldsymbol{A}}\boldsymbol{\eta} + \varepsilon \overline{\boldsymbol{B}} \dot{f}\right) \\
&= \boldsymbol{\eta}^T \overline{\boldsymbol{A}}^T \boldsymbol{P} \boldsymbol{\eta} + \varepsilon \left(\overline{\boldsymbol{B}} \dot{f}\right)^T \boldsymbol{P} \boldsymbol{\eta} + \boldsymbol{\eta}^T \boldsymbol{P} \overline{\boldsymbol{A}} \boldsymbol{\eta} + \varepsilon \boldsymbol{\eta}^T \boldsymbol{P} \overline{\boldsymbol{B}} \dot{f} \\
&= \boldsymbol{\eta}^T \left(\overline{\boldsymbol{A}}^T \boldsymbol{P} + \boldsymbol{P} \overline{\boldsymbol{A}}\right) \boldsymbol{\eta} + 2\varepsilon \boldsymbol{\eta}^T \boldsymbol{P} \overline{\boldsymbol{B}} \dot{f} \\
&\leq -\boldsymbol{\eta}^T \boldsymbol{Q} \boldsymbol{\eta} + 2\varepsilon \|\boldsymbol{P}\overline{\boldsymbol{B}}\| \cdot \|\boldsymbol{\eta}\| \cdot |\dot{f}|
\end{aligned}$$

且

$$\dot{V}_o \leq -\lambda_{\min}(\boldsymbol{Q})\|\boldsymbol{\eta}\|^2 + 2\varepsilon L \|\boldsymbol{P}\overline{\boldsymbol{B}}\|\|\boldsymbol{\eta}\|$$

式中，$\lambda_{\min}(\boldsymbol{Q})$ 为 $\boldsymbol{Q}$ 的最小特征值。

由 $\dot{V}_o \leq 0$ 可得观测器的收敛条件为

$$\|\boldsymbol{\eta}\| \leq \frac{2\varepsilon L \|\boldsymbol{P}\overline{\boldsymbol{B}}\|}{\lambda_{\min}(\boldsymbol{Q})} \tag{5.43}$$

由式（5.43）可见，η 与 ε 有关，如果取 ε 很小，则可使观测器的收敛误差减小。

注意如下：

① 如果扩张观测器的初始值与对象的初值不同，则对于很小的 ε，将产生峰值现象，造成观测器收敛效果差。为了防止峰值现象，设计 ε 为[8]

$$\frac{1}{\varepsilon} = R = \begin{cases} 100t^3, & 0 \leq t \leq 1 \\ 100, & t > 1 \end{cases} \tag{5.44}$$

或

$$\frac{1}{\varepsilon} = R = \begin{cases} \mu \dfrac{1-e^{-\lambda_1 t}}{1+e^{-\lambda_2 t}}, & 0 \leq t \leq t_{\max} \\ \mu, & t > t_{\max} \end{cases} \tag{5.45}$$

式中，μ、λ_1 和 λ_2 为正实数。

例如，取 $\lambda_1 = \lambda_2 = 50$，$\mu = 100$，运行程序 chap5_7sim.mdl，$R$ 和 ε 的变化如图 5-18 所示。

② 如果实测信号含有噪声，则对于非常小的 ε，将会产生很大的观测误差。为了防止这种现象，文献[9]提出了切换增益 ε 的设计方法。

③ $\alpha_i (i=1,2,3)$ 的设计。按 $\overline{\boldsymbol{A}}$ 为 Hurwitz 进行极点配置，例如，对于 $\lambda^3 + \alpha_1 \lambda^2 + \alpha_2 \lambda + \alpha_3 = 0$，可选择 $(\lambda+1)(\lambda+2)(\lambda+3) = 0$，则 $\lambda^3 + 6\lambda^2 + 11\lambda + 6 = 0$，从而 $\alpha_1 = 6$，$\alpha_2 = 11$，$\alpha_3 = 6$。

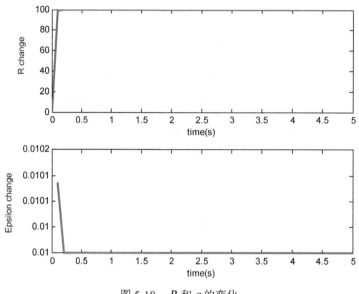

图 5-18 R 和 ε 的变化

5.4.3 仿真实例

考虑如下对象：

$$J\ddot{\theta} = u(t) - d(t) \tag{5.46}$$

式中，J 为转动惯量；u 为控制输入；θ 为实际角度；$d(t)$ 为外加干扰。

在扩张观测器仿真中，对象信息取 $d(t) = 3\sin(t)$，$J = 10$，$u(t) = 0.1\sin t$，取观测器参数 $\alpha_1 = 6$，$\alpha_2 = 11$，$\alpha_3 = 6$，为了防止峰值现象，按式（5.44）或式（5.45）设计 ε，以连续系统仿真为例，仿真结果分别如图 5-19～图 5-21 所示。

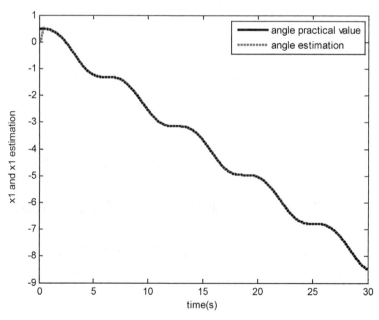

图 5-19 θ 及其观测信号仿真结果

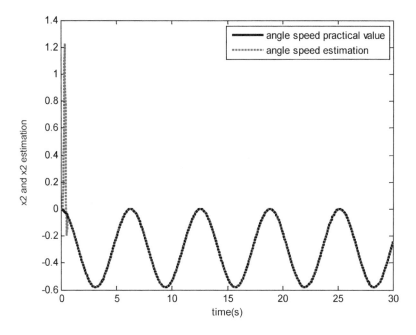

图 5-20 $\dot{\theta}$ 及其观测信号仿真结果

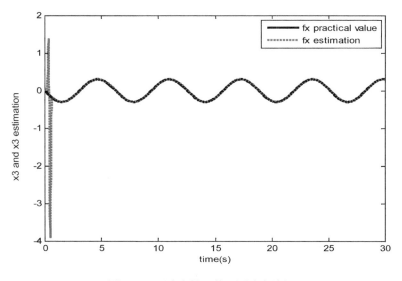

图 5-21 不确定性及其观测仿真结果

为了显示扩张观测器的控制补偿效果，以连续系统仿真为例，考虑如下对象：

$$\ddot{\theta} = 100u(t) - 25\dot{\theta} - 100\operatorname{sgn}(\dot{\theta}) \tag{5.47}$$

对应式（5.33），$b = 100$，$f(t) = -25\dot{\theta} - 100\operatorname{sgn}(\dot{\theta})$。基于扩张观测器实现状态和干扰的观测及补偿，采用 PD 控制，取 $k_p = 10$，$k_d = 10$，为了防止峰值现象，按式（5.44）或式（5.45）设计 ε，仿真结果分别如图 5-22～图 5-24 所示。以式（5.46）为被控对象，离散形式的控制系统仿真见程序 chap5_9.m。

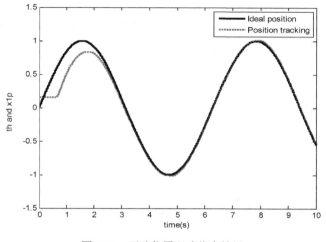

图 5-22　正弦位置跟踪仿真结果

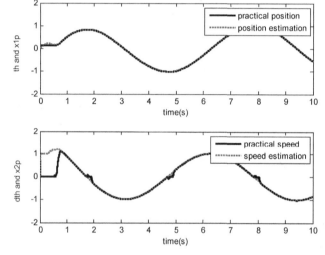

图 5-23　位置、速度及其观测仿真结果

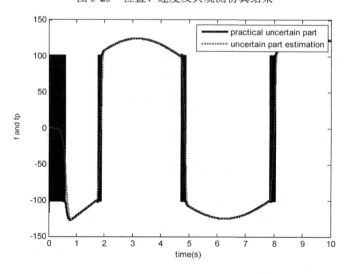

图 5-24　不确定部分及其观测仿真结果

〖仿真程序〗

(1) 峰值抑制

① 主程序：chap5_7.sim.mdl。

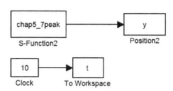

② 峰值抑制 S 函数：chap5_7peak.m。

```
function [sys,x0,str,ts]=s_function(t,x,u,flag)
switch flag,
case 0,
    [sys,x0,str,ts]=mdlInitializeSizes;
case 3,
    sys=mdlOutputs(t,x,u);
case {1, 2, 4, 9 }
    sys = [];
otherwise
    error(['Unhandled flag = ',num2str(flag)]);
end
function [sys,x0,str,ts]=mdlInitializeSizes
sizes = simsizes;
sizes.NumDiscStates  = 0;
sizes.NumOutputs     = 2;
sizes.NumInputs      = 0;
sizes.DirFeedthrough = 1;
sizes.NumSampleTimes = 1;
sys = simsizes(sizes);
x0  = [];
str = [];
ts  = [0 0];
function sys=mdlOutputs(t,x,u)
Lambda=50;
R=100*(1-exp(-Lambda*t))/(1+exp(-Lambda*t));
Epsilon=1/R;
sys(1)=R;
sys(2)=Epsilon;
```

③ 作图程序：chap5_7plot.m。

```
close all;

figure(1);
subplot(211);
plot(t,y(:,1),'r','linewidth',2);
xlabel('time(s)');ylabel('R change');
subplot(212);
```

```
plot(t,y(:,2),'r','linewidth',2);
xlabel('time(s)');ylabel('Epsilon change');
```

（2）扩张观测器

① 连续系统仿真。

a. 主程序：chap5_8sim.mdl。

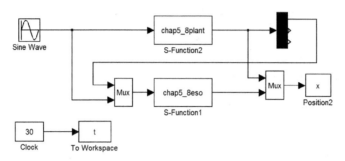

b. 扩张观测器 S 函数：chap5_8eso.m。

```
function [sys,x0,str,ts]=s_function(t,x,u,flag)
switch flag,
case 0,
    [sys,x0,str,ts]=mdlInitializeSizes;
case 1,
    sys=mdlDerivatives(t,x,u);
case 3,
    sys=mdlOutputs(t,x,u);
case {2, 4, 9 }
    sys = [];
otherwise
    error(['Unhandled flag = ',num2str(flag)]);
end
function [sys,x0,str,ts]=mdlInitializeSizes
sizes = simsizes;
sizes.NumContStates  = 3;
sizes.NumDiscStates  = 0;
sizes.NumOutputs     = 3;
sizes.NumInputs      = 2;
sizes.DirFeedthrough = 1;
sizes.NumSampleTimes = 0;
sys=simsizes(sizes);
x0=[0 0 0];
str=[];
ts=[];
function sys=mdlDerivatives(t,x,u)
y=u(1);
ut=u(2);

J=10;
b=1/J;
```

```
alfa1=6;alfa2=11;alfa3=6;

M=2;
if M==1
    epc=0.01;
elseif M==2
    if t<=1;
        R=100*t^3;
    elseif t>1;
        R=100;
    end
    epc=1/R;
elseif M==3
    nmn=0.1;
    R=100*(1-exp(-nmn*t))/(1+exp(-nmn*t));
    epc=1/R;
end

e=y-x(1);
sys(1)=x(2)+alfa1/epc*e;
sys(2)=b*ut+x(3)+alfa2/epc^2*e;
sys(3)=alfa3/epc^3*e;
function sys=mdlOutputs(t,x,u)
sys(1)=x(1);
sys(2)=x(2);
sys(3)=x(3);
```

c. 对象 S 函数：chap5_8plant.m。

```
function [sys,x0,str,ts]=s_function(t,x,u,flag)
switch flag,
case 0,
    [sys,x0,str,ts]=mdlInitializeSizes;
case 1,
    sys=mdlDerivatives(t,x,u);
case 3,
    sys=mdlOutputs(t,x,u);
case {2, 4, 9 }
    sys = [];
otherwise
    error(['Unhandled flag = ',num2str(flag)]);
end
function [sys,x0,str,ts]=mdlInitializeSizes
sizes = simsizes;
sizes.NumContStates  = 2;
sizes.NumDiscStates  = 0;
sizes.NumOutputs     = 3;
sizes.NumInputs      = 1;
sizes.DirFeedthrough = 0;
```

```
sizes.NumSampleTimes = 0;
sys=simsizes(sizes);
x0=[0.5;0];
str=[];
ts=[];
function sys=mdlDerivatives(t,x,u)
J=10;
ut=u(1);

d=3.0*sin(t);
sys(1)=x(2);
sys(2)=1/J*(ut-d);
function sys=mdlOutputs(t,x,u)
J=10;
d=3.0*sin(t);
f=-d/J;
sys(1)=x(1);
sys(2)=x(2);
sys(3)=f;
```

d. 作图程序：chap5_8plot.m。

```
close all;

figure(1);
plot(t,x(:,1),'k',t,x(:,4),'r:','linewidth',2);
xlabel('time(s)');ylabel('x1 and x1 estimation');
legend('angle practical value','angle estimation');

figure(2);
plot(t,x(:,2),'k',t,x(:,5),'r:','linewidth',2);
xlabel('time(s)');ylabel('x2 and x2 estimation');
legend('angle speed practical value','angle speed estimation');

figure(3);
plot(t,x(:,3),'k',t,x(:,6),'r:','linewidth',2);
xlabel('time(s)');ylabel('x3 and x3 estimation');
legend('fx practical value','fx estimation');
```

② 离散系统仿真。

a. 主程序：chap5_9.m。

```
%Discrete ESO
clear all;
close all;
ts=0.001;   %Sampling time
xk=[0.15 0];
x1p_1=0;x2p_1=0;x3p_1=0;
u_1=0;x1_1=0;
for k=1:1:3000
```

```
time(k) = k*ts;
u(k)=sin(2*pi*k*ts);

tSpan=[0 ts];
para=[u(k) time(k)];                %D/A
[t,xx]=ode45('chap5_9plant',tSpan,xk,[],para);    %Plant
xk=xx(length(xx),:);      %A/D
x1(k)=xk(1);
x2(k)=xk(2);
th(k)=x1(k);

J=10;
dt(k)=3.0*sin(time(k));
fx(k)=-1/J*dt(k);
b=1/J;

h1=6;h2=11;h3=6;

M=3;
if M==1
    epc=0.01;
elseif M==2
    if time(k)<=1;
        R=100*time(k)^3;
    elseif time(k)>1;
        R=100;
    end
    epc=1/R;
elseif M==3
    nmn=1.0;
    R=100*(1-exp(-nmn*time(k)))/(1+exp(-nmn*time(k)));
    epc=1/R;
end
%Extended observer
x1p(k)=x1p_1+ts*(x2p_1-h1/epc*(x1p_1-th(k)));
x2p(k)=x2p_1+ts*(x3p_1-h2/epc^2*(x1p_1-th(k))+b*u(k));
x3p(k)=x3p_1+ts*(-h3/epc^3*(x1p_1-th(k)));

fxp(k)=x3p(k);

u_1=u(k);
x1_1=x1(k);
x1p_1=x1p(k);
x2p_1=x2p(k);
x3p_1=x3p(k);
end
figure(1);
subplot(211);
plot(time,th,'k',time,x1p,'r:','linewidth',2);
xlabel('time(s)');ylabel('x1 and x1p');
```

```
legend('position signal','position signal estimated');
subplot(212);
plot(time,x2,'k',time,x2p,'r:');
xlabel('time(s)');ylabel('x2 and x2p');
legend('speed signal','speed signal estimated');
figure(2);
plot(time,fx,'k',time,fxp,'r:');
xlabel('time(s)');ylabel('f and fp');
legend('uncertain part','uncertain part estimated');
```

b. 对象 S 函数：chap5_9plant.m。

```
function dx=Plant(t,x,flag,para)
dx=zeros(2,1);
J=10;
ut=para(1);
t=para(2);

dt=3.0*sin(t);
dx(1)=x(2);
dx(2)=1/J*(ut-dt);
```

（3）基于扩张观测器的 PID 控制

① 连续系统仿真。

a. 主程序：chap5_10sim.mdl。

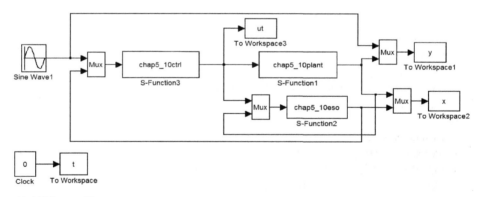

b. 控制器 S 函数：chap5_10ctrl.m。

```
function [sys,x0,str,ts]=s_function(t,x,u,flag)
switch flag,
case 0,
    [sys,x0,str,ts]=mdlInitializeSizes;
case 1,
    sys=mdlDerivatives(t,x,u);
case 3,
    sys=mdlOutputs(t,x,u);
case {1,2, 4, 9 }
    sys = [];
otherwise
```

```
        error(['Unhandled flag = ',num2str(flag)]);
end
function [sys,x0,str,ts]=mdlInitializeSizes
sizes = simsizes;
sizes.NumContStates  = 0;
sizes.NumDiscStates  = 0;
sizes.NumOutputs     = 1;
sizes.NumInputs      = 4;
sizes.DirFeedthrough = 1;
sizes.NumSampleTimes = 0;
sys=simsizes(sizes);
x0=[];
str=[];
ts=[];
function sys=mdlOutputs(t,x,u)
yd=u(1);
dyd=cos(t);
yp=u(2);
dyp=u(3);
fp=u(4);
e=yd-yp;
de=dyd-dyp;

kp=10;kd=10;
M=1;
if M==1            %With Compensation
    b=100;
    ut=kp*e+kd*de-1/b*fp;
elseif M==2     %Without Compensation
    ut=kp*e+kd*de;
end
sys(1)=ut;
```

c. 扩张观测器 S 函数：chap5_10eso.m。

```
function [sys,x0,str,ts]=s_function(t,x,u,flag)
switch flag,
case 0,
    [sys,x0,str,ts]=mdlInitializeSizes;
case 1,
    sys=mdlDerivatives(t,x,u);
case 3,
    sys=mdlOutputs(t,x,u);
case {2, 4, 9 }
    sys = [];
otherwise
    error(['Unhandled flag = ',num2str(flag)]);
end
function [sys,x0,str,ts]=mdlInitializeSizes
sizes = simsizes;
```

```
sizes.NumContStates  = 3;
sizes.NumDiscStates  = 0;
sizes.NumOutputs     = 3;
sizes.NumInputs      = 4;
sizes.DirFeedthrough = 0;
sizes.NumSampleTimes = 0;
sys=simsizes(sizes);
x0=[0 0 0];
str=[];
ts=[];
function sys=mdlDerivatives(t,x,u)
ut=u(1);
th=u(2);

h1=6;h2=11;h3=6;
M=2;
if M==1
    epc=0.01;
elseif M==2
    if t<=1;
        R=100*t^3;
    elseif t>1;
        R=100;
    end
    epc=1/R;
elseif M==3
    nmn=0.1;
    R=100*(1-exp(-nmn*t))/(1+exp(-nmn*t));
    epc=1/R;
end

sys(1)=x(2)-h1/epc*(x(1)-th);
sys(2)=x(3)-h2/epc^2*(x(1)-th)+100*ut;
sys(3)=-h3/epc^3*(x(1)-th);
function sys=mdlOutputs(t,x,u)
fp=x(3);

sys(1)=x(1);
sys(2)=x(2);
sys(3)=fp;
```

d. 对象 S 函数：chap5_10plant.m。

```
function [sys,x0,str,ts]=s_function(t,x,u,flag)
switch flag,
case 0,
    [sys,x0,str,ts]=mdlInitializeSizes;
case 1,
    sys=mdlDerivatives(t,x,u);
```

```
    case 3,
        sys=mdlOutputs(t,x,u);
    case {2, 4, 9 }
        sys = [];
    otherwise
        error(['Unhandled flag = ',num2str(flag)]);
    end
    function [sys,x0,str,ts]=mdlInitializeSizes
    sizes = simsizes;
    sizes.NumContStates    = 2;
    sizes.NumDiscStates    = 0;
    sizes.NumOutputs       = 3;
    sizes.NumInputs        = 1;
    sizes.DirFeedthrough = 0;
    sizes.NumSampleTimes = 0;
    sys=simsizes(sizes);
    x0=[0.15;0];
    str=[];
    ts=[];
    function sys=mdlDerivatives(t,x,u)
    ut=u(1);
    b=100;

    dt=100*sign(x(2));
    fx=-25*x(2)-dt;

    sys(1)=x(2);
    sys(2)=fx+b*ut;
    function sys=mdlOutputs(t,x,u)
    dt=100*sign(x(2));
    fx=-25*x(2)-dt;

    sys(1)=x(1);
    sys(2)=x(2);
    sys(3)=fx;
```

e. 作图程序：chap5_10plot.m。

```
    close all;

    figure(1);
    plot(t,y(:,1),'k',t,y(:,2),'r:','linewidth',2);
    xlabel('time(s)');ylabel('th and x1p');
    legend('Ideal position','Position tracking');

    figure(2);
    subplot(211);
    plot(t,x(:,1),'k',t,x(:,4),'r:','linewidth',2);
    xlabel('time(s)');ylabel('th and x1p');
    legend('practical position','position estimation');
```

```
subplot(212);
plot(t,x(:,2),'k',t,x(:,5),'r:','linewidth',2);
xlabel('time(s)');ylabel('dth and x2p');
legend('practical speed','speed estimation');

figure(3);
plot(t,x(:,3),'k',t,x(:,6),'r:','linewidth',2);
xlabel('time(s)');ylabel('f and fp');
legend('practical uncertain part','uncertain part estimation');

figure(4);
plot(t,ut(:,1),'r','linewidth',2);
xlabel('time(s)');ylabel('Control input');
```

② 离散系统仿真。

a. 主程序：chap5_11.m。

```
%PID Control Based on Discrete ESO
clear all;
close all;
ts=0.001;   %Sampling time
xk=[0.15 0];
x1p_1=0;x2p_1=0;x3p_1=0;
u_1=0;x1_1=0;
for k=1:1:3000
time(k) = k*ts;

r(k)=sin(2*pi*k*ts);
dr(k)=2*pi*cos(2*pi*k*ts);
e(k)=r(k)-x1_1;
de(k)=dr(k)-x2p_1;

kp=1500;kd=100;
fxp(k)=x3p_1;
%%%%%%%%%%%%%%%%%%%%%%%%%%%%
J=0.10;
dt(k)=3.0*sin(time(k));
b=1/J;
fx(k)=-1/J*dt(k);
%%%%%%%%%%%%%%%%%%%%%%%%%%%%
M=1;
if M==1         %With Compensation
    u(k)=kp*e(k)+kd*de(k)-1/b*fxp(k);
elseif M==2     %Without Compensation
    u(k)=kp*e(k)+kd*de(k);
end

tSpan=[0 ts];
para=[u(k) time(k)];;           %D/A
[t,xx]=ode45('chap5_11plant',tSpan,xk,[],para);     %Plant
```

```
xk=xx(length(xx),:);      %A/D
x1(k)=xk(1);
x2(k)=xk(2);
th(k)=x1(k);
%Extended observer
h1=6;h2=11;h3=6;
M=2;
if M==1
    epc=0.01;
elseif M==2
    if time(k)<=1;
        R=100*time(k)^3;
    elseif time(k)>1;
        R=100;
    end
    epc=1/R;
elseif M==3
    nmn=1.0;
    R=100*(1-exp(-nmn*time(k)))/(1+exp(-nmn*time(k)));
    epc=1/R;
end

x1p(k)=x1p_1+ts*(x2p_1-h1/epc*(x1p_1-th(k)));
x2p(k)=x2p_1+ts*(x3p_1-h2/epc^2*(x1p_1-th(k))+b*u(k));
x3p(k)=x3p_1+ts*(-h3/epc^3*(x1p_1-th(k)));

fxp(k)=x3p(k);

u_1=u(k);
x1_1=x1(k);
x1p_1=x1p(k);
x2p_1=x2p(k);
x3p_1=x3p(k);
end
figure(1);
plot(time,r,'k',time,th,'r:','linewidth',2);
xlabel('time(s)');ylabel('position tracking');
legend('Ideal position','Position tracking');

figure(2);
subplot(211);
plot(time,th,'k',time,x1p,'r:','linewidth',2);
xlabel('time(s)');ylabel('x1 and x1p');
subplot(212);
plot(time,x2,'k',time,x2p,'r:','linewidth',2);
xlabel('time(s)');ylabel('x2 and x2p');
figure(3);
plot(time,fx,'k',time,fxp,'r:','linewidth',2);
xlabel('time(s)');ylabel('f and fp');
```

b. 对象 S 函数：chap5_11plant.m。

```
function dx=Plant(t,x,flag,para)
dx=zeros(2,1);
J=0.10;
ut=para(1);
t=para(2);

dt=3.0*sin(t);

b=1/J;
fx=-1/J*dt;
dx(1)=x(2);
dx(2)=fx+b*ut;
```

5.5 基于输出延迟观测器的 PID 控制

5.5.1 系统描述

考虑对象：

$$G(s)=\frac{k}{s^2+as+b} \tag{5.48}$$

式（5.48）可表示为

$$\ddot{\theta}=-a\dot{\theta}-b\theta+ku(t) \tag{5.49}$$

式中，θ 为位置信号；u 为控制输入。

取 $z=\begin{bmatrix}\theta & \dot{\theta}\end{bmatrix}^{\mathrm{T}}$，式（5.49）可表示为

$$\dot{z}(t)=Az(t)+Hu(t) \tag{5.50}$$

式中，$A=\begin{bmatrix}0 & 1\\ -b & -a\end{bmatrix}$；$H=\begin{bmatrix}0 & k\end{bmatrix}^{\mathrm{T}}$。

假设输出信号有延迟，Δ 为输出的位置时间延迟，则实际输出可表示为

$$\bar{y}(t)=\theta(t-\Delta)=Cz(t-\Delta) \tag{5.51}$$

式中，$C=\begin{bmatrix}1 & 0\end{bmatrix}$。

观测的目标为：当 $t\to\infty$ 时，$\hat{\theta}(t)\to\theta(t)$，$\dot{\hat{\theta}}(t)\to\dot{\theta}(t)$。

5.5.2 输出延迟观测器的设计

引理 1[10]：针对线性延迟系统：

$$\dot{x}(t)=Ax(t)+Bx(t-\Delta) \tag{5.52}$$

其稳定性条件为

$$sI-A-Be^{-\Delta s}=0 \tag{5.53}$$

特征根的实部为负，则线性延迟系统式（5.52）为指数稳定。

针对线性延迟系统式（5.52），取 $\hat{z} = \begin{bmatrix} \hat{\theta} & \hat{\dot{\theta}} \end{bmatrix}^{\mathrm{T}}$，设计延迟观测器：

$$\dot{\hat{z}}(t) = A\hat{z}(t) + Hu(t) + K\left[\bar{y}(t) - C\hat{z}(t-\Delta)\right] \tag{5.54}$$

式中，$\hat{z}(t-\Delta)$ 是 $\hat{z}(t)$ 的延迟信号。

由式（5.50）～式（5.54）有

$$\dot{\delta}(t) = A\delta(t) - KC\delta(t-\Delta) \tag{5.55}$$

式中，$\delta(t) = z(t) - \hat{z}(t)$。

根据引理 1，延迟观测器的稳定性条件为选择合适的 K，使式（5.48）特征根的实部为负，线性延迟系统式（5.55）为指数稳定，稳定性条件为方程

$$sI - A + KC\mathrm{e}^{-\Delta s} = 0 \tag{5.56}$$

的特征根 s 在负半面。

仿真中，首先根据经验给出 K，然后采用 MATLAB 函数"fsolve"解方程式（5.56）中的特征根 s，使其在负半面，从而验证 K。

5.5.3 仿真实例

采用输出延迟观测器可实现对位置和速度信号的精确观测。在 PID 控制器中，用输出延迟观测器观测位置和速度，可提高 PID 控制和精度。

考虑对象：

$$G(s) = \frac{1}{s^2 + 10s + 1}$$

取位置延迟时间 $\Delta = 3.0$。延迟观测器中，取 $K = [0.1 \quad 0.1]$，采用 MATLAB 函数"fsolve"求方程式（5.56）的特征根 $s = -0.3661$，根据引理 1，满足稳定性要求。

取 $u(t) = \sin t$，被控对象式（5.49）的初始值 $\theta(0) = 0.20$，$\omega(0) = 0$，延迟观测器式（5.54）的初始值 $\hat{z}(t-\Delta) = [0 \quad 0]^{\mathrm{T}}$。位置和速度的观测结果如图 5-25 所示。理想位置信号及其实测延迟信号如图 5-26 所示。可见，采用延迟观测器可实现位置和速度的理想观测。

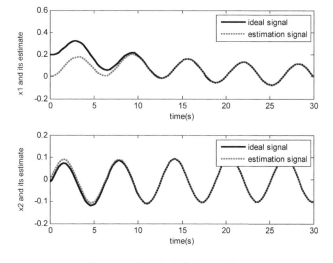

图 5-25 位置和速度的观测结果

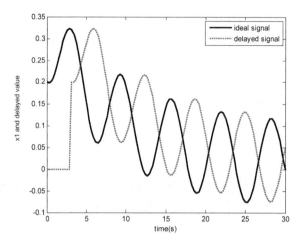

图 5-26 理想位置信号及其实测延迟信号

采用 PD 控制，取 $k_p = 100$，$k_d = 10$。采用延迟观测器的 PD 控制位置、速度跟踪及延迟观测器的观测结果分别如图 5-27 和图 5-28 所示。可见，通过采用输出延迟观测器，可获得很好的跟踪性能。

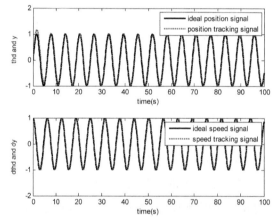

图 5-27 采用延迟观测器的 PD 控制位置、速度跟踪（$M=1$）

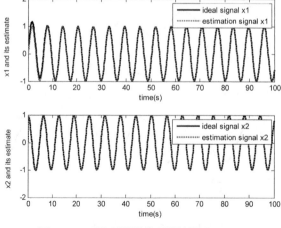

图 5-28 延迟观测器的观测结果（$M=1$）

〖仿真程序〗

（1）延迟观测器的验证

① K 的验证主程序：design_K.m。

```
close all;

x0=0;
options=foptions;
options(1)=1;
x=fsolve('fun_x',x0,options)
```

② K 的验证子程序：fun_x.m。

```
function F=fun(x)
tol=3;
k1=0.1;k2=0.1;

K=[k1,k2]';
C=[1,0];
A=[0 1;-1 -10];

F=det(x*eye(2)-A+K*C*exp(-tol*x));
```

（2）延迟观测器

① 主程序：chap5_12sim.mdl。

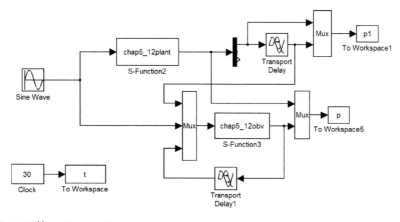

② 对象 S 函数：chap5_12plant.m。

```
function [sys,x0,str,ts]=s_function(t,x,u,flag)
switch flag,
case 0,
    [sys,x0,str,ts]=mdlInitializeSizes;
case 1,
    sys=mdlDerivatives(t,x,u);
case 3,
    sys=mdlOutputs(t,x,u);
```

```
case {2, 4, 9 }
    sys = [];
otherwise
    error(['Unhandled flag = ',num2str(flag)]);
end
function [sys,x0,str,ts]=mdlInitializeSizes
sizes = simsizes;
sizes.NumContStates  = 2;
sizes.NumDiscStates  = 0;
sizes.NumOutputs     = 2;
sizes.NumInputs      =1;
sizes.DirFeedthrough = 1;
sizes.NumSampleTimes = 1;
sys=simsizes(sizes);
x0=[0.2 0];
str=[];
ts=[-1 0];
function sys=mdlDerivatives(t,x,u)
sys(1)=x(2);
sys(2)=-10*x(2)-x(1)+u(1);
function sys=mdlOutputs(t,x,u)
th=x(1);w=x(2);

sys(1)=th;
sys(2)=w;
```

③ 观测器 S 函数：chap5_12obv.m。

```
function [sys,x0,str,ts]=s_function(t,x,u,flag)
switch flag,
case 0,
    [sys,x0,str,ts]=mdlInitializeSizes;
case 1,
    sys=mdlDerivatives(t,x,u);
case 3,
    sys=mdlOutputs(t,x,u);
case {2, 4, 9 }
    sys = [];
otherwise
    error(['Unhandled flag = ',num2str(flag)]);
end
function [sys,x0,str,ts]=mdlInitializeSizes
sizes = simsizes;
sizes.NumContStates  = 2;
sizes.NumDiscStates  = 0;
sizes.NumOutputs     = 2;
sizes.NumInputs      = 4;
sizes.DirFeedthrough = 0;
sizes.NumSampleTimes = 1;
sys=simsizes(sizes);
```

```
x0=[0 0];
str=[];
ts=[-1 0];
function sys=mdlDerivatives(t,x,u)
tol=3;
th_tol=u(1);
yp=th_tol;

ut=u(2);

z_tol=[u(3);u(4)];

thp=x(1);wp=x(2);
%%%%%%%%%%%%%%%%%%%%%
A=[0 1;-1 -10];
C=[1 0];

H=[0;1];

k1=0.1;k2=0.1;   %Verify by design_K.m
z=[thp wp]';
%%%%%%%%%%%%%%%%%%%%%
K=[k1 k2]';

dz=A*z+H*ut+K*(yp-C*z_tol);

for i=1:2
    sys(i)=dz(i);

end
function sys=mdlOutputs(t,x,u)
thp=x(1);wp=x(2);

sys(1)=thp;
sys(2)=wp;
```

④ 作图程序：chap5_12plot.m。

```
close all;

figure(1);
subplot(211);
plot(t,p(:,1),'k',t,p(:,3),'r:','linewidth',2);
xlabel('time(s)');ylabel('x1 and its estimate');
legend('ideal signal','estimation signal');
subplot(212);
plot(t,p(:,2),'k',t,p(:,4),'r:','linewidth',2);
xlabel('time(s)');ylabel('x2 and its estimate');
legend('ideal signal','estimation signal');
```

```
figure(2);
subplot(211);
plot(t,p(:,1)-p(:,3),'r','linewidth',2);
xlabel('time(s)');ylabel('error of x1 and its estimate');
subplot(212);
plot(t,p(:,2)-p(:,4),'r','linewidth',2);
xlabel('time(s)');ylabel('error of x2 and its estimate');

figure(3);
plot(t,p1(:,1),'k',t,p1(:,2),'r:','linewidth',2);
xlabel('time(s)');ylabel('x1 and its delayed value');
legend('ideal signal','delayed signal');
```

(3) 控制

① 主程序：chap5_13sim.mdl。

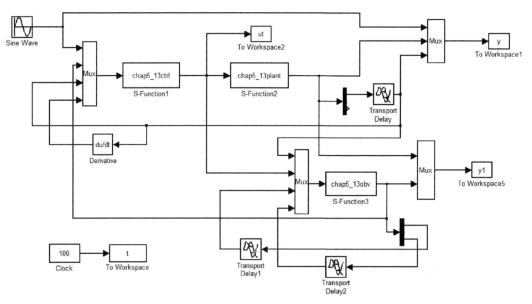

② 控制器 S 函数：chap5_13ctrl.m。

```
function [sys,x0,str,ts]=s_function(t,x,u,flag)
switch flag,
case 0,
    [sys,x0,str,ts]=mdlInitializeSizes;
case 3,
    sys=mdlOutputs(t,x,u);
case {1,2,4,9 }
    sys = [];
otherwise
    error(['Unhandled flag = ',num2str(flag)]);
end
function [sys,x0,str,ts]=mdlInitializeSizes
sizes = simsizes;
sizes.NumContStates  = 0;
```

```
sizes.NumDiscStates  = 0;
sizes.NumOutputs     = 1;
sizes.NumInputs      = 5;
sizes.DirFeedthrough = 1;
sizes.NumSampleTimes = 1;
sys=simsizes(sizes);
x0=[];
str=[];
ts=[-1 0];
function sys=mdlOutputs(t,x,u)
tol=3;
thd=sin(t);
wd=cos(t);
ddthd=-sin(t);

thp=u(2);
wp=u(3);
th_tol=u(4);
w_tol=u(5);

%Error with obv
e1p=thd-thp;
e2p=wd-wp;

%Practical error
e1=thd-th_tol;
e2=wd-w_tol;

kp=100;kd=10;

M=1;
if M==1
    ut=kp*e1p+kd*e2p;    %With delay observer
elseif M==2
    ut=kp*e1+kd*e2;      %Without delay observer
end
sys(1)=ut;
```

③ 对象 S 函数：chap5_13plant.m。

```
function [sys,x0,str,ts]=s_function(t,x,u,flag)
switch flag,
case 0,
    [sys,x0,str,ts]=mdlInitializeSizes;
case 1,
    sys=mdlDerivatives(t,x,u);
case 3,
    sys=mdlOutputs(t,x,u);
case {2, 4, 9 }
    sys = [];
```

```
otherwise
    error(['Unhandled flag = ',num2str(flag)]);
end
function [sys,x0,str,ts]=mdlInitializeSizes
sizes = simsizes;
sizes.NumContStates    = 2;
sizes.NumDiscStates    = 0;
sizes.NumOutputs       = 2;
sizes.NumInputs        =1;
sizes.DirFeedthrough = 1;
sizes.NumSampleTimes = 1;
sys=simsizes(sizes);
x0=[0.2 0];
str=[];
ts=[-1 0];
function sys=mdlDerivatives(t,x,u)
sys(1)=x(2);
sys(2)=-10*x(2)-x(1)+u(1);
function sys=mdlOutputs(t,x,u)
th=x(1);w=x(2);

sys(1)=th;
sys(2)=w;
```

④ 观测器 S 函数：chap5_13obv.m。

```
function [sys,x0,str,ts]=s_function(t,x,u,flag)
switch flag,
case 0,
    [sys,x0,str,ts]=mdlInitializeSizes;
case 1,
    sys=mdlDerivatives(t,x,u);
case 3,
    sys=mdlOutputs(t,x,u);
case {2, 4, 9 }
    sys = [];
otherwise
    error(['Unhandled flag = ',num2str(flag)]);
end
function [sys,x0,str,ts]=mdlInitializeSizes
sizes = simsizes;
sizes.NumContStates    = 2;
sizes.NumDiscStates    = 0;
sizes.NumOutputs       = 2;
sizes.NumInputs        = 4;
sizes.DirFeedthrough = 0;
sizes.NumSampleTimes = 1;
sys=simsizes(sizes);
x0=[0 0];
str=[];
```

```
ts=[-1 0];
function sys=mdlDerivatives(t,x,u)
tol=3;
th_tol=u(1);
yp=th_tol;

ut=u(2);

z_tol=[u(3);u(4)];

thp=x(1);wp=x(2);
%%%%%%%%%%%%%%%%%%%%
A=[0 1;-1 -10];
C=[1 0];

H=[0;1];

k1=0.1;k2=0.1;    %Verify by design_K.m
z=[thp wp]';
%%%%%%%%%%%%%%%%%%%%
K=[k1 k2]';

dz=A*z+H*ut+K*(yp-C*z_tol);

for i=1:2
    sys(i)=dz(i);

end
function sys=mdlOutputs(t,x,u)
thp=x(1);wp=x(2);

sys(1)=thp;
sys(2)=wp;
```

⑤ 作图程序：chap5_13plot.m。

```
close all;
figure(1);
plot(t,y(:,1),'k',t,y(:,3),'r:','linewidth',2);
xlabel('time(s)');ylabel('thd and y');
legend('ideal position signal','delayed position signal');

figure(2);
subplot(211);
plot(t,y1(:,1),'k',t,y1(:,3),'r:','linewidth',2);
xlabel('time(s)');ylabel('x1 and its estimate');
legend('ideal signal x1','estimation signal x1');
subplot(212);
plot(t,y1(:,2),'k',t,y1(:,4),'r:','linewidth',2);
xlabel('time(s)');ylabel('x2 and its estimate');
```

```
legend('ideal signal x2','estimation signal x2');

figure(3);
subplot(211);
plot(t,y(:,1),'k',t,y(:,2),'r:','linewidth',2);
xlabel('time(s)');ylabel('thd and y');
legend('ideal position signal','position tracking signal');
subplot(212);
plot(t,cos(t),'k',t,y(:,3),'r:','linewidth',2);
xlabel('time(s)');ylabel('dthd and dy');
legend('ideal speed signal','speed tracking signal');

figure(4);
plot(t,ut(:,1),'k','linewidth',2);
xlabel('time(s)');ylabel('Control input');
```

5.6 基于鲁棒观测器的 PD 控制

5.6.1 系统描述

考虑二阶系统：

$$\begin{aligned}\dot{x}_1 &= x_2 \\ \dot{x}_2 &= u + d(t)\end{aligned} \tag{5.57}$$

式中，$d(t)$ 为输入干扰，$|d(t)| \leq D$。

考虑速度状态不可测，需要设计观测器对状态进行观测。

5.6.2 鲁棒观测器的设计

参考文献[11]，设计辅助系统对状态进行重构：

$$\begin{aligned}\dot{\lambda}_1 &= \lambda_2 + l(x_1 - \lambda_1) + k_1(x_1 - \lambda_1) \\ \dot{\lambda}_2 &= u + k_2(x_1 - \lambda_1)\end{aligned} \tag{5.58}$$

式中，l、k_1、k_2 均为待设计的正实数。

设计如下观测器：

$$\begin{aligned}\hat{x}_1 &= \lambda_1 \\ \hat{x}_2 &= \lambda_2 + l(x_1 - \lambda_1)\end{aligned} \tag{5.59}$$

式中，$\hat{x}_i(i=1,2)$ 为状态估计值。

定义估计误差 $\tilde{x}_i = x_i - \hat{x}_i$，则

$$\begin{aligned}\dot{\hat{x}}_1 &= \lambda_2 + l(x_1 - \lambda_1) + k_1(x_1 - \lambda_1) = \hat{x}_2 + k_1\tilde{x}_1 \\ \dot{\hat{x}}_2 &= u + k_2(x_1 - \lambda_1) + l\left(x_2 - (\lambda_2 + l(x_1 - \lambda_1) + k_1(x_1 - \lambda_1))\right) \\ &= u + k_2(x_1 - \lambda_1) + l(x_2 - \hat{x}_2 - k_1\tilde{x}_1) = u + l\tilde{x}_2 + (k_2 - lk_1)\tilde{x}_1\end{aligned} \tag{5.60}$$

取 $k_3 = k_2 - lk_1$，则

$$\dot{\hat{x}}_1 = \hat{x}_2 + k_1 \tilde{x}_1$$
$$\dot{\hat{x}}_2 = u + l\tilde{x}_2 + k_3 \tilde{x}_2 \tag{5.61}$$

该观测器通过重构，可实现带有扰动系统的状态观测。

5.6.3 鲁棒观测器收敛性分析

考虑由对象式（5.57）与观测器式（5.58）和式（5.59）组成的系统，取 Lyapunov 函数为

$$V = \frac{1}{2}\tilde{x}_1^2 + \frac{1}{2}\tilde{x}_2^2 \tag{5.62}$$

由于

$$\begin{aligned}\dot{V} &= \tilde{x}_1(x_2 - \hat{x}_2 - k_1\tilde{x}_1) + \tilde{x}_2(d - l\tilde{x}_2 - k_3\tilde{x}_1) \\ &= (1-k_3)\tilde{x}_1\tilde{x}_2 - k_1\tilde{x}_1^2 - l\tilde{x}_2^2 + d\tilde{x}_2\end{aligned} \tag{5.63}$$

取 $k_3 = 1$，则

$$\dot{V} \leq -k_1\tilde{x}_1^2 - l\tilde{x}_2^2 + \frac{D^2}{2} + \frac{\tilde{x}_2^2}{2} \leq -\left(k_1\tilde{x}_1^2 + \left(l - \frac{1}{2}\right)\tilde{x}_2^2\right) + \frac{D^2}{2}$$

取 $l \geq \frac{1}{2} + r$，$k_1 \geq r$，r 为待设计的正实数，则

$$k_1\tilde{x}_1^2 + \left(l - \frac{1}{2}\right)\tilde{x}_2^2 \geq r\left(\tilde{x}_1^2 + \tilde{x}_2^2\right)$$

从而得

$$\dot{V} \leq -r\left(\tilde{x}_1^2 + \tilde{x}_2^2\right) + \frac{D^2}{2} \leq -2rV + Q \tag{5.64}$$

式中，$Q = D^2/2$。

根据不等式求解引理[12]，不等式方程 $\dot{V} \leq -2rV + Q$ 的解为

$$\begin{aligned}V(t) &\leq e^{-2rt}V(0) + Qe^{-2rt}\int_0^t e^{2r\tau}d\tau = e^{-2rt}V(0) + \frac{Qe^{-2rt}}{2r}\left(e^{2rt} - 1\right) \\ &= e^{-2rt}V(0) + \frac{Q}{2r}\left(1 - e^{-2rt}\right)\end{aligned}$$

即

$$V(t) \leq \frac{Q}{2r} + \left(V(0) - \frac{Q}{2r}\right)e^{-2rt} \tag{5.65}$$

显然，系统所有信号半全局有界，且有

$$\lim_{t\to\infty} V(t) \leq \frac{Q}{2r} \tag{5.66}$$

由式（5.66）可见，收敛精度取决于 $d(t)$ 的上界及观测器的初始误差。通过取 r 使之任意大，观测误差可以任意小。

如果不考虑干扰，即 $d(t) = 0$，亦即 $Q = D^2/2 = 0$，则 $\dot{V} \leq -2rV$，从而

$$V(t) \leq e^{-2rt}V(0)$$

此时，观测器指数收敛。

5.6.4 仿真实例

模型取式（5.57），干扰力矩为 $d(t)=10\sin t$，模型初始状态设为 $x(0)=\begin{bmatrix}0.1 & 0\end{bmatrix}^{\mathrm{T}}$。

〖仿真之一：观测器测试〗

取输入信号为 $\sin t$，观测器初始状态为 $\lambda(0)=\begin{bmatrix}0 & 0\end{bmatrix}^{\mathrm{T}}$，观测器采用式（5.58）和式（5.59），取 $r=100$，按 $l \geqslant \dfrac{1}{2}+r$, $k_1 \geqslant r$ 设计参数，可取 $l=101$，$k_1=101$，取 $k_3=1$，则 $k_2=k_3+lk_1$。状态观测仿真结果如图 5.29 所示。可见，在较强的控制输入扰动情况下，仍然可以得到很好的状态观测结果。

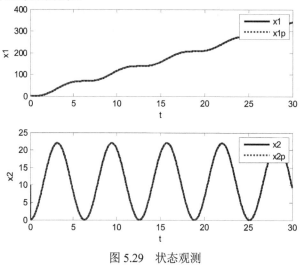

图 5.29　状态观测

〖仿真之二：PD 控制器测试〗

取指令信号为 $\sin t$，观测器初始状态及参数同仿真之一，位置指令为 $x_d=\sin t$，采用 PD 控制律，取 $e=x_d-x_1$，$\dot{e}=\dot{x}_d-x_2$。控制律为 $u=k_p e + k_d \dot{e}$，取 $k_p=300$，$k_d=10$。状态观测及状态跟踪的仿真结果如图 5.30 及图 5.31 所示。

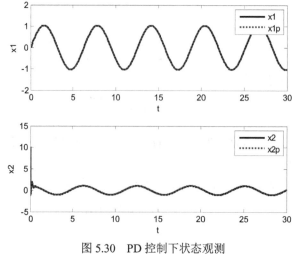

图 5.30　PD 控制下状态观测

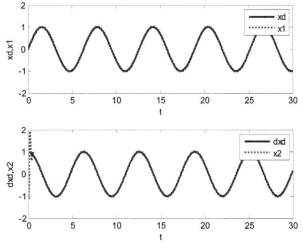

图 5.31 PD 控制下状态跟踪

(1) 观测器仿真程序

① Simulink 主程序：chap5_14sim.mdl。

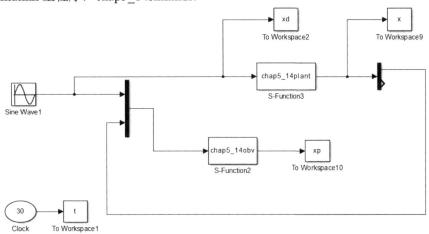

② 观测器子程序：chap5_14obv.m。

```
function [sys,x0,str,ts] = obv(t,x,u,flag)
switch flag,
case 0,
    [sys,x0,str,ts]=mdlInitializeSizes;
case 1,
    sys=mdlDerivatives(t,x,u);
case 3,
    sys=mdlOutputs(t,x,u);
case {2,4,9}
    sys=[];
otherwise
    error(['Unhandled flag = ',num2str(flag)]);
end
function [sys,x0,str,ts]=mdlInitializeSizes
sizes = simsizes;
```

```
sizes.NumContStates    = 2;
sizes.NumDiscStates    = 0;
sizes.NumOutputs       = 2;
sizes.NumInputs        = 2;
sizes.DirFeedthrough   = 1;
sizes.NumSampleTimes = 1;
sys = simsizes(sizes);
x0  = [0;0];
str = [];
ts  = [0 0];
function sys=mdlDerivatives(t,x,u)
r=100;

l=101;
k1=101;
k3=1;

k2=k3+l*k1;

ut=u(1);
x1=u(2);

sys(1)=x(2)+l*(x1-x(1))+k1*(x1-x(1));
sys(2)=ut+k2*(x1-x(1));
function sys=mdlOutputs(t,x,u)
l=101;

ut=u(1);
x1=u(2);

sys(1)=x(1);
sys(2)=x(2)+l*(x1-x(1));
```

③ 被控对象子程序：chap5_14plant.m。

```
function [sys,x0,str,ts] = spacemodel(t,x,u,flag)
switch flag,
case 0,
    [sys,x0,str,ts]=mdlInitializeSizes;
case 1,
    sys=mdlDerivatives(t,x,u);
case 3,
    sys=mdlOutputs(t,x,u);
case {2,4,9}
    sys=[];
otherwise
    error(['Unhandled flag = ',num2str(flag)]);
end
function [sys,x0,str,ts]=mdlInitializeSizes
sizes = simsizes;
sizes.NumContStates    = 2;
```

```
sizes.NumDiscStates  = 0;
sizes.NumOutputs     = 2;
sizes.NumInputs      = 1;
sizes.DirFeedthrough = 0;
sizes.NumSampleTimes = 1;
sys = simsizes(sizes);
x0  = [0.1;0];
str = [];
ts  = [0 0];
function sys=mdlDerivatives(t,x,u)

dt=10*sin(t);
ut=u(1);
sys(1)=x(2);
sys(2)=ut+dt;
function sys=mdlOutputs(t,x,u)
sys(1)=x(1);
sys(2)=x(2);
```

④ 作图子程序:chap5_14plot.m。

```
close all;

figure(1);
subplot(211);
plot(t,xp(:,1),'b',t,x(:,1),'r:','linewidth',2);
xlabel('t');ylabel('x1');
legend('x1','x1p');
subplot(212);
plot(t,xp(:,2),'b',t,x(:,2),'r:','linewidth',2);
xlabel('t');ylabel('x2');
legend('x2','x2p');
```

(2) PD 控制仿真程序

① Simulink 主程序:chap5_15sim.mdl。

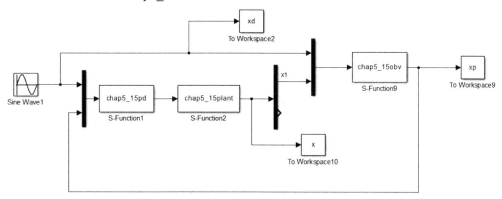

② 控制器子程序：chap5_15pd.m。

```
function [sys,x0,str,ts] = spacemodel(t,x,u,flag)
switch flag,
case 0,
    [sys,x0,str,ts]=mdlInitializeSizes;
case 3,
    sys=mdlOutputs(t,x,u);
case {1,2,4,9}
    sys=[];
otherwise
    error(['Unhandled flag = ',num2str(flag)]);
end
function [sys,x0,str,ts]=mdlInitializeSizes
sizes = simsizes;
sizes.NumContStates  = 0;
sizes.NumDiscStates  = 0;
sizes.NumOutputs     = 1;
sizes.NumInputs      = 3;
sizes.DirFeedthrough = 1;
sizes.NumSampleTimes = 1;
sys = simsizes(sizes);
x0  = [];
str = [];
ts  = [0 0];
function sys=mdlOutputs(t,x,u)
xd=u(1);
dxd=cos(t);
x1=u(2);
x2=u(3);
e=xd-x1;
de=dxd-x2;

kp=300;
kd=10;
ut=kp*e+kd*de;

sys(1)=ut;
```

③ 观测器子程序：chap5_15obv.m。

```
function [sys,x0,str,ts] = obv(t,x,u,flag)
switch flag,
case 0,
    [sys,x0,str,ts]=mdlInitializeSizes;
case 1,
    sys=mdlDerivatives(t,x,u);
case 3,
    sys=mdlOutputs(t,x,u);
case {2,4,9}
```

```
        sys=[];
otherwise
    error(['Unhandled flag = ',num2str(flag)]);
end
function [sys,x0,str,ts]=mdlInitializeSizes
sizes = simsizes;
sizes.NumContStates  = 2;
sizes.NumDiscStates  = 0;
sizes.NumOutputs     = 2;
sizes.NumInputs      = 2;
sizes.DirFeedthrough = 1;
sizes.NumSampleTimes = 1;
sys = simsizes(sizes);
x0  = [0;0];
str = [];
ts  = [0 0];
function sys=mdlDerivatives(t,x,u)
r=100;

l=101;
k1=101;
k3=1;

k2=k3+l*k1;

ut=u(1);
x1=u(2);

sys(1)=x(2)+l*(x1-x(1))+k1*(x1-x(1));
sys(2)=ut+k2*(x1-x(1));
function sys=mdlOutputs(t,x,u)
l=101;

ut=u(1);
x1=u(2);

sys(1)=x(1);
sys(2)=x(2)+l*(x1-x(1));
```

④ 被控对象子程序：chap5_15plant.m。

```
function [sys,x0,str,ts] = spacemodel(t,x,u,flag)
switch flag,
case 0,
    [sys,x0,str,ts]=mdlInitializeSizes;
case 1,
    sys=mdlDerivatives(t,x,u);
case 3,
    sys=mdlOutputs(t,x,u);
case {2,4,9}
```

```
            sys=[];
otherwise
        error(['Unhandled flag = ',num2str(flag)]);
end
function [sys,x0,str,ts]=mdlInitializeSizes
sizes = simsizes;
sizes.NumContStates  = 2;
sizes.NumDiscStates  = 0;
sizes.NumOutputs     = 2;
sizes.NumInputs      = 1;
sizes.DirFeedthrough = 0;
sizes.NumSampleTimes = 1;
sys = simsizes(sizes);
x0  = [0.1;0];
str = [];
ts  = [0 0];
function sys=mdlDerivatives(t,x,u)

dt=10*sin(t);
ut=u(1);
sys(1)=x(2);
sys(2)=ut+dt;
function sys=mdlOutputs(t,x,u)
sys(1)=x(1);
sys(2)=x(2);
```

⑤ 作图子程序：chap5_15plot.m。

```
close all;

figure(1);
subplot(211);
plot(t,xp(:,1),'b',t,x(:,1),'r:','linewidth',2);
xlabel('t');ylabel('x1');
legend('x1','x1p');
subplot(212);
plot(t,xp(:,2),'b',t,x(:,2),'r:','linewidth',2);
xlabel('t');ylabel('x2');
legend('x2','x2p');

figure(2);
subplot(211);
plot(t,xd(:,1),'b',t,x(:,1),'r:','linewidth',2);
xlabel('t');ylabel('xd,x1');
legend('xd','x1');
subplot(212);
plot(t,cos(t),'b',t,x(:,2),'r:','linewidth',2);
xlabel('t');ylabel('dxd,x2');
legend('dxd','x2');
```

参 考 文 献

[1] ATSUO K, HIROSHI I, KIYOSHI S. Chattering reduction of disturbance observer based sliding mode control[J]. IEEE Transactions on Industry Applications, 1994, 30(2):456-461.

[2] CHEN W H, BALANCE D J, GAWTHROP P J, et al. A nonlinear disturbance observer for robotic manipulator[J]. IEEE Transactions on Industrial Electronics, 2000, 47(4):932-938.

[3] KEMPF C J, KOBAYASHI S. Disturbance observer and feedforward design for a high-speed direct-drive positioning table[J]. IEEE Transactions on Control Systems Technology, 1999, 7:513-526.

[4] DOYLE J C, FRANCIS B, TANNENBAUM A R. Feedback control theory[M]. Macmillan Publishing Co., 1992.

[5] LEE H S. Robust digital tracking controllers for high-speed/high-accuracy positioning systems[D]. Mech. Eng. Dep, Univ. Califormia, Berkeley, 1994.

[6] 王新华, 陈增强, 袁著祉. 基于扩张观测器的非线性不确定系统输出跟踪[J]. 控制与决策, 2004, 19(10):1113-1116.

[7] KHALIL H K. Nonlinear systems[M]. 3rd ed. Upper Saddle River, New Jersey: Prentice Hall, 2002.

[8] 王新华, 刘金琨. 微分器设计与应用: 信号滤波与求导[M]. 北京: 电子工业出版社, 2010.

[9] AHRENS J H, KHALIL H K. High-gain observers in the presence of measurement noise: A switched-gain approach[J]. Ph.D. Dissertation Automatica, 2009, 45:936-943.

[10] SUN L P. Stability criteria for delay differential equations[J]. Journal of Shanghai Teachers University, 1998, 27(3):1-6.

[11] YOO S J, PARK J B, CHOI Y H. Output feedback dynamic surface control of flexible-joint robots[J]. International Journal of Control, Automation, and Systems, 2008, 6(2):223-233.

[12] IOANNOU P A, SUN J. Robust adaptive control[M]. PTR Prentice-Hall, 1996, 75-76.

第 6 章 自抗扰控制器及其 PID 控制

6.1 非线性跟踪微分器

6.1.1 微分器描述

韩京清[1]利用二阶最速开关系统构造出跟踪不连续输入信号并提取近似微分信号的机构，提出了非线性跟踪–微分器的概念。韩京清所提出的一种离散形式的非线性微分跟踪器在一些运动控制系统中得到了应用。离散形式的非线性微分跟踪器为

$$\begin{cases} r_1(k+1) = r_1(k) + hr_2(k) \\ r_2(k+1) = r_2(k) + h\text{fst}\big(r_1(k)-v(k), r_2(k), \delta, h\big) \end{cases} \tag{6.1}$$

式中，h 为采样周期；$v(k)$ 为第 k 时刻的输入信号；δ 为决定跟踪快慢的参数。$\text{fst}(\cdot)$ 函数为最速控制综合函数，描述如下：

$$\text{fst}(x_1, x_2, \delta, h) = \begin{cases} -\delta \text{sgn}(a) & |a| > d \\ -\delta \dfrac{a}{d} & |a| \leqslant d \end{cases}$$

$$a = \begin{cases} x_2 + \dfrac{a_0 - d}{2}\text{sgn}(y) & |y| > d_0 \\ x_2 + y/h & |y| \leqslant d_0 \end{cases} \tag{6.2}$$

式中，$d = \delta h$；$d_0 = hd$；$y = x_1 + hx_2$；$a_0 = \sqrt{d^2 + 8\delta|y|}$。

输入信号为 $v(k)$，则采用微分器式（6.1），可实现 $r_1(k) \to v(k)$，$r_2(k) \to \dot{v}(k)$。并且如果 $v(k)$ 是带有噪声的信号，微分器可同时实现滤波。

6.1.2 仿真实例

输入信号 $v(t) = \sin(2\pi t)$，采样周期为 $h = 0.001$，$\delta = 150$，扰动幅值为 0.05 的随机信号。信号跟踪及导数估计曲线如图 6-1 和图 6-2 所示。图 6-1 中，上图为带有噪声的正弦信号，下图为理想正弦信号和微分器输出。图 6-2 中，上图为信号理想导数与差分方法求得的导数值，下图为信号理想导数与微分器导数估计值。

将微分器用于 PD 控制中，位置指令为 $y_d(t) = \sin t$，被控对象为 $\dfrac{133}{s^2 + 25s}$，按采样周期 $h = 0.001$ 进行离散化，取 $\delta = 1000$，对象输出叠加幅值为 0.5 的随机毛刺信号。

此时微分器输入信号 $v(t)$ 为对象输出信号，采用微分器式（6.1）来获得位置和速度，采用 PD 控制律，取 $k_p = 10$，$k_d = 0.5$，图 6-3 和图 6-4 分别为采用和不采用微分器的正弦位置跟踪。

第 6 章 自抗扰控制器及其 PID 控制

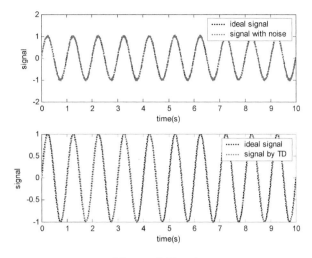

图 6-1 信号跟踪

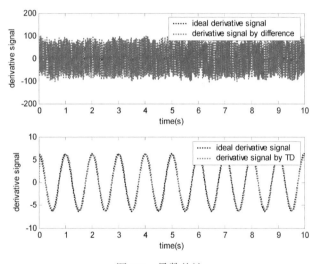

图 6-2 导数估计

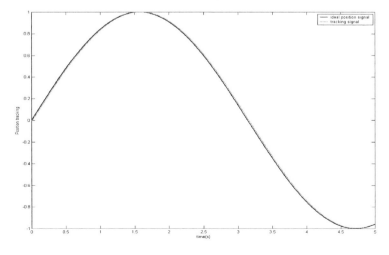

图 6-3 基于微分器下 PD 控制的位置跟踪

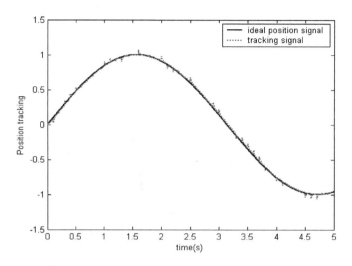

图 6-4 无微分器下 PD 控制的位置跟踪

〖仿真程序〗

（1）微分器测试

① 非线性跟踪微分器主程序：chap6_1.m。

```
clear all;
close all;

h=0.001;   %Sampling time
delta=150;
r1_1=0;r2_1=0;
vn_1=0;
for k=1:1:10000
time(k)=k*h;

v(k)=sin(2*pi*k*h);
n(k)=0.05*rands(1);
vn(k)=v(k)+n(k);
dv(k)=2*pi*cos(2*pi*k*h);

r1(k)=r1_1+h*r2_1;
r2(k)=r2_1+h*chap6_1fst(r1_1-v(k),r2_1,delta,h);

dvn(k)=(vn(k)-vn_1)/h;   %By difference

vn_1=vn(k);

r1_1=r1(k);
r2_1=r2(k);
end
figure(1);
subplot(211);
```

```
plot(time,v,'k:',time,vn,'r:','linewidth',2);
xlabel('time(s)'),ylabel('signal');
legend('ideal signal','signal with noise');
subplot(212);
plot(time,v,'k:',time,r1,'r:','linewidth',2);
xlabel('time(s)'),ylabel('signal');
legend('ideal signal','signal by TD');

figure(2);
subplot(211);
plot(time,dv,'k:',time,dvn,'r:','linewidth',2);
xlabel('time(s)'),ylabel('derivative signal');
legend('ideal derivative signal','derivative signal by difference');
subplot(212);
plot(time,dv,'k:',time,r2,'r:','linewidth',2);
xlabel('time(s)'),ylabel('derivative signal');
legend('ideal derivative signal','derivative signal by TD');
```

② fst(·) 函数程序：fst.m。

```
function f=fst(x1,x2,delta,h)
d=delta*h;
d0=h*d;
y=x1+h*x2;
a0=sqrt(d^2+8*delta*abs(y));

if abs(y)>d0
    a=x2+(a0-d)/2*sign(y);
else
    a=x2+y/h;
end

if abs(a)>d
    f=-delta*sign(a);
else
    f=-delta*a/d;
end
```

（2）基于微分器的 PD 控制

主程序：chap6_2.m。

```
close all;
clear all;

h=0.001;
y_1=0;yp_1=0;
dy_1=0;

%Plant
a=25;b=133;
```

```
sys=tf(b,[1,a,0]);
dsys=c2d(sys,h,'z');
[num,den]=tfdata(dsys,'v');
u_1=0;u_2=0;
p_1=0;p_2=0;
for k=1:1:5000
t=k*h;
time(k)=t;

p(k)=-den(2)*p_1-den(3)*p_2+num(2)*u_1+num(3)*u_2;
dp(k)=(p(k)-p_1)/h;

yd(k)=sin(t);
dyd(k)=cos(t);
d(k)=0.5*sign(rands(1)); %Noise
if mod(k,100)==1|mod(k,100) ==2
    yp(k)=p(k)+d(k);        %Practical signal
else
    yp(k)=p(k);
end

M=1;
if M==1              %By Difference
    y(k)=yp(k);
    dy(k)=(yp(k)-yp_1)/h;
elseif M==2          %By TD
    delta=1000;
    y(k)=y_1+h*dy_1;
    dy(k)=dy_1+h*fst(y_1-yp(k),dy_1,delta,h);
end
kp=10;kd=0.5;
u(k)=kp*(yd(k)-y(k))+kd*(dyd(k)-dy(k));

y_1=y(k);
yp_1=yp(k);
dy_1=dy(k);

u_2=u_1;u_1=u(k);
p_2=p_1;p_1=p(k);
end
figure(1);
plot(time,p,'k',time,yp,'r:',time,y,'b:','linewidth',2);
xlabel('time(s)');ylabel('position tracking');
legend('ideal position signal','position signal with noise','position signal by TD');
figure(2);
plot(time,yd,'k',time,p,'r:','linewidth',2);
xlabel('time(s)');ylabel('Position tracking');
legend('ideal position signal','tracking signal');
```

6.2 安排过渡过程及 PID 控制

6.2.1 安排过渡过程

在阶跃和方波跟踪时，由于被控对象的输出是动态环节的输出，有一定的惯性，其变化不可能是跳变的，而指令信号是跳变的，这意味着让一个不可能跳变的量来跟踪跳变的量，这是一个不合理的要求[2]。

当初始误差较大时，为了加快跟踪效果，势必要加大控制增益，这就必然产生较大的超调，从而造成很大的初始冲击。为了降低初始误差，需要设计一个合适的过渡过程。由于跟踪微分器能实现真实信号的提取及求导，故可采用跟踪微分器实现阶跃指令信号的过渡过程。微分器不仅给出过渡过程本身，同时给出过渡过程的微分信号。本节采用 6.1 节介绍的离散非线性跟踪微分器对方波指令信号进行处理，实现方波信号的安排过渡过程。

6.2.2 仿真实例

输入信号为方波信号，采样周期为 $h = 0.01$，$\delta = 50$。

位置指令为方波，被控对象为 $G(s) = \dfrac{523500}{s^3 + 87.35s^2 + 10470s}$。采用 6.1 节介绍的离散跟踪微分器来获得指令信号的位置和速度，运行安排过渡过程程序 chap6_3.m，经过微分器处理过的方波信号及其导数如图 6-5 所示。

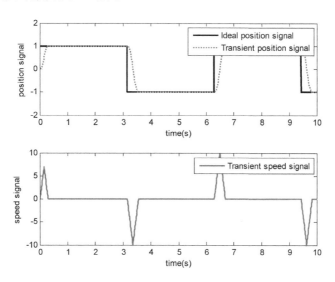

图 6-5　经过微分器处理过的方波信号及其导数

在离散方式下，将微分器处理过的方波信号及其导数作为位置和速度指令，采用 PD 控制律，取 $k_p = 1.0$，$k_d = 0.02$，图 6-6 和图 6-7 所示分别为采用和不采用微分器的正弦位置跟踪。可见，采用微分器实现方波的过渡过程，可实现对象的平稳跟踪。还可以采用连续系统仿真实现安排过渡过程，图 6-8 所示为基于 Levant 微分器的方波过渡过程，其中 Levant 微分器算法见 4.2 节，参数取 $\alpha = 1$，$\lambda = 5$。

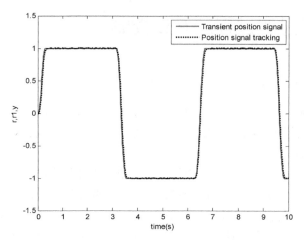

图 6-6　基于安排过渡过程的方波跟踪（$S=2$）

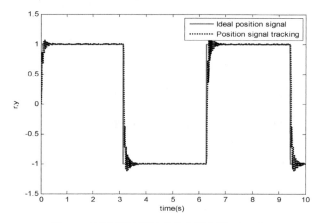

图 6-7　不采用过渡过程的方波跟踪（$S=1$）

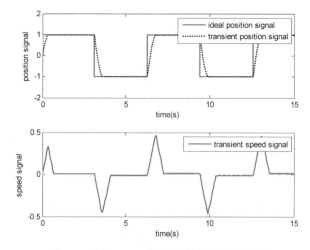

图 6-8　基于 Levant 微分器的方波过渡过程

〖**仿真程序**〗

离散系统仿真：采用基于离散跟踪微分器的 PD 控制。

(1) 安排过渡过程测试程序: chap6_3.m

```
clear all;
close all;
h=0.01;    %Sampling time

delta=50;
xk=zeros(3,1);
u_1=0;
r_1=0;
r1_1=0;r2_1=0;
for k=1:1:1000
time(k)=k*h;

r(k)=sign(sin(k*h));
dr(k)=0;
%%%%%%%%%%%%%%%%%%%%%%%%%%%%%%%%%%%%%%%%%%%%%%%%%%%
%TD: Transient process
x1=r1_1-r_1;
x2=r2_1;

r1(k)=r1_1+h*r2_1;
r2(k)=r2_1+h*fst(x1,x2,delta,h);
%%%%%%%%%%%%%%%%%%%%%%%%%%%%%%%%%%%%%%%%%%%%%%%%%%%
r_1=r(k);
r1_1=r1(k);
r2_1=r2(k);
end
figure(1);
subplot(211);
plot(time,r,'k',time,r1,'r:','linewidth',2);
legend('Ideal position signal','Transient position signal');
xlabel('time(s)'),ylabel('position signal');
subplot(212);
plot(time,r2,'r','linewidth',2);
legend('Transient speed signal');
xlabel('time(s)'),ylabel('speed signal');
```

(2) 采用安排过渡过程的 PD 控制

① 主程序: chap6_4.m。

```
%PD Control with TD Transient
clear all;
close all;

M=2;
if M==1
    h=0.001;   %Sampling time
elseif M==2
    h=0.01;    %Sampling time
end
```

```
delta=50;
xk=zeros(3,1);
u_1=0;
r_1=0;
r1_1=0;r2_1=0;
for k=1:1:1000
time(k)=k*h;

p1=u_1;
p2=time(k);
tSpan=[0 h];
[tt,xx]=ode45('chap6_4plant',tSpan,xk,[],p1,p2);
xk = xx(length(xx),:);
y(k)=xk(1);
dy(k)=xk(2);

r(k)=sign(sin(k*h));
dr(k)=0;
%%%%%%%%%%%%%%%%%%%%%%%%%%%%%%%%%%%%%%%%%%%%%%%
%TD Transient
x1=r1_1-r_1;
x2=r2_1;

r1(k)=r1_1+h*r2_1;                  %Transient position signal
r2(k)=r2_1+h*fst(x1,x2,delta,h);    %Transient speed signal
%%%%%%%%%%%%%%%%%%%%%%%%%%%%%%%%%%%%%%%%%%%%%%%
kp=1.0;kd=0.02;
S=2;
if S==1
    u(k)=kp*(r(k)-y(k))+kd*(dr(k)-dy(k));         %Ordinary PD
elseif S==2       %PD with TD
    u(k)=kp*(r1(k)-y(k))+kd*(r2(k)-dy(k));
end
%%%%%%%%%%%%%%%%%%%%%%%%%%%%%%%%%%%%%%%%%%%%%%%
r_1=r(k);
r1_1=r1(k);
r2_1=r2(k);

u_1=u(k);
end

if S==1
    figure(1);
    plot(time,r,'k',time,y,'r:','linewidth',2);
    legend('Ideal position signal','Position signal tracking');
    xlabel('time(s)'),ylabel('r,y');
elseif S==2
    figure(1);
    subplot(211);
```

```
        plot(time,r,'k',time,r1,'r','linewidth',2);
        legend('Ideal position signal','Transient position signal');
        xlabel('time(s)'),ylabel('position signal');
        subplot(212);
        plot(time,r2,'r','linewidth',2);
        legend('Transient speed signal');
        xlabel('time(s)'),ylabel('speed signal');
        figure(2);
        plot(time,r1,'r',time,y,'b','linewidth',2);
        legend('Transient position signal','Position signal tracking');
        xlabel('time(s)'),ylabel('r,r1,y');
    end
```

② 被控对象程序: chap6_4plant.m。

```
function dy = PlantModel(t,y,flag,p1,p2)
ut=p1;
time=p2;
dy=zeros(3,1);
dy(1) = y(2);
dy(2) = y(3);
dy(3)=-87.35*y(3)-10470*y(2)+523500*ut;
```

(3) 连续系统仿真: 采用 Levant 跟踪微分器实现安排过渡过程

① 主程序: chap6_5sim.mdl。

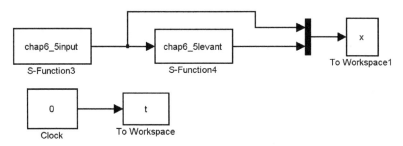

② 输入指令程序: chap6_5input.m。

```
function [sys,x0,str,ts] = input(t,x,u,flag)
switch flag,
case 0,
    [sys,x0,str,ts]=mdlInitializeSizes;
case 3,
    sys=mdlOutputs(t,x,u);
case {2,4,9}
    sys=[];
otherwise
    error(['Unhandled flag = ',num2str(flag)]);
end

function [sys,x0,str,ts]=mdlInitializeSizes
sizes = simsizes;
```

```
sizes.NumOutputs     = 1;
sizes.NumInputs      = 0;
sizes.DirFeedthrough = 0;
sizes.NumSampleTimes = 0;
sys = simsizes(sizes);
x0  = [];
str = [];
ts  = [];
function sys=mdlOutputs(t,x,u)
yd=1.0*sign(sin(t));
sys(1)=yd;
```

③ 安排过渡过程程序：chap6_5levant.m。

```
function [sys,x0,str,ts] = Differentiator(t,x,u,flag)
switch flag,
case 0,
    [sys,x0,str,ts]=mdlInitializeSizes;
case 1,
    sys=mdlDerivatives(t,x,u);
case 3,
    sys=mdlOutputs(t,x,u);
case {2, 4, 9 }
    sys = [];
otherwise
    error(['Unhandled flag = ',num2str(flag)]);
end
function [sys,x0,str,ts]=mdlInitializeSizes
sizes = simsizes;
sizes.NumContStates  = 2;
sizes.NumDiscStates  = 0;
sizes.NumOutputs     = 2;
sizes.NumInputs      = 1;
sizes.DirFeedthrough = 1;
sizes.NumSampleTimes = 1;
sys = simsizes(sizes);
x0  = [0 0];
str = [];
ts  = [0 0];
function sys=mdlDerivatives(t,x,u)
vt=u(1);
e=x(1)-vt;
alfa=1;
nmn=5;

sys(1)=x(2)-nmn*(abs(e))^0.5*sign(e);
sys(2)=-alfa*sign(e);
function sys=mdlOutputs(t,x,u)
sys = x;
```

④ 作图程序：chap6_5plot.m。

```
close all;
figure(1);
subplot(211);
plot(t,x(:,1),'r',t,x(:,2),'k:','linewidth',2);
xlabel('time(s)'),ylabel('position signal');
legend('ideal position signal', 'transient position signal');
subplot(212);
plot(t,x(:,3),'r','linewidth',2);
xlabel('time(s)'),ylabel('speed signal');
legend('transient speed signal');
```

6.3 基于非线性扩张观测器的 PID 控制

6.3.1 系统描述

对象表示为

$$\begin{aligned}\dot{x}_1 &= x_2 \\ \dot{x}_2 &= f(x_1, x_2) + bu \\ y &= x_1\end{aligned} \tag{6.3}$$

式中，$f(x_1, x_2)$ 未知；bu 已知。

取对象中未知部分为 $x_3(t) = f(x_1, x_2)$，则对象表示为

$$\begin{aligned}\dot{x}_1 &= x_2 \\ \dot{x}_2 &= bu + x_3 \\ y &= x_1\end{aligned} \tag{6.4}$$

通过设计扩张观测器来实现速度的估计，并实现未知不确定性和外加干扰的估计。将其应用于闭环 PID 控制中，可实现无需速度测量的控制，并实现对未知不确定性和外加干扰的补偿。

6.3.2 非线性扩张观测器

将被扩张的系统的状态观测器称为扩张观测器，韩京清所设计的非线性扩张观测器表示为[3]

$$\begin{aligned}e &= z_1 - y \\ \dot{z}_1 &= z_2 - \beta_1 e \\ \dot{z}_2 &= z_3 - \beta_2 \mathrm{fal}(e, \alpha_1, \delta) + bu \\ \dot{z}_3 &= -\beta_3 \mathrm{fal}(e, \alpha_2, \delta)\end{aligned} \tag{6.5}$$

式中，$\beta_i > 0 (i = 1, 2, 3)$；$\alpha_1 = 0.5$；$\alpha_2 = 0.25$。饱和函数 $\mathrm{fal}(e, \alpha, \delta)$ 的作用为抑制信号抖振，表示为

$$\mathrm{fal}(e,\alpha,\delta) = \begin{cases} \dfrac{e}{\delta^{1-\alpha}}, & |e| \leqslant \delta \\ |e|^{\alpha}\,\mathrm{sgn}(e), & |e| > \delta \end{cases} \quad (6.6)$$

则有 $z_1(t) \to x_1(t)$,$z_2(t) \to x_2(t)$,$z_3(t) \to x_3(t) = f_1(x_1,x_2) + (b-b_0)u(t)$。

观测器式（6.5）中，变量 $z_3(t)$ 称为被扩张的状态。可见，通过非线性扩张观测器式（6.5），可实现对被控对象式（6.3）的位置、速度和未知部分的观测。在实际控制工程中，可采用本观测器实现无需速度测量的控制，并可实现对未知不确定性和外加干扰的补偿。

由于扩张观测器只用到对象的名义模型信息，而没有用到描述对象的函数 $f(\cdot)$ 信息，因此，该观测器具有很好的工程应用价值。由非线性扩张观测器的表达式中的非线性切换部分可见，当误差较大时，通过对其绝对值进行开方使其切换增益降低，防止产生超调；当误差较小时，通过对其绝对值进行开方使其切换增益增大，加快收敛过程。

6.3.3 仿真实例

被观测对象为

$$\dot{x}_1 = x_2$$
$$\dot{x}_2 = f(x_1,x_2) + bu$$

【仿真之一】 扩张观测器

取 $f(x_1,x_2) = -25x_2$，$b = 133$。假设 $f(x_1,x_2)$ 为未知部分，bu 为已知部分。采用离散扩张观测器，观测器参数参考文献[2]中 4.3 节的例 1，取值为：采样时间 $h=0.01$，$\beta_1 = 100$，$\beta_2 = 300$，$\beta_3 = 1000$，$\delta = h$，$\alpha_1 = 0.5$，$\alpha_2 = 0.25$，观测器的输入信号为 $\sin t$，对象的初始位置和速度取值为零。采用扩张观测器式（6.5），扩张观测器仿真结果如图 6-9 和图 6-10 所示。采用连续扩张观测器，运行程序 chap6_6sim.mdl，也可以得到同样的效果。

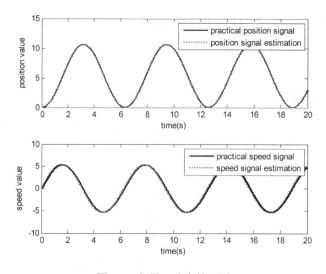

图 6-9 位置、速度的观测

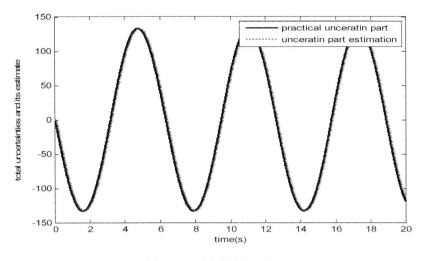

图 6-10 不确定性的观测

【仿真之二】 基于扩张观测器的 PD 控制

取 $f(x_1,x_2)=-25x_2+33\sin(\pi t)$ 为未知部分,已知部分为 $b=133$,采用扩张观测器式(6.5)观测未知部分。采用离散控制系统仿真,参考文献[2]中 4.3 节的例 1,观测器参数取值的采样时间 $h=0.01$,$\beta_1=100$,$\beta_2=300$,$\beta_3=1000$,$\delta=h$,$\alpha_1=0.5$,$\alpha_2=0.25$;观测器的输入信号为 $\sin t$,对象的初始位置和速度取值为零。采用离散方式进行仿真,以及 PD 控制,取 $k_p=10$,$k_d=0.3$,位置跟踪、扩张观测器仿真结果如图 6-11~图 6-13 所示。采用连续系统仿真,运行程序 chap6_8sim.mdl,也可以得到同样的效果。

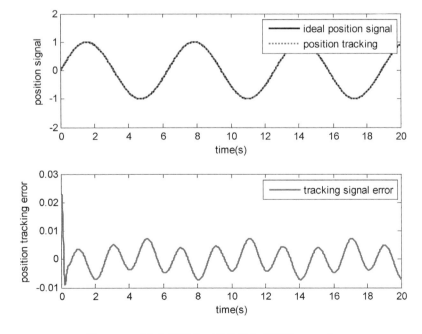

图 6-11 正弦位置跟踪(基于扩张观测器,$M=1$)

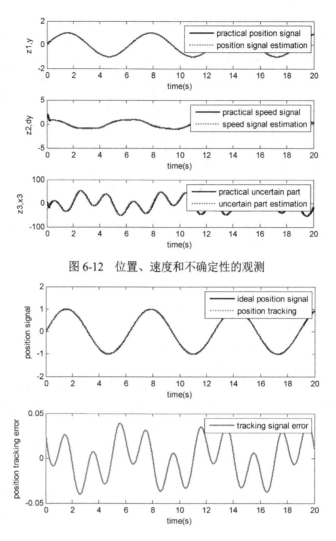

图 6-12 位置、速度和不确定性的观测

图 6-13 正弦位置跟踪（无扩张观测器，$M=2$）

〖**仿真程序之一**〗 非线性扩张观测器仿真程序

（1）连续系统仿真

① 主程序：chap6_6sim.mdl。

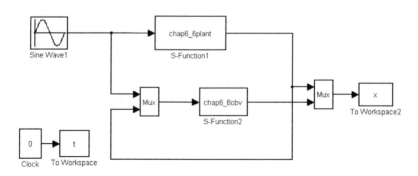

② 观测器程序：chap6_6obv.m。

```
function [sys,x0,str,ts]=s_function(t,x,u,flag)
switch flag,
case 0,
    [sys,x0,str,ts]=mdlInitializeSizes;
case 1,
    sys=mdlDerivatives(t,x,u);
case 3,
    sys=mdlOutputs(t,x,u);
case {2, 4, 9 }
    sys = [];
otherwise
    error(['Unhandled flag = ',num2str(flag)]);
end
function [sys,x0,str,ts]=mdlInitializeSizes
sizes = simsizes;
sizes.NumContStates  = 3;
sizes.NumDiscStates  = 0;
sizes.NumOutputs     = 3;
sizes.NumInputs      = 4;
sizes.DirFeedthrough = 0;
sizes.NumSampleTimes = 0;
sys=simsizes(sizes);
x0=[0 0 0];
str=[];
ts=[];
function sys=mdlDerivatives(t,x,u)
ut=u(1);
th=u(2);
b=133;

e=x(1)-th;
beta1=100;beta2=300;beta3=1000;
delta=0.01;
alfa1=0.5;alfa2=0.25;

if abs(e)>delta
    fal1=abs(e)^alfa1*sign(e);
else
    fal1=e/(delta^(1-alfa1));
end

if abs(e)>delta
    fal2=abs(e)^alfa2*sign(e);
else
    fal2=e/(delta^(1-alfa2));
end

sys(1)=x(2)-beta1*e;
sys(2)=x(3)-beta2*fal1+b*ut;
```

```
                sys(3)=-beta3*fal2;
                function sys=mdlOutputs(t,x,u)
                fp=x(3);

                sys(1)=x(1);
                sys(2)=x(2);
                sys(3)=fp;
```

③ 被控对象：chap6_6plant.m。

```
            function [sys,x0,str,ts]=s_function(t,x,u,flag)
            switch flag,
            case 0,
                [sys,x0,str,ts]=mdlInitializeSizes;
            case 1,
                sys=mdlDerivatives(t,x,u);
            case 3,
                sys=mdlOutputs(t,x,u);
            case {2, 4, 9 }
                sys = [];
            otherwise
                error(['Unhandled flag = ',num2str(flag)]);
            end
            function [sys,x0,str,ts]=mdlInitializeSizes
            sizes = simsizes;
            sizes.NumContStates  = 2;
            sizes.NumDiscStates  = 0;
            sizes.NumOutputs     = 3;
            sizes.NumInputs      = 1;
            sizes.DirFeedthrough = 0;
            sizes.NumSampleTimes = 0;
            sys=simsizes(sizes);
            x0=[0.15;0];
            str=[];
            ts=[];
            function sys=mdlDerivatives(t,x,u)
            ut=u(1);

            fx=-25*x(2);
            sys(1)=x(2);
            sys(2)=fx+133*ut;
            function sys=mdlOutputs(t,x,u)
            fx=-25*x(2);

            sys(1)=x(1);
            sys(2)=x(2);
            sys(3)=fx;
```

④ 作图程序：chap6_6plot.m。

```
            close all;
```

```
figure(1);
subplot(211);
plot(t,x(:,1),'r',t,x(:,4),'k:','linewidth',2);
xlabel('time(s)');ylabel('th and x1p');
legend('practical position signal', 'position signal estimation');
subplot(212);
plot(t,x(:,2),'r',t,x(:,5),'k:','linewidth',2);
xlabel('time(s)');ylabel('dth and x2p');
legend('practical speed signal', 'speed signal estimation');
figure(2);
plot(t,x(:,3),'r',t,x(:,6),'k:','linewidth',2);
xlabel('time(s)');ylabel('f and fp');
legend('practical unceratin part', 'unceratin part estimation');
```

（2）离散系统仿真

① 主程序：chap6_7.m。

```
clear all;
close all;

T=0.01;   %Sampling time
beta1=100;beta2=300;beta3=1000;
delta=T;
alfa1=0.5;alfa2=0.25;

xk=zeros(2,1);
e1_1=0;
u_1=0;
r_1=0;
z1_1=0;z2_1=0;z3_1=0;
for k=1:1:2000
time(k)=k*T;

p=u_1;
tSpan=[0 T];
[tt,xx]=ode45('chap6_7plant',tSpan,xk,[],p);
xk = xx(length(xx),:);
y(k)=xk(1);
dy(k)=xk(2);

u(k)=sin(k*T);
dr(k)=0;

f(k)=-25*dy(k);       %Uunknown part
b=133;

x3(k)=f(k);
%ESO
epc0=z1_1-y(k);
```

```
z1(k)=z1_1+T*(z2_1-beta1*epc0);
z2(k)=z2_1+T*(z3_1-beta2*fal(epc0,alfa1,delta)+b*u(k));
z3(k)=z3_1-T*beta3*fal(epc0,alfa2,delta);

z1_1=z1(k);
z2_1=z2(k);
z3_1=z3(k);

z1_1=z1(k);z2_1=z2(k);z3_1=z3(k);
u_1=u(k);
end
figure(1);
subplot(211);
plot(time,y,'k',time,z1,'r:','linewidth',2);
xlabel('time(s)');ylabel('position value');
legend('practical position signal', 'position signal estimation');
subplot(212);
plot(time,dy,'k',time,z2,'r:','linewidth',2);
xlabel('time(s)');ylabel('speed value');
legend('practical speed signal', 'speed signal estimation');
figure(2);
plot(time,x3,'k',time,z3,'r:','linewidth',2);
xlabel('time(s)');ylabel('total uncertainties and its estimate');
legend('practical unceratin part', 'unceratin part estimation');
```

② 被控对象：chap6_7plant.m。

```
function dy = PlantModel(t,y,flag,p)
ut=p;
dy=zeros(2,1);

f=-25*y(2);      %Uunknown part
b=133;

dy(1)=y(2);
dy(2)=f+b*ut;
```

③ 饱和函数：fal.m。

```
function y=fal(epec,alfa,delta)
if    abs(epec)>delta
    y=abs(epec)^alfa*sign(epec);
else
    y=epec/(delta^(1-alfa));
end
```

〖仿真程序之二〗 基于非线性扩张观测器的 PID 控制

（1）连续系统仿真

① Simulink 主程序：chap6_8sim.mdl。

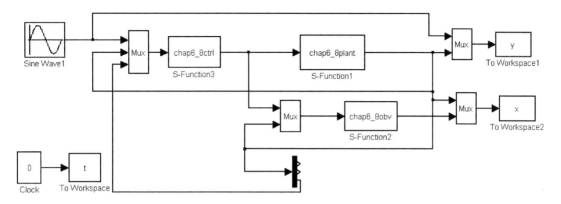

② 观测器程序：chap6_8obv.m。

```
function [sys,x0,str,ts]=s_function(t,x,u,flag)
switch flag,
case 0,
    [sys,x0,str,ts]=mdlInitializeSizes;
case 1,
    sys=mdlDerivatives(t,x,u);
case 3,
    sys=mdlOutputs(t,x,u);
case {2, 4, 9 }
    sys = [];
otherwise
    error(['Unhandled flag = ',num2str(flag)]);
end
function [sys,x0,str,ts]=mdlInitializeSizes
sizes = simsizes;
sizes.NumContStates  = 3;
sizes.NumDiscStates  = 0;
sizes.NumOutputs     = 3;
sizes.NumInputs      = 4;
sizes.DirFeedthrough = 0;
sizes.NumSampleTimes = 0;
sys=simsizes(sizes);
x0=[0 0 0];
str=[];
ts=[];
function sys=mdlDerivatives(t,x,u)
ut=u(1);
th=u(2);
b0=133;

epc0=x(1)-th;
beta1=100;beta2=300;beta3=1000;
delta1=0.0025;delta0=0.01;
delta=10;
alfa1=0.5;alfa2=0.25;
```

```
if abs(epc0)>delta1
    fal1=abs(epc0)^alfa1*sign(epc0);
else
    fal1=epc0/(delta1^(1-alfa1));
end

if abs(epc0)>delta1
    fal2=abs(epc0)^alfa2*sign(epc0);
else
    fal2=epc0/(delta1^(1-alfa2));
end

sys(1)=x(2)-beta1*epc0;
sys(2)=x(3)-beta2*fal1+b0*ut;
sys(3)=-beta3*fal2;
function sys=mdlOutputs(t,x,u)
fp=x(3);

sys(1)=x(1);
sys(2)=x(2);
sys(3)=fp;
```

③ 控制器程序:chap6_8ctrl.m。

```
function [sys,x0,str,ts]=s_function(t,x,u,flag)
switch flag,
case 0,
    [sys,x0,str,ts]=mdlInitializeSizes;
case 1,
    sys=mdlDerivatives(t,x,u);
case 3,
    sys=mdlOutputs(t,x,u);
case {2, 4, 9 }
    sys = [];
otherwise
    error(['Unhandled flag = ',num2str(flag)]);
end
function [sys,x0,str,ts]=mdlInitializeSizes
sizes = simsizes;
sizes.NumContStates  = 0;
sizes.NumDiscStates  = 0;
sizes.NumOutputs     = 1;
sizes.NumInputs      = 5;
sizes.DirFeedthrough = 1;
sizes.NumSampleTimes = 0;
sys=simsizes(sizes);
x0=[];
str=[];
```

```
ts=[];
function sys=mdlOutputs(t,x,u)
yd=u(1);
dyd=cos(t);
y=u(2);
dy=u(3);
fp=u(5);

M=1;
if M==1         %Without compensation
    ut=10*(yd-y)+10*(dyd-dy);
elseif M==2     %With compensation
    ut=10*(yd-y)+10*(dyd-dy)-1/133*fp;
end

sys(1)=ut;
```

④ 被控对象 S 函数：chap6_8plant.m。

```
function [sys,x0,str,ts]=s_function(t,x,u,flag)
switch flag,
case 0,
    [sys,x0,str,ts]=mdlInitializeSizes;
case 1,
    sys=mdlDerivatives(t,x,u);
case 3,
    sys=mdlOutputs(t,x,u);
case {2, 4, 9 }
    sys = [];
otherwise
    error(['Unhandled flag = ',num2str(flag)]);
end
function [sys,x0,str,ts]=mdlInitializeSizes
sizes = simsizes;
sizes.NumContStates  = 2;
sizes.NumDiscStates  = 0;
sizes.NumOutputs     = 3;
sizes.NumInputs      = 1;
sizes.DirFeedthrough = 0;
sizes.NumSampleTimes = 0;
sys=simsizes(sizes);
x0=[0.15;0];
str=[];
ts=[];
function sys=mdlDerivatives(t,x,u)
ut=u(1);

fx=-25*x(2)-100*sign(x(2));
sys(1)=x(2);
```

```
sys(2)=fx+133*ut;
function sys=mdlOutputs(t,x,u)
fx=-25*x(2)-100*sign(x(2));

sys(1)=x(1);
sys(2)=x(2);
sys(3)=fx;
```

⑤ 作图程序：chap6_8plot.m。

```
close all;

figure(1);
plot(t,y(:,1),'r',t,y(:,2),'k-.','linewidth',2);
xlabel('time(s)');ylabel('yd and y');
legend('ideal position signal', 'tracking signal');

figure(2);
subplot(211);
plot(t,x(:,1),'r',t,x(:,4),'k','linewidth',2);
xlabel('time(s)');ylabel('th and x1p');
subplot(212);
plot(t,x(:,2),'r',t,x(:,5),'k','linewidth',2);
xlabel('time(s)');ylabel('dth and x2p');
figure(3);
plot(t,x(:,3),'r',t,x(:,6),'k','linewidth',2);
xlabel('time(s)');ylabel('f and fp');
```

（2）离散系统仿真

① 主程序：chap6_9.m。

```
clear all;
close all;
h=0.01;   %Sampling time
%ESO  Parameters
beta1=100;beta2=300;beta3=1000;
delta1=0.0025;
alfa1=0.5;alfa2=0.25;

kp=10;kd=0.3;

xk=zeros(2,1);
u_1=0;
z1_1=0;z2_1=0;z3_1=0;
for k=1:1:2000
time(k) = k*h;

p1=u_1;
p2=k*h;
```

```
tSpan=[0 h];
[tt,xx]=ode45('chap6_9plant',tSpan,xk,[],p1,p2);
xk = xx(length(xx),:);
y(k)=xk(1);
dy(k)=xk(2);

yd(k)=sin(k*h);
dyd(k)=cos(k*h);

f(k)=-25*dy(k)+33*sin(pi*p2);        %Uunknown part
b=133;
x3(k)=f(k);
%%%%%%%%%%%%%%%%%%%%%%%%%%%%%%%%%%%%%%%%%%%%%%%%%%
%ESO
e=z1_1-y(k);
z1(k)=z1_1+h*(z2_1-beta1*e);
z2(k)=z2_1+h*(z3_1-beta2*fal(e,alfa1,delta1)+b*u_1);
z3(k)=z3_1-h*beta3*fal(e,alfa2,delta1);

z1_1=z1(k);
z2_1=z2(k);
z3_1=z3(k);
%%%%%%%%%%%%%%%%%%%%%%%%%%%%%%%%%%%%%%%%%%%%%%%%%%
%disturbance compensation
e1(k)=yd(k)-z1(k);
e2(k)=dyd(k)-z2(k);

M=1;
if M==1        %With ESO Compensation
    u(k)=kp*(yd(k)-y(k))+kd*(dyd(k)-dy(k))-z3(k)/b;
elseif M==2 %Without ESO Compensation
    u(k)=kp*(yd(k)-y(k))+kd*(dyd(k)-dy(k));
end
%%%%%%%%%%%%%%%%%%%%%%%%%%%%%%%%%%%%%%%%%%%%%%%%%%%
z1_1=z1(k);z2_1=z2(k);z3_1=z3(k);
u_1=u(k);
end
figure(1);
subplot(211);
plot(time,yd,'k',time,y,'r:','linewidth',2);
xlabel('time(s)'),ylabel('position signal');
legend('ideal position signal','position tracking');
subplot(212);
plot(time,yd-y,'r','linewidth',2);
xlabel('time(s)'),ylabel('position tracking error');
legend('tracking signal error');
figure(2);
subplot(311);
plot(time,z1,'k',time,y,'r:','linewidth',2);
```

```
xlabel('time(s)'),ylabel('z1,y');
legend('practical position signal', 'position signal estimation');
subplot(312);
plot(time,z2,'k',time,dy,'r:','linewidth',2);
xlabel('time(s)'),ylabel('z2,dy');
legend('practical speed signal', 'speed signal estimation');
subplot(313);
plot(time,z3,'k',time,x3,'r:','linewidth',2);
xlabel('time(s)'),ylabel('z3,x3');
legend('practical uncertain part', 'uncertain part estimation');
```

② 被控对象 S 函数：chap6_9plant.m。

```
function dy = PlantModel(t,y,flag,p1,p2)
ut=p1;
time=p2;
dy=zeros(2,1);

f=-25*y(2)+33*sin(pi*p2);        %Uunknown part
b=133;
dy(1)=y(2);
dy(2)=f+b*ut;
```

6.4 非线性 PID 控制

6.4.1 非线性 PID 控制算法

传统的 PID 控制形式为误差的现在（P）、过去（I）和将来（变化趋势 D）的线性组合，显然这种线性组合不是最佳的组合形式，可以在非线性范围内寻求更合适、更有效的组合形式[4]。

韩京清教授推荐了三种非线性组合形式的 PID 控制器，其中的一种 PD 形式的非线性组合表示为[2]

$$u = \beta_1 \mathrm{fal}(e_1, \alpha_1, \delta) + \beta_2 \mathrm{fal}(e_2, \alpha_2, \delta) \tag{6.7}$$

式中，$0 < \alpha_1 < 1 < \alpha_2$；$k_p = \beta_1$；$k_d = \beta_2$；$e_1$ 为指令信号与被控对象位置输出之差；e_2 为指令信号微分与被控对象速度输出之差。

为了避免高频振荡现象，将幂函数 $|e|^\alpha \mathrm{sgn}(e)$ 改造成原点附近具有线性段的连续的幂次函数，即饱和函数，表示为

$$\mathrm{fal}(e,\alpha,\delta) = \begin{cases} \dfrac{e}{\delta^{\alpha-1}}, & |e| \leqslant \delta \\ |e|^\alpha \mathrm{sgn}(e), & |e| > \delta \end{cases} \tag{6.8}$$

式中，δ 为线性段的区间长度。

6.4.2 仿真实例

被控对象为

$$G_p(s) = \frac{133}{s^2 + 25s}$$

取位置指令为1.0，采用非线性 PID 控制律式（6.7），控制律参数按文献[2,4]，取值为：采样时间 $h = 0.001$，$\alpha_1 = \frac{3}{4}$，$\alpha_2 = \frac{3}{2}$，$\delta = 2h$，$\beta_1 = 150$，$\beta_2 = 1.0$。仿真结果如图 6-14 所示。如果采用线性 PD 控制，k_p 和 k_d 不变，仿真结果如图 6-15 所示。

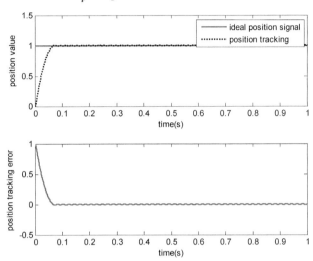

图 6-14 非线性 PID 控制阶跃响应（$M=1$）

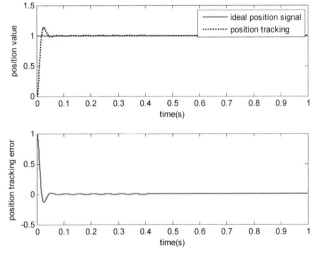

图 6-15 线性 PD 控制阶跃响应（$M=2$）

〖仿真程序〗

（1）主程序：chap6_10.m

```
clear all;
close all;
```

```
h=0.001;   %Sampling time

beta1=150;beta2=1.0;
kp=beta1;kd=beta2;

alfa1=0.75;alfa2=1.5;
delta=2*h;

xk=zeros(2,1);
u_1=0;
for k=1:1:1000
time(k)=k*h;

p1=u_1;
p2=time(k);
tSpan=[0 h];
[tt,xx]=ode45('chap6_10plant',tSpan,xk,[],p1,p2);
xk=xx(length(xx),:);
y(k)=xk(1);
dy(k)=xk(2);

yd(k)=1.0;
dyd(k)=0;

e1(k)=yd(k)-y(k);
e2(k)=dyd(k)-dy(k);

M=1;
if M==1
    u(k)=kp*fal(e1(k),alfa1,delta)+kd*fal(e2(k),alfa2,delta);      % NPD
elseif M==2
    u(k)=kp*e1(k)+kd*e2(k); % PD
end

u_1=u(k);
end
figure(1);
subplot(211);
plot(time,yd,'r',time,y,'k:','linewidth',2);
legend('ideal position signal','position tracking');
xlabel('time(s)');ylabel('position value');
subplot(212);
plot(time,yd-y,'r','linewidth',2);
xlabel('time(s)'),ylabel('position tracking error');
```

（2）被控对象程序：chap6_10plant.m

```
function dx = PlantModel(t,x,flag,p1,p2)
ut=p1;
```

```
time=p2;
dx=zeros(2,1);

dx(1)=x(2);
dx(2)=-25*x(2)+133*ut;
```

（3）fal()函数程序：fal.m

```
function y=fal(epec,alfa,delta)
if abs(epec)>delta
    y=abs(epec)^alfa*sign(epec);
else
    y=epec/(delta^(1-alfa));
end
```

6.5 自抗扰控制

6.5.1 自抗扰控制结构

自抗扰控制（Active Disturbance Rejection Control，ADRC）由韩京清教授提出[2-4]，该控制策略对经典 PID 控制作了 4 个方面的改进：①安排过渡过程；②采用跟踪微分器对被控对象提取微分信号；③由非线性扩张观测器实现扰动估计和补偿；④由误差的 P、I、D 的非线性组合构成非线性 PID 控制器。

采用微分器实现安排过渡过程，由非线性扩张观测器实现扰动估计和补偿，控制器采用非线性 PID 控制，自抗扰控制系统结构如图 6-16 所示。

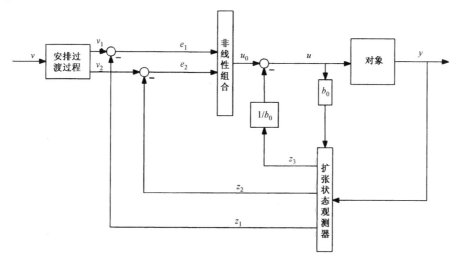

图 6-16 自抗扰控制系统结构

自抗扰控制策略具体的设计方法如下：采用 6.1 节介绍的非线性跟踪微分器实现安排过渡过程，非线性扩张观测器采用 6.3 节介绍的方法，根据 6.4 节设计非线性 PID 控制器。

6.5.2 仿真实例

被控对象为

$$\dot{x}_1 = x_2$$
$$\dot{x}_2 = -25x_2 + 33\sin(\pi t) + 133u$$

式中，$f(x_1, x_2) = -25x_2 + 33\sin(\pi t)$ 为未知；$b = 133$ 为已知。

取位置指令为幅值 1.0 的方波信号。按离散和连续两种方式进行仿真。

1. 连续系统仿真

用于安排过渡过程的微分器式（6.1），参数取 $\alpha = 1.0$，$\lambda = 5.0$。扩张观测器式（6.5）中，取 $\beta_1 = 100$，$\beta_2 = 300$，$\beta_3 = 1000$，$\delta = 0.0025$，$\alpha_1 = 0.5$，$\alpha_2 = 0.25$。非线性 PID 控制器式（6.7）中，取 $\alpha_1 = \dfrac{3}{4}$，$\alpha_2 = \dfrac{3}{2}$，$\delta = 0.02$，$\beta_1 = 6.0$，$\beta_2 = 1.5$。采用自抗扰控制方法的方波跟踪及扩张观测器结果如图 6-17 和图 6-18 所示。

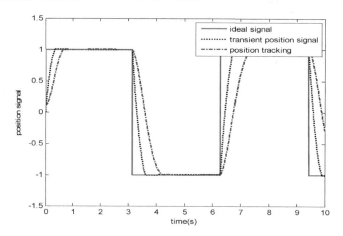

图 6-17　基于自抗扰控制的方波跟踪

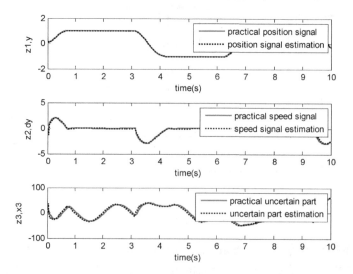

图 6-18　扩张观测器结果

2. 离散系统仿真

取采样时间为 $h=0.01$。用于安排过渡过程的微分器参数取 $\delta=10$。扩张观测器中，取 $\beta_1=100$，$\beta_2=300$，$\beta_3=1000$，$\delta=0.0025$，$\alpha_1=0.5$，$\alpha_2=0.25$。非线性 PID 控制器中，取 $\alpha_1=\dfrac{3}{4}$，$\alpha_2=\dfrac{3}{2}$，$\delta=2h$，$\beta_1=3.0$，$\beta_2=0.3$。采用自抗扰控制方法的方波跟踪及扩张观测器观测结果如图 6-19 和图 6-20 所示。如果采用线性 PD 控制，k_p 和 k_d 不变，跟踪结果如图 6-21 所示。

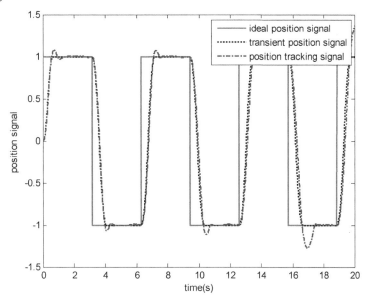

图 6-19　基于自抗扰控制的方波跟踪（M=1）

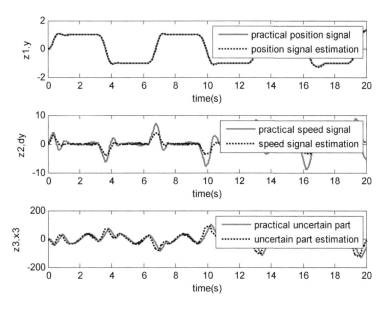

图 6-20　扩张观测器观测结果（M=1）

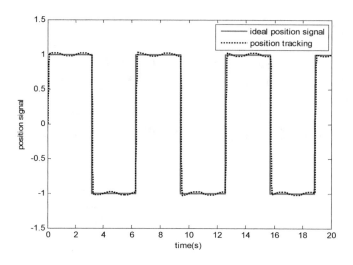

图6-21 传统线性PID下的方波跟踪（$M=2$）

〖仿真程序〗

（1）连续系统仿真

① Simulink主程序：chap6_11sim.mdl。

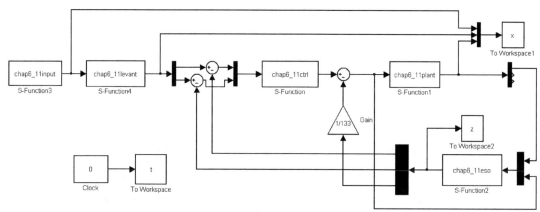

② 方波输入指令S函数：chap6_11input.m。

```
function [sys,x0,str,ts] = input(t,x,u,flag)
switch flag,
case 0,
    [sys,x0,str,ts]=mdlInitializeSizes;
case 3,
    sys=mdlOutputs(t,x,u);
case {2,4,9}
    sys=[];
otherwise
    error(['Unhandled flag = ',num2str(flag)]);
end
```

```
function [sys,x0,str,ts]=mdlInitializeSizes
sizes = simsizes;
sizes.NumOutputs = 1;
sizes.NumInputs = 0;
sizes.DirFeedthrough = 0;
sizes.NumSampleTimes = 0;
sys = simsizes(sizes);
x0  = [];
str = [];
ts  = [];
function sys=mdlOutputs(t,x,u)
yd=1.0*sign(sin(t));
sys(1)=yd;
```

③ 微分器 S 函数：chap6_11levant.m。

```
function [sys,x0,str,ts] = Differentiator(t,x,u,flag)
switch flag,
case 0,
    [sys,x0,str,ts]=mdlInitializeSizes;
case 1,
    sys=mdlDerivatives(t,x,u);
case 3,
    sys=mdlOutputs(t,x,u);
case {2, 4, 9 }
    sys = [];
otherwise
    error(['Unhandled flag = ',num2str(flag)]);
end
function [sys,x0,str,ts]=mdlInitializeSizes
sizes = simsizes;
sizes.NumContStates  = 2;
sizes.NumDiscStates  = 0;
sizes.NumOutputs     = 2;
sizes.NumInputs      = 1;
sizes.DirFeedthrough = 1;
sizes.NumSampleTimes = 1;
sys = simsizes(sizes);
x0  = [0 0];
str = [];
ts  = [0 0];
function sys=mdlDerivatives(t,x,u)
vt=u(1);
e=x(1)-vt;
alfa=1;
nmn=5;

sys(1)=x(2)-nmn*(abs(e))^0.5*sign(e);
sys(2)=-alfa*sign(e);
```

```
function sys=mdlOutputs(t,x,u)
sys = x;
```

④ 控制器 S 函数：chap6_11ctrl.m。

```
function [sys,x0,str,ts]=s_function(t,x,u,flag)
switch flag,
case 0,
    [sys,x0,str,ts]=mdlInitializeSizes;
case 3,
    sys=mdlOutputs(t,x,u);
case {1,2, 4, 9 }
    sys = [];
otherwise
    error(['Unhandled flag = ',num2str(flag)]);
end
function [sys,x0,str,ts]=mdlInitializeSizes
sizes = simsizes;
sizes.NumContStates  = 0;
sizes.NumDiscStates  = 0;
sizes.NumOutputs     = 1;
sizes.NumInputs      = 2;
sizes.DirFeedthrough = 1;
sizes.NumSampleTimes = 1;
sys=simsizes(sizes);
x0=[];
str=[];
ts=[0 0];
function sys=mdlOutputs(t,x,u)
e1=u(1);
e2=u(2);
%NPID Parameters
delta0=0.02;
alfa01=3/4;alfa02=3/2;   %0<alfa1<1<alfa2
beta01=6.0;beta02=1.5;
kp=beta01;kd=beta02;

if abs(e1)>delta0
    fal1=abs(e1)^alfa01*sign(e1);
else
    fal1=e1/(delta0^(1-alfa01));
end
if abs(e2)>delta0
    fal2=abs(e2)^alfa02*sign(e2);
else
    fal2=e2/(delta0^(1-alfa02));
end

ut=kp*fal1+kd*fal2;      %NPD
sys(1)=ut;
```

⑤ 扩张观测器 S 函数：chap6_11eso.m。

```matlab
function [sys,x0,str,ts]=s_function(t,x,u,flag)
switch flag,
case 0,
    [sys,x0,str,ts]=mdlInitializeSizes;
case 1,
    sys=mdlDerivatives(t,x,u);
case 3,
    sys=mdlOutputs(t,x,u);
case {2, 4, 9 }
    sys = [];
otherwise
    error(['Unhandled flag = ',num2str(flag)]);
end
function [sys,x0,str,ts]=mdlInitializeSizes
sizes = simsizes;
sizes.NumContStates  = 3;
sizes.NumDiscStates  = 0;
sizes.NumOutputs     = 3;
sizes.NumInputs      = 2;
sizes.DirFeedthrough = 1;
sizes.NumSampleTimes = 0;
sys=simsizes(sizes);
x0=[0;0;0];
str=[];
ts=[];
function sys=mdlDerivatives(t,x,u)
%ESO Parameters
beta1=100;beta2=300;beta3=1000;
delta1=0.0025;
alfa1=0.5;alfa2=0.25;
x1=u(1);
ut=u(2);
e=x(1)-x1;

if abs(e)>delta1
    fal1=abs(e)^alfa1*sign(e);
else
    fal1=e/(delta1^(1-alfa1));
end
if abs(e)>delta1
    fal2=abs(e)^alfa2*sign(e);
else
    fal2=e/(delta1^(1-alfa2));
end

b=133;
sys(1)=x(2)-beta1*e;
```

```
sys(2)=x(3)-beta2*fal1+b*ut;
sys(3)=-beta3*fal2;
function sys=mdlOutputs(t,x,u)
sys(1)=x(1);
sys(2)=x(2);
sys(3)=x(3);
```

⑥ 被控对象 S 函数：chap6_11plant.m。

```
function [sys,x0,str,ts]=s_function(t,x,u,flag)
switch flag,
case 0,
    [sys,x0,str,ts]=mdlInitializeSizes;
case 1,
    sys=mdlDerivatives(t,x,u);
case 3,
    sys=mdlOutputs(t,x,u);
case {2, 4, 9 }
    sys = [];
otherwise
    error(['Unhandled flag = ',num2str(flag)]);
end
function [sys,x0,str,ts]=mdlInitializeSizes
sizes = simsizes;
sizes.NumContStates    = 2;
sizes.NumDiscStates    = 0;
sizes.NumOutputs       = 3;
sizes.NumInputs        = 1;
sizes.DirFeedthrough = 1;
sizes.NumSampleTimes = 0;
sys=simsizes(sizes);
x0=[0.15;0];
str=[];
ts=[];
function sys=mdlDerivatives(t,x,u)
ut=u(1);

f=-25*x(2)+33*sin(pi*t);      %Uunknown part
b=133;
sys(1)=x(2);
sys(2)=f+b*ut;
function sys=mdlOutputs(t,x,u)
f=-25*x(2)+33*sin(pi*t);      %Uunknown part
sys(1)=x(1);
sys(2)=x(2);
sys(3)=f;
```

⑦ 作图程序：chap6_11plot.m。

```
close all;
figure(1);
plot(t,x(:,1),'r',t,x(:,2),'k:',t,x(:,4),'b-.','linewidth',2);
xlabel('time(s)'),ylabel('position signal');
legend('ideal signal', 'transient position signal','position tracking');
figure(2);
subplot(311);
plot(t,z(:,1),'r',t,x(:,4),'k:','linewidth',2);
xlabel('time(s)'),ylabel('z1,y');
legend('practical position signal', 'position signal estimation');
subplot(312);
plot(t,z(:,2),'r',t,x(:,5),'k:','linewidth',2);
xlabel('time(s)'),ylabel('z2,dy');
legend('practical speed signal', 'speed signal estimation');
subplot(313);
plot(t,z(:,3),'r',t,x(:,6),'k:','linewidth',2);
xlabel('time(s)'),ylabel('z3,x3');
legend('practical uncertain part', 'uncertain part estimation');
```

（2）离散系统仿真

① 主程序：chap6_12.m。

```
clear all;
close all;
%%%%%%%%%%%%%%%%%%%%%%%%%%%%%%%%%%%%%%%%%%%%%%%
h=0.01;   %Sampling time
%Transient Parameters with TD
delta=10;
%ESO   Parameters
beta1=100;beta2=200;beta3=500;
delta1=0.0025;
alfa1=0.5;alfa2=0.25;
%NPID Parameters
delta0=2*h;
alfa01=3/4;alfa02=3/2;    %0<alfa1<1<alfa2
beta01=10;beta02=0.3;
kp=beta01;kd=beta02;
%%%%%%%%%%%%%%%%%%%%%%%%%%%%%%%%%%%%%%%%%%%%%%%
xk=zeros(2,1);
e1_1=0;
u_1=0;
v_1=0;
v1_1=0;v2_1=0;
z1_1=0;z2_1=0;z3_1=0;
for k=1:1:2000
time(k) = k*h;

p1=u_1;
p2=k*h;
```

```
tSpan=[0 h];
[tt,xx]=ode45('chap6_12plant',tSpan,xk,[],p1,p2);
xk = xx(length(xx),:);
y(k)=xk(1);
dy(k)=xk(2);

v(k)=sign(sin(k*h));
dv(k)=0;

f(k)=-25*dy(k)+33*sin(pi*p2);       %Uunknown part
b=133;
x3(k)=f(k);
%%%%%%%%%%%%%%%%%%%%%%%%%%%%%%%%%%%%%%%%%%%%%%%%%%
%TD Transient
x1=v1_1-v_1;
x2=v2_1;

v1(k)=v1_1+h*v2_1;
v2(k)=v2_1+h*fst(x1,x2,delta,h);
%%%%%%%%%%%%%%%%%%%%%%%%%%%%%%%%%%%%%%%%%%%%%%%%%%
%ESO
e=z1_1-y(k);
z1(k)=z1_1+h*(z2_1-beta1*e);
z2(k)=z2_1+h*(z3_1-beta2*fal(e,alfa1,delta1)+b*u_1);
z3(k)=z3_1-h*beta3*fal(e,alfa2,delta1);

z1_1=z1(k);
z2_1=z2(k);
z3_1=z3(k);
%%%%%%%%%%%%%%%%%%%%%%%%%%%%%%%%%%%%%%%%%%%%%%%%%%
%N-PD and disturbance compensation
e1(k)=v1(k)-z1(k);
e2(k)=v2(k)-z2(k);

M=2;
if M==1                 %ADRC
    u0(k)=kp*fal(e1(k),alfa01,delta0)+kd*fal(e2(k),alfa02,delta0);
    u(k)=u0(k)-z3(k)/b;
elseif M==2             % Ordinary PD
    u(k)=kp*(v(k)-y(k))+kd*(dv(k)-dy(k));
end
%%%%%%%%%%%%%%%%%%%%%%%%%%%%%%%%%%%%%%%%%%%%%%%%%%
v_1=v(k);
v1_1=v1(k);
v2_1=v2(k);

z1_1=z1(k);z2_1=z2(k);z3_1=z3(k);
u_1=u(k);
end
```

```
if M==1
    figure(1);
    plot(time,v,'r',time,v1,'k:',time,y,'b-.','linewidth',2);
    xlabel('time(s)'),ylabel('position signal');
    legend('ideal position signal', 'transient position signal','position tracking signal');
    figure(2);
    subplot(311);
    plot(time,z1,'r',time,y,'k:','linewidth',2);
    xlabel('time(s)'),ylabel('z1,y');
    legend('practical position signal', 'position signal estimation');
    subplot(312);
    plot(time,z2,'r',time,dy,'k:','linewidth',2);
    xlabel('time(s)'),ylabel('z2,dy');
    legend('practical speed signal', 'speed signal estimation');
    subplot(313);
    plot(time,z3,'r',time,x3,'k:','linewidth',2);
    xlabel('time(s)'),ylabel('z3,x3');
    legend('practical uncertain part', 'uncertain part estimation');
elseif M==2
    figure(1);
    plot(time,v,'r',time,y,'k:','linewidth',2);
    xlabel('time(s)'),ylabel('position signal');
    legend('ideal position signal','position tracking');
end
```

② 被控对象程序：chap6_12plant.m。

```
function dy = PlantModel(t,y,flag,p1,p2)
ut=p1;
time=p2;
dy=zeros(2,1);

f=-25*y(2)+33*sin(pi*p2);      %Uunknown part
b=133;
dy(1)=y(2);
dy(2)=f+b*ut;
```

参 考 文 献

[1] 韩京清，袁露林. 跟踪微分器的离散形式[J]. 系统科学与数学，1999, 19(3):268-273.

[2] 韩京清. 自抗扰控制技术[M]. 北京：国防工业出版社，2008.

[3] 韩京清. 从 PID 技术到自抗扰控制技术[J]. 控制工程，2002, 9(3):13-18.

[4] 韩京清. 非线性 PID 控制器[J]. 自动化学报，1994, 20(4):487-490.

[5] HAN J Q. From PID to active disturbance rejection control[J]. IEEE Transactions on Industrial Electronics, 2009, 56, (3):900-906.

第 7 章 PD 鲁棒自适应控制

7.1 稳定的 PD 控制算法

7.1.1 问题的提出

不确定性机械系统可描述为

$$\frac{\mathrm{d}x_1}{\mathrm{d}t} = x_2$$
$$J\frac{\mathrm{d}x_2}{\mathrm{d}t} + Cx_2 = u \tag{7.1}$$

式中，定义 $\boldsymbol{x} = \begin{bmatrix} x_1 & x_2 \end{bmatrix}^{\mathrm{T}}$，$x_1$ 和 x_2 为位置和速度；J 为系统转动惯量，$J>0$；C 为黏性系数，$C>0$。

假设 x_d 为位置指令且为常值，$e = x_1 - x_\mathrm{d}$ 为位置跟踪误差，$\dot{e} = \dot{x}_1 - \dot{x}_\mathrm{d} = x_2$，$\ddot{e} = \ddot{x}_1 - \ddot{x}_\mathrm{d} = \dot{x}_2$，则

$$J\ddot{e} + C\dot{e} = u$$

7.1.2 PD 控制律的设计

定义 Lyapunov 函数为

$$V = \frac{1}{2}J\dot{e}^2 + \frac{1}{2}K_\mathrm{p}e^2 \tag{7.2}$$

式中，$K_\mathrm{p} > 0$，则

$$\dot{V} = J\dot{e}\ddot{e} + K_\mathrm{p}e\dot{e} = \dot{e}\left(J\ddot{e} + K_\mathrm{p}e\right) = \dot{e}\left(u - C\dot{e} + K_\mathrm{p}e\right)$$

控制律设计为

$$u = -K_\mathrm{p}e - K_\mathrm{d}\dot{e} \tag{7.3}$$

式中，$K_\mathrm{d} > 0$，则闭环系统为

$$J\ddot{e} + C\dot{e} = -K_\mathrm{p}e - K_\mathrm{d}\dot{e} \tag{7.4}$$

从而

$$\dot{V} = \dot{e}\left(-K_\mathrm{p}e - K_\mathrm{d}\dot{e} - C\dot{e} + K_\mathrm{p}e\right) = -\left(K_\mathrm{d} + C\right)\dot{e}^2 \leqslant 0$$

当且仅当 $\dot{e} = 0$ 时，$\dot{V} = 0$。即当 $\dot{V} \equiv 0$ 时，$\dot{e} \equiv 0$，从而 $\ddot{e} \equiv 0$，代入式（7.4），可得 $e \equiv 0$。根据 LaSalle 不变性原理[1]，闭环系统为渐进稳定，当 $t \to \infty$ 时，$e \to 0$，$\dot{e} \to 0$。系统的收敛速度取决于 K_d。

7.1.3 仿真实例

取被控对象参数 $J=1.0$, $C=5.0$。位置指令信号取 $\frac{\pi}{3}$。采用 PD 控制律式（7.3），取 $k_{\mathrm{p}}=100$, $k_{\mathrm{d}}=50$，仿真结果如图 7-1 和图 7-2 所示。

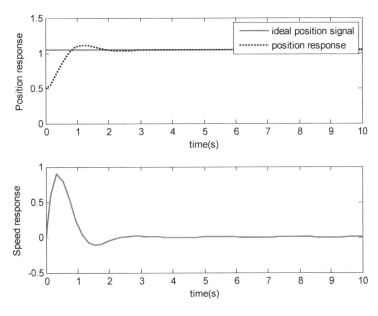

图 7-1　位置和速度响应

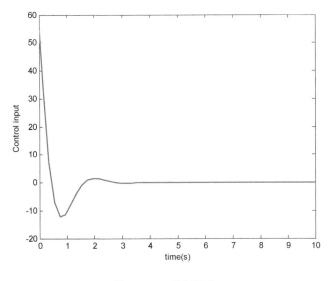

图 7-2　PD 控制输入

〖仿真程序〗

（1）Simulink 主程序：chap7_1sim.mdl

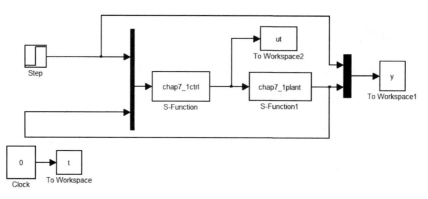

（2）控制律程序：chap7_1ctrl.m

```
function [sys,x0,str,ts]=s_function(t,x,u,flag)
switch flag,
case 0,
    [sys,x0,str,ts]=mdlInitializeSizes;
case 3,
    sys=mdlOutputs(t,x,u);
case {1,2,4,9}
    sys = [];
otherwise
    error(['Unhandled flag = ',num2str(flag)]);
end
function [sys,x0,str,ts]=mdlInitializeSizes
sizes = simsizes;
sizes.NumContStates  = 0;
sizes.NumDiscStates  = 0;
sizes.NumOutputs     = 1;
sizes.NumInputs      = 3;
sizes.DirFeedthrough = 1;
sizes.NumSampleTimes = 1;
sys=simsizes(sizes);
x0=[];
str=[];
ts=[0 0];
function sys=mdlOutputs(t,x,u)
xd=u(1);
dxd=0;ddxd=0;
x1=u(2);
x2=u(3);
e=x1-xd;
de=x2-dxd;

Kp=100;Kd=50;
ut=-Kp*e-Kd*de;

sys(1)=ut;
```

(3) 被控对象程序: chap7_1plant.m

```
function [sys,x0,str,ts]=s_function(t,x,u,flag)
switch flag,
case 0,
    [sys,x0,str,ts]=mdlInitializeSizes;
case 1,
    sys=mdlDerivatives(t,x,u);
case 3,
    sys=mdlOutputs(t,x,u);
case {2, 4, 9 }
    sys = [];
otherwise
    error(['Unhandled flag = ',num2str(flag)]);
end
function [sys,x0,str,ts]=mdlInitializeSizes
sizes = simsizes;
sizes.NumContStates  = 2;
sizes.NumDiscStates  = 0;
sizes.NumOutputs     = 2;
sizes.NumInputs      = 1;
sizes.DirFeedthrough = 1;
sizes.NumSampleTimes = 0;
sys=simsizes(sizes);
x0=[0.5;0];
str=[];
ts=[];
function sys=mdlDerivatives(t,x,u)
J=10;C=5;

ut=u(1);

sys(1)=x(2);
sys(2)=1/J*(ut-C*x(2));
function sys=mdlOutputs(t,x,u)
sys(1)=x(1);
sys(2)=x(2);
```

(4) 作图程序: chap7_1plot.m

```
close all;
figure(1);
subplot(211);
plot(t,y(:,1),'r',t,y(:,2),'k:','linewidth',2)
xlabel('time(s)');ylabel('Position response');
legend('ideal position signal','position response');
subplot(212);
plot(t,y(:,3),'r','linewidth',2)
xlabel('time(s)');ylabel('Speed response');
```

```
figure(2);
plot(t,ut(:,1),'r','linewidth',2)
xlabel('time(s)');ylabel('Control input');
```

7.2 基于模型的 PI 鲁棒控制

鲁棒控制是指控制系统在一定的参数摄动下，维持某些性能的特性。通过采用鲁棒 PD 控制方法，可以克服扰动，达到很好的控制系统性能。

7.2.1 问题的提出

不确定性机械系统可描述为

$$\frac{dx_1}{dt} = x_2$$
$$J\frac{dx_2}{dt} + Cx_2 = u - d \tag{7.5}$$

式中，x_1 和 x_2 为位置和速度，定义 $\boldsymbol{x} = \begin{bmatrix} x_1 & x_2 \end{bmatrix}^{\mathrm{T}}$；$J$ 为系统转动惯量；C 为黏性系数；d 为加在控制输入上的扰动。

假设 x_d 为位置指令，$e = x_1 - x_\mathrm{d}$ 为位置跟踪误差，则 $\dot{e} = \dot{x}_\mathrm{d} - \dot{x}_1$，$\ddot{e} = \ddot{x}_\mathrm{d} - \ddot{x}_1$。

7.2.2 PD 控制律的设计

定义误差函数为

$$s = \dot{e} + ce \tag{7.6}$$

式中，$c > 0$。

定义 $\dot{x}_\mathrm{r} = s + x_2$，则

$$\dot{x}_\mathrm{r} = \dot{x}_\mathrm{d} + ce$$
$$\ddot{x}_\mathrm{r} = \ddot{x}_\mathrm{d} + c\dot{e}$$

由式（7.5）得

$$u = J\frac{dx_2}{dt} + Cx_2 + d$$

控制律设计为

$$u = u_\mathrm{m} + k_\mathrm{p}s + k_\mathrm{i}\int_0^t s\,dt + u_\mathrm{r} \tag{7.7}$$

式中，$k_\mathrm{p} > 0$；$k_\mathrm{i} > 0$；u_m 为基于模型的控制项；u_r 为鲁棒项。

取

$$u_\mathrm{m} = J\ddot{x}_\mathrm{r} + C\dot{x}_\mathrm{r}$$
$$u_\mathrm{r} = k_\mathrm{r}\mathrm{sgn}(s)$$

式中，$k_r \geq |d_{max}|$，则

$$J\dot{x}_2 + Cx_2 = J\ddot{x}_r + C\dot{x}_r + k_p s + k_i \int_0^t s dt + k_r \mathrm{sgn}(s) - d$$

从而

$$J\dot{s} + k_i \int_0^t s dt = -Cs - k_p s - k_r \mathrm{sgn}(s) + d \tag{7.8}$$

7.2.3 稳定性分析

Lyapunov 函数取为

$$V = \frac{1}{2}Js^2 + \frac{1}{2}k_i \left(\int_0^t s d\tau\right)^2$$

则

$$\dot{V} = s\left(J\dot{s} + k_i \int_0^t s d\tau\right)$$

将式（7.8）代入上式，得

$$\dot{V} = s\left(-Cs - k_p s - k_r \mathrm{sign}(s) + d\right) = -Cs^2 - k_p s^2 - k_r |s| + ds \leq 0$$

当 $\dot{V} \equiv 0$ 时，$s \equiv 0$，根据 LaSalle 不变性原理，闭环系统为渐进稳定，即当 $t \to \infty$ 时，$e \to 0$，$\dot{e} \to 0$，系统的收敛速度取决于 k_p。

7.2.4 仿真实例

取被控对象参数 $J = 10$，$C = 5.0$，$d = 30\sin 10t$。位置指令信号取 $\sin t$。采用控制律式（7.7），取 $k_p = 100$，$k_i = 50$，$k_r = 50$，仿真结果如图 7-3 和图 7-4 所示。

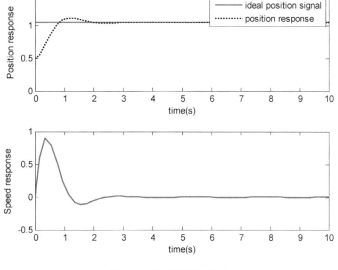

图 7-3 位置和速度响应

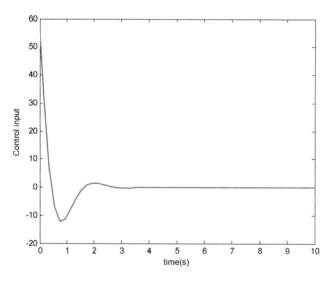

图 7-4 控制输入

〖仿真程序〗

(1) Simulink 主程序:chap7_2sim.mdl

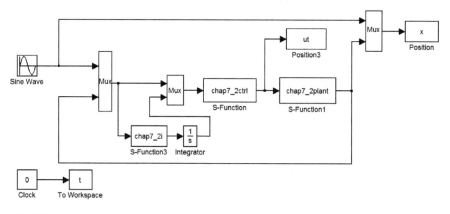

(2) 控制律程序:chap7_2ctrl.m

```
function [sys,x0,str,ts]=s_function(t,x,u,flag)
switch flag,
case 0,
    [sys,x0,str,ts]=mdlInitializeSizes;
case 3,
    sys=mdlOutputs(t,x,u);
case {1,2, 4, 9 }
    sys = [];
otherwise
    error(['Unhandled flag = ',num2str(flag)]);
end
function [sys,x0,str,ts]=mdlInitializeSizes
sizes = simsizes;
```

```
sizes.NumContStates  = 0;
sizes.NumDiscStates  = 0;
sizes.NumOutputs     = 1;
sizes.NumInputs      = 4;
sizes.DirFeedthrough = 1;
sizes.NumSampleTimes = 1;
sys=simsizes(sizes);
x0=[];
str=[];
ts=[0 0];
function sys=mdlOutputs(t,x,u)
xd=u(1);
dxd=cos(t);
ddxd=-sin(t);

x1=u(2);
x2=u(3);
e=xd-x1;
de=dxd-x2;


kp=100;ki=30;
c=5.0;
s=c*e+de;
dxr=dxd+c*e;
ddxr=ddxd+c*de;

J=10;C=5;
um=J*ddxr+C*dxr;
kr=30.5;
ur=kr*sign(s);
I=u(4);
ut=um+kp*s+ki*I+ur;

sys(1)=ut;
```

（3）被控对象程序：chap7_2plant.m

```
function [sys,x0,str,ts]=s_function(t,x,u,flag)
switch flag,
case 0,
    [sys,x0,str,ts]=mdlInitializeSizes;
case 1,
    sys=mdlDerivatives(t,x,u);
case 3,
    sys=mdlOutputs(t,x,u);
case {2, 4, 9 }
    sys = [];
otherwise
    error(['Unhandled flag = ',num2str(flag)]);
```

```
end
function [sys,x0,str,ts]=mdlInitializeSizes
sizes = simsizes;
sizes.NumContStates  = 2;
sizes.NumDiscStates  = 0;
sizes.NumOutputs     = 2;
sizes.NumInputs      = 1;
sizes.DirFeedthrough = 1;
sizes.NumSampleTimes = 0;
sys=simsizes(sizes);
x0=[0.5;0];
str=[];
ts=[];
function sys=mdlDerivatives(t,x,u)
J=10;C=5;
dt=30*sin(10*t);

ut=u(1);

sys(1)=x(2);
sys(2)=1/J*(ut-C*x(2)-dt);
function sys=mdlOutputs(t,x,u)
sys(1)=x(1);
sys(2)=x(2);
```

（4）积分程序：chap7_2i.m

```
function [sys,x0,str,ts] = spacemodel(t,x,u,flag)
switch flag,
case 0,
    [sys,x0,str,ts]=mdlInitializeSizes;
case 3,
    sys=mdlOutputs(t,x,u);
case {2,4,9}
    sys=[];
otherwise
    error(['Unhandled flag = ',num2str(flag)]);
end
function [sys,x0,str,ts]=mdlInitializeSizes
sizes = simsizes;
sizes.NumContStates  = 0;
sizes.NumDiscStates  = 0;
sizes.NumOutputs     = 1;
sizes.NumInputs      = 3;
sizes.DirFeedthrough = 1;
sizes.NumSampleTimes = 0;
sys = simsizes(sizes);
x0  = [];
str = [];
ts  = [];
```

```
function sys=mdlOutputs(t,x,u)
xd=u(1);
dxd=cos(t);

x1=u(2);
x2=u(3);
e=xd-x1;
de=dxd-x2;

c=5;
s=de+c*e;

sys(1)=s;
```

（5）作图程序：chap7_2plot.m

```
close all;

figure(1);
subplot(211);
plot(t,x(:,1),'r',t,x(:,2),'b:','linewidth',2);
xlabel('time(s)');ylabel('position tracking');
legend('Ideal position signal','Position signal tracking');
subplot(212);
plot(t,cos(t),'r',t,x(:,3),'b:','linewidth',2);
xlabel('time(s)');ylabel('speed tracking');
legend('Ideal speed signal','Speed signal tracking');

figure(2);
plot(t,ut(:,1),'r','linewidth',2);
xlabel('time(s)');ylabel('control input');
```

7.3 基于名义模型的机械手 PI 鲁棒控制

本节探讨一种基于名义模型的机械手 PI 鲁棒控制的设计、分析和仿真方法。

7.3.1 问题的提出

设 n 关节机械手方程为

$$\boldsymbol{D}(\boldsymbol{q})\ddot{\boldsymbol{q}} + \boldsymbol{C}(\boldsymbol{q},\dot{\boldsymbol{q}})\dot{\boldsymbol{q}} + \boldsymbol{G}(\boldsymbol{q}) = \boldsymbol{\tau} - \boldsymbol{d}(\dot{\boldsymbol{q}}) \tag{7.9}$$

式中，$\boldsymbol{D}(\boldsymbol{q})$ 为 $n \times n$ 阶正定惯性矩阵；$\boldsymbol{C}(\boldsymbol{q},\dot{\boldsymbol{q}})$ 为 $n \times n$ 阶离心和哥氏力项；$\boldsymbol{G}(\boldsymbol{q})$ 为 $n \times 1$ 阶重力项；$\boldsymbol{d}(\dot{\boldsymbol{q}})$ 为摩擦力矩。

在实际控制中，$\boldsymbol{D}(\boldsymbol{q})$、$\boldsymbol{C}(\boldsymbol{q},\dot{\boldsymbol{q}})$ 和 $\boldsymbol{G}(\boldsymbol{q})$ 为未知，取

$$\boldsymbol{D}(\boldsymbol{q}) = \boldsymbol{D}_0(\boldsymbol{q}) + \boldsymbol{E}_\mathrm{D}$$

$$\boldsymbol{C}(\boldsymbol{q},\dot{\boldsymbol{q}}) = \boldsymbol{C}_0(\boldsymbol{q},\dot{\boldsymbol{q}}) + \boldsymbol{E}_\mathrm{C}$$

$$G(q) = G_0(q) + E_G$$

式中，E_D、E_C 和 E_G 分别为 $D(q)$、$C(q,\dot{q})$ 和 $G(q)$ 的建模误差，则

$$\begin{aligned} D(q)\ddot{q}_r + C(q,\dot{q})\dot{q}_r + G(q) \\ = D_0(q)\ddot{q}_r + C_0(q,\dot{q})\dot{q}_r + G_0(q) + E_M \end{aligned} \tag{7.10}$$

式中，$E_M = E_D\ddot{q}_r + E_C\dot{q}_r + E_G$。

7.3.2 鲁棒控制律的设计

定义误差为 $e(t) = q_d(t) - q(t)$，其中 $q_d(t)$ 为理想的位置指令，$q(t)$ 为实际位置。定义误差函数为

$$r = \dot{e} + \Lambda e \tag{7.11}$$

取 $\dot{q}_r = r(t) + \dot{q}(t)$ 和 $\ddot{q}_r = \dot{r}(t) + \ddot{q}(t)$，则

$$\dot{q}_r = \dot{q}_d + \Lambda e$$
$$\ddot{q}_r = \ddot{q}_d + \Lambda \dot{e}$$

式中，$\Lambda > 0$。

则由式（7.9）得

$$\begin{aligned} \tau &= D(q)\ddot{q} + C(q,\dot{q})\dot{q} + G(q) + d(\dot{q}) \\ &= D(q)\ddot{q}_r + C(q,\dot{q})\dot{q}_r + G(q) - D(q)\dot{r} - C(q,\dot{q})r + d(\dot{q}) \\ &= D_0(q)\ddot{q}_r + C_0(q,\dot{q})\dot{q}_r + G_0(q) - D(q)\dot{r} - C(q,\dot{q})r + E_M + d(\dot{q}) \end{aligned} \tag{7.12}$$

式中，$E_M = \Delta D(q)\ddot{q}_r + \Delta C(q,\dot{q})\dot{q}_r + \Delta G(q)$；$E = E_M + d(\dot{q})$。

控制律设计为

$$\tau = \tau_m + K_p r + K_i \int r \mathrm{d}t + \tau_r \tag{7.13}$$

式中，$K_p > 0$；$K_i > 0$；τ_m 为基于名义模型的控制项；τ_r 为用于建模误差和摩擦干扰的鲁棒项。

取

$$\tau_m = D_0(q)\ddot{q}_r + C_0(q,\dot{q})\dot{q}_r + G_0(q) \tag{7.14}$$
$$\tau_r = K_r \mathrm{sgn}(r) \tag{7.15}$$

式中，$K_r = \mathrm{diag}[k_{rii}]$；$k_{rii} \geq |E_i|$，$i = 1,\cdots,n$。

由式（7.12）和式（7.13）的右边得

$$D_0(q)\ddot{q}_r + C_0(q,\dot{q})\dot{q}_r + G_0(q) - D(q)\dot{r} - C(q,\dot{q})r + E_M + d(\dot{q}) =$$
$$D_0(q)\ddot{q}_r + C_0(q,\dot{q})\dot{q}_r + G_0(q) + K_p r + K_i \int_0^t r \mathrm{d}t + K_r \mathrm{sgn}(r)$$

上式又可以写为

$$D(q)\dot{r} + C(q,\dot{q})r + K_i \int_0^t r \mathrm{d}t = -K_p r - K_r \mathrm{sgn}(r) + E \tag{7.16}$$

7.3.3 稳定性分析

Lyapunov 函数取为

$$V = \frac{1}{2} r^{\mathrm{T}} Dr + \frac{1}{2} \left(\int_0^t r \mathrm{d}\tau \right)^{\mathrm{T}} K_{\mathrm{i}} \left(\int_0^t r \mathrm{d}\tau \right) \tag{7.17}$$

则

$$\dot{V} = r^{\mathrm{T}} \left[D\dot{r} + \frac{1}{2} \dot{D} r + K_{\mathrm{i}} \int_0^t r \mathrm{d}\tau \right]$$

考虑到 $\dot{D}(q) - 2C(q,\dot{q})$ 的斜对称特性，有

$$\dot{V} = r^{\mathrm{T}} \left[D\dot{r} + Cr + K_{\mathrm{i}} \int_0^t r \mathrm{d}\tau \right]$$

将式（7.16）代入上式，得

$$\dot{V} = -r^{\mathrm{T}} K_{\mathrm{p}} r + r^{\mathrm{T}} E - r^{\mathrm{T}} K_{\mathrm{r}} \mathrm{sgn}(r)$$

考虑 $k_{rii} \geqslant |E_i|$，得

$$\dot{V} \leqslant -r^{\mathrm{T}} K_{\mathrm{p}} r \leqslant 0$$

当且仅当 $r = 0$ 时，$\dot{V} = 0$，即当 $\dot{V} \equiv 0$ 时，$r \equiv 0$。根据 LaSalle 不变性原理[1]，闭环系统为渐进稳定，当 $t \to \infty$ 时，$e \to 0$，$\dot{e} \to 0$。系统的收敛速度取决于 K_{p}。

7.3.4 仿真实例

一个典型的双关节刚性机械手示意图如图 7-5 所示。

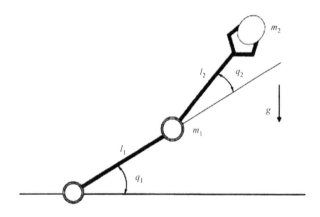

图 7-5 双关节刚性机械手示意图

取二关节机械手系统，不考虑摩擦力和干扰，其动力学模型为

$$D(q)\ddot{q} + C(q,\dot{q})\dot{q} + G(q) = \tau$$

$$D(q) = \begin{bmatrix} p_1 + p_2 + 2p_3 \cos q_2 & p_2 + p_3 \cos q_2 \\ p_2 + p_3 \cos q_2 & p_2 \end{bmatrix}$$

$$C(q,\dot{q}) = \begin{bmatrix} -p_3 \dot{q}_2 \sin q_2 & -p_3 (\dot{q}_1 + \dot{q}_2) \sin q_2 \\ p_3 \dot{q}_1 \sin q_2 & 0 \end{bmatrix}$$

$$G(q) = \begin{bmatrix} p_4 g\cos q_1 + p_5 g\cos(q_1+q_2) \\ p_5 g\cos(q_1+q_2) \end{bmatrix}$$

定义 $\boldsymbol{p} = \begin{bmatrix} p_1 & p_2 & p_3 & p_4 & p_5 \end{bmatrix}^T$，取 $\boldsymbol{p} = \begin{bmatrix} 2.90 & 0.76 & 0.87 & 3.04 & 0.87 \end{bmatrix}^T$。

被控对象初值为 $\boldsymbol{q}_0 = \begin{bmatrix} 0.09 & -0.09 \end{bmatrix}^T$，$\dot{\boldsymbol{q}}_0 = \begin{bmatrix} 0.0 & 0.0 \end{bmatrix}^T$。仿真中，取位置指令为 $q_{d1} = 0.5\sin(\pi t)$，$q_{d2} = \sin(\pi t)$；取控制器参数为 $\boldsymbol{K}_p = \begin{bmatrix} 100 & 0 \\ 0 & 100 \end{bmatrix}$，$\boldsymbol{K}_i = \begin{bmatrix} 100 & 0 \\ 0 & 100 \end{bmatrix}$，$K_{rii} = 15$，$\boldsymbol{\Lambda} = \begin{bmatrix} 5.0 & 0 \\ 0 & 5.0 \end{bmatrix}$。控制律取式（7.13），采用 Simulink 和 S 函数进行控制系统的设计，仿真结果如图 7-6 和图 7-7 所示。

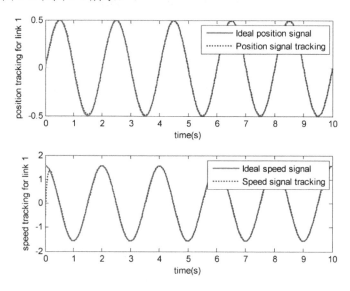

图 7-6 关节 1 的位置和速度跟踪

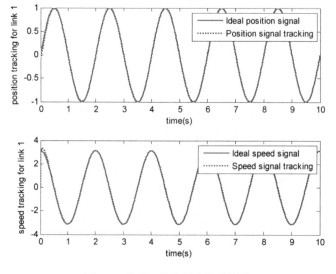

图 7-7 关节 2 的位置和速度跟踪

〚仿真程序〛

（1）Simulink 主程序：chap7_3sim.mdl

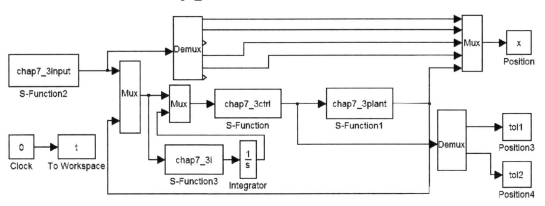

（2）位置指令子程序：chap7_3input.m

```
function [sys,x0,str,ts] = spacemodel(t,x,u,flag)

switch flag,
case 0,
    [sys,x0,str,ts]=mdlInitializeSizes;
case 1,
    sys=mdlDerivatives(t,x,u);
case 3,
    sys=mdlOutputs(t,x,u);
case {2,4,9}
    sys=[];
otherwise
    error(['Unhandled flag = ',num2str(flag)]);
end

function [sys,x0,str,ts]=mdlInitializeSizes
sizes = simsizes;
sizes.NumContStates  = 0;
sizes.NumDiscStates  = 0;
sizes.NumOutputs     = 6;
sizes.NumInputs      = 0;
sizes.DirFeedthrough = 0;
sizes.NumSampleTimes = 1;
sys = simsizes(sizes);
x0  = [];
str = [];
ts  = [0 0];

function sys=mdlOutputs(t,x,u)
S=2;
if S==1
```

```
        qd0=[0;0];
        qdtf=[1;2];
        td=1;
        if t<1
            qd1=qd0(1)+(-2*t.^3/td^3+3*t.^2/td^2)*(qdtf(1)-qd0(1));
            qd2=qd0(2)+(-2*t.^3/td^3+3*t.^2/td^2)*(qdtf(2)-qd0(2));
            d_qd1=(-6*t.^2/td^3+6*t./td^2)*(qdtf(1)-qd0(1));
            d_qd2=(-6*t.^2/td^3+6*t./td^2)*(qdtf(2)-qd0(2));
            dd_qd1=(-12*t/td^3+6/td^2)*(qdtf(1)-qd0(1));
            dd_qd2=(-12*t/td^3+6/td^2)*(qdtf(2)-qd0(2));
        else
        qd1=qdtf(1);
        qd2=qdtf(2);

        d_qd1=0;
        d_qd2=0;

        dd_qd1=0;
        dd_qd2=0;
        end
elseif S==2
    qd1=0.5*sin(pi*t);
    d_qd1=0.5*pi*cos(pi*t);
    dd_qd1=-0.5*pi*pi*sin(pi*t);

    qd2=sin(pi*t);
    d_qd2=pi*cos(pi*t);
    dd_qd2=-pi*pi*sin(pi*t);
end

sys(1)=qd1;
sys(2)=d_qd1;
sys(3)=dd_qd1;
sys(4)=qd2;
sys(5)=d_qd2;
sys(6)=dd_qd2;
```

（3）控制器子程序：chap7_3ctrl.m

```
function [sys,x0,str,ts] = spacemodel(t,x,u,flag)
switch flag,
case 0,
    [sys,x0,str,ts]=mdlInitializeSizes;
case 3,
    sys=mdlOutputs(t,x,u);
case {1,2,4,9}
    sys=[];
otherwise
    error(['Unhandled flag = ',num2str(flag)]);
end
```

第7章 PD鲁棒自适应控制

```
function [sys,x0,str,ts]=mdlInitializeSizes
sizes = simsizes;
sizes.NumContStates  = 0;
sizes.NumDiscStates  = 0;
sizes.NumOutputs     = 2;
sizes.NumInputs      = 12;
sizes.DirFeedthrough = 1;
sizes.NumSampleTimes = 0;
sys = simsizes(sizes);
x0  = [];
str = [];
ts  = [];
function sys=mdlOutputs(t,x,u)
qd1=u(1);
d_qd1=u(2);
dd_qd1=u(3);
qd2=u(4);
d_qd2=u(5);
dd_qd2=u(6);

q1=u(7);
d_q1=u(8);
q2=u(9);
d_q2=u(10);

e1=qd1-q1;
e2=qd2-q2;
de1=d_qd1-d_q1;
de2=d_qd2-d_q2;
e=[e1;e2];
de=[de1;de2];
Fai=5*eye(2);
r=de+Fai*e;

dqd=[d_qd1;d_qd2];
dqr=dqd+Fai*e;
ddqd=[dd_qd1;dd_qd2];
ddqr=ddqd+Fai*de;

p=[2.9 0.76 0.87 3.04 0.87];
g=9.8;
D=[p(1)+p(2)+2*p(3)*cos(q2) p(2)+p(3)*cos(q2);
   p(2)+p(3)*cos(q2) p(2)];
C=[-p(3)*d_q2*sin(q2) -p(3)*(d_q1+d_q2)*sin(q2);
   p(3)*d_q1*sin(q2)   0];
G=[p(4)*g*cos(q1)+p(5)*g*cos(q1+q2);
   p(5)*g*cos(q1+q2)];
tolm=D*ddqr+C*dqr+G;
```

```
Kr=15;
tolr=Kr*sign(r);

Kp=100*eye(2);
Ki=100*eye(2);

I=[u(11);u(12)];
tol=tolm+Kp*r+Ki*I+tolr;

sys(1)=tol(1);
sys(2)=tol(2);
```

（4）积分子程序：chap7_3i.m

```
function [sys,x0,str,ts] = spacemodel(t,x,u,flag)

switch flag,
case 0,
    [sys,x0,str,ts]=mdlInitializeSizes;
case 3,
    sys=mdlOutputs(t,x,u);
case {2,4,9}
    sys=[];
otherwise
    error(['Unhandled flag = ',num2str(flag)]);
end

function [sys,x0,str,ts]=mdlInitializeSizes
sizes = simsizes;
sizes.NumContStates  = 0;
sizes.NumDiscStates  = 0;
sizes.NumOutputs     = 2;
sizes.NumInputs      = 10;
sizes.DirFeedthrough = 1;
sizes.NumSampleTimes = 0;
sys = simsizes(sizes);
x0  = [];
str = [];
ts  = [];

function sys=mdlOutputs(t,x,u)
qd1=u(1);
d_qd1=u(2);
dd_qd1=u(3);
qd2=u(4);
d_qd2=u(5);
dd_qd2=u(6);

q1=u(7);
d_q1=u(8);
```

```
q2=u(9);
d_q2=u(10);
q=[q1;q2];

e1=qd1-q1;
e2=qd2-q2;
de1=d_qd1-d_q1;
de2=d_qd2-d_q2;
e=[e1;e2];
de=[de1;de2];
Hur=5*eye(2);
r=de+Hur*e;

sys(1:2)=r;
```

（5）被控对象子程序：chap7_3plant.m

```
function [sys,x0,str,ts]=s_function(t,x,u,flag)
switch flag,
case 0,
    [sys,x0,str,ts]=mdlInitializeSizes;
case 1,
    sys=mdlDerivatives(t,x,u);
case 3,
    sys=mdlOutputs(t,x,u);
case {2, 4, 9 }
    sys = [];
otherwise
    error(['Unhandled flag = ',num2str(flag)]);
end
function [sys,x0,str,ts]=mdlInitializeSizes
sizes = simsizes;
sizes.NumContStates  = 4;
sizes.NumDiscStates  = 0;
sizes.NumOutputs     = 4;
sizes.NumInputs      =2;
sizes.DirFeedthrough = 0;
sizes.NumSampleTimes = 0;
sys=simsizes(sizes);
x0=[0.09 0 -0.09 0];
str=[];
ts=[];
function sys=mdlDerivatives(t,x,u)
p=[2.9 0.76 0.87 3.04 0.87];
g=9.8;

D0=[p(1)+p(2)+2*p(3)*cos(x(3)) p(2)+p(3)*cos(x(3));
    p(2)+p(3)*cos(x(3)) p(2)];
C0=[-p(3)*x(4)*sin(x(3)) -p(3)*(x(2)+x(4))*sin(x(3));
    p(3)*x(2)*sin(x(3))    0];
```

```
G0=[p(4)*g*cos(x(1))+p(5)*g*cos(x(1)+x(3));
    p(5)*g*cos(x(1)+x(3))];

tol=u(1:2);
dq=[x(2);x(4)];
d=20*sign(dq);

S=inv(D0)*(tol-C0*dq-G0-d);

sys(1)=x(2);
sys(2)=S(1);
sys(3)=x(4);
sys(4)=S(2);
function sys=mdlOutputs(t,x,u)
sys(1)=x(1);
sys(2)=x(2);
sys(3)=x(3);
sys(4)=x(4);
```

（6）作图子程序：chap7_3plot.m

```
close all;

figure(1);
subplot(211);
plot(t,x(:,1),'r',t,x(:,5),'b:','linewidth',2);
xlabel('time(s)');ylabel('position tracking for link 1');
legend('Ideal position signal','Position signal tracking');
subplot(212);
plot(t,x(:,2),'r',t,x(:,6),'b:','linewidth',2);
xlabel('time(s)');ylabel('speed tracking for link 1');
legend('Ideal speed signal','Speed signal tracking');

figure(2);
subplot(211);
plot(t,x(:,3),'r',t,x(:,7),'b:','linewidth',2);
xlabel('time(s)');ylabel('position tracking for link 1');
legend('Ideal position signal','Position signal tracking');
subplot(212);
plot(t,x(:,4),'r',t,x(:,8),'b:','linewidth',2);
xlabel('time(s)');ylabel('speed tracking for link 1');
legend('Ideal speed signal','Speed signal tracking');

figure(3);
subplot(211);
plot(t,tol1(:,1),'r','linewidth',2);
xlabel('time(s)');ylabel('control input of link 1');
subplot(212);
plot(t,tol2(:,1),'r','linewidth',2);
xlabel('time(s)');ylabel('control input of link 2');
```

7.4 基于 Anti-windup 的 PID 控制

7.4.1 Anti-windup 基本原理

控制器的 Windup 问题一般被认为是当控制器输出和输入之间存在非线性特性 $N(u)$ 时，产生于 PI/PID 控制器积分部分的一种不良现象。

任何实际的控制系统都包含饱和非线性特性。由于饱和特性的存在，导致控制器产生 Windup 问题，进而影响系统在较大信号输入时的性能指标，乃至于整个控制系统的稳定性。

饱和特性对实际系统的影响十分严重。由于在系统调试过程中大都以小信号作为系统的调试信号，所以造成设计者对饱和特性非线性的认识不足而忽略了它的存在。在实际过程中，当有大信号输入或其他情况使控制系统进入饱和状态时，系统的性能会产生较大的降低，不能满足性能的要求。因此，引入适当的补偿环节，使控制系统在出现饱和现象时仍能达到比较满意的性能指标，Anti-windup 设计技术已经成为进行具有饱和特性的控制系统设计基本思路。

7.4.2 一种 Anti-windup 的 PID 控制算法

文献[2]针对积分 Windup 现象，设计了一种抗饱和的变结构 PID 控制算法，其结构如图 7-8 所示。

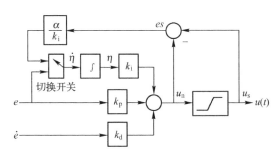

图 7-8 基于 Anti-windup 的 PID 控制器结构

图 7-8 描述的抗饱和控制思想为：对控制输入饱和误差 $u_n - u_s$ 进行积分，并通过自适应系数调整将其加到 PID 控制中的积分项中。

抗饱和变结构 PID 控制算法如下：采用系数 η 实现积分项的自适应调整，其自适应变化律为

$$\dot{\eta} = \begin{cases} -\alpha(u_n - u_s)/k_i, & u_n \neq u_s, e(u_n - \bar{u}) > 0 \\ e & u_n = u_s \end{cases} \quad (7.18)$$

式中，$\bar{u} = (u_{\min} + u_{\max})/2$；$\alpha > 0$；$u_{\max}$ 和 $u_{\min}$ 为控制输入信号的最大最小值。

基于 Anti-windup 的 PID 控制算法为

$$u(t) = k_p e(t) + k_i \eta + k_d \frac{de(t)}{dt} \tag{7.19}$$

7.4.3 仿真实例

设被控对象为 $\dfrac{133}{s^2 + 25s}$，指令为一大的阶跃信号 10，控制输入限制在[0, 10]范围内，分别采用控制器式（7.19）和传统 PID 进行仿真。仿真中，当取 $M=1$ 时为基于 Anti-windup 的 PID 控制，当 $M=2$ 时为传统 PID 控制。针对连续系统，采用 Simulink 方式进行仿真，取 $\alpha = 1.0$，$k_p = 50$，$k_i = 10$，$k_d = 1$。仿真结果如图 7-9～图 7-12 所示。

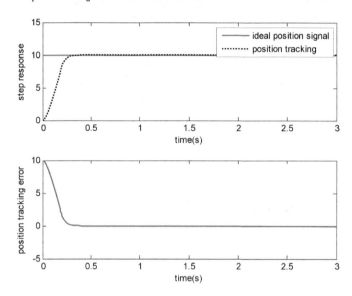

图 7-9 基于 Anti-windup 的阶跃响应

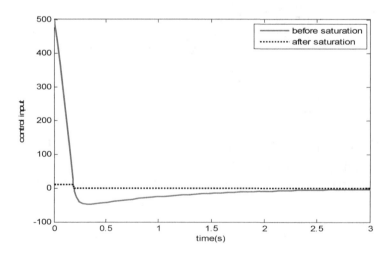

图 7-10 基于 Anti-windup 的控制器输出

第 7 章　PD 鲁棒自适应控制

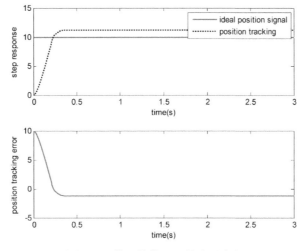

图 7-11　基于传统 PID 的阶跃响应

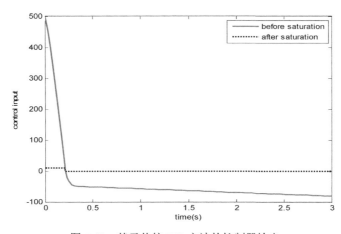

图 7-12　基于传统 PID 方法的控制器输出

〖仿真程序〗

（1）Simulink 主程序：chap7_4sim.mdl

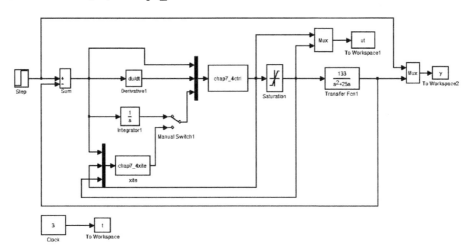

(2) 控制器 S 函数子程序: chap7_4ctrl.m

```
function [sys,x0,str,ts]=s_function(t,x,u,flag)
switch flag,
case 0,
    [sys,x0,str,ts]=mdlInitializeSizes;
case 3,
    sys=mdlOutputs(t,x,u);
case {1,2, 4, 9 }
    sys = [];
otherwise
    error(['Unhandled flag = ',num2str(flag)]);
end
function [sys,x0,str,ts]=mdlInitializeSizes
sizes = simsizes;
sizes.NumContStates  = 0;
sizes.NumDiscStates  = 0;
sizes.NumOutputs     = 1;
sizes.NumInputs      = 3;
sizes.DirFeedthrough = 1;
sizes.NumSampleTimes = 0;
sys=simsizes(sizes);
x0=[];
str=[];
ts=[];
function sys=mdlOutputs(t,x,u)
e=u(1);
de=u(2);
ei=u(3);

kp=50;ki=10;kd=1;

ut=kp*e+ki*ei+kd*de;     %Without anti-windup
sys(1)=ut;
```

(3) 自适应调整系数 S 函数子程序: chap7_4xite.m

```
function [sys,x0,str,ts]=s_function(t,x,u,flag)
switch flag,
case 0,
    [sys,x0,str,ts]=mdlInitializeSizes;
case 1,
    sys=mdlDerivatives(t,x,u);
case 3,
    sys=mdlOutputs(t,x,u);
case {2, 4, 9 }
    sys = [];
otherwise
    error(['Unhandled flag = ',num2str(flag)]);
```

```
end
function [sys,x0,str,ts]=mdlInitializeSizes
sizes = simsizes;
sizes.NumContStates  = 1;
sizes.NumDiscStates  = 0;
sizes.NumOutputs     = 1;
sizes.NumInputs      = 3;
sizes.DirFeedthrough = 1;
sizes.NumSampleTimes = 0;
sys=simsizes(sizes);
x0=[0];
str=[];
ts=[];
function sys=mdlDerivatives(t,x,u)
e=u(1);
un=u(2);
us=u(3);

ki=10;
alfa=1.0;

umin=0;umax=10;
ua=(umin+umax)/2;
if un~=us&e*(un-ua)>0
    dxite=-alfa*(un-us)/ki;
else
    dxite=e;
end
sys(1)=dxite;
function sys=mdlOutputs(t,x,u)
sys(1)=x(1);     %xite
```

(4)作图程序：chap7_4plot.m

```
close all;
figure(1);
subplot(211);
plot(t,y(:,1),'r',t,y(:,2),'k:','linewidth',2);
xlabel('time(s)');ylabel('step response');
legend('ideal position signal','position tracking');
subplot(212);
plot(t,y(:,1)-y(:,2),'r','linewidth',2);
xlabel('time(s)');ylabel('position tracking error');

figure(2);
plot(t,ut(:,1),'r',t,ut(:,2),'k:','linewidth',2);
xlabel('time(s)');ylabel('control input');
legend('before saturation','after saturation');
```

7.5 基于 PD 增益自适应调节的模型参考自适应控制

本节探讨基于 PD 增益自适应调节的模型参考自适应控制的设计、分析和仿真方法[3]。

7.5.1 问题描述

设被控对象为

$$\ddot{\theta} + a_1\dot{\theta} + a_2\theta = au \tag{7.20}$$

式中，θ 为系统输出转角；u 为控制输入；a_1、a_2 为非负的实数，未知；a 为正实数，未知。

定义参考模型为

$$\ddot{\theta}_m + b_1\dot{\theta}_m + b_2\theta_m = br \tag{7.21}$$

式中，θ_m 为模型输出；r 为系统指令输入；b_1、b_2、b 为已知正实数。

定义误差信号为

$$e = \theta_m - \theta \tag{7.22}$$

由式（7.20）～式（7.22）得到误差动态方程：

$$\ddot{e} + b_1\dot{e} + b_2 e = br - au + (a_1 - b_1)\dot{\theta} + (a_2 - b_2)\theta \tag{7.23}$$

定义 $\boldsymbol{\varepsilon} = \begin{bmatrix} e & \dot{e} \end{bmatrix}^T$，则得到误差状态方程如下：

$$\dot{\boldsymbol{\varepsilon}} = \boldsymbol{A}\boldsymbol{\varepsilon} - \begin{bmatrix} 0 \\ a \end{bmatrix} u + \begin{bmatrix} 0 \\ \Delta \end{bmatrix} \tag{7.24}$$

式中，$\Delta = br + (a_1 - b_1)\dot{\theta} + (a_2 - b_2)\theta$；$\boldsymbol{A} = \begin{bmatrix} 0 & 1 \\ -b_2 & -b_1 \end{bmatrix}$。

7.5.2 控制律的设计与分析

通过 b_1 和 b_2 的设计，使矩阵 $\boldsymbol{A}$ 的特征值具有负实部，则存在对称正定矩阵 $\boldsymbol{P}$ 和 $\boldsymbol{Q}$，使得下式成立。

$$\boldsymbol{A}^T\boldsymbol{P} + \boldsymbol{P}\boldsymbol{A} = -\boldsymbol{Q} \tag{7.25}$$

取 PD 形式定义控制项为

$$\hat{e} = p_{21}e + p_{22}\dot{e} \tag{7.26}$$

式中，$\begin{bmatrix} p_{21} & p_{22} \end{bmatrix} = \begin{bmatrix} 0 & 1 \end{bmatrix}\begin{bmatrix} p_{11} & p_{12} \\ p_{21} & p_{22} \end{bmatrix} = \begin{bmatrix} 0 & 1 \end{bmatrix}\boldsymbol{P}$。

前馈加 PD 反馈的形式设计控制律为

$$u = k_0 r + k_1\theta + k_2\dot{\theta} \tag{7.27}$$

将控制律（7.27）代入式（7.23）得

$$\ddot{e} + a_1\dot{e} + a_2 e = br - a(k_0 r + k_1\theta + k_2\dot{\theta}) + (a_1 - b_1)\dot{\theta} + (a_2 - b_2)\theta$$
$$= br - ak_0 r - ak_1\theta - ak_2\dot{\theta} + (a_1 - b_1)\dot{\theta} + (a_2 - b_2)\theta \quad (7.28)$$
$$= (b - ak_0)r + (a_2 - b_2 - ak_1)\theta + (a_1 - b_1 - ak_2)\dot{\theta}$$

在式（7.28）中，为保证 $\varepsilon \to 0$，并实现未知参数 a、a_1 和 a_2 的自适应控制，设计 Lyapunov 函数为[3]

$$V = \frac{1}{2}\boldsymbol{\varepsilon}^{\mathrm{T}}\boldsymbol{P}\boldsymbol{\varepsilon} + \frac{1}{2\lambda_0 a}(b - ak_0)^2 + \frac{1}{2\lambda_1 a}(a_2 - b_2 - ak_1)^2 + \frac{1}{2\lambda_2 a}(a_1 - b_1 - ak_2)^2$$

式中，$\lambda_i > 0;\ i = 0,1,2$。

对 V 取导数，由于

$$\left(\frac{1}{2}\boldsymbol{\varepsilon}^{\mathrm{T}}\boldsymbol{P}\boldsymbol{\varepsilon}\right)' = \frac{1}{2}\boldsymbol{\varepsilon}^{\mathrm{T}}(\boldsymbol{A}^{\mathrm{T}}\boldsymbol{P} + \boldsymbol{P}\boldsymbol{A})\boldsymbol{\varepsilon} + \boldsymbol{\varepsilon}^{\mathrm{T}}\boldsymbol{P}\begin{bmatrix}0\\1\end{bmatrix}(\varDelta - au)$$

考虑到式（7.25），且

$$\boldsymbol{\varepsilon}^{\mathrm{T}}\boldsymbol{P}\begin{bmatrix}0\\1\end{bmatrix} = \begin{bmatrix}0 & 1\end{bmatrix}\boldsymbol{P}\boldsymbol{\varepsilon} = \begin{bmatrix}p_{21} & p_{22}\end{bmatrix}\boldsymbol{\varepsilon} = \begin{bmatrix}p_{21} & p_{22}\end{bmatrix}\begin{bmatrix}e & \dot{e}\end{bmatrix}^{\mathrm{T}} = \hat{e}$$

则

$$\dot{V} = -\frac{1}{2}\boldsymbol{\varepsilon}^{\mathrm{T}}\boldsymbol{Q}\boldsymbol{\varepsilon} + \hat{e}(\varDelta - au) - \frac{\dot{k}_0}{\lambda_0}(b - ak_0) - \frac{\dot{k}_1}{\lambda_1}(a_2 - b_2 - ak_1) - \frac{\dot{k}_2}{\lambda_2}(a_1 - b_1 - ak_2)$$

将式（7.24）中的 $\varDelta$ 项和控制律式（7.27）代入上式，得

$$\hat{e}(\varDelta - au) = \hat{e}r(b - ak_0) + \hat{e}\theta(a_2 - b_2 - ak_1) + \hat{e}\dot{\theta}(a_1 - b_1 - ak_2)$$

则

$$\dot{V} = -\frac{1}{2}\boldsymbol{\varepsilon}^{\mathrm{T}}\boldsymbol{Q}\boldsymbol{\varepsilon} + \left(\hat{e}r - \frac{\dot{k}_0}{\lambda_0}\right)(b - ak_0) + \left(\hat{e}\theta - \frac{\dot{k}_1}{\lambda_1}\right)(a_2 - b_2 - ak_1) + \left(\hat{e}\dot{\theta} - \frac{\dot{k}_2}{\lambda_2}\right)(a_1 - b_1 - ak_2)$$

设计自适应律为

$$\dot{k}_0 = \lambda_0 \hat{e} r \quad (7.29\text{a})$$
$$\dot{k}_1 = \lambda_1 \hat{e}\theta \quad (7.29\text{b})$$
$$\dot{k}_2 = \lambda_2 \hat{e}\dot{\theta} \quad (7.29\text{c})$$

将以上三式代入 $\dot{V}$ 中，得

$$\dot{V} = -\frac{1}{2}\boldsymbol{\varepsilon}^{\mathrm{T}}\boldsymbol{Q}\boldsymbol{\varepsilon} \leqslant 0$$

当且仅当 $\varepsilon = 0$ 时，$\dot{V} = 0$，即当 $\dot{V} \equiv 0$ 时，$\varepsilon \equiv 0$。根据 LaSalle 不变性原理[1]，闭环系统为渐进稳定，当 $t \to \infty$ 时，$\varepsilon \to 0$，即 $e \to 0$，$\dot{e} \to 0$。系统的收敛速度取决于 $\boldsymbol{Q}$。

7.5.3 仿真实例

设被控对象为

$$\ddot{\theta} + 20\dot{\theta} + 25\theta = 133u$$

参考模型为

$$\ddot{\theta}_m + 20\dot{\theta}_m + 30\theta_m = 50r$$

则 $A = \begin{bmatrix} 0 & 1 \\ -b_2 & -b_1 \end{bmatrix} = \begin{bmatrix} 0 & 1 \\ -30 & -20 \end{bmatrix}$，在 MATLAB 下，运行 eig($A$) 可得 A 的特征值为 -1.6334 和 -18.3666。

指令信号分两种，当 $S=1$ 时为方波，当 $S=2$ 时为正弦。取 $S=1$，即指令信号为方波，MATLAB 表示为 $r = \text{sgn}(\sin(0.1\pi t))$，控制器参数取 $\lambda_0 = \lambda_1 = \lambda_2 = 200$，取 $Q = \begin{bmatrix} 20 & 10 \\ 10 & 20 \end{bmatrix}$。

采用 M 语言进行仿真，可得 $P = \begin{bmatrix} 12.1667 & 0.3333 \\ 0.3333 & 0.5167 \end{bmatrix}$。仿真中，被控对象初始状态取为 [0.5, 0]，参考模型初始状态取为 [0, 0]。

采用控制律式（7.27）和自适应律式（7.29），自适应参数 k_0、k_1、k_2 的初始状态取为 [0, 0, 0]。仿真结果如图 7-13～图 7-15 所示，图 7-13 所示为参考模型位置跟踪及跟踪误差，图 7-14 所示为控制器输出，图 7-15 所示为控制器参数 k_0、k_1、k_2 的自适应变化过程。还可以采用 Simulink 实现控制系统的仿真，程序附后。

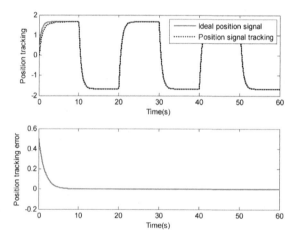

图 7-13 位置跟踪及跟踪误差

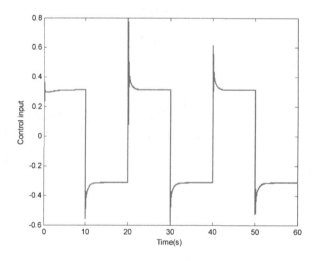

图 7-14 控制器输出信号

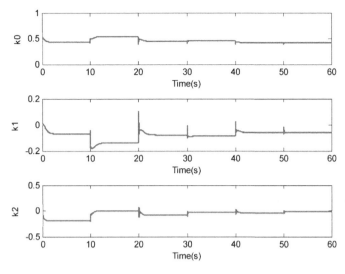

图 7-15　k_0、k_1、k_2 的变化过程

〖仿真程序〗

（1）M 语言仿真

① 主程序：chap7_5.m。

```
%Adaptive Robust Control Based on PD Term
clear all;
close all;
global S

ts=0.001;
TimeSet=[0:ts:60];
b1=20;b2=30;b=50;
Am=[0,1;-b2,-b1];
eig(Am)
Q=[20,10;10,20];

P=lyap(Am',Q);
p12=P(1,2);
p22=P(2,2);
para=[b1,b2,b,p12,p22];

[t,y]=ode45('chap7_5plant',TimeSet,[0.5 0 0 0 0 0 0],[],para);
k0=y(:,5);
k1=y(:,6);
k2=y(:,7);

switch S
case 1
    r=1.0*sign(sin(0.05*t*2*pi));     %Square Signal
case 2
```

```
        r=1.0*sin(1.0*t*2*pi);              %Sin Signal
end
u=k0.*r+k1.*y(:,3)+k2.*y(:,4);

figure(1);
subplot(211);
plot(t,y(:,1),'r',t,y(:,3),'k:','linewidth',2);
xlabel('Time(s)');ylabel('Position tracking');
legend('Ideal position signal','Position signal tracking');
subplot(212);
plot(t,y(:,1)-y(:,3),'r','linewidth',2);
xlabel('Time(s)');ylabel('Position tracking error');

figure(2);
plot(t,u,'r','linewidth',2);
xlabel('Time(s)');ylabel('Control input');

figure(3);
subplot(3,1,1);
plot(t,k0,'r','linewidth',2);
xlabel('Time(s)');ylabel('k0');
subplot(3,1,2);
plot(t,k1,'r','linewidth',2);
xlabel('Time(s)');ylabel('k1');
subplot(3,1,3);
plot(t,k2,'r','linewidth',2);
xlabel('Time(s)');ylabel('k2');
```

② 被控对象子程序：chap7_5plant.m。

```
function dy=DynamicModel(t,y,flag,para)
global S
dy=zeros(7,1);

S=1;
switch S
case 1
    r=1.0*sign(sin(0.05*t*2*pi));      %Square Signal
case 2
    r=1.0*sin(1.0*t*2*pi);             %Sin Signal
end
p12=para(4);
p22=para(5);

e=y(1)-y(3);
de=y(2)-y(4);
eF=p12*e+p22*de;

k0=y(5);
k1=y(6);
```

```
k2=y(7);
u=k0*r+k1*y(3)+k2*y(4);

b1=para(1);b2=para(2);b=para(3);
dy(1)=y(2);          %Reference Model
dy(2)=b*r-b1*y(2)-b2*y(1);

a1=20;a2=25;a=133;
dy(3)=y(4);          %Practical Plant
dy(4)=-a2*y(3)-a1*y(4)+a*u;

dy(5)=200*eF*r;      %k0
dy(6)=200*eF*y(3);   %k1
dy(7)=200*eF*y(4);   %k2
```

（2）Simulink 仿真程序

① 主程序：chap7_6sim.mdl。

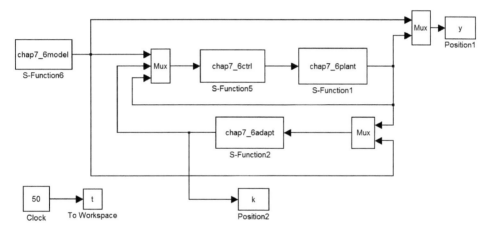

② 参考模型子程序：chap7_6model.m。

```
function [sys,x0,str,ts]=s_function(t,x,u,flag)
switch flag,
case 0,
    [sys,x0,str,ts]=mdlInitializeSizes;
case 1,
    sys=mdlDerivatives(t,x,u);
case 3,
    sys=mdlOutputs(t,x,u);
case {2, 4, 9 }
    sys = [];
otherwise
    error(['Unhandled flag = ',num2str(flag)]);
end
function [sys,x0,str,ts]=mdlInitializeSizes
sizes = simsizes;
sizes.NumContStates  = 2;
```

```
sizes.NumDiscStates  = 0;
sizes.NumOutputs     = 3;
sizes.NumInputs      = 0;
sizes.DirFeedthrough = 1;
sizes.NumSampleTimes = 1;
sys=simsizes(sizes);
x0=[0 0];
str=[];
ts=[-1 0];
function sys=mdlDerivatives(t,x,u)
r=1.0*sign(sin(0.05*t*2*pi));
a0=30;a1=20;b=50;

sys(1)=x(2);
sys(2)=b*r-a1*x(2)-a0*x(1);
function sys=mdlOutputs(t,x,u)
r=1.0*sign(sin(0.05*t*2*pi));
sys(1)=r;
sys(2)=x(1);
sys(3)=x(2);
```

③ 控制器子程序：chap7_6ctrl.m。

```
function [sys,x0,str,ts]=s_function(t,x,u,flag)
switch flag,
case 0,
    [sys,x0,str,ts]=mdlInitializeSizes;
case 3,
    sys=mdlOutputs(t,x,u);
case {1, 2, 4, 9 }
    sys = [];
otherwise
    error(['Unhandled flag = ',num2str(flag)]);
end
function [sys,x0,str,ts]=mdlInitializeSizes
sizes = simsizes;
sizes.NumDiscStates  = 0;
sizes.NumOutputs     = 1;
sizes.NumInputs      = 8;
sizes.DirFeedthrough = 1;
sizes.NumSampleTimes = 1;
sys=simsizes(sizes);
x0=[];
str=[];
ts=[-1 0];
function sys=mdlOutputs(t,x,u)
r=u(1);
k0=u(4);k1=u(5);k2=u(6);
th=u(7);dth=u(8);
```

```
ut=k0*r+k1*th+k2*dth;

sys(1)=ut;
```

④ 自适应律 S 函数子程序：chap7_6adapt.m。

```
function [sys,x0,str,ts]=s_function(t,x,u,flag)
switch flag,
case 0,
    [sys,x0,str,ts]=mdlInitializeSizes;
case 1,
    sys=mdlDerivatives(t,x,u);
case 3,
    sys=mdlOutputs(t,x,u);
case {2, 4, 9 }
    sys = [];
otherwise
    error(['Unhandled flag = ',num2str(flag)]);
end
function [sys,x0,str,ts]=mdlInitializeSizes
sizes = simsizes;
sizes.NumContStates  = 3;
sizes.NumDiscStates  = 0;
sizes.NumOutputs     = 3;
sizes.NumInputs      = 5;
sizes.DirFeedthrough = 1;
sizes.NumSampleTimes = 1;
sys=simsizes(sizes);
x0=[0 0 0];
str=[];
ts=[-1 0];
function sys=mdlDerivatives(t,x,u)
th=u(1);
dth=u(2);
r=u(3);
thm=u(4);
dthm=u(5);
b1=20;b2=30;b=50;
Am=[0,1;-b2,-b1];
eig(Am);
%Q=[10 0;0,10];
Q=[20,10;10,20];
P=lyap(Am',Q);
p12=P(1,2);
p22=P(2,2);

e=thm-th;
de=dthm-dth;
eF=p12*e+p22*de;
```

```
sys(1)=30*eF*r;         %k0
sys(2)=30*eF*th;        %k1
sys(3)=30*eF*dth;       %k2
function sys=mdlOutputs(t,x,u)
sys(1)=x(1);
sys(2)=x(2);
sys(3)=x(3);
```

⑤ 被控对象 S 函数子程序：chap7_6plant.m。

```
function [sys,x0,str,ts]=s_function(t,x,u,flag)
switch flag,
case 0,
    [sys,x0,str,ts]=mdlInitializeSizes;
case 1,
    sys=mdlDerivatives(t,x,u);
case 3,
    sys=mdlOutputs(t,x,u);
case {2, 4, 9 }
    sys = [];
otherwise
    error(['Unhandled flag = ',num2str(flag)]);
end
function [sys,x0,str,ts]=mdlInitializeSizes
sizes = simsizes;
sizes.NumContStates  = 2;
sizes.NumDiscStates  = 0;
sizes.NumOutputs     = 2;
sizes.NumInputs      = 1;
sizes.DirFeedthrough = 1;
sizes.NumSampleTimes = 1;
sys=simsizes(sizes);
x0=[0.5 0];
str=[];
ts=[-1 0];
function sys=mdlDerivatives(t,x,u)
a1=20;a2=25;a=133;
ut=u(1);
sys(1)=x(2);
sys(2)=-a1*x(2)-a2*x(1)+a*ut;
function sys=mdlOutputs(t,x,u)
sys(1)=x(1);
sys(2)=x(2);
```

⑥ 作图程序：chap7_6plot.m。

```
close all;

figure(1);
subplot(211);
```

```
plot(t,y(:,2),'r',t,y(:,4),'b:','linewidth',2);
xlabel('time(s)');ylabel('position tracking');
legend('Ideal position signal','Position signal tracking');
subplot(212);
plot(t,y(:,3),'r',t,y(:,5),'b:','linewidth',2);
xlabel('time(s)');ylabel('speed tracking');
legend('Ideal speed signal','Speed signal tracking');

figure(2);
subplot(311);
plot(t,k(:,1),'r','linewidth',2);
xlabel('time(s)');ylabel('k0');
subplot(312);
plot(t,k(:,2),'r','linewidth',2);
xlabel('time(s)');ylabel('k1');
subplot(313);
plot(t,k(:,3),'r','linewidth',2);
xlabel('time(s)');ylabel('k2');
```

参 考 文 献

[1] LASALLE J, LEFSCHETZ S. Stability by Lyapunov's direct method[M]. New York: Academic Press, 1961.

[2] HODEL A S, HALL C E. Variable-structure PID control to prevent integrator windup[J]. IEEE Transactions on Industrial Electronics, 2001, 48(2):442-451.

[3] 刘强，扈宏杰，刘金琨，等. 高精度飞行仿真转台的鲁棒自适应控制[J]. 系统工程与电子技术, 2001, 23(10):35-38.

第 8 章 模糊 PD 控制和专家 PID 控制

模糊控制是一种基于规则的控制,它直接采用语言型控制规则,出发点是现场操作人员的控制经验或相关专家的知识,在设计中不需要建立被控对象的精确的数学模型,因而使得控制机理和策略易于接受与理解,设计简单,便于应用。基于模糊原理的模糊系统具有万能逼近的特点。

本章内容包括两个部分:一是利用模糊规则调节实现 PID 的整定,二是利用模糊系统的万能逼近理论逼近被控对象的未知项,实现控制补偿,提高 PID 控制的性能。

8.1 倒立摆稳定的 PD 控制

8.1.1 系统描述

考虑如下 2 阶非线性系统:

$$\dot{x} = f(x) + g(x)u \tag{8.1}$$

式中,f 和 g 为已知非线性函数;$u \in R$ 和 $\theta \in R$ 分别为系统的输入。

8.1.2 控制律设计

设位置指令为 θ_d,实际位置为 θ,取误差为 $e = \theta_d - \theta$,取控制律为

$$u = \frac{1}{g(x)}\left[-f(x) + \ddot{\theta}_d + k_p e + k_d \dot{e}\right] \tag{8.2}$$

式中,$x = [\theta \ \dot{\theta}]^T$。

将式(8.2)代入式(8.1),得到闭环控制系统的方程:

$$\ddot{e} + k_d \dot{e} + k_p e = 0 \tag{8.3}$$

通过 k_p 和 k_d 的选取,可得 $t \to \infty$ 时,$e(t) \to 0$,$\dot{e}(t) \to 0$,即系统的输出 θ 和 $\dot{\theta}$ 渐进地收敛于理想输出 θ_d 和 $\dot{\theta}_d$。

如果非线性函数 $f(x)$ 是已知的,则可以选择控制 u 来消除其非线性的性质,然后再根据线性控制理论设计控制器。

选择 k_p 和 k_d,使多项式 $s^2 + k_d s + k_p$ 的所有根部都在复平面左半开平面上,即需要使 $s^2 + k_d s + k_p = 0$ 的根为负。

对于任意负根为 $-\lambda (\lambda > 0)$,有 $(s+\lambda)^2 = 0$,可得 $s^2 + 2\lambda s + \lambda^2 = 0$,则可设计 $k_d = 2\lambda$,$k_p = \lambda^2$。

8.1.3 仿真实例

被控对象取单级倒立摆，其动态方程如下：

$$\dot{x}_1 = x_2$$
$$\dot{x}_2 = f(\boldsymbol{x}) + g(\boldsymbol{x})u$$

式中，$f(\boldsymbol{x}) = \dfrac{g\sin x_1 - mlx_2^2 \cos x_1 \sin x_1 / (m_c + m)}{l(4/3 - m\cos^2 x_1 / (m_c + m))}$；$g(\boldsymbol{x}) = \dfrac{\cos x_1 / (m_c + m)}{l(4/3 - m\cos^2 x_1 / (m_c + m))}$；$x_1$ 和 x_2 分别为摆角和摆速；$g=9.8\text{m/s}^2$；m_c 为小车质量，$m_c = 1\text{kg}$；m 为摆杆质量，$m = 0.1\text{kg}$；l 为摆长的一半，$l = 0.5\text{m}$；u 为控制输入。

位置指令为 $x_d(t) = 0.1\sin(t)$。倒立摆初始状态为 $[\pi/60, 0]$，采用控制律式（8.2），取 $\lambda = 5$，则有 $k_p = 25$，$k_d = 10$。摆角跟踪和控制输入信号仿真结果如图 8-1 和图 8-2 所示。

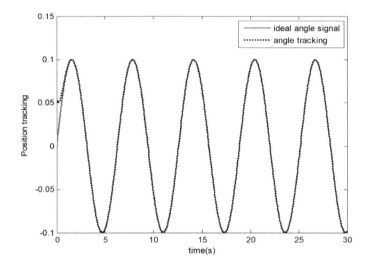

图 8-1 摆角跟踪

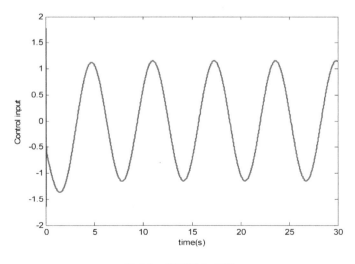

图 8-2 控制输入信号

〖仿真程序〗

(1) Simulink 主程序:chap8_1sim.mdl

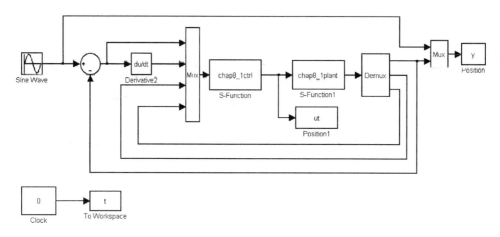

(2) 控制器 S 函数:chap8_1ctrl.m

```
function [sys,x0,str,ts] = spacemodel(t,x,u,flag)
switch flag,
case 0,
    [sys,x0,str,ts]=mdlInitializeSizes;
case 1,
    sys=mdlDerivatives(t,x,u);
case 3,
    sys=mdlOutputs(t,x,u);
case {1,2,4,9}
    sys=[];
otherwise
    error(['Unhandled flag = ',num2str(flag)]);
end
function [sys,x0,str,ts]=mdlInitializeSizes
global c bn
sizes = simsizes;
sizes.NumContStates  = 0;
sizes.NumDiscStates  = 0;
sizes.NumOutputs     = 1;
sizes.NumInputs      = 4;
sizes.DirFeedthrough = 1;
sizes.NumSampleTimes = 0;
sys = simsizes(sizes);
x0  = [];
str = [];
ts  = [];
function sys=mdlOutputs(t,x,u)
xd=0.1*sin(t);
dxd=0.1*cos(t);
ddxd=-0.1*sin(t);
```

```
e=u(1);
de=u(2);
fx=u(3);
gx=u(4);

kp=25;
kd=10;
ut=1/gx*(-fx+ddxd+kp*e+kd*de);

sys(1)=ut;
```

(3) 被控对象 S 函数：chap8_1plant.m

```
function [sys,x0,str,ts]=s_function(t,x,u,flag)
switch flag,
case 0,
    [sys,x0,str,ts]=mdlInitializeSizes;
case 1,
    sys=mdlDerivatives(t,x,u);
case 3,
    sys=mdlOutputs(t,x,u);
case {2, 4, 9 }
    sys = [];
otherwise
    error(['Unhandled flag = ',num2str(flag)]);
end
function [sys,x0,str,ts]=mdlInitializeSizes
sizes = simsizes;
sizes.NumContStates  = 2;
sizes.NumDiscStates  = 0;
sizes.NumOutputs     = 3;
sizes.NumInputs      = 1;
sizes.DirFeedthrough = 0;
sizes.NumSampleTimes = 0;
sys=simsizes(sizes);
x0=[pi/60 0];
str=[];
ts=[];
function sys=mdlDerivatives(t,x,u)
g=9.8;mc=1.0;m=0.1;l=0.5;
S=l*(4/3-m*(cos(x(1)))^2/(mc+m));
fx=g*sin(x(1))-m*l*x(2)^2*cos(x(1))*sin(x(1))/(mc+m);
fx=fx/S;
gx=cos(x(1))/(mc+m);
gx=gx/S;

sys(1)=x(2);
sys(2)=fx+gx*u;
function sys=mdlOutputs(t,x,u)
```

```
g=9.8;mc=1.0;m=0.1;l=0.5;
S=l*(4/3-m*(cos(x(1)))^2/(mc+m));
fx=g*sin(x(1))-m*l*x(2)^2*cos(x(1))*sin(x(1))/(mc+m);
fx=fx/S;
gx=cos(x(1))/(mc+m);
gx=gx/S;

sys(1)=x(1);
sys(2)=fx;
sys(3)=gx;
```

(4)作图程序：chap8_1plot.m

```
close all;

figure(1);
plot(t,y(:,1),'r',t,y(:,2),'k:','linewidth',2);
xlabel('time(s)');ylabel('Position tracking');
legend('ideal angle signal','angle tracking');

figure(2);
plot(t,ut(:,1),'r','linewidth',2);
xlabel('time(s)');ylabel('Control input');
```

8.2 基于自适应模糊补偿的倒立摆 PD 控制

8.2.1 问题描述

考虑如下 2 阶非线性系统：

$$\ddot{x} = f(x,\dot{x}) + g(x,\dot{x})u \tag{8.4}$$

式中，f 为未知非线性函数，代表建模不确定部分或干扰；g 为已知非线性函数；$u \in R^n$ 和 $y \in R^n$ 分别为系统的输入和输出。

式（8.4）还可写为

$$\begin{aligned}\dot{x}_1 &= x_2 \\ \dot{x}_2 &= f(x_1,x_2) + g(x_1,x_2)u \\ y &= x_1\end{aligned} \tag{8.5}$$

设位置指令为 x_d，令

$$e = x_d - y = x_d - x_1, \quad \boldsymbol{E} = \begin{pmatrix} e & \dot{e} \end{pmatrix}^T$$

定义 $\boldsymbol{K} = \begin{bmatrix} k_p & k_d \end{bmatrix}^T$，使多项式 $s^2 + k_d s + k_p = 0$ 的所有根部都在复平面左半开平面上。取控制律为

$$u^* = \frac{1}{g(\boldsymbol{x})}\Big[-f(\boldsymbol{x}) + \ddot{x}_\mathrm{d} + \boldsymbol{K}^\mathrm{T}\boldsymbol{E}\Big] \tag{8.6}$$

将式（8.6）代入式（8.4），得到闭环控制系统的方程：

$$\ddot{e} + k_\mathrm{d}\dot{e} + k_\mathrm{p}e = 0 \tag{8.7}$$

由 $\boldsymbol{K}$ 的选取，可得 $t \to \infty$ 时 $e(t) \to 0$，$\dot{e}(t) \to 0$，即系统的输出 y 及其导数渐进地收敛于理想输出 x_d 及其导数。

如果非线性函数 $f(\boldsymbol{x})$ 是已知的，则可以选择控制 u 来消除其非线性的性质，然后再根据线性控制理论设计控制器。

8.2.2 自适应模糊控制器设计与分析

如果 $f(\boldsymbol{x})$ 未知，控制律式（8.6）很难实现。可采用模糊系统 $\hat{f}(\boldsymbol{x})$ 代替 $f(\boldsymbol{x})$，实现自适应模糊补偿。

1. 基本的模糊系统

以 $\hat{f}(\boldsymbol{x}|\boldsymbol{\theta}_f)$ 来逼近 $f(\boldsymbol{x})$ 为例，可用以下两步构造模糊系统 $\hat{f}(\boldsymbol{x}|\boldsymbol{\theta}_f)$[1]。

步骤 1：对变量 x_i ($i=1,2$)，定义 p_i 个模糊集合 $A_i^{l_i}$ ($l_i = 1,2,\cdots,p_i$)。

步骤 2：采用以下 $\prod_{i=1}^{2} p_i$ 条模糊规则来构造模糊系统 $\hat{f}(\boldsymbol{x}|\boldsymbol{\theta}_f)$。

$$R^{(j)}:\ \text{IF}\ x_1\ \text{is}\ A_1^{l_1}\ \text{AND}\ x_2\ \text{is}\ A_1^{l_2}\ \text{THEN}\ \hat{f}\ \text{is}\ E^{l_1 l_2} \tag{8.8}$$

式中，$l_i = 1,2$，$i = 1,2$。

采用乘积推理机、单值模糊器和中心平均解模糊器，则模糊系统的输出为

$$\hat{f}(\boldsymbol{x}|\boldsymbol{\theta}_f) = \frac{\sum_{l_1=1}^{p_1}\sum_{l_2=1}^{p_2}\overline{y}_f^{l_1 l_2}\left(\prod_{i=1}^{2}\mu_{A_i^{l_i}}(x_i)\right)}{\sum_{l_1=1}^{p_1}\sum_{l_2=1}^{p_2}\left(\prod_{i=1}^{2}\mu_{A_i^{l_i}}(x_i)\right)} \tag{8.9}$$

式中，$\mu_{A_i^{l_i}}(x_i)$ 为 x_i 的隶属函数。

令 $\overline{y}_f^{l_1 l_2}$ 是自由参数，放在集合 $\boldsymbol{\theta}_f \in R^{\prod_{i=1}^{2} p_i}$ 中。引入列向量 $\boldsymbol{\xi}(\boldsymbol{x})$，式（8.9）变为

$$\hat{f}(\boldsymbol{x}|\boldsymbol{\theta}_f) = \boldsymbol{\theta}_f^\mathrm{T}\boldsymbol{\xi}(\boldsymbol{x}) \tag{8.10}$$

式中，$\boldsymbol{\xi}(\boldsymbol{x})$ 为 $\prod_{i=1}^{2} p_i$ 维列向量，其第 l_1,l_2 个元素为

$$\xi_{l_1 l_2}(\boldsymbol{x}) = \frac{\prod_{i=1}^{2}\mu_{A_i^{l_i}}(x_i)}{\sum_{l_1=1}^{p_1}\sum_{l_2=1}^{p_2}\left(\prod_{i=1}^{2}\mu_{A_i^{l_i}}(x_i)\right)} \tag{8.11}$$

2. 自适应控制器的设计

采用模糊系统逼近 f，则控制律式（8.6）变为

$$u = \frac{1}{g(\boldsymbol{x})}\left[-\hat{f}(\boldsymbol{x}|\boldsymbol{\theta}_f) + \ddot{x}_d + \boldsymbol{K}^\mathrm{T}\boldsymbol{E}\right] \tag{8.12}$$

$$\hat{f}(\boldsymbol{x}|\boldsymbol{\theta}_f) = \boldsymbol{\theta}_f^\mathrm{T}\boldsymbol{\xi}(\boldsymbol{x}) \tag{8.13}$$

式中，$\xi(\boldsymbol{x})$ 为模糊向量；参数 θ_f 根据自适应律而变化。

设计自适应律为

$$\dot{\boldsymbol{\theta}}_f = -\gamma \boldsymbol{E}^\mathrm{T}\boldsymbol{Pb}\boldsymbol{\xi}(\boldsymbol{x}) \tag{8.14}$$

8.2.3 稳定性分析

将式（8.12）代入式（8.4），可得如下模糊控制系统的闭环动态方程：

$$\ddot{e} = -\boldsymbol{K}^\mathrm{T}\boldsymbol{E} + \left[\hat{f}(\boldsymbol{x}|\boldsymbol{\theta}_f) - f(\boldsymbol{x})\right] \tag{8.15}$$

令

$$\boldsymbol{\Lambda} = \begin{bmatrix} 0 & 1 \\ -k_\mathrm{p} & -k_\mathrm{d} \end{bmatrix}, \quad \boldsymbol{b} = \begin{bmatrix} 0 \\ 1 \end{bmatrix} \tag{8.16}$$

则动态方程（8.15）可写为向量形式：

$$\dot{\boldsymbol{E}} = \boldsymbol{\Lambda}\boldsymbol{E} + \boldsymbol{b}\left[\hat{f}(\boldsymbol{x}|\boldsymbol{\theta}_f) - f(\boldsymbol{x})\right] \tag{8.17}$$

设最优参数为

$$\boldsymbol{\theta}_f^* = \arg\min\left[\sup\left|\hat{f}(\boldsymbol{x}|\boldsymbol{\theta}_f) - f(\boldsymbol{x})\right|\right] \tag{8.18}$$

式中，Ω_f 为 θ_f 的集合，$\theta_f \in \Omega_f$。

定义最小逼近误差为

$$\omega = \hat{f}(\boldsymbol{x}|\boldsymbol{\theta}_f^*) - f(\boldsymbol{x}) \tag{8.19}$$

式（8.17）可写为

$$\dot{\boldsymbol{E}} = \boldsymbol{\Lambda}\boldsymbol{E} + \boldsymbol{b}\left\{\left[\hat{f}(\boldsymbol{x}|\boldsymbol{\theta}_f) - \hat{f}(\boldsymbol{x}|\boldsymbol{\theta}_f^*)\right] + \omega\right\} \tag{8.20}$$

将式（8.13）代入式（8.20），可得闭环动态方程：

$$\dot{\boldsymbol{E}} = \boldsymbol{\Lambda}\boldsymbol{E} + \boldsymbol{b}\left[\left(\boldsymbol{\theta}_f - \boldsymbol{\theta}_f^*\right)^\mathrm{T}\boldsymbol{\xi}(\boldsymbol{x}) + \omega\right] \tag{8.21}$$

该方程清晰地描述了跟踪误差和控制参数 θ_f 之间的关系。自适应律的任务是为 θ_f 确定一个调节机理，使得跟踪误差 $\boldsymbol{E}$ 和参数误差 $\theta_f - \theta_f^*$ 达到最小。

定义 Lyapunov 函数：

$$V = \frac{1}{2}\boldsymbol{E}^\mathrm{T}\boldsymbol{PE} + \frac{1}{2\gamma}\left(\boldsymbol{\theta}_f - \boldsymbol{\theta}_f^*\right)^\mathrm{T}\left(\boldsymbol{\theta}_f - \boldsymbol{\theta}_f^*\right) \tag{8.22}$$

式中，γ 为正常数；P 为一个正定矩阵且满足 Lyapunov 方程。

$$\Lambda^\mathrm{T} P + P\Lambda = -Q \tag{8.23}$$

式中，Q 为一个任意的 2×2 正定矩阵；Λ 由式（8.16）给出。

取 $V_1 = \dfrac{1}{2}\boldsymbol{E}^\mathrm{T}\boldsymbol{P}\boldsymbol{E}$，$V_2 = \dfrac{1}{2\gamma}\left(\theta_f - \theta_f^*\right)^\mathrm{T}\left(\theta_f - \theta_f^*\right)$。为了描述方便，令 $M = b\left[\left(\theta_f - \theta_f^*\right)^\mathrm{T}\xi(\boldsymbol{x}) + \omega\right]$，则式（8.21）变为

$$\dot{\boldsymbol{E}} = \Lambda \boldsymbol{E} + M$$

则

$$\begin{aligned}
\dot{V}_1 &= \frac{1}{2}\dot{\boldsymbol{E}}^\mathrm{T}\boldsymbol{P}\boldsymbol{E} + \frac{1}{2}\boldsymbol{E}^\mathrm{T}\boldsymbol{P}\dot{\boldsymbol{E}} = \frac{1}{2}\left(\boldsymbol{E}^\mathrm{T}\Lambda^\mathrm{T} + M^\mathrm{T}\right)\boldsymbol{P}\boldsymbol{E} + \frac{1}{2}\boldsymbol{E}^\mathrm{T}\boldsymbol{P}\left(\Lambda\boldsymbol{E} + M\right) \\
&= \frac{1}{2}\boldsymbol{E}^\mathrm{T}\left(\Lambda^\mathrm{T}\boldsymbol{P} + \boldsymbol{P}\Lambda\right)\boldsymbol{E} + \frac{1}{2}M^\mathrm{T}\boldsymbol{P}\boldsymbol{E} + \frac{1}{2}\boldsymbol{E}^\mathrm{T}\boldsymbol{P}M \\
&= -\frac{1}{2}\boldsymbol{E}^\mathrm{T}\boldsymbol{Q}\boldsymbol{E} + \frac{1}{2}\left(M^\mathrm{T}\boldsymbol{P}\boldsymbol{E} + \boldsymbol{E}^\mathrm{T}\boldsymbol{P}M\right) = -\frac{1}{2}\boldsymbol{E}^\mathrm{T}\boldsymbol{Q}\boldsymbol{E} + \boldsymbol{E}^\mathrm{T}\boldsymbol{P}M
\end{aligned}$$

将 M 代入上式，并考虑 $\boldsymbol{E}^\mathrm{T}\boldsymbol{P}\boldsymbol{b}\left(\theta_f - \theta_f^*\right)^\mathrm{T}\xi(\boldsymbol{x}) = \left(\theta_f - \theta_f^*\right)^\mathrm{T}\left[\boldsymbol{E}^\mathrm{T}\boldsymbol{P}\boldsymbol{b}\xi(\boldsymbol{x})\right]$，得

$$\begin{aligned}
\dot{V}_1 &= -\frac{1}{2}\boldsymbol{E}^\mathrm{T}\boldsymbol{Q}\boldsymbol{E} + \boldsymbol{E}^\mathrm{T}\boldsymbol{P}\boldsymbol{b}\left(\theta_f - \theta_f^*\right)^\mathrm{T}\xi(\boldsymbol{x}) + \boldsymbol{E}^\mathrm{T}\boldsymbol{P}\boldsymbol{b}\omega \\
&= -\frac{1}{2}\boldsymbol{E}^\mathrm{T}\boldsymbol{Q}\boldsymbol{E} + \left(\theta_f - \theta_f^*\right)^\mathrm{T}\boldsymbol{E}^\mathrm{T}\boldsymbol{P}\boldsymbol{b}\xi(\boldsymbol{x}) + \boldsymbol{E}^\mathrm{T}\boldsymbol{P}\boldsymbol{b}\omega
\end{aligned}$$

$$\dot{V}_2 = \frac{1}{\gamma}\left(\theta_f - \theta_f^*\right)^\mathrm{T}\dot{\theta}_f$$

V 的导数为

$$\dot{V} = \dot{V}_1 + \dot{V}_2 = -\frac{1}{2}\boldsymbol{E}^\mathrm{T}\boldsymbol{Q}\boldsymbol{E} + \boldsymbol{E}^\mathrm{T}\boldsymbol{P}\boldsymbol{b}\omega + \frac{1}{\gamma}\left(\theta_f - \theta_f^*\right)^\mathrm{T}\left[\dot{\theta}_f + \gamma\boldsymbol{E}^\mathrm{T}\boldsymbol{P}\boldsymbol{b}\xi(\boldsymbol{x})\right]$$

将自适应律式（8.14）代入上式，得

$$\dot{V} = -\frac{1}{2}\boldsymbol{E}^\mathrm{T}\boldsymbol{Q}\boldsymbol{E} + \boldsymbol{E}^\mathrm{T}\boldsymbol{P}\boldsymbol{b}\omega$$

由于 $-\dfrac{1}{2}\boldsymbol{E}^\mathrm{T}\boldsymbol{Q}\boldsymbol{E} \leqslant 0$，通过选取 Q 和最小逼近误差 ω 非常小的模糊系统，可实现 $\dot{V} \leqslant 0$。

由于 $2\boldsymbol{E}^\mathrm{T}\boldsymbol{P}\boldsymbol{b}w \leqslant d\left(\boldsymbol{E}^\mathrm{T}\boldsymbol{P}\boldsymbol{b}\right)\left(\boldsymbol{E}^\mathrm{T}\boldsymbol{P}\boldsymbol{b}\right)^\mathrm{T} + \dfrac{1}{d}w^2$，其中，$d > 0$，则

$$\boldsymbol{E}^\mathrm{T}\boldsymbol{P}\boldsymbol{b}w \leqslant \frac{d}{2}\left(\boldsymbol{E}^\mathrm{T}\boldsymbol{P}\boldsymbol{b}\right)\left(\boldsymbol{E}^\mathrm{T}\boldsymbol{P}\boldsymbol{b}\right)^\mathrm{T} + \frac{1}{2d}w^2 = \frac{d}{2}\boldsymbol{E}^\mathrm{T}\left(\boldsymbol{P}\boldsymbol{b}\boldsymbol{b}^\mathrm{T}\boldsymbol{P}^\mathrm{T}\right)\boldsymbol{E} + \frac{1}{2d}w^2$$

$$\begin{aligned}
\dot{V} &\leqslant -\frac{1}{2}\boldsymbol{E}^\mathrm{T}\boldsymbol{Q}\boldsymbol{E} + \frac{d}{2}\boldsymbol{E}^\mathrm{T}\left(\boldsymbol{P}\boldsymbol{b}\boldsymbol{b}^\mathrm{T}\boldsymbol{P}^\mathrm{T}\right)\boldsymbol{E} + \frac{1}{2d}w^2 = -\frac{1}{2}\boldsymbol{E}^\mathrm{T}\left(\boldsymbol{Q} - d\left(\boldsymbol{P}\boldsymbol{b}\boldsymbol{b}^\mathrm{T}\boldsymbol{P}^\mathrm{T}\right)\right)\boldsymbol{E} + \frac{1}{2d}w^2 \\
&\leqslant -\frac{1}{2}l_{\min}\left(\boldsymbol{Q} - d\left(\boldsymbol{P}\boldsymbol{b}\boldsymbol{b}^\mathrm{T}\boldsymbol{P}^\mathrm{T}\right)\right)\|\boldsymbol{E}\|^2 + \frac{1}{2d}w_{\max}^2
\end{aligned}$$

其中，$l(\cdot)$ 为矩阵的特征值，$l(\boldsymbol{Q}) > l(d\boldsymbol{P}\boldsymbol{b}\boldsymbol{b}^{\mathrm{T}}\boldsymbol{P}^{\mathrm{T}})$，则满足 $\dot{V} \leqslant 0$ 的收敛性结果为

$$\|\boldsymbol{E}\| \leqslant \frac{|w|_{\max}}{\sqrt{dl_{\min}(\boldsymbol{Q} - d\boldsymbol{P}\boldsymbol{b}\boldsymbol{b}^{\mathrm{T}}\boldsymbol{P}^{\mathrm{T}})}}$$

可见，收敛误差 $\|\boldsymbol{E}\|$ 与 $\boldsymbol{Q}$ 和 $\boldsymbol{P}$ 的特征值、逼近误差 w 有关，$\boldsymbol{Q}$ 特征值越大，$\boldsymbol{P}$ 特征值越小，$|w|_{\max}$ 越小，收敛误差越小。

由于 $V \geqslant 0$，$\dot{V} \leqslant 0$，则当 $t \to \infty$ 时，V 有界，因此，可以证明 θ_f 有界，但无法保证 θ_f 收敛于 θ_f^*，即无法保证 $\hat{f}(\boldsymbol{x})$ 收敛于 $f(\boldsymbol{x})$。

8.2.4 仿真实例

被控对象取单级倒立摆，其动态方程如下：

$$\dot{x}_1 = x_2$$
$$\dot{x}_2 = f(\boldsymbol{x}) + g(\boldsymbol{x})u$$

式中，$f(\boldsymbol{x}) = \dfrac{g\sin x_1 - mlx_2^2 \cos x_1 \sin x_1 / (m_c + m)}{l(4/3 - m\cos^2 x_1 / (m_c + m))}$；$g(\boldsymbol{x}) = \dfrac{\cos x_1 / (m_c + m)}{l(4/3 - m\cos^2 x_1 / (m_c + m))}$；$x_1$ 和 x_2 分别为摆角和摆速；$g = 9.8\text{m/s}^2$；m_c 为小车质量，$m_c = 1\text{kg}$；m 为摆杆质量，$m = 0.1\text{kg}$；l 为摆长的一半，$l = 0.5\text{m}$；u 为控制输入。

位置指令为 $x_d(t) = 0.1\sin(\pi t)$。针对变量 x_1 和 x_2，分别定义 5 个模糊集合，即取 $p_1 = p_2 = 5$，则 $\prod\limits_{i=1}^{2} p_i = p_1 p_2 = 25$。

取以下 5 种隶属函数：

$$\mu_{\mathrm{NM}}(x_i) = \exp\left[-\left((x_i + \pi/6)/(\pi/24)\right)^2\right]$$
$$\mu_{\mathrm{NS}}(x_i) = \exp\left[-\left((x_i + \pi/12)/(\pi/24)\right)^2\right]$$
$$\mu_{\mathrm{Z}}(x_i) = \exp\left[-\left(x_i/(\pi/24)\right)^2\right]$$
$$\mu_{\mathrm{PS}}(x_i) = \exp\left[-\left((x_i - \pi/12)/(\pi/24)\right)^2\right]$$
$$\mu_{\mathrm{PM}}(x_i) = \exp\left[-\left((x_i - \pi/6)/(\pi/24)\right)^2\right]$$

则用于逼近 f 的模糊规则有 25 条。

根据隶属函数设计程序，可得到隶属函数图，如图 8-3 所示。

倒立摆初始状态为 $[\pi/60, 0]$，θ_f 的初始值取 0.10，采用控制律式（8.12），自适应律取式（8.14），取 $\boldsymbol{Q} = \begin{bmatrix} 500 & 0 \\ 0 & 500 \end{bmatrix}$，$k_d = 20$，$k_p = 10$，自适应参数取 $\gamma = 100$。

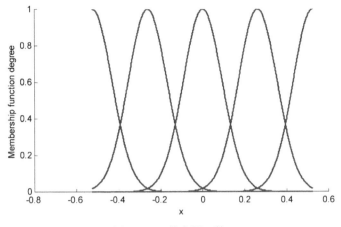

图 8-3 x_i 的隶属函数

在程序中，分别用 FS_2、FS_1 和 FS 表示模糊系统 $\xi(\boldsymbol{x})$ 的分子、分母和 $\xi(\boldsymbol{x})$，角度、角速度跟踪及控制输入信号仿真结果如图 8-4～图 8-6 所示。

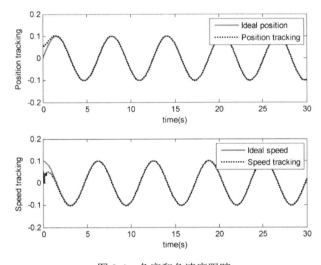

图 8-4 角度和角速度跟踪

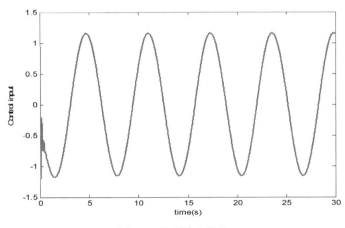

图 8-5 控制输入信号

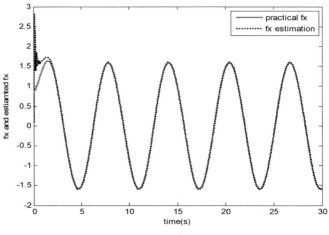

图 8-6 $f(x)$ 及 $\hat{f}(x)$ 的变化

〖仿真程序〗

（1）隶属函数设计程序：chap8_2mf.m

```
clear all;
close all;

L1=-pi/6;
L2=pi/6;
L=L2-L1;

T=L*1/1000;

x=L1:T:L2;
figure(1);
for i=1:1:5
    gs=-[(x+pi/6-(i-1)*pi/12)/(pi/24)].^2;
    u=exp(gs);
    hold on;
    plot(x,u);
end
xlabel('x');ylabel('Membership function degree');
```

（2）Simulink 主程序：chap8_2sim.mdl

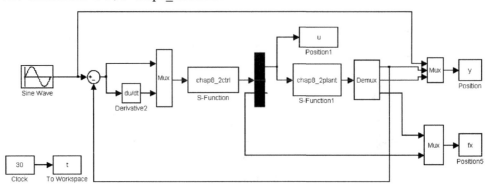

（3）控制器 S 函数：chap8_2ctrl.m

```
function [sys,x0,str,ts] = spacemodel(t,x,u,flag)
switch flag,
case 0,
    [sys,x0,str,ts]=mdlInitializeSizes;
case 1,
    sys=mdlDerivatives(t,x,u);
case 3,
    sys=mdlOutputs(t,x,u);
case {2,4,9}
    sys=[];
otherwise
    error(['Unhandled flag = ',num2str(flag)]);
end

function [sys,x0,str,ts]=mdlInitializeSizes
sizes = simsizes;
sizes.NumContStates  = 25;
sizes.NumDiscStates  = 0;
sizes.NumOutputs     = 2;
sizes.NumInputs      = 2;
sizes.DirFeedthrough = 1;
sizes.NumSampleTimes = 0;
sys = simsizes(sizes);
x0  = [0.1*ones(25,1)];
str = [];
ts  = [];
function sys=mdlDerivatives(t,x,u)
gama=100;
xd=0.1*sin(t);
dxd=0.1*cos(t);
ddxd=-0.1*sin(t);

e=u(1);
de=u(2);
x1=xd-e;
x2=de-dxd;

kp=10;
kd=20;
k=[kp;kd];
E=[e,de]';

for i=1:1:25
    thtaf(i,1)=x(i);
end
%%%%%%%%%%%%%%%%%%%%%%%%%%%%%%%%%%%%%
A=[0 -kp;
   1 -kd];
```

```
Q=[500 0;0 500];
P=lyap(A,Q);
%%%%%%%%%%%%%%%%%%%%%%%%%%%%%%%%%%
FS1=0;
for l1=1:1:5
    gs1=-[(x1+pi/6-(l1-1)*pi/12)/(pi/24)]^2;
    u1(l1)=exp(gs1);
end

for l2=1:1:5
    gs2=-[(x2+pi/6-(l2-1)*pi/12)/(pi/24)]^2;
    u2(l2)=exp(gs2);
end

for l1=1:1:5
    for l2=1:1:5
        FS2(5*(l1-1)+l2)=u1(l1)*u2(l2);
        FS1=FS1+u1(l1)*u2(l2);
    end
end

FS=FS2/(FS1+0.001);

b=[0;1];
S=-gama*E'*P*b*FS;

for i=1:1:25
    sys(i)=S(i);
end

function sys=mdlOutputs(t,x,u)
xd=0.1*sin(t);
dxd=0.1*cos(t);
ddxd=-0.1*sin(t);

e=u(1);
de=u(2);
x1=xd-e;
x2=de-dxd;

kp=10;
kd=20;
k=[kp;kd];
E=[e,de]';

for i=1:1:25
    thtaf(i,1)=x(i);
end
```

```
FS1=0;
for l1=1:1:5
    gs1=-[(x1+pi/6-(l1-1)*pi/12)/(pi/24)]^2;
    u1(l1)=exp(gs1);
end

for l2=1:1:5
    gs2=-[(x2+pi/6-(l2-1)*pi/12)/(pi/24)]^2;
    u2(l2)=exp(gs2);
end

for l1=1:1:5
    for l2=1:1:5
        FS2(5*(l1-1)+l2)=u1(l1)*u2(l2);
        FS1=FS1+u1(l1)*u2(l2);
    end
end
FS=FS2/(FS1+0.001);

fxp=thtaf*FS';
%%%%%%%%%%%
g=9.8;mc=1.0;m=0.1;l=0.5;
S=l*(4/3-m*(cos(x(1)))^2/(mc+m));
gx=cos(x(1))/(mc+m);
gx=gx/S;
%%%%%%%%%%%%%%%
ut=1/gx*(-fxp+ddxd+k'*E);

sys(1)=ut;
sys(2)=fxp;
```

(4) 被控对象 S 函数：chap8_2plant.m

```
function [sys,x0,str,ts]=s_function(t,x,u,flag)
switch flag,
case 0,
    [sys,x0,str,ts]=mdlInitializeSizes;
case 1,
    sys=mdlDerivatives(t,x,u);
case 3,
    sys=mdlOutputs(t,x,u);
case {2, 4, 9 }
    sys = [];
otherwise
    error(['Unhandled flag = ',num2str(flag)]);
end
function [sys,x0,str,ts]=mdlInitializeSizes
sizes = simsizes;
sizes.NumContStates  = 2;
sizes.NumDiscStates  = 0;
```

```
sizes.NumOutputs     = 3;
sizes.NumInputs      = 1;
sizes.DirFeedthrough = 0;
sizes.NumSampleTimes = 0;
sys=simsizes(sizes);
x0=[pi/60 0];
str=[];
ts=[];
function sys=mdlDerivatives(t,x,u)
g=9.8;mc=1.0;m=0.1;l=0.5;
S=l*(4/3-m*(cos(x(1)))^2/(mc+m));
fx=g*sin(x(1))-m*l*x(2)^2*cos(x(1))*sin(x(1))/(mc+m);
fx=fx/S;
gx=cos(x(1))/(mc+m);
gx=gx/S;

sys(1)=x(2);
sys(2)=fx+gx*u;
function sys=mdlOutputs(t,x,u)
g=9.8;
mc=1.0;
m=0.1;
l=0.5;

S=l*(4/3-m*(cos(x(1)))^2/(mc+m));
fx=g*sin(x(1))-m*l*x(2)^2*cos(x(1))*sin(x(1))/(mc+m);
fx=fx/S;
gx=cos(x(1))/(mc+m);
gx=gx/S;

sys(1)=x(1);
sys(2)=x(2);
sys(3)=fx;
```

（5）作图程序：chap8_2plot.m

```
close all;

figure(1);
subplot(211);
plot(t,y(:,1),'r',t,y(:,2),'k:','linewidth',2);
xlabel('time(s)');ylabel('Position tracking');
legend('Ideal position','Position tracking');
subplot(212);
plot(t,0.1*cos(t),'r',t,y(:,3),'k:','linewidth',2);
xlabel('time(s)');ylabel('Speed tracking');
legend('Ideal speed','Speed tracking');

figure(2);
plot(t,u(:,1),'r','linewidth',2);
xlabel('time(s)');ylabel('Control input');
```

```
figure(3);
plot(t,fx(:,1),'r',t,fx(:,2),'k:','linewidth',2);;
xlabel('time(s)');ylabel('fx and estiamted fx');
legend('practical fx','fx estimation');
```

8.3 基于模糊规则表的模糊 PD 控制

8.3.1 基本原理

将跟踪误差和误差变化量作为模糊规则的输入,控制输入作为规则的输出,根据经验构造模糊规则表,可实现无需模型信息的控制。

以误差和误差变化为前提,第 ij 条模糊控制规则的表达形式为

$$\text{Rule } ij: \text{ IF } e = \mu_i \text{ and } \Delta e = \mu_j \text{ THEN } u = u_{ij} \tag{8.24}$$

采用乘积推理机,规则前部分的隶属函数为

$$f_{ij} = \mu_i(e) \cdot \mu_j(\Delta e) \tag{8.25}$$

式中,$\mu_i(e)$ 和 $\mu_j(\Delta e)$ 分别为 e 和 Δe 的隶属度。

采用重心方法进行反模糊化,得到模糊控制器:

$$u = \frac{\sum_{i,j} f_{ij} u_{ij}}{\sum_{i,j} f_{ij}} \tag{8.26}$$

表 8-1 控制规则表

u_{ij}		Δe	
	N	Z	P
e N	u_{11}	u_{12}	u_{13}
e Z	u_{21}	u_{22}	u_{23}
e P	u_{31}	u_{32}	u_{33}

式中,u_{ij} 的值由模糊规则表确定。

模糊规则表中每条规则的输出 u_{ij} 值可由模糊推理或根据经验确定。假设 e 和 Δe 各有 3 个隶属函数,则共有 9 条规则,模糊规则表的形式见表 8-1。

8.3.2 仿真实例

被控对象为

$$G(s) = \frac{133}{s^2 + 25s}$$

位置指令信号为 $\cos t$,采样时间为 1ms,采用 z 变换进行离散化。经过 z 变换后的离散化对象为

$$y(k) = -\text{den}(2)y(k-1) - \text{den}(3)y(k-2) + \text{num}(2)u(k-1) + \text{num}(3)u(k-2)$$

针对误差 e 及误差变化率 Δe,分别采用三个隶属函数进行模糊化,即 $\mu_1(x) = \exp\left[-\left(\frac{x+\pi/6}{\pi/12}\right)^2\right]$,$\mu_2(x) = \exp\left[-\left(\frac{x}{\pi/12}\right)^2\right]$,$\mu_3(x) = \exp\left[-\left(\frac{x-\pi/6}{\pi/12}\right)^2\right]$,隶属函数如图 8-7 所示。

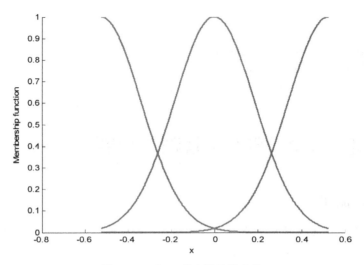

图 8-7 e 和 Δe 的隶属函数曲线

表 8-2 控制规则表

u_{ij}		Δe		
		N	Z	P
e	N	−200	−100	0
	Z	−100	0	100
	P	0	100	200

采用经验确定模糊规则表，根据实际被控对象和指令信号，将控制规则表设计为表 8-2 的形式。采用控制律式 (8.26)，正弦位置跟踪结果如图 8-8 所示。可见，控制器性能的好坏决定于控制规则表，而采用经验很难确定控制性能高的规则表。可采用定性分析及遗传算法对规则表中规则的数目和规则表中的数值进行优化[2]。

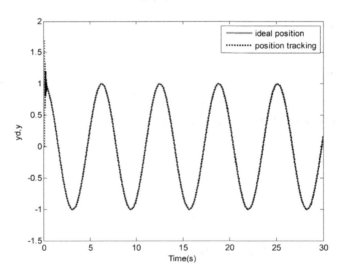

图 8-8 正弦位置跟踪

〖仿真程序〗

（1）隶属函数设计程序：chap8_3mf.m

```
clear all;
close all;
```

```
L1=-pi/6;
L2=pi/6;
L=L2-L1;

T=L*1/1000;

x=L1:T:L2;
figure(1);
for i=1:1:3
    gs=-[(x+pi/6-(i-1)*pi/6)/(pi/12)].^2;
    u=exp(gs);
    hold on;
    plot(x,u,'r','linewidth',2);
end
xlabel('x');ylabel('Membership function');
```

（2）主程序：chap8_3.m

```
%PD Type Fuzzy Controller Design
clear all;
close all;

ts=0.001;

sys=tf(133,[1,25,0]);
dsys=c2d(sys,ts,'z');
[num,den]=tfdata(dsys,'v');

e_1=0;
u_1=0;u_2=0;
y_1=0;y_2=0;

for k=1:1:30000
time(k)=k*ts;

yd(k)=cos(k*ts);

y(k)=-den(2)*y_1-den(3)*y_2+num(2)*u_1+num(3)*u_2;

e(k)=yd(k)-y(k);
de(k)=e(k)-e_1;

for l1=1:1:3
    gs1=-[(e(k)+pi/6-(l1-1)*pi/6)/(pi/12)]^2;
    u1(l1)=exp(gs1);
end

for l2=1:1:3
    gs2=-[(de(k)+pi/6-(l2-1)*pi/6)/(pi/12)]^2;
```

```
            u2(l2)=exp(gs2);
        end

        U=[-200 -100   0
            -100   0   100
              0   100  200];

        fnum=0;
        fden=0;
        for i=1:1:3
            for j=1:1:3
                fnum=fnum+u1(i)*u2(j)*U(i,j);
                fden=fden+u1(i)*u2(j);
            end
        end

        u(k)=fnum/(fden+0.01);

        e_1=e(k);
        u_2=u_1;u_1=u(k);
        y_2=y_1;y_1=y(k);
    end
    figure(1);
    plot(time,yd,'r',time,y,'k:','linewidth',2);
    xlabel('Time(s)');ylabel('yd,y');
    legend('ideal position','position tracking');
```

8.4 模糊自适应整定 PID 控制

8.4.1 模糊自适应整定 PID 控制原理

在工业生产过程中，许多被控对象随着负荷变化或受干扰因素影响，其对象特性参数或结构发生改变。自适应控制运用现代控制理论在线辨识对象特征参数，实时改变其控制策略，使控制系统品质指标保持在最佳范围内，但其控制效果的好坏取决于辨识模型的精确度，这对于复杂系统是非常困难的。因此，在工业生产过程中，大量采用的仍然是 PID 算法。PID 参数的整定方法很多，但大多数都以对象特性为基础。

随着计算机技术的发展，人们利用人工智能的方法将操作人员的调整经验作为知识存入计算机中，根据现场实际情况，计算机能自动调整 PID 参数，这样就出现了专家 PID 控制器。这种控制器把古典的 PID 控制与先进的专家系统相结合，实现系统的最佳控制。这种控制必须精确地确定对象模型，首先将操作人员（专家）长期实践积累的经验知识用控制规则模型化，然后运用推理便可对 PID 参数实现最佳调整。

由于操作者经验不易精确描述，控制过程中各种信号量以及评价指标不易定量表示，专家 PID 方法受到局限。模糊理论是解决这一问题的有效途径，所以人们运用模糊数学的基本理论和方法，把规则的条件、操作用模糊集表示，并把这些模糊控制规则以及有关信息

（如评价指标、初始 PID 参数等）作为知识存入计算机知识库中，然后计算机根据控制系统的实际响应情况（即专家系统的输入条件），运用模糊推理，即可自动实现对 PID 参数的最佳调整，这就是模糊自适应 PID 控制。模糊自适应 PID 控制器目前有多种结构形式，但其工作原理基本一致。

自适应模糊 PID 控制器以误差 e 和误差变化 ec 作为输入（利用模糊控制规则在线对 PID 参数进行修改），以满足不同时刻的 e 和 ec 对 PID 参数自整定的要求。自适应模糊 PID 控制器结构如图 8-9 所示。

离散 PID 控制算法为

$$u(k) = k_p e(k) + k_i T \sum_{j=0}^{k} e(j) + k_d \frac{e(k) - e(k-1)}{T} \tag{8.27}$$

式中，k 为采样序号；T 为采样时间。

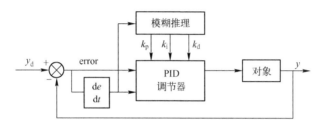

图 8-9 自适应模糊 PID 控制器结构

PID 参数模糊自整定是找出 PID 三个参数与 e 和 ec 之间的模糊关系，在运行中通过不断检测 e 和 ec，根据模糊控制原理来对 3 个参数进行在线修改，以满足不同 e 和 ec 时对控制参数的不同要求，而使被控对象有良好的动、静态性能。

从系统的稳定性、响应速度、超调量和稳态精度等各方面来考虑，k_p、k_i、k_d 的作用如下。

① 比例系数 k_p 的作用是加快系统的响应速度，提高系统的调节精度。k_p 越大，系统的响应速度越快，系统的调节精度越高，但易产生超调，甚至会导致系统不稳定。k_p 取值过小，则会降低调节精度，使响应速度缓慢，从而延长调节时间，使系统静态、动态特性变坏。

② 积分作用系数 k_i 的作用是消除系统的稳态误差。k_i 越大，系统的静态误差消除越快，但 k_i 过大，在响应过程的初期会产生积分饱和现象，从而引起响应过程的较大超调。若 k_i 过小，将使系统静态误差难以消除，影响系统的调节精度。

③ 微分作用系数 k_d 的作用是改善系统的动态特性，其作用主要是在响应过程中抑制偏差向任何方向的变化，对偏差变化进行提前预报。但 k_d 过大，会使响应过程提前制动，从而延长调节时间，而且会降低系统的抗干扰性能。

以 PI 参数整定为例，必须考虑到在不同时刻两个参数的作用以及相互之间的互联关系。模糊自整定 PI 是在 PI 算法的基础上，通过计算当前系统误差 e 和误差变化率 ec，利用模糊规则进行模糊推理，查询模糊矩阵表进行参数调整。针对 k_p、k_i 两个参数分别整定的模糊控制如下。

① k_p 整定原则：当响应在上升过程时（e 为 P），Δk_p 取正，即增大 k_p；当超调时（e 为 N），Δk_p 取负，即降低 k_p。当误差在零附近时（e 为 Z），分三种情况：ec 为 N 时，超调越

来越大，此时 Δk_p 取负；ec 为 Z 时，为了降低误差，Δk_p 取正；ec 为 P 时，正向误差越来越大，Δk_p 取正。k_p 整定的模糊规则表见表 8-3。

② k_i 整定原则：采用积分分离策略，即误差在零附近时，Δk_i 取正，否则 Δk_i 取零。k_i 整定的模糊规则表见表 8-4。

表 8-3 k_p 整定的模糊规则表

Δk_p \ ec e	N	Z	P
N	N	N	N
Z	N	P	P
P	P	P	P

表 8-4 k_i 整定的模糊规则表

Δk_i \ ec e	N	Z	P
N	Z	Z	Z
Z	P	P	P
P	Z	Z	Z

将系统误差 e 和误差变化率 ec 变化范围定义为模糊集上的论域。

$$e, ec = \{-1, 0, 1\} \quad (8.28)$$

其模糊子集为 $e, ec = \{N, O, P\}$，子集中元素分别代表负、零、正。设 e、ec 和 k_p、k_i 均服从正态分布，因此可得出各模糊子集的隶属度，根据各模糊子集的隶属度赋值表和各参数模糊控制模型，应用模糊合成推理设计 PI 参数的模糊矩阵表，查出修正参数代入下式计算。

$$k_p = k_{p0} + \Delta k_p, \quad k_i = k_{i0} + \Delta k_i \quad (8.29)$$

在线运行过程中，控制系统通过对模糊逻辑规则的结果处理、查表和运算，完成对 PID 参数的在线自校正。其工作流程图如图 8-10 所示。

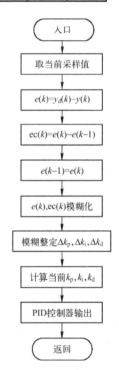

图 8-10 模糊 PID 工作流程图

8.4.2 仿真实例

被控对象为

$$G_p(s) = \frac{133}{s^2 + 25s}$$

采样时间为 1ms，采用 z 变换进行离散化，离散化后的被控对象为：

$$y(k) = -den(2) y(k-1) - den(3) y(k-2) + num(2) u(k-1) + num(3) u(k-2)$$

位置指令为幅值为 1.0 的阶跃信号，$y_d(k) = 1.0$。仿真时，先运行模糊推理系统设计程序 chap8_4a.m，实现模糊推理系统 fuzzpid.fis，并将此模糊推理系统调入内存中，然后运行模糊控制程序 chap8_4b.m。在程序 chap8_4a.m 中，根据模糊规则表 8-3 至表 8-4，分别对 e、ec、k_p、k_i 进行隶属函数的设计。根据位置指令、初始误差和经验设计 e、ec、k_p、k_i 的范围。

在 MATLAB 环境下，对模糊系统 a 运行 plotmf 命令，可得到模糊系统 e、ec、k_p、k_i 的隶属函数，如图 8-11～图 8-14 所示。

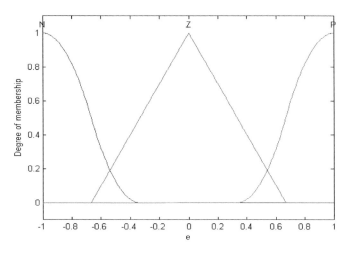

图 8-11　误差的隶属函数

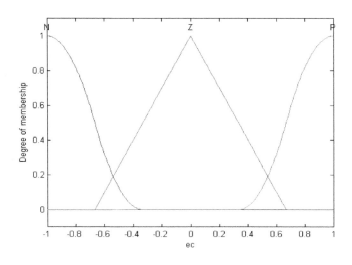

图 8-12　误差变化率的隶属函数

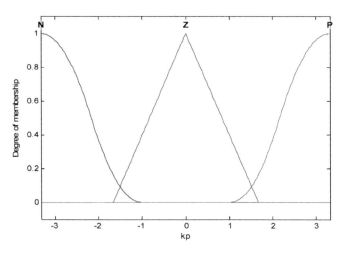

图 8-13　k_p 的隶属函数

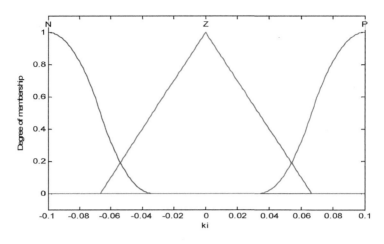

图 8-14 k_i 的隶属函数

运行命令 showrule 可显示模糊规则，可显示 9 条模糊规则，描述如下：

1. If (e is N) and (ec is N) then (kp is N)(ki is Z) (1)
2. If (e is N) and (ec is Z) then (kp is N)(ki is Z) (1)
3. If (e is N) and (ec is P) then (kp is N)(ki is Z) (1)
4. If (e is Z) and (ec is N) then (kp is N)(ki is P) (1)
5. If (e is Z) and (ec is Z) then (kp is P)(ki is P) (1)
6. If (e is Z) and (ec is P) then (kp is P)(ki is P) (1)
7. If (e is P) and (ec is N) then (kp is P)(ki is Z) (1)
8. If (e is P) and (ec is Z) then (kp is P)(ki is Z) (1)
9. If (e is P) and (ec is P) then (kp is P)(ki is Z) (1)

另外，针对模糊推理系统 fuzzpid.fis，运行命令 fuzzy 可进行规则库和隶属函数的编辑，如图 8-15 所示；运行命令 ruleview 可实现模糊系统的动态仿真，如图 8-16 所示。

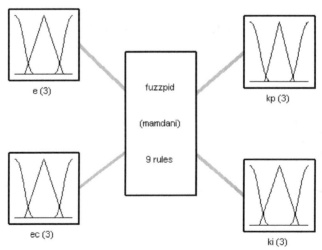

图 8-15 模糊系统 fuzzpid.fis 的结构

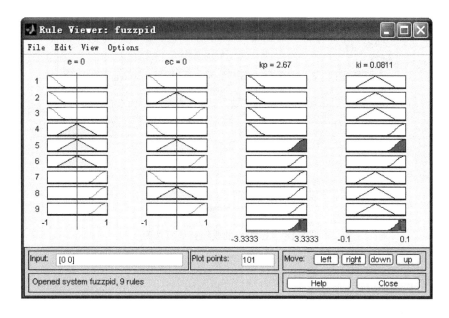

图 8-16　模糊推理系统的动态仿真环境

在程序 chap8_4b.m 中，采用控制律式（8.27），利用所设计的模糊系统 fuzzpid.fis 进行 PI 控制参数的整定。为了显示模糊规则调整效果，取 k_p、k_i 的初始值为零，阶跃响应及 PI 控制参数的自适应调整如图 8-17 和图 8-18 所示。

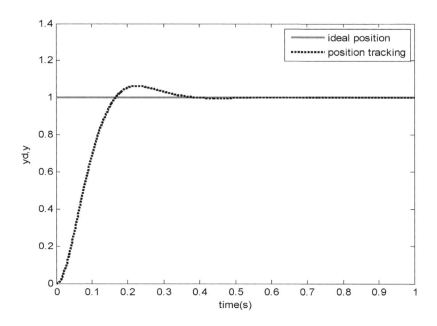

图 8-17　模糊 PI 控制阶跃响应

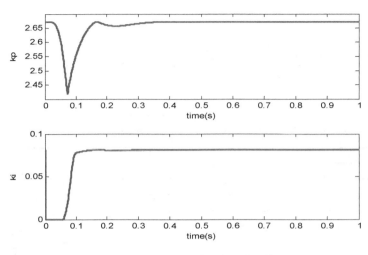

图 8-18 k_p 和 k_i 的模糊自适应调整

〖仿真程序〗

（1）模糊系统程序：chap8_4a.m

```
%Fuzzy Tunning PI Control
clear all;
close all;
a=newfis('fuzzpid');

a=addvar(a,'input','e',[-1,1]);                         %Parameter e
a=addmf(a,'input',1,'N','zmf',[-1,-1/3]);
a=addmf(a,'input',1,'Z','trimf',[-2/3,0,2/3]);
a=addmf(a,'input',1,'P','smf',[1/3,1]);

a=addvar(a,'input','ec',[-1,1]);                        %Parameter ec
a=addmf(a,'input',2,'N','zmf',[-1,-1/3]);
a=addmf(a,'input',2,'Z','trimf',[-2/3,0,2/3]);
a=addmf(a,'input',2,'P','smf',[1/3,1]);

a=addvar(a,'output','kp',1/3*[-10,10]);                 %Parameter kp
a=addmf(a,'output',1,'N','zmf',1/3*[-10,-3]);
a=addmf(a,'output',1,'Z','trimf',1/3*[-5,0,5]);
a=addmf(a,'output',1,'P','smf',1/3*[3,10]);

a=addvar(a,'output','ki',1/30*[-3,3]);                  %Parameter ki
a=addmf(a,'output',2,'N','zmf',1/30*[-3,-1]);
a=addmf(a,'output',2,'Z','trimf',1/30*[-2,0,2]);
a=addmf(a,'output',2,'P','smf',1/30*[1,3]);

rulelist=[1 1 1 2 1 1;
         1 2 1 2 1 1;
```

第8章 模糊PD控制和专家PID控制

```
                    1 3 1 2 1 1;

                    2 1 1 3 1 1;
                    2 2 3 3 1 1;
                    2 3 3 3 1 1;

                    3 1 3 2 1 1;
                    3 2 3 2 1 1;
                    3 3 3 2 1 1];
        a=addrule(a,rulelist);
        a=setfis(a,'DefuzzMethod','centroid');
        writefis(a,'fuzzpid');

        a=readfis('fuzzpid');
        figure(1);
        plotmf(a,'input',1);
        figure(2);
        plotmf(a,'input',2);
        figure(3);
        plotmf(a,'output',1);
        figure(4);
        plotmf(a,'output',2);
        figure(5);
        plotfis(a);

        fuzzy fuzzpid;
        showrule(a)
        ruleview fuzzpid;
```

（2）模糊控制程序：chap8_4b.m

```
%Fuzzy PI Control
close all;
clear all;

warning off;
a=readfis('fuzzpid');     %Load fuzzpid.fis

ts=0.001;
sys=tf(133,[1,25,0]);
dsys=c2d(sys,ts,'z');
[num,den]=tfdata(dsys,'v');

u_1=0;u_2=0;
y_1=0;y_2=0;
e_1=0;ec_1=0;ei=0;

kp0=0;ki0=0;
```

```
for k=1:1:1000
time(k)=k*ts;

yd(k)=1;
%Using fuzzy inference to tunning PI
k_pid=evalfis([e_1,ec_1],a);
kp(k)=kp0+k_pid(1);
ki(k)=ki0+k_pid(2);
u(k)=kp(k)*e_1+ki(k)*ei;

y(k)=-den(2)*y_1-den(3)*y_2+num(2)*u_1+num(3)*u_2;
e(k)=yd(k)-y(k);
%%%%%%%%%%%%%%%%%Return of parameters%%%%%%%%%%%%%%%%%
u_2=u_1;u_1=u(k);
y_2=y_1;y_1=y(k);

ei=ei+e(k)*ts;      % Calculating I

ec(k)=e(k)-e_1;
e_1=e(k);
ec_1=ec(k);
end
figure(1);
plot(time,yd,'r',time,y,'k:','linewidth',2);
xlabel('time(s)');ylabel('yd,y');
legend('ideal position','position tracking');
figure(2);
subplot(211);
plot(time,kp,'r','linewidth',2);
xlabel('time(s)');ylabel('kp');
subplot(212);
plot(time,ki,'r','linewidth',2);
xlabel('time(s)');ylabel('ki');
figure(3);
plot(time,u,'r','linewidth',2);
xlabel('time(s)');ylabel('Control input');
```

8.5 专家 PID 控制

8.5.1 专家 PID 控制原理

PID 专家控制的实质是，基于受控对象和控制规律的各种知识，无需知道被控对象的精确模型，利用专家经验来设计 PID 参数。专家 PID 控制是一种直接型专家控制器。

典型的线性系统单位阶跃响应误差曲线如图 8-19 所示。

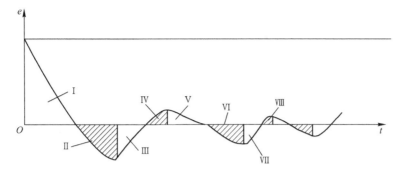

图 8-19 典型线性系统单位阶跃响应误差曲线

令 $e(k)$ 表示离散化的当前采样时刻的误差值，$e(k-1)$、$e(k-2)$ 分别表示前一个和前两个采样时刻的误差值，则有

$$\Delta e(k) = e(k) - e(k-1)$$
$$\Delta e(k-1) = e(k-1) - e(k-2) \tag{8.30}$$

根据误差及其变化，对图 8-19 所示的单位阶跃响应误差曲线进行如下定性分析：

① 当 $|e(k)| > M_1$ 时，说明误差的绝对值已经很大。不论误差变化趋势如何，都应考虑控制器的输出应按最大（或最小）输出，以达到迅速调整误差，使误差绝对值以最大速度减小。此时，它相当于实施开环控制。

② 当 $e(k)\Delta e(k) > 0$ 时，说明误差在朝误差绝对值增大方向变化，或误差为某一常值，未发生变化。

如果 $|e(k)| \geqslant M_2$，说明误差也较大，可考虑由控制器实施较强的控制作用，以达到扭转误差绝对值朝减小方向变化，并迅速减小误差的绝对值，控制器输出为

$$u(k) = u(k-1) + k_1\{k_p[e(k) - e(k-1)] + k_i e(k) + k_d[e(k) - 2e(k-1) + e(k-2)]\} \tag{8.31}$$

如果 $|e(k)| < M_2$，说明尽管误差朝绝对值增大方向变化，但误差绝对值本身并不很大，可考虑控制器实施一般的控制作用，扭转误差的变化趋势，使其朝误差绝对值减小方向变化，控制器输出为

$$u(k) = u(k-1) + k_p[e(k) - e(k-1)] + k_i e(k) + k_d[e(k) - 2e(k-1) + e(k-2)] \tag{8.32}$$

③ 当 $e(k)\Delta e(k) < 0$、$\Delta e(k)\Delta e(k-1) > 0$ 或者 $e(k) = 0$ 时，说明误差的绝对值朝减小的方向变化，或者已经达到平衡状态。此时，可考虑采取保持控制器输出不变。

④ 当 $e(k)\Delta e(k) < 0$、$\Delta e(k)\Delta e(k-1) < 0$ 时，说明误差处于极值状态。如果此时误差的绝对值较大，即 $|e(k)| \geqslant M_2$，可考虑实施较强的控制作用：

$$u(k) = u(k-1) + k_1 k_p e_m(k) \tag{8.33}$$

如果此时误差的绝对值较小，即 $|e(k)| < M_2$，可考虑实施较弱的控制作用：

$$u(k) = u(k-1) + k_2 k_p e_m(k) \tag{8.34}$$

⑤ 当 $|e(k)| \leqslant \varepsilon$ 时，说明误差的绝对值很小，此时加入积分控制，以减少稳态误差。

以上各式中，$e_m(k)$ 为误差 e 的第 k 个极值；$u(k)$ 为第 k 次控制器的输出；$u(k-1)$ 为第

$k-1$ 次控制器的输出;k_1 为增益放大系数,$k_1 > 1$;k_2 为抑制系数,$0 < k_2 < 1$;M_1、M_2 为设定的误差界限,$M_1 > M_2 > 0$;k 为控制周期的序号(自然数);ε 为任意小的正实数。

在图 8-19 中,Ⅰ、Ⅲ、Ⅴ、Ⅶ…区域,误差朝绝对值减小的方向变化,此时,可采取保持等待措施,相当于实施开环控制;Ⅱ、Ⅳ、Ⅵ、Ⅷ…区域,误差绝对值朝增大的方向变化,此时,可根据误差的大小分别实施较强或一般的控制作用,以抑制动态误差。

8.5.2 仿真实例

求三阶传递函数的阶跃响应

$$G_p(s) = \frac{523500}{s^3 + 87.35s^2 + 10470s}$$

对象采样时间取 0.001,采用 z 变换进行离散化,经过 z 变换后的离散化对象为

$$y(k) = -\text{den}(2)y(k-1) - \text{den}(3)y(k-2) - \text{den}(4)y(k-3) \\ + \text{num}(2)u(k-1) + \text{num}(3)u(k-2) + \text{num}(4)u(k-3)$$

采用专家 PID 设计控制器。在仿真过程中,ε 取 0.001,程序中的五条规则与控制算法的五种情况相对应。PID 控制阶跃响应曲线仿真结果如图 8-20 所示。

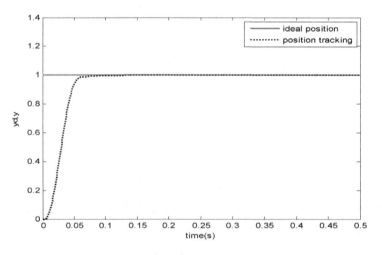

图 8-20 PID 控制阶跃响应曲线

〖仿真程序〗 chap8_5.m

```
%Expert PID Controller
clear all;
close all;
ts=0.001;

sys=tf(5.235e005,[1,87.35,1.047e004,0]);    %Plant
dsys=c2d(sys,ts,'z');
[num,den]=tfdata(dsys,'v');

u_1=0;u_2=0;u_3=0;
```

```
y_1=0;y_2=0;y_3=0;

x=[0,0,0]';
x2_1=0;

kp=0.6;
ki=0.03;
kd=0.01;

error_1=0;
for k=1:1:500
time(k)=k*ts;

yd(k)=1.0;                        %Tracing Step Signal

u(k)=kp*x(1)+kd*x(2)+ki*x(3); %PID Controller

%Expert control rule
if abs(x(1))>0.8          %Rule1:Unclosed control rule
    u(k)=0.45;
elseif abs(x(1))>0.40
    u(k)=0.40;
elseif abs(x(1))>0.20
    u(k)=0.12;
elseif abs(x(1))>0.01
    u(k)=0.10;
end

if x(1)*x(2)>0|(x(2) ==0)          %Rule2
    if abs(x(1))>=0.05
        u(k)=u_1+2*kp*x(1);
    else
        u(k)=u_1+0.4*kp*x(1);
    end
end

if (x(1)*x(2)<0&x(2)*x2_1>0)|(x(1) ==0)       %Rule3
    u(k)=u(k);
end

if x(1)*x(2)<0&x(2)*x2_1<0     %Rule4
    if abs(x(1))>=0.05
        u(k)=u_1+2*kp*error_1;
    else
        u(k)=u_1+0.6*kp*error_1;
    end
end

if abs(x(1))<=0.001    %Rule5:Integration separation PI control
    u(k)=0.5*x(1)+0.010*x(3);
end
```

```
%Restricting the output of controller
if u(k)>=10
    u(k)=10;
end
if u(k)<=-10
    u(k)=-10;
end

%Linear model
y(k)=-den(2)*y_1-den(3)*y_2-den(4)*y_3+num(1)*u(k)+num(2)*u_1+num(3)*u_2+num(4)*u_3;
error(k)=yd(k)-y(k);

%-----------Return of parameters------------%
u_3=u_2;u_2=u_1;u_1=u(k);
y_3=y_2;y_2=y_1;y_1=y(k);

x(1)=error(k);                  % Calculating P
x2_1=x(2);
x(2)=(error(k)-error_1)/ts;     % Calculating D
x(3)=x(3)+error(k)*ts;          % Calculating I

error_1=error(k);
end
figure(1);
plot(time,yd,'r',time,y,'k:','linewidth',2);
xlabel('time(s)');ylabel('yd,y');
legend('ideal position','position tracking');
```

参 考 文 献

[1] 王立新. 模糊系统与模糊控制教程[M]. 北京：清华大学出版社，2003.

[2] CHAN P T, RAD A B, TSANG K M. Optimization of fused fuzzy systems via genetic algorithms[J]. IEEE Transactions on Industrial Electronics, 2002, 49(3):685-692.

第 9 章 神经网络 PID 控制

神经网络（Neural Network）是模拟人脑思维方式的数学模型。神经网络控制是 20 世纪 80 年代末期发展起来的自动控制领域的前沿学科之一。它是智能控制的一个重要分支，为解决复杂的非线性、不确定、不确知系统的控制问题开辟了新途径。本章内容包括两个部分：一是利用神经网络调节实现 PID 的整定；二是利用神经网络逼近被控对象的未知项，实现控制补偿，提高 PID 控制的性能。

9.1 基于单神经元网络的 PID 智能控制

由具有自学习和自适应能力的单神经元构成单神经元自适应智能 PID 控制器，不但结构简单，而且能适应环境变化，有较强的鲁棒性。

9.1.1 几种典型的学习规则

1. 无监督的 Hebb 学习规则

Hebb 学习是一类相关学习，其基本思想是，如果两个神经元同时被激活，则它们之间的连接强度的增强与它们激励的乘积成正比。以 o_i 表示神经元 i 的激活值，o_j 表示神经元 j 的激活值，w_{ij} 表示神经元 i 和神经元 j 的联接权值，则 Hebb 学习规则可表示为

$$\Delta w_{ij}(k) = \eta o_j(k) o_i(k) \tag{9.1}$$

式中，η 为学习速率。

2. 有监督的 Delta 学习规则

在 Hebb 学习规则中，引入教师信号，即将 o_j 换成希望输出 d_j 与实际输出 o_j 之差，就构成有监督学习的 Delta 学习规则：

$$\Delta w_{ij}(k) = \eta (d_j(k) - o_j(k)) o_i(k) \tag{9.2}$$

3. 有监督的 Hebb 学习规则

将无监督的 Hebb 学习规则和有监督的 Delta 学习规则两者结合起来就构成有监督的 Hebb 学习规则：

$$\Delta w_{ij}(k) = \eta (d_j(k) - o_j(k)) o_j(k) o_i(k) \tag{9.3}$$

9.1.2 单神经元自适应 PID 控制

王宁等针对单神经元控制问题进行了深入研究[1]，提出了单神经元自适应 PID 控制的结

构,如图 9-1 所示。

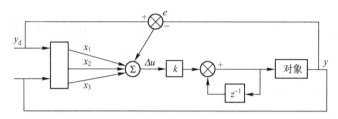

图 9-1 单神经元自适应 PID 控制结构

单神经元自适应控制器是通过对加权系数的调整来实现自适应、自组织功能,权系数的调整是按有监督的 Hebb 学习规则实现的。控制算法及学习算法为[2]

$$u(k) = u(k-1) + K\sum_{i=1}^{3} w'_i(k)x_i(k) \tag{9.4}$$

$$w'_i(k) = w_i(k) / \sum_{i=1}^{3} |w_i(k)| \tag{9.5}$$

$$\begin{aligned} w_1(k) &= w_1(k-1) + \eta_I z(k)u(k)x_1(k) \\ w_2(k) &= w_2(k-1) + \eta_P z(k)u(k)x_2(k) \\ w_3(k) &= w_3(k-1) + \eta_D z(k)u(k)x_3(k) \end{aligned} \tag{9.6}$$

式中,$x_1(k)=e(k)$;$x_2(k)=e(k)-e(k-1)$;$x_3(k)=\Delta^2 e(k)=e(k)-2e(k-1)+e(k-2)$;$z(k)=e(k)$;$\eta_I$、$\eta_P$、$\eta_D$ 分别为积分、比例、微分的学习速率;K 为神经元的比例系数,$K>0$。

对积分 I、比例 P 和微分 D 分别采用了不同的学习速率 η_I、η_P 和 η_D 以便对不同的权系数分别进行调整。K 值的选择非常重要。K 越大,则快速性越好,但超调量大,甚至可能使系统不稳定。当被控对象时延增大时,K 值必须减小,以保证系统稳定。K 值选择过小,会使系统的快速性变差。

9.1.3 改进的单神经元自适应 PID 控制

单神经元自适应控制有许多改进方法[3]。在大量的实际应用中,通过实践表明,PID 参数的在线学习修正主要与 $e(k)$ 和 $\Delta e(k)$ 有关。基于此可将单神经元自适应 PID 控制算法中的加权系数学习修正部分进行修改,即将其中的 $x_i(k)$ 改为 $e(k)+\Delta e(k)$,改进后的算法由文献[4]给出,表达如下:

$$u(k) = u(k-1) + K\sum_{i=1}^{3} w_i(k)x_i(k) \tag{9.7}$$

$$w_i(k) = w_j(k) / \sum_{j=1}^{3} |w_j(k)|$$

$$\begin{aligned} w_1(k) &= w_1(k-1) + \eta_I z(k)u(k)(e(k)+\Delta e(k)) \\ w_2(k) &= w_2(k-1) + \eta_P z(k)u(k)(e(k)+\Delta e(k)) \\ w_3(k) &= w_3(k-1) + \eta_D z(k)u(k)(e(k)+\Delta e(k)) \end{aligned}$$

式中,$\Delta e(k) = e(k) - e(k-1)$;$z(k) = e(k)$。

采用上述改进算法后,权系数的在线修正就不完全根据神经网络学习原理,而是参考实际经验制定的。

9.1.4 仿真实例

被控对象为

$$y(k) = 0.368y(k-1) + 0.26y(k-2) + 0.10u(k-1) + 0.632u(k-2)$$

输入指令为一方波信号：$y_d(k) = 0.5\text{sgn}(\sin(4\pi t))$，采样时间为 1ms，分别采用四种控制律进行单神经元 PID 控制，即无监督的 Hebb 学习规则、有监督的 Delta 学习规则、有监督的 Hebb 学习规则、改进的 Hebb 学习规则，跟踪结果如图 9-2～图 9-5 所示。

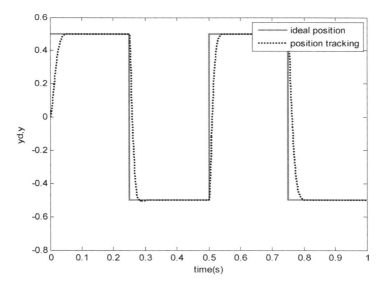

图 9-2　基于无监督的 Hebb 学习规则的位置跟踪（$M = 1$）

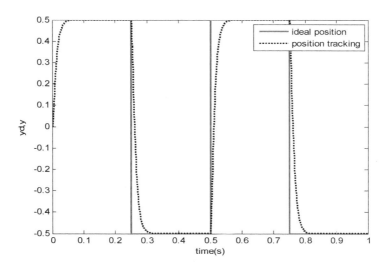

图 9-3　基于有监督的 Delta 学习规则的位置跟踪（$M = 2$）

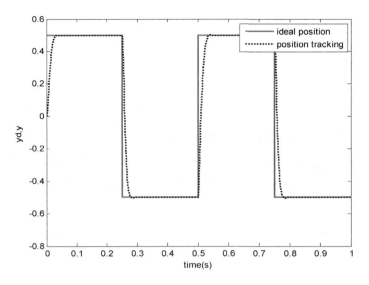

图 9-4 基于有监督的 Hebb 学习规则的位置跟踪 ($M=3$)

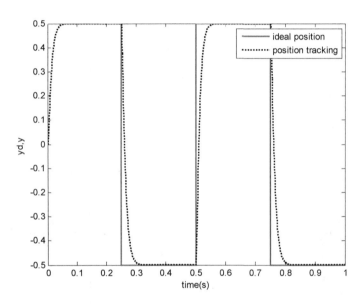

图 9-5 基于改进的 Hebb 学习规则的位置跟踪 ($M=4$)

〖仿真程序〗 chap9_1.m

```
%Single Neural Adaptive PID Controller
clear all;
close all;

x=[0,0,0]';

xiteP=0.40;
xiteI=0.35;
```

```
xiteD=0.40;

%Initializing kp,ki and kd
wkp_1=0.10;
wki_1=0.10;
wkd_1=0.10;
%wkp_1=rand;
%wki_1=rand;
%wkd_1=rand;

error_1=0;
error_2=0;
y_1=0;y_2=0;y_3=0;
u_1=0;u_2=0;u_3=0;

ts=0.001;
for k=1:1:1000
    time(k)=k*ts;
    yd(k)=0.5*sign(sin(2*2*pi*k*ts));
    y(k)=0.368*y_1+0.26*y_2+0.1*u_1+0.632*u_2;
    error(k)=yd(k)-y(k);

%Adjusting Weight Value by hebb learning algorithm
M=1;
if M==1                %No Supervised Heb learning algorithm
    wkp(k)=wkp_1+xiteP*u_1*x(1);    %P
    wki(k)=wki_1+xiteI*u_1*x(2);    %I
    wkd(k)=wkd_1+xiteD*u_1*x(3);    %D
    K=0.06;
elseif M==2            %Supervised Delta learning algorithm
    wkp(k)=wkp_1+xiteP*error(k)*u_1;    %P
    wki(k)=wki_1+xiteI*error(k)*u_1;    %I
    wkd(k)=wkd_1+xiteD*error(k)*u_1;    %D
    K=0.12;
elseif M==3            %Supervised Heb learning algorithm
    wkp(k)=wkp_1+xiteP*error(k)*u_1*x(1);    %P
    wki(k)=wki_1+xiteI*error(k)*u_1*x(2);    %I
    wkd(k)=wkd_1+xiteD*error(k)*u_1*x(3);    %D
    K=0.12;
elseif M==4            %Improved Heb learning algorithm
    wkp(k)=wkp_1+xiteP*error(k)*u_1*(2*error(k)-error_1);
    wki(k)=wki_1+xiteI*error(k)*u_1*(2*error(k)-error_1);
    wkd(k)=wkd_1+xiteD*error(k)*u_1*(2*error(k)-error_1);
    K=0.12;
end

    x(1)=error(k)-error_1;              %P
    x(2)=error(k);                      %I
    x(3)=error(k)-2*error_1+error_2;    %D
```

```
    wadd(k)=abs(wkp(k))+abs(wki(k))+abs(wkd(k));
    w11(k)=wkp(k)/wadd(k);
    w22(k)=wki(k)/wadd(k);
    w33(k)=wkd(k)/wadd(k);
    w=[w11(k),w22(k),w33(k)];

    u(k)=u_1+K*w*x;          %Control law

error_2=error_1;
error_1=error(k);

u_3=u_2;u_2=u_1;u_1=u(k);
y_3=y_2;y_2=y_1;y_1=y(k);

wkp_1=wkp(k);
wkd_1=wkd(k);
wki_1=wki(k);
end
figure(1);
plot(time,yd,'r',time,y,'k:','linewidth',2);
xlabel('time(s)');ylabel('yd,y');
legend('ideal position','position tracking');
figure(2);
plot(time,u,'r','linewidth',2);
xlabel('time(s)');ylabel('Control input');
```

9.2 基于二次型性能指标学习算法的单神经元自适应 PID 控制

在最优控制理论中,采用二次型性能指标来计算控制律可以得到所期望的优化效果。在神经元学习算法中,也可借助最优控制中二次型性能指标的思想,在加权系数的调整中引入二次型性能指标,使输出误差和控制增量加权平方和为最小来调整加权系数,从而间接实现对输出误差和控制增量加权的约束控制。王顺晃等[4]设计了一种基于二次型性能指标学习算法的单神经元自适应 PID 控制算法。本节介绍该算法的仿真设计及分析方法。

9.2.1 控制律的设计

设性能指标为

$$E(k) = \frac{1}{2}\Big(P\big(y_\mathrm{d}(k) - y(k)\big)^2 + Q\Delta^2 u(k)\Big) \tag{9.8}$$

式中,P 和 Q 分别为输出误差和控制增量的加权系数;$y_\mathrm{d}(k)$ 和 $y(k)$ 分别为 k 时刻的参考输入和输出。

神经元的输出为

$$u(k) = u(k-1) + K\sum_{i=1}^{3} w_i'(k)x_i(k) \quad (9.9)$$

$$w_i'(k) = w_i(k) / \sum_{i=1}^{3} |w_i(k)| \quad (i=1,2,3)$$

$$w_1(k) = w_1(k-1) + \eta_\mathrm{I} K\left[Pb_0 z(k)x_1(k) - QK\sum_{i=1}^{3}(w_i(k)x_i(k))x_1(k)\right]$$

$$w_2(k) = w_2(k-1) + \eta_\mathrm{P} K\left[Pb_0 z(k)x_2(k) - QK\sum_{i=1}^{3}(w_i(k)x_i(k))x_2(k)\right] \quad (9.10)$$

$$w_3(k) = w_3(k-1) + \eta_\mathrm{D} K\left[Pb_0 z(k)x_3(k) - QK\sum_{i=1}^{3}(w_i(k)x_i(k))x_3(k)\right]$$

式中，b_0 为输出响应的第一个值，且

$$\begin{aligned} x_1(k) &= e(k) \\ x_2(k) &= e(k) - e(k-1) \\ x_3(k) &= \Delta^2 e(k) = e(k) - 2e(k-1) + e(k-2) \\ z(k) &= e(k) \end{aligned} \quad (9.11)$$

9.2.2 仿真实例

设被控对象过程模型为

$$y(k) = 0.368y(k-1) + 0.264y(k-2) + u(k-d) + 0.632u(k-d-1) + \xi(k)$$

应用最优二次型性能指标学习算法进行仿真研究。$\xi(k)$ 为在 100 个采样时间的外加干扰，$\xi(100) = 0.10$，输入为阶跃响应信号 $y_\mathrm{d}(k) = 1.0$。启动时采用开环控制，取 $u = 0.1726$，$K = 0.02$，$P = 2$，$Q = 1$，$d = 6$，比例、积分、微分三部分加权系数学习速率分别取 $\eta_\mathrm{I} = 4$，$\eta_\mathrm{P} = 120$，$\eta_\mathrm{D} = 159$，$w_1(0) = 0.34$，$w_2(0) = 0.32$，$w_3(0) = 0.33$，神经元自适应 PID 位置跟踪及权值变化结果如图 9-6 和图 9-7 所示。

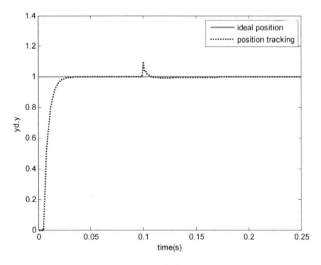

图 9-6　二次型性能指标学习单神经元自适应 PID 位置跟踪

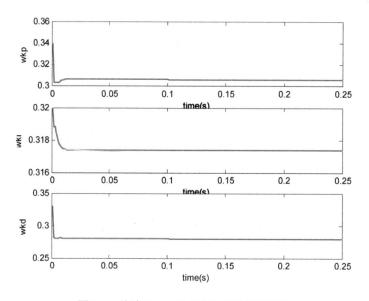

图 9-7 单神经元 PID 控制过程中权值变化

〖仿真程序〗 chap9_2.m

```
%Single Neural Net PID Controller based on Second Type Learning Algorithm
clear all;
close all;

xc=[0,0,0]';

K=0.02;P=2;Q=1;d=6;

xiteP=120;
xiteI=4;
xiteD=159;

%Initilizing kp,ki and kd
wkp_1=rand;
wki_1=rand;
wkd_1=rand;

wkp_1=0.34;
wki_1=0.32;
wkd_1=0.33;

error_1=0;error_2=0;
y_1=0;y_2=0;
u_1=0.1726;u_2=0;u_3=0;u_4=0;u_5=0;u_6=0;u_7=0;

ts=0.001;
for k=1:1:250
```

```
    time(k)=k*ts;
    yd(k)=1.0;                          %Tracing Step Signal

ym(k)=0;
if k==100
    ym(k)=0.10;   %Disturbance
end
y(k)=0.368*y_1+0.26*y_2+u_6+0.632*u_7+ym(k);
error(k)=yd(k)-y(k);

wx=[wkp_1,wkd_1,wki_1];
wx=wx*xc;

b0=y(1);
K=0.0175;
wkp(k)=wkp_1+xiteP*K*[P*b0*error(k)*xc(1)-Q*K*wx*xc(1)];
wki(k)=wki_1+xiteI*K*[P*b0*error(k)*xc(2)-Q*K*wx*xc(2)];
wkd(k)=wkd_1+xiteD*K*[P*b0*error(k)*xc(3)-Q*K*wx*xc(3)];

    xc(1)=error(k)-error_1;             %P
    xc(2)=error(k);                     %I
    xc(3)=error(k)-2*error_1+error_2;   %D

    wadd(k)=abs(wkp(k))+abs(wki(k))+abs(wkd(k));
    w11(k)=wkp(k)/wadd(k);
    w22(k)=wki(k)/wadd(k);
    w33(k)=wkd(k)/wadd(k);
    w=[w11(k),w22(k),w33(k)];

u(k)=u_1+K*w*xc;       % Control law

if u(k)>10
    u(k)=10;
end
if u(k)<-10
    u(k)=-10;
end

error_2=error_1;
error_1=error(k);

u_7=u_6;u_6=u_5;u_5=u_4;u_4=u_3;
u_3=u_2;u_2=u_1;u_1=u(k);

wkp_1=wkp(k);
wkd_1=wkd(k);
wki_1=wki(k);

y_2=y_1;y_1=y(k);
```

```
end
figure(1);
plot(time,yd,'r',time,y,'k:','linewidth',2);
xlabel('time(s)');ylabel('yd,y');
legend('ideal position','position tracking');
figure(2);
plot(time,u,'r','linewidth',2);
xlabel('time(s)');ylabel('u');
figure(3);
subplot(311);
plot(time,wkp,'r','linewidth',2);
xlabel('time(s)');ylabel('wkp');
subplot(312);
plot(time,wki,'r','linewidth',2);
xlabel('time(s)');ylabel('wki');
subplot(313);
plot(time,wkd,'r','linewidth',2);
xlabel('time(s)');ylabel('wkd');
```

注意：采用 Hebb 学习规则或梯度下降法来设计神经网络权值调节律，神经网络参数或控制参数都是按经验选取或试凑，闭环系统的稳定性得不到保障，如果神经网络参数或控制参数选择不当，闭环系统控制很容易发散。针对这一问题，出现了在线自适应神经网络控制方法，它是基于 Lyapunov 稳定性理论获得权值自适应律，从而获得闭环系统的稳定性。

9.3 基于自适应神经网络补偿的 PD 控制

9.3.1 问题描述

考虑如下 2 阶非线性系统：

$$\ddot{x} = f(x,\dot{x}) + g(x,\dot{x})u \tag{9.12}$$

式中，f 为未知非线性函数；g 为已知非线性函数；$u \in R^n$ 和 $y \in R^n$ 分别为系统的输入和输出。

式（9.12）还可写为

$$\begin{aligned}\dot{x}_1 &= x_2 \\ \dot{x}_2 &= f(x_1,x_2) + g(x_1,x_2)u \\ y &= x_1\end{aligned} \tag{9.13}$$

设位置指令为 y_d，令

$$e = y_d - y = y_d - x_1, \quad \boldsymbol{E} = \begin{bmatrix} e & \dot{e} \end{bmatrix}^{\mathrm{T}}$$

定义 $\boldsymbol{K} = \begin{bmatrix} k_p & k_d \end{bmatrix}^{\mathrm{T}}$，使多项式 $s^2 + k_d s + k_p = 0$ 的所有根部都在复平面左半开平面上。设计基于前馈加补偿的 PD 控制律为

$$u^* = \frac{1}{g(\boldsymbol{x})}\left[-f(\boldsymbol{x}) + \ddot{y}_d + \boldsymbol{K}^T \boldsymbol{E}\right] \tag{9.14}$$

将式（9.14）代入式（9.12），得到闭环控制系统的方程：

$$\ddot{e} + k_p e + k_d \dot{e} = 0 \tag{9.15}$$

由 $\boldsymbol{K}$ 的选取，可得 $t \to \infty$ 时 $e(t) \to 0$，$\dot{e}(t) \to 0$，即系统的输出 y 及其导数渐进地收敛于理想输出 y_d 及其导数。

如果非线性函数 $f(\boldsymbol{x})$ 是已知的，则可以选择控制 u 来消除其非线性的性质，然后再根据线性控制理论设计控制器。

9.3.2 自适应神经网络设计与分析

如果 $f(\boldsymbol{x})$ 未知，控制律式（9.14）很难实现。可采用神经网络系统 $\hat{f}(\boldsymbol{x})$ 代替 $f(\boldsymbol{x})$，实现自适应神经网络补偿。

1. 基本的神经网络系统

RBF 神经网络具有万能逼近的特性[5]，采用 RBF 网络可实现对不确定项 f 进行自适应逼近。RBF 网络算法为

$$h_j = g\left(\|\boldsymbol{x} - \boldsymbol{c}\|^2 / b_j^2\right)$$

$$f = \boldsymbol{W}^T \boldsymbol{h}(\boldsymbol{x}) + \varepsilon$$

式中，$\boldsymbol{x}$ 为网络的输入信号；$\boldsymbol{c} = [c_{ij}]$，$i$ 为网络输入个数，j 为网络隐含层节点的个数；$\boldsymbol{h} = [h_1, h_2, \cdots, h_n]^T$ 为高斯基函数的输出；$\boldsymbol{W}$ 为神经网络权值；ε 为神经网络逼近误差，$\varepsilon \leqslant \varepsilon_N$。

采用 RBF 网络逼近 f，根据 f 的表达式，网络输入取 $\boldsymbol{x} = \begin{bmatrix} e & \dot{e} \end{bmatrix}^T$，RBF 神经网络的输出为

$$\hat{f}(\boldsymbol{x}) = \hat{\boldsymbol{W}}^T \boldsymbol{h}(\boldsymbol{x}) \tag{9.16}$$

2. 自适应神经网络控制器的设计与分析

采用神经网络逼近 f，设计基于前馈加补偿的 PD 控制律，式（9.14）变为

$$u = \frac{1}{g(\boldsymbol{x})}\left[-\hat{f}(\boldsymbol{x}) + \ddot{y}_d + \boldsymbol{K}^T \boldsymbol{E}\right] \tag{9.17}$$

$$\hat{f}(\boldsymbol{x}) = \hat{\boldsymbol{W}}^T \boldsymbol{h}(\boldsymbol{x}) \tag{9.18}$$

式中，$\boldsymbol{h}(\boldsymbol{x})$ 为神经网络高斯基函数，神经网络权值 $\hat{\boldsymbol{W}}$ 根据自适应律而变化。

设计自适应律为

$$\dot{\hat{\boldsymbol{W}}} = -\gamma \boldsymbol{E}^T \boldsymbol{P} \boldsymbol{b} \boldsymbol{h}(\boldsymbol{x}) \tag{9.19}$$

3. 稳定性分析

由式（9.17）代入式（9.12），可得如下系统的闭环动态方程：

$$\ddot{e} = -\boldsymbol{K}^{\mathrm{T}}\boldsymbol{E} + \left[\hat{f}(\boldsymbol{x}) - f(\boldsymbol{x})\right] \tag{9.20}$$

令

$$\boldsymbol{\Lambda} = \begin{bmatrix} 0 & 1 \\ -k_{\mathrm{p}} & -k_{\mathrm{d}} \end{bmatrix}, \quad \boldsymbol{b} = \begin{bmatrix} 0 \\ 1 \end{bmatrix} \tag{9.21}$$

则动态方程（9.20）可写为向量形式：

$$\dot{\boldsymbol{E}} = \boldsymbol{\Lambda}\boldsymbol{E} + \boldsymbol{b}\left[\hat{f}(\boldsymbol{x}) - f(\boldsymbol{x})\right] \tag{9.22}$$

设最优参数为

$$\boldsymbol{W}^* = \arg\min_{\boldsymbol{W} \in \Omega}\left[\sup\left|\hat{f}(\boldsymbol{x}) - f(\boldsymbol{x})\right|\right] \tag{9.23}$$

式中，Ω 为 $\boldsymbol{W}$ 的集合。

定义最小逼近误差为

$$\omega = \hat{f}(\boldsymbol{x}|\boldsymbol{W}^*) - f(\boldsymbol{x}) \tag{9.24}$$

式（9.22）可写为

$$\dot{\boldsymbol{E}} = \boldsymbol{\Lambda}\boldsymbol{E} + \boldsymbol{b}\left\{\left[\hat{f}(\boldsymbol{x}|) - \hat{f}(\boldsymbol{x}|\boldsymbol{W}^*)\right] + \omega\right\} \tag{9.25}$$

将式（9.18）代入式（9.25），可得闭环动态方程：

$$\dot{\boldsymbol{E}} = \boldsymbol{\Lambda}\boldsymbol{E} + \boldsymbol{b}\left[\left(\hat{\boldsymbol{W}} - \boldsymbol{W}^*\right)^{\mathrm{T}}\boldsymbol{h}(\boldsymbol{x}) + \omega\right] \tag{9.26}$$

该方程清晰地描述了跟踪误差和权值 $\hat{\boldsymbol{W}}$ 之间的关系。自适应律的任务是为 $\hat{\boldsymbol{W}}$ 确定一个调节机理，使得跟踪误差 $\boldsymbol{E}$ 和参数误差 $\hat{\boldsymbol{W}} - \boldsymbol{W}^*$ 达到最小。

定义 Lyapunov 函数：

$$V = \frac{1}{2}\boldsymbol{E}^{\mathrm{T}}\boldsymbol{P}\boldsymbol{E} + \frac{1}{2\gamma}\left(\hat{\boldsymbol{W}} - \boldsymbol{W}^*\right)^{\mathrm{T}}\left(\hat{\boldsymbol{W}} - \boldsymbol{W}^*\right) \tag{9.27}$$

式中，γ 为正常数；$\boldsymbol{P}$ 为一个正定矩阵且满足 Lyapunov 方程。

$$\boldsymbol{\Lambda}^{\mathrm{T}}\boldsymbol{P} + \boldsymbol{P}\boldsymbol{\Lambda} = -\boldsymbol{Q} \tag{9.28}$$

式中，$\boldsymbol{Q}$ 为一个任意的 2×2 正定矩阵；$\boldsymbol{\Lambda}$ 由式（9.21）给出。

取 $V_1 = \frac{1}{2}\boldsymbol{E}^{\mathrm{T}}\boldsymbol{P}\boldsymbol{E}$，$V_2 = \frac{1}{2\gamma}\left(\hat{\boldsymbol{W}} - \boldsymbol{W}^*\right)^{\mathrm{T}}\left(\hat{\boldsymbol{W}} - \boldsymbol{W}^*\right)$，令 $\boldsymbol{M} = \boldsymbol{b}\left[\left(\hat{\boldsymbol{W}} - \boldsymbol{W}^*\right)^{\mathrm{T}}\boldsymbol{h}(\boldsymbol{x}) + \omega\right]$，则式（9.26）变为

$$\dot{\boldsymbol{E}} = \boldsymbol{\Lambda}\boldsymbol{E} + \boldsymbol{M}$$

则

$$\begin{aligned}\dot{V}_1 &= \frac{1}{2}\dot{\boldsymbol{E}}^{\mathrm{T}}\boldsymbol{P}\boldsymbol{E} + \frac{1}{2}\boldsymbol{E}^{\mathrm{T}}\boldsymbol{P}\dot{\boldsymbol{E}} = \frac{1}{2}\left(\boldsymbol{E}^{\mathrm{T}}\boldsymbol{\Lambda}^{\mathrm{T}} + \boldsymbol{M}^{\mathrm{T}}\right)\boldsymbol{P}\boldsymbol{E} + \frac{1}{2}\boldsymbol{E}^{\mathrm{T}}\boldsymbol{P}\left(\boldsymbol{\Lambda}\boldsymbol{E} + \boldsymbol{M}\right) \\ &= \frac{1}{2}\boldsymbol{E}^{\mathrm{T}}\left(\boldsymbol{\Lambda}^{\mathrm{T}}\boldsymbol{P} + \boldsymbol{P}\boldsymbol{\Lambda}\right)\boldsymbol{E} + \frac{1}{2}\boldsymbol{M}^{\mathrm{T}}\boldsymbol{P}\boldsymbol{E} + \frac{1}{2}\boldsymbol{E}^{\mathrm{T}}\boldsymbol{P}\boldsymbol{M} \\ &= -\frac{1}{2}\boldsymbol{E}^{\mathrm{T}}\boldsymbol{Q}\boldsymbol{E} + \frac{1}{2}\left(\boldsymbol{M}^{\mathrm{T}}\boldsymbol{P}\boldsymbol{E} + \boldsymbol{E}^{\mathrm{T}}\boldsymbol{P}\boldsymbol{M}\right) = -\frac{1}{2}\boldsymbol{E}^{\mathrm{T}}\boldsymbol{Q}\boldsymbol{E} + \boldsymbol{E}^{\mathrm{T}}\boldsymbol{P}\boldsymbol{M}\end{aligned}$$

将 M 代入上式，并考虑 $E^{\mathrm{T}}Pb(\hat{W}-W^*)^{\mathrm{T}}h(x)=(\hat{W}-W^*)^{\mathrm{T}}\left[E^{\mathrm{T}}Pbh(x)\right]$，得

$$\dot{V}_1 = -\frac{1}{2}E^{\mathrm{T}}QE + E^{\mathrm{T}}Pb(\hat{W}-W^*)^{\mathrm{T}}h(x) + E^{\mathrm{T}}Pb\omega$$

$$= -\frac{1}{2}E^{\mathrm{T}}QE + (\hat{W}-W^*)^{\mathrm{T}}E^{\mathrm{T}}Pbh(x) + E^{\mathrm{T}}Pb\omega$$

$$\dot{V}_2 = \frac{1}{\gamma}(\hat{W}-W^*)^{\mathrm{T}}\dot{\hat{W}}$$

V 的导数为

$$\dot{V} = \dot{V}_1 + \dot{V}_2 = -\frac{1}{2}E^{\mathrm{T}}QE + E^{\mathrm{T}}Pb\omega + \frac{1}{\gamma}(\hat{W}-W^*)^{\mathrm{T}}\left[\dot{\hat{W}} + \gamma E^{\mathrm{T}}Pbh(x)\right]$$

将自适应律式（9.19）代入上式，得

$$\dot{V} = -\frac{1}{2}E^{\mathrm{T}}QE + E^{\mathrm{T}}Pb\omega$$

由于 $-\frac{1}{2}E^{\mathrm{T}}QE \leqslant 0$，通过选取 Q 和选取最小逼近误差 ω 非常小的神经网络，可实现 $\dot{V} \leqslant 0$。

由于 $2E^{\mathrm{T}}Pbw \leqslant d(E^{\mathrm{T}}Pb)(E^{\mathrm{T}}Pb)^{\mathrm{T}} + \frac{1}{d}w^2$，其中，$d>0$，则

$$E^{\mathrm{T}}Pbw \leqslant \frac{d}{2}(E^{\mathrm{T}}Pb)(E^{\mathrm{T}}Pb)^{\mathrm{T}} + \frac{1}{2d}w^2 = \frac{d}{2}E^{\mathrm{T}}(Pbb^{\mathrm{T}}P^{\mathrm{T}})E + \frac{1}{2d}w^2$$

$$\dot{V} \leqslant -\frac{1}{2}E^{\mathrm{T}}QE + \frac{d}{2}E^{\mathrm{T}}(Pbb^{\mathrm{T}}P^{\mathrm{T}})E + \frac{1}{2d}w^2 = -\frac{1}{2}E^{\mathrm{T}}(Q - d(Pbb^{\mathrm{T}}P^{\mathrm{T}}))E + \frac{1}{2d}w^2$$

$$\leqslant -\frac{1}{2}l_{\min}(Q - d(Pbb^{\mathrm{T}}P^{\mathrm{T}}))\|E\|^2 + \frac{1}{2d}w_{\max}^2$$

其中，$l(\cdot)$ 为矩阵的特征值，$l(Q) > l(dPbb^{\mathrm{T}}P^{\mathrm{T}})$，则满足 $\dot{V} \leqslant 0$ 的收敛性结果为

$$\|E\| \leqslant \frac{|w|_{\max}}{\sqrt{dl_{\min}(Q - dPbb^{\mathrm{T}}P^{\mathrm{T}})}}$$

可见，收敛误差 $\|E\|$ 与 Q 和 P 的特征值、逼近误差 w 有关，Q 特征值越大，P 特征值越小，$|w|_{\max}$ 越小，收敛误差越小。

由于 $V \geqslant 0$，$\dot{V} \leqslant 0$，则当 $t \to \infty$ 时，V 有界，因此，可以证明 $\hat{W}$ 有界，但无法保证 $\hat{W}$ 收敛于 W，即无法保证 $\hat{f}(x)$ 收敛于 $f(x)$。

9.3.3 仿真实例

被控对象取单级倒立摆，其动态方程如下：

$$\dot{x}_1 = x_2$$
$$\dot{x}_2 = f(x) + g(x)u$$

式中，$f(x) = \dfrac{g\sin x_1 - mlx_2^2 \cos x_1 \sin x_1 /(m_c + m)}{l(4/3 - m\cos^2 x_1/(m_c + m))}$；$g(x) = \dfrac{\cos x_1/(m_c + m)}{l(4/3 - m\cos^2 x_1/(m_c + m))}$；$x_1$ 和 x_2 分别为摆角和摆速；$g = 9.8\text{m/s}^2$；m_c 为小车质量，$m_c = 1\text{kg}$；m 为摆杆质量，$m = 0.1\text{kg}$；l 为摆长的一半，$l = 0.5\text{m}$；u 为控制输入。

摆的角度指令为 $y_d(t) = 0.1\sin t$，倒立摆初始状态为 $[\pi/60, 0]$。取 RBF 网络结构为 2-5-1。RBF 网络高斯基函数参数的取值对神经网络控制的作用很重要，如果参数取值不合适，将使高斯基函数无法得到有效的映射，从而导致 RBF 网络无效。故 c_{ij} 按网络输入值的范围取值，取 $c = \begin{bmatrix} -0.2 & -0.1 & 0 & 0.1 & 0.2 \\ -0.2 & -0.1 & 0 & 0.1 & 0.2 \end{bmatrix}$，$\sigma_j = 0.50$，$i = 2$，$j = 5$，神经网络权值初始值取 0。

采用控制律式（9.17）、自适应律取式（9.19），取 $Q = \begin{bmatrix} 500 & 0 \\ 0 & 500 \end{bmatrix}$，$k_d = 20$，$k_p = 10$，自适应参数取 $\gamma = 100$。仿真结果如图 9-8～图 9-10 所示。

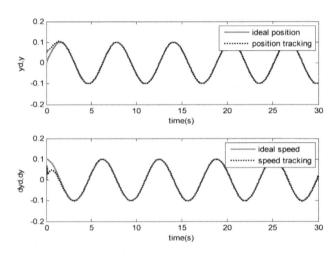

图 9-8　角度和角速度跟踪

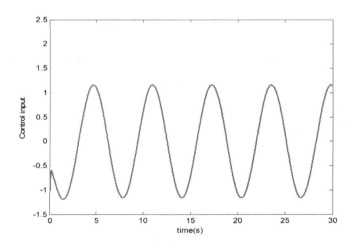

图 9-9　控制输入信号

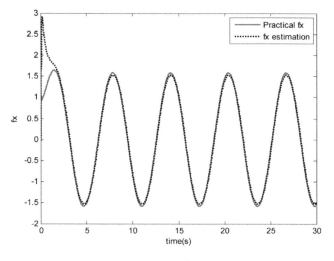

图 9-10 $f(x)$ 及 $\hat{f}(x)$ 的变化

〖仿真程序〗

（1）Simulink 主程序：chap9_3sim.mdl

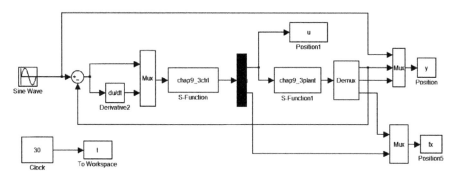

（2）控制器 S 函数：chap9_3ctrl.m

```
function [sys,x0,str,ts] = spacemodel(t,x,u,flag)
switch flag,
case 0,
    [sys,x0,str,ts]=mdlInitializeSizes;
case 1,
    sys=mdlDerivatives(t,x,u);
case 3,
    sys=mdlOutputs(t,x,u);
case {2,4,9}
    sys=[];
otherwise
    error(['Unhandled flag = ',num2str(flag)]);
end
function [sys,x0,str,ts]=mdlInitializeSizes
global c bn
sizes = simsizes;
```

```
sizes.NumContStates    = 5;
sizes.NumDiscStates    = 0;
sizes.NumOutputs       = 2;
sizes.NumInputs        = 2;
sizes.DirFeedthrough = 1;
sizes.NumSampleTimes = 0;
sys = simsizes(sizes);
x0  = [0*ones(5,1)];
c=[-0.2  -0.1  0  0.1  0.2; -0.2  -0.1  0  0.1  0.2];
bn=0.5*ones(5,1);
str = [];
ts  = [];
function sys=mdlDerivatives(t,x,u)
global c bn
gama=30;
yd=0.1*sin(t);
dyd=0.1*cos(t);
ddyd=-0.1*sin(t);

e=u(1);
de=u(2);
x1=yd-e;
x2=dyd-de;

k1=50;
k2=30;
k=[k2;k1];
E=[e,de]';

A=[0 -k2;
   1 -k1];
Q=[500 0;0 500];
P=lyap(A,Q);

xi=[e;de];
h=zeros(5,1);
for j=1:1:5
    h(j)=exp(-norm(xi-c(:,j))^2/(2*bn(j)*bn(j)));
end
W=[x(1) x(2) x(3) x(4) x(5)]';

b=[0;1];
S=-gama*E'*P*b*h;

for i=1:1:5
    sys(i)=S(i);
end

function sys=mdlOutputs(t,x,u)
global c bn
```

```
yd=0.1*sin(t);
dyd=0.1*cos(t);
ddyd=-0.1*sin(t);

e=u(1);
de=u(2);
x1=yd-e;
x2=dyd-de;

k1=50;
k2=30;
k=[k2;k1];
E=[e,de]';

W=[x(1) x(2) x(3) x(4) x(5)]';
xi=[e;de];
h=zeros(5,1);
for j=1:1:5
    h(j)=exp(-norm(xi-c(:,j))^2/(2*bn(j)*bn(j)));
end
fxp=W'*h;

%%%%%%%%%%
g=9.8;mc=1.0;m=0.1;l=0.5;
S=l*(4/3-m*(cos(x(1)))^2/(mc+m));
gx=cos(x(1))/(mc+m);
gx=gx/S;
%%%%%%%%%%%%%%
ut=1/gx*(-fxp+ddyd+k'*E);

sys(1)=ut;
sys(2)=fxp;
```

（3）被控对象 S 函数：chap9_3plant.m

```
function [sys,x0,str,ts]=s_function(t,x,u,flag)
switch flag,
case 0,
    [sys,x0,str,ts]=mdlInitializeSizes;
case 1,
    sys=mdlDerivatives(t,x,u);
case 3,
    sys=mdlOutputs(t,x,u);
case {2, 4, 9 }
    sys = [];
otherwise
    error(['Unhandled flag = ',num2str(flag)]);
end
function [sys,x0,str,ts]=mdlInitializeSizes
sizes = simsizes;
sizes.NumContStates  = 2;
```

```
sizes.NumDiscStates   = 0;
sizes.NumOutputs      = 3;
sizes.NumInputs       = 1;
sizes.DirFeedthrough  = 0;
sizes.NumSampleTimes = 0;
sys=simsizes(sizes);
x0=[pi/60 0];
str=[];
ts=[];
function sys=mdlDerivatives(t,x,u)
g=9.8;mc=1.0;m=0.1;l=0.5;
S=l*(4/3-m*(cos(x(1)))^2/(mc+m));
fx=g*sin(x(1))-m*l*x(2)^2*cos(x(1))*sin(x(1))/(mc+m);
fx=fx/S;
gx=cos(x(1))/(mc+m);
gx=gx/S;

sys(1)=x(2);
sys(2)=fx+gx*u;
function sys=mdlOutputs(t,x,u)
g=9.8;
mc=1.0;
m=0.1;
l=0.5;

S=l*(4/3-m*(cos(x(1)))^2/(mc+m));
fx=g*sin(x(1))-m*l*x(2)^2*cos(x(1))*sin(x(1))/(mc+m);
fx=fx/S;
gx=cos(x(1))/(mc+m);
gx=gx/S;

sys(1)=x(1);
sys(2)=x(2);
sys(3)=fx;
```

（4）作图程序： chap9_3plot.m

```
close all;

figure(1);
subplot(211);
plot(t,y(:,1),'r',t,y(:,2),'k:','linewidth',2);
xlabel('time(s)');ylabel('yd,y');
legend('ideal position','position tracking');
subplot(212);
plot(t,0.1*cos(t),'r',t,y(:,3),'k:','linewidth',2);
xlabel('time(s)');ylabel('dyd,dy');
legend('ideal speed','speed tracking');

figure(2);
plot(t,u(:,1),'r','linewidth',2);
xlabel('time(s)');ylabel('Control input');
```

```
figure(3);
plot(t,fx(:,1),'r',t,fx(:,2),'k:','linewidth',2);
xlabel('time(s)');ylabel('fx');
legend('Practical fx','fx estimation');
```

参 考 文 献

[1] 王宁，涂健. 电渣重熔过程的神经元智能控制[J]. 自动化学报，1993, 19(5):634-636.

[2] 张建民，王涛，王忠礼. 智能控制原理及应用[M]. 北京：冶金工业出版社，2003.

[3] 王永骥，涂健. 神经元智能控制[M]. 北京：机械工业出版社，1998.

[4] 王顺晃，舒迪前. 智能系统及其应用[M]. 北京：机械工业出版社，1995.

[5] PARK J, SANDBERG I W. Universal approximation using radial basis function networks[J]. Neural Computation, 1990, 3:246-257.

第 10 章　基于差分进化的 PID 控制

10.1　差分进化算法的基本原理

10.1.1　差分进化算法的提出

差分进化（Differential Evolution，DE）算法是模拟自然界生物种群，以"优胜劣汰、适者生存"为原则的进化发展规律而形成的一种随机启发式搜索算法，是一种新兴的进化计算技术。它于 1995 年由 Rainer Storn 和 Kenneth Price 提出[1]。由于其简单易用、稳健性好以及强大的全局搜索能力，使得差分进化算法已在多个领域取得成功。

差分进化算法保留了基于种群的全局搜索策略，采用实数编码、基于差分的简单变异操作和一对一的竞争生存策略，降低了遗传操作的复杂性。同时，差分进化算法特有的记忆能力使其可以动态跟踪当前的搜索情况，以调整其搜索策略，具有较强的全局收敛能力和鲁棒性，且不需要借助问题的特征信息，适于求解一些利用常规的数学规划方法所无法求解的复杂环境中的优化问题，采用差分进化算法可实现轨迹规划[2, 3]。

实验结果表明，差分进化算法的性能优于遗传算法、粒子群算法和其他进化算法。该算法已成为一种求解非线性、不可微、多极值和高维的复杂函数的一种有效和鲁棒的方法。

10.1.2　标准差分进化算法

差分进化算法是基于群体智能理论的优化算法，通过群体内个体间的合作与竞争产生的群体智能指导优化搜索。它保留了基于种群的全局搜索策略，采用实数编码、基于差分的简单变异操作和一对一的竞争生存策略，降低了遗传操作的复杂性，同时它特有的记忆能力使其可以动态跟踪当前的搜索情况以调整其搜索策略，具有较强的全局收敛能力和鲁棒性。差分进化算法的主要优点可以总结为，待定参数少、不易陷入局部最优、收敛速度快三点。

差分进化算法根据父代个体间的差分矢量进行变异、交叉和选择操作，其基本思想是从某一随机产生的初始群体开始，通过把种群中任意两个个体的向量差加权后按一定的规则与第三个个体求和来产生新个体，然后将新个体与当代种群中某个预先决定的个体相比较，如果新个体的适应度值优于与之相比较的个体的适应度值，则在下一代中就用新个体取代旧个体，否则旧个体仍保存下来，通过不断地迭代运算，保留优良个体，淘汰劣质个体，引导搜索过程向最优解逼近。

在优化设计中，差分进化算法与传统的优化方法相比，具有以下主要特点：

① 差分进化算法从一个群体即多个点而不是从一个点开始搜索，这是它能以较大的概率找到整体最优解的主要原因；

② 差分进化算法的进化准则是基于适应性信息的，无须借助其他辅助性信息（如要求函数可导或连续），大大地扩展了其应用范围；

③ 差分进化算法具有内在的并行性，这使得它非常适用于大规模并行分布处理，减小时间成本开销；

④ 差分进化算法采用概率转移规则，不需要确定性的规则。

10.1.3 差分进化算法的基本流程

差分进化算法是基于实数编码的进化算法，整体结构上与其他进化算法类似，由变异、交叉和选择3个基本操作构成。标准差分进化算法主要包括以下4个步骤。

1. 生成初始群体

在 n 维空间里随机产生满足约束条件的 M 个个体，实施措施如下：

$$x_{ij}(0) = \text{rand}_{ij}(0,1)\left(x_{ij}^{U} - x_{ij}^{L}\right) + x_{ij}^{L} \tag{10.1}$$

式中，x_{ij}^{U} 和 x_{ij}^{L} 分别为第 j 个染色体的上界和下界；$\text{rand}_{ij}(0,1)$ 为[0, 1]之间的随机小数。

2. 变异操作

从群体中随机选择3个个体 x_{p_1}、x_{p_2} 和 x_{p_3}，且 $i \neq p_1 \neq p_2 \neq p_3$，则基本的变异操作为

$$h_{ij}(t+1) = x_{p_1 j}(t) + F\left(x_{p_2 j}(t) - x_{p_3 j}(t)\right) \tag{10.2}$$

如果无局部优化问题，变异操作可写为

$$h_{ij}(t+1) = x_{bj}(t) + F\left(x_{p_2 j}(t) - x_{p_3 j}(t)\right) \tag{10.3}$$

式中，$x_{p_2 j}(t) - x_{p_3 j}(t)$ 为差异化向量，此差分操作是差分进化算法的关键；F 为缩放因子；p_1、p_2、p_3 为随机整数，表示个体在种群中的序号；$x_{bj}(t)$ 为当前代中种群中最好的个体。由于式（10.3）借鉴了当前种群中最好的个体信息，可加快收敛速度。

3. 交叉操作

交叉操作是为了增加群体的多样性，具体操作如下：

$$v_{ij}(t+1) = \begin{cases} h_{ij}(t+1), & \text{rand } l_{ij} \leqslant \text{CR} \\ x_{ij}(t), & \text{rand } l_{ij} > \text{CR} \end{cases} \tag{10.4}$$

式中，$\text{rand } l_{ij}$ 为[0, 1]之间的随机小数；CR 为交叉概率，$\text{CR} \in [0, 1]$。

4. 选择操作

为了确定 $x_i(t)$ 是否成为下一代的成员，试验向量 $v_i(t+1)$ 和目标向量 $x_i(t)$ 对评价函数进行比较：

$$x_i(t+1) = \begin{cases} v_i(t+1), & f\left(v_{i1}(t+1), \cdots, v_{in}(t+1)\right) < f\left(x_{i1}(t), \cdots, x_{in}(t)\right) \\ x_{ij}(t), & f\left(v_{i1}(t+1), \cdots, v_{in}(t+1)\right) \geqslant f\left(x_{i1}(t), \cdots, x_{in}(t)\right) \end{cases} \tag{10.5}$$

反复执行步骤2至步骤4操作，直至达到最大的进化代数 G。差分进化基本运算流

程如图 10-1 所示。

10.1.4 差分进化算法的参数设置

对于进化算法而言，为了取得理想的结果，需要对差分进化算法的各参数进行合理的设置。针对不同的优化问题，参数的设置往往也是不同的。另外，为了使差分进化算法的收敛速度得到提高，学者们针对差分进化算法的核心部分——变异向量的构造形式提出了多种的扩展模式，以适应更广泛的优化问题。

差分进化算法的运行参数主要有缩放因子 F、交叉因子 CR、群体规模 M 和最大进化代数 G。

1. 变异因子 F

变异因子 F 是控制种群多样性和收敛性的重要参数。一般在[0,2]之间取值。变异因子 F 值较小时，群体的差异度减小，进化过程不易跳出局部极值导致种群过早收敛。变异因子 F 值较大时，虽然

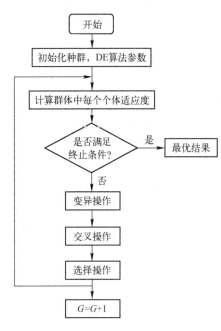

图 10-1 差分进化基本运算流程

容易跳出局部极值，但是收敛速度会减慢。一般可选在 $F=0.3\sim0.6$。

另外，可以采用线性调整变异因子 F：

$$F = (F_{max} - F_{min})\frac{T-t}{T} + F_{min}$$

式中，t 为当前进化代数；T 为最大进化代数；F_{max} 和 F_{min} 为选定的变异因子最大和最小值。在算法搜索初期，F 取值较大，有利于扩大搜索空间，保持种群的多样性；在算法后期，收敛的情况下，F 取值较小，有利于在最佳区域的周围进行搜索，从而提高了收敛速率和搜索精度。

2. 交叉因子 CR

交叉因子 CR 可控制个体参数的各维对交叉的参与程度，以及全局与局部搜索能力的平衡，一般在[0, 1]之间。交叉因子 CR 越小，种群多样性减小，容易受骗，过早收敛。CR 越大，收敛速度越大。但过大可能导致收敛变慢，因为扰动大于群体差异度。根据文献一般应选在[0.6, 0.9]之间。

CR 越大，F 越小，种群收敛逐渐加速，但随着交叉因子 CR 的增大，收敛对变异因子 F 的敏感度逐渐提高。

同样，可以采用下式线性调整交叉因子 CR：

$$CR = CR_{min} + \frac{(CR_{max} - CR_{min})}{T}t$$

式中，CR_{max} 和 CR_{min} 为交叉因子 CR 的最大值和最小值。

为了保证算法的性能，CR_{max} 和 CR_{min} 应选取合理的值。随着进化代数的增加，F 线性递减，CR 线性递增，目的是希望改进的 DE 算法在搜索初期能够保持种群的多样性，到后

期有较大的收敛速率。

3. 群体规模 M

群体所含个体数量 M 一般介于 $5D\sim10D$（D 为问题空间的维度），但不能少于 4，否则无法进行变异操作。M 越大，种群多样性越强，获得最优解概率越大，但是计算时间更长，一般取 $20\sim50$。

4. 最大迭代代数 G

最大迭代代数 G 一般作为进化过程的终止条件。迭代次数越大，最优解更精确，但同时计算的时间会更长，需要根据具体问题设定。

以上四个参数对差分进化算法的求解结果和求解效率都有很大的影响，因此，要合理设定这些参数才能获得较好的效果。

10.2 基于差分进化算法的函数优化

利用差分进化算法求 Rosenbrock 函数的极大值：

$$\begin{cases} f(x_1,x_2) = 100(x_1^2 - x_2)^2 + (1-x_1)^2 \\ -2.048 \leqslant x_i \leqslant 2.048 \qquad (i=1,2) \end{cases}$$

该函数有两个局部极大点，分别是 $f(2.048,-2.048)=3897.7342$ 和 $f(-2.048,-2.048)=3905.9262$，其中后者为全局最大点。

函数 $f(x_1,x_2)$ 的三维图如图 10-2 所示，可以发现该函数在指定的定义域上有两个接近的极点，即一个全局极大值和一个局部极大值。因此，采用寻优算法求极大值时，需要避免陷入局部最优解。

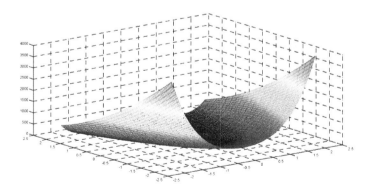

图 10-2 函数 $f(x_1,x_2)$ 的三维图

〖仿真程序〗 chap10_1.m

```
clearall;
closeall;
```

```
x_min=-2.048;
x_max=2.048;

L=x_max-x_min;
N=101;
for i=1:1:N
for j=1:1:N
x1(i)=x_min+L/(N-1)*(i-1);     %对x1轴离散化100点
x2(j)=x_min+L/(N-1)*(j-1);     %对x2轴离散化100点
fx(i,j)=100*(x1(i)^2-x2(j))^2+(1-x1(i))^2;
end
end
figure(1);
surf(x1,x2,fx);
title('f(x)');

display('Maximum value of fx=');
disp(max(max(fx)));
```

采用实数编码求函数极大值，用两个实数分别表示两个决策变量 x_1、x_2，分别将 x_1、x_2 的定义域离散化为从离散点 -2.048 到离散点 2.048 的 Size 个实数。个体的适应度直接取为对应的目标函数值，越大越好，即取适应度函数为 $F(x)=f(x_1,x_2)$。

在差分进化算法仿真中，取 $F=1.2$，$CR=0.90$，样本个数为 Size $=50$，即群体规模 $M=50$，最大迭代次数 $G=30$。按式（10.1）～式（10.5）设计差分进化算法，经过 30 步迭代，最佳样本为 $BestS=\begin{bmatrix}-2.048 & -2.048\end{bmatrix}$，即当 $x_1=-2.048$，$x_2=-2.048$ 时，Rosenbrock 函数具有极大值，极大值为 3905.9。

适应度函数 F 的优化过程如图 10-3 所示，通过适当增大 F 值及增加样本数量，有效地避免了陷入局部最优解，仿真结果表明正确率接近 100%。

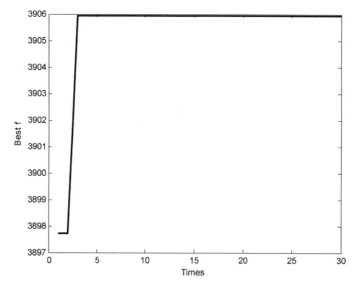

图 10-3　适应度函数 F 的优化过程

〖仿真程序〗

差分进化算法优化仿真程序包括以下两个部分。

(1) 主程序：chap10_2.m

```matlab
%To Get maximum value of function f(x1,x2) by Differential Evolution
clear all;
close all;

Size=30;
CodeL=2;

MinX(1)=-2.048;
MaxX(1)=2.048;
MinX(2)=-2.048;
MaxX(2)=2.048;

G=50;

F=1.2;                  %变异因子[0,2]
cr=0.9;                 %交叉因子[0.6,0.9]
%初始化种群
fori=1:1:CodeL
    P(:,i)=MinX(i)+(MaxX(i)-MinX(i))*rand(Size,1);
end

BestS=P(1,:);           %全局最优个体
fori=2:Size
        if(chap10_2obj( P(i,1),P(i,2))>chap10_2obj( BestS(1),BestS(2)))
BestS=P(i,:);
end
end

fi=chap10_2obj( BestS(1),BestS(2));

%进入主要循环，直到满足精度要求
for kg=1:1:G
time(kg)=kg;
%变异
fori=1:Size
        r1 = 1;r2=1;r3=1;
while(r1 == r2|| r1 == r3 || r2 == r3 || r1 ==i || r2 ==i || r3 == i )
            r1 = ceil(Size * rand(1));
            r2 = ceil(Size * rand(1));
            r3 = ceil(Size * rand(1));
end
        h(i,:) = P(r1,:)+F*(P(r2,:)-P(r3,:));

        for j=1:CodeL    %检查位置是否越界
if h(i,j)<MinX(j)
h(i,j)=MinX(j);
elseif h(i,j)>MaxX(j)
```

```
               h(i,j)=MaxX(j);
            end
         end

         %交叉
         for j = 1:1:CodeL
            tempr = rand(1);
            if(tempr<cr)
                v(i,j) = h(i,j);
            else
                v(i,j) = P(i,j);
            end
         end

         %选择
                  if(chap10_2obj( v(i,1),v(i,2))>chap10_2obj( P(i,1),P(i,2)))
         P(i,:)=v(i,:);
         end
         %判断和更新
                  if(chap10_2obj( P(i,1),P(i,2))>fi) %判断当此时的位置是否为最优的情况
         fi=chap10_2obj( P(i,1),P(i,2));
         BestS=P(i,:);
         end
     end
     Best_f(kg)=chap10_2obj( BestS(1),BestS(2));
end
BestS              %最佳个体
Best_f(kg)         %最大函数值

figure(1);
plot(time,Best_f(time),'k','linewidth',2);
xlabel('Times');ylabel('Best f');
```

（2）函数计算程序：chap10_2obj.m

```
function J=evaluate_objective(x1,x2) %计算函数值
   J=100*( x1^2- x2)^2+(1- x1)^2;
end
```

10.3 基于差分进化整定的 PD 控制

  PID 控制是工业过程控制中应用最广的策略之一，因此 PID 控制器参数的优化成为人们关注的问题，它直接影响控制效果的好坏，并和系统的安全、经济运行有着密不可分的关系。目前 PID 参数的优化方法有很多，如间接寻优法、梯度法、爬山法等，而在热工系统中单纯形法、专家整定法则应用较广。虽然这些方法都具有良好的寻优特性，但却存在着一些弊端：单纯形法对初值比较敏感，容易陷入局部最优化解，造成寻优失败；专家整定法则需要太多的经验，不同的目标函数对应不同的经验，而整理知识库则是一项长时间的工程。

采用差分进化来进行参数寻优,是一种不需要任何初始信息并可以寻求全局最优解的、高效的优化组合方法。

10.3.1 基本原理

采用差分进化进行 PID 三个系数的整定,具有以下优点:

① 与单纯形法相比,差分进化同样具有良好的寻优特性,且它克服了单纯形法参数初值的敏感性。在初始条件选择不当的情况下,差分进化在不需要给出调节器初始参数的情况下,仍能寻找到合适的参数,使控制目标满足要求。

② 与专家整定法相比,它具有操作方便、速度快的优点,不需要复杂的规则,避免了专家整定法中前期大量的知识库整理工作及大量的仿真实验。

③ 差分进化是从许多点开始并行操作,在解空间进行高效启发式搜索,克服了从单点出发的弊端以及搜索的盲目性,从而使寻优速度更快,避免了过早陷入局部最优解。

④ 差分进化不仅适用于单目标寻优,而且也适用于多目标寻优。根据不同的控制系统,针对一个或多个目标,差分进化均能在规定的范围内寻找到合适参数。

差分进化作为一种全局优化算法,得到了越来越广泛的应用。近年来,差分进化在控制上的应用日益增多。

利用差分进化优化 k_p、k_i、k_d 的具体步骤如下:

① 确定每个参数的大致范围;
② 随机产生 n 个个体构成初始种群 $P(0)$;
③ 将种群中各个体解码成对应的参数值,用此参数求代价函数值 J;
④ 应用差分进化算子对种群 $P(t)$ 进行操作,产生下一代种群 $P(t+1)$;
⑤ 重复步骤③和④,直至参数收敛或达到预定的指标。

10.3.2 基于差分进化的 PD 整定

被控对象为二阶传递函数:

$$G(s) = \frac{400}{s^2 + 50s}$$

采样时间为 1ms,输入指令为一阶跃信号。为获取满意的过渡过程动态特性,采用误差绝对值时间积分性能指标作为参数选择的最小目标函数。为了防止控制能量过大,在目标函数中加入控制输入的平方项。选用下式作为参数选取的最优指标。

$$J = \int_0^\infty (w_1|e(t)| + w_2 u^2(t)) dt \tag{10.6}$$

式中,$e(t)$ 为系统误差;$u(t)$ 为控制器输出;w_1 和 w_2 为权值。

为了避免超调,采用了惩罚功能,即一旦产生超调,将超调量作为最优指标的一项,此时最优指标为

$$\text{if } e(t) < 0 \quad J = \int_0^\infty (w_1|e(t)| + w_2 u^2(t) + w_3|e(t)|) dt \tag{10.7}$$

式中,w_3 为权值。

采用 PD 控制,响应指令为 $y_d=1.0$,利用差分进化对 PD 系数进行整定,使用样本个数为 30,取 $F=0.80$,$CR=0.60$。参数 k_p 的取值范围为 $[0,20]$,k_d 的取值范围为 $[0,1]$,取 $w_1=0.999$,$w_2=0.001$,$w_3=10$。经过 50 代进化,PD 整定结果为 $k_p=5.4745$,$k_d=0.0906$,

性能指标 $J=33.0655$。代价函数值 J 的优化过程及整定后的 PID 阶跃响应如图 10-4 和图 10-5 所示。参数 k_p 和 k_d 的整定过程如图 10-6 所示。

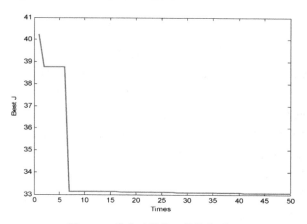

图 10-4　代价函数值 J 的优化过程

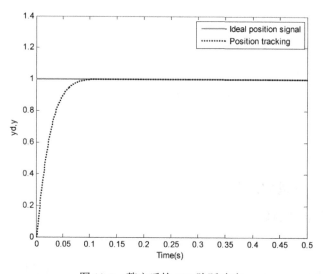

图 10-5　整定后的 PID 阶跃响应

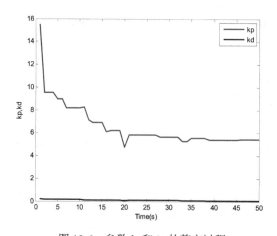

图 10-6　参数 k_p 和 k_d 的整定过程

在应用差分进化时,为了避免参数选取范围过大,可以先按经验选取一组参数,然后再在这组参数的周围利用差分进化进行设计,从而大大减少初始寻优的盲目性,节约计算量。

〖仿真程序〗

(1) 主程序:chap10_3.m

```
%PD tuning control based on DE
clear all;
close all;
globalyd y timef

F=1.20;            % 变异因子:[1,2]
cr=0.6;            % 交叉因子

Size=30;
CodeL=2;
MinX=[0 0];
MaxX=[20 1];

fori=1:1:CodeL
kxi(:,i)=MinX(i)+(MaxX(i)-MinX(i))*rand(Size,1);
end

BestS=kxi(1,:);     %全局最优个体
BsJ=0;
fori=2:Size
if chap10_3plant(kxi(i,:),BsJ)<chap10_3plant(BestS,BsJ)
BestS=kxi(i,:);
end
end
BsJ=chap10_3plant(BestS,BsJ);

%进入主要循环,直到满足精度要求
G=50; %最大迭代次数
for kg=1:1:G
time(kg)=kg;
%变异
fori=1:Size
kx=kxi(i,:);
        r1 = 1;r2=1;r3=1;r4=1;
while(r1 == r2|| r1 ==r3 || r2 == r3 || r1 == i|| r2 ==i || r3 == i||r4==i ||r1==r4||r2==r4||r3==r4 )
            r1 = ceil(Size * rand(1));
            r2 = ceil(Size * rand(1));
            r3 = ceil(Size * rand(1));
            r4 = ceil(Size * rand(1));
end
```

```
            h(i,:)=BestS+F*(kxi(r1,:)-kxi(r2,:));
                %h(i,:)=X(r1,:)+F*(X(r2,:)-X(r3,:));

            for j=1:CodeL    %检查值是否越界
if h(i,j)<MinX(j)
h(i,j)=MinX(j);
elseif h(i,j)>MaxX(j)
h(i,j)=MaxX(j);
end
end
%交叉
for j = 1:1:CodeL
tempr = rand(1);
if(tempr<cr)
v(i,j) = h(i,j);
else
v(i,j) = kxi(i,j);
end
end
%选择
        if(chap10_3plant(v(i,:),BsJ)<chap10_3plant(kxi(i,:),BsJ))
kxi(i,:)=v(i,:);
end
%判断和更新
        if chap10_3plant(kxi(i,:),BsJ)<BsJ  %判断当此时的指标是否为最优的情况
BsJ=chap10_3plant(kxi(i,:),BsJ);
BestS=kxi(i,:);
end
end
BestS
BsJ

BsJ_kg(kg)=chap10_3plant(BestS,BsJ);
end
display('kp,kd');
BestS

figure(1);
plot(timef,yd,'r',timef,y,'k:','linewidth',2);
xlabel('Time(s)');ylabel('yd,y');
legend('Ideal position signal','Position tracking');
figure(2);
plot(time,BsJ_kg,'r','linewidth',2);
xlabel('Times');ylabel('Best J');
figure(3);
plot(time,kp,'r',time,kd,'k','linewidth',2);
xlabel('Time(s)');ylabel('kp,kd');
legend('kp','kd');
```

(2)被控对象子程序：chap10_3plant.m

```
function BsJ=pid_fm_def(kx,BsJ)
global yd y timef
ts=0.001;
sys=tf(400,[1,50,0]);
dsys=c2d(sys,ts,'z');
[num,den]=tfdata(dsys,'v');

u_1=0;u_2=0;
y_1=0;y_2=0;
e_1=0;
B=0;

G=500;
for k=1:1:G
timef(k)=k*ts;
yd(k)=1.0;

y(k)=-den(2)*y_1-den(3)*y_2+num(2)*u_1+num(3)*u_2;
e(k)=yd(k)-y(k);
de(k)=(e(k)-e_1)/ts;
speed(k)=(y(k)-y_1)/ts;

kp=kx(1);kd=kx(2);
u(k)=kp*e(k)+kd*de(k);      %PID control

u_2=u_1;u_1=u(k);
y_2=y_1;y_1=y(k);
e_1=e(k);
end
for i=1:1:G
Ji(i)=0.999*abs(e(i))+0.01*u(i)^2*0.1;
    B=B+Ji(i);
if e(i)<0       %Punishment
     B=B+10*abs(e(i));
end
end
BsJ=B;
```

10.4 基于摩擦模型辨识和补偿的 PD 控制

10.4.1 摩擦模型的在线参数辨识

被控对象为二阶传递函数：

$$G(s)=\frac{400}{s^2+50s}$$

设外加在控制输入上的干扰为等效摩擦，该摩擦采用基于库仑摩擦和黏性摩擦的摩擦模型来表示。

$$F_f(t) = \text{sgn}(\dot{\theta}(t))(kx_1|\dot{\theta}(t)| + kx_2) \tag{10.8}$$

式中，kx_1 和 kx_2 为待辨识参数。

为获取满意的控制精度，采用误差绝对值时间积分性能指标作为参数选择的最小目标函数。为了防止控制能量过大，在目标函数中加入控制输入的平方项，选用下式作为参数选取的最优指标

$$J = \int_0^\infty (w_1|e(t)| + w_2 u^2(t))dt \tag{10.9}$$

式中，$e(t)$ 为系统误差；w_1 和 w_2 为权值。

在应用差分进化时，为了避免参数选取范围过大，可以先按经验选取一组参数，然后在这组参数的周围利用差分进化进行搜索，从而可减少初始寻优的盲目性，节约计算量。

10.4.2 仿真实例

采样时间为 0.001，输入指令为正弦指令信号 $0.5\sin 2\pi t$。差分进化中使用的样本个数为 30，最优指标权值取 $w_1 = 0.999$，$w_2 = 0.01$。

被控对象程序 chap10_4plant.m 中，可取 $u_c(k) = 0$，得到无摩擦补偿情况下的正弦响应，如图 10-7 所示。采用差分进化对摩擦模型参数进行辨识，按式（10.9）进行优化，取 $F=0.80$，$CR=0.60$。摩擦模型参数取 $kx = [0.3, 1.5]$，辨识参数 kx_1 和 kx_2 的范围选为 $[0, 3.0]$，取进化代数为 50。经过优化获得的最优样本和最优指标为 $BestS = [0.4094 \quad 1.5548]$，即 $kx_1 = 0.4094$，$kx_2 = 1.5548$，采用 PD 控制加摩擦补偿，正弦响应如图 10-8 所示，代价函数值 J 的优化过程如图 10-9 所示。

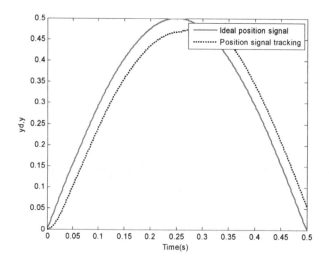

图 10-7 无摩擦补偿情况下的正弦响应

第10章 基于差分进化的PID控制

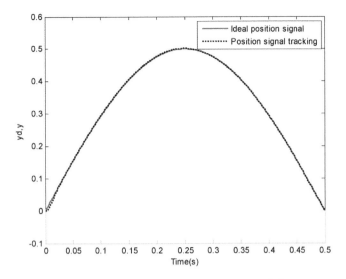

图10-8 采用PD控制加摩擦补偿的正弦响应

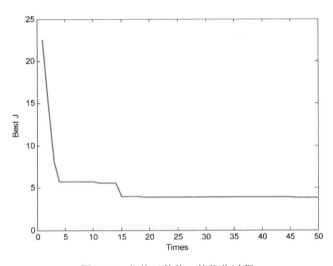

图10-9 代价函数值J的优化过程

〖仿真程序〗

主程序为差分进化程序，子程序为带有摩擦模型的PD控制程序。

（1）主程序：chap10_4.m

```
%PD control based on DE Friction parameters estimation
clear all;
close all;
globalyd y timef

F=0.80;      % 变异因子：[1,2]
cr=0.6;      % 交叉因子

Size=30;
CodeL=2;
```

```matlab
MinX=zeros(CodeL,1);
MaxX=3.0*ones(CodeL,1);

for i=1:1:CodeL
kxi(:,i)=MinX(i)+(MaxX(i)-MinX(i))*rand(Size,1);
end

BestS=kxi(1,:); %全局最优个体
BsJ=0;
for i=2:Size
if chap10_4plant(kxi(i,:),BsJ)<chap10_4plant(BestS,BsJ)
BestS=kxi(i,:);
end
end
BsJ=chap10_4plant(BestS,BsJ);


%进入主要循环，直到满足精度要求
G=50; %最大迭代次数
for kg=1:1:G
time(kg)=kg;
%变异
for i=1:Size
kx=kxi(i,:);
        r1 = 1;r2=1;r3=1;r4=1;
while(r1 == r2|| r1 ==r3 || r2 == r3 || r1 == i|| r2 ==i || r3 == i||r4==i ||r1==r4||r2==r4||r3==r4 )
            r1 = ceil(Size * rand(1));
            r2 = ceil(Size * rand(1));
            r3 = ceil(Size * rand(1));
            r4 = ceil(Size * rand(1));
end
h(i,:)=BestS+F*(kxi(r1,:)-kxi(r2,:));
        %h(i,:)=X(r1,:)+F*(X(r2,:)-X(r3,:));

        for j=1:CodeL    %检查值是否越界
if h(i,j)<MinX(j)
h(i,j)=MinX(j);
elseif h(i,j)>MaxX(j)
h(i,j)=MaxX(j);
end
end
%交叉
for j = 1:1:CodeL
tempr = rand(1);
if(tempr<cr)
v(i,j) = h(i,j);
else
v(i,j) = kxi(i,j);
end
```

```
end
%选择
            if(chap10_4plant(v(i,:),BsJ)<chap10_4plant(kxi(i,:),BsJ))
kxi(i,:)=v(i,:);
end
%判断和更新
            if chap10_4plant(kxi(i,:),BsJ)<BsJ %判断当此时的指标是否为最优的情况
BsJ=chap10_4plant(kxi(i,:),BsJ);
BestS=kxi(i,:);
end
end
BestS
BsJ

BsJ_kg(kg)=chap10_4plant(BestS,BsJ);
end
display('ideal value: kx=[0.3,1.5]');
BestS

figure(1);
plot(timef,yd,'r',timef,y,'k:','linewidth',2);
xlabel('Time(s)');ylabel('yd,y');
legend('Ideal position signal','Position tracking');
figure(2);
plot(time,BsJ_kg,'r','linewidth',2);
xlabel('Times');ylabel('Best J');
```

（2）子程序：chap10_4plant.m

```
functionBsJ=pid_fm_def(kx,BsJ)
globalyd y timef
a=50;b=400;
ts=0.001;
sys=tf(b,[1,a,0]);
dsys=c2d(sys,ts,'z');
[num,den]=tfdata(dsys,'v');

u_1=0;u_2=0;
y_1=0;y_2=0;
e_1=0;
B=0;

G=500;
for k=1:1:G
timef(k)=k*ts;
yd(k)=0.5*sin(2*pi*k*ts);

y(k)=-den(2)*y_1-den(3)*y_2+num(2)*u_1+num(3)*u_2;
e(k)=yd(k)-y(k);
de(k)=(e(k)-e_1)/ts;
```

```
        speed(k)=(y(k)-y_1)/ts;

        % Disturbance Signal: Coulomb & Viscous Friction
        Ff(k)=sign(speed(k))*(0.30*abs(speed(k))+1.50);

        kp=50;kd=0.50;
        u(k)=kp*e(k)+kd*de(k);       %PD control
        u(k)=u(k)-Ff(k);        % with friction

        %kx=[0.3,1.5];       %Idea Identification
        Ffc(k)=sign(speed(k))*(kx(1)*abs(speed(k))+kx(2));

        u(k)=u(k)+Ffc(k)*1.0;    %With friction compensation

        u_2=u_1;u_1=u(k);
        y_2=y_1;y_1=y(k);
        e_1=e(k);
        end
        fori=1:1:G
        Ji(i)=0.999*abs(e(i))+0.01*u(i)^2*0.1;
            B=B+Ji(i);
        end
        BsJ=B;
```

10.5 基于最优轨迹规划的 PID 控制

机械系统在运动过程中会产生明显的振荡，而振荡会造成额外的能量消耗。在阶跃响应的过程中，不同的运动轨迹会造成不同程度的振荡，因此有必要研究如何设计最优轨迹控制器使得机械系统在整个运动过程所消耗的能量最小。

为了使实际生成的轨迹平滑，在保持轨迹接近参考轨迹的同时，还应确保系统在运动过程中消耗的总能量尽量小，可采用三次样条函数插值并结合差分进化方法来进行轨迹规划。智能算法通过随机搜索获得最优路径，在最优轨迹方面具有较好的应用。

10.5.1 问题的提出

考虑一个简单的二阶线性系统：

$$I\ddot{\theta}+b\dot{\theta}=\tau+d \tag{10.10}$$

式中，θ 为角度；I 为转动惯量；b 为黏性系数；τ 为控制输入；d 为加在控制输入上的扰动。

通过差分进化方法，沿着参考路径进行最优规划，从而保证运动系统在不偏离参考路径的基础上，采用 PD 控制方法，实现对最优轨迹的跟踪，使整个运动过程中消耗的能量最小。

10.5.2 一个简单的样条插值实例

三次样条插值（简称 Spline 插值）是通过一系列形值点的一条光滑曲线，数学上通过求解三弯矩方程组得出曲线函数组的过程。

定义：设$[a,b]$上有插值点，$a=x_1<x_2<\cdots<x_n=b$，对应的函数值为$y_1,y_2,\cdots,y_n$。若函数$S(x)$满足$S(x_j)=y_j(j=1,2,\cdots,n)$上都是不高于三次的多项式，当$S(x)$在$[a,b]$上具有二阶连续导数，则称$S(x)$为三次样条插值函数，如图10-10所示。

要求$S(x)$只需在$[x_j,x_{j+1}]$上确定1个三次多项式，设为

$$S_j(x)=a_jx^3+b_jx^2+c_jx+d_j\ (j=1,2,\cdots,n-1)$$

式中，a_j、b_j、c_j、d_j待定，并满足

$$S(x_j)=y_j,\ S(x_j-0)=S(x_j+0),$$
$$(j=1,2,\cdots,n-1)$$
$$S'(x_j-0)=S'(x_j+0),\ S''(x_j-0)=S''(x_j+0),$$
$$(j=1,2,\cdots,n-1)$$

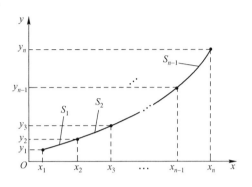

图10-10 三次样条插值函数

以一个简单的三次样条插值为例，横坐标取0至10且间隔为1的11个插值点，纵坐标取正弦函数，以横坐标间距为0.25的点形成插值曲线，利用MATLAB提供的插值函数spline可实现三次样条插值，仿真结果如图10-11所示。

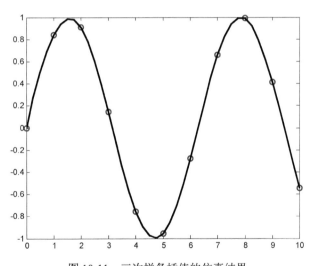

图10-11 三次样条插值的仿真结果

【仿真实例】 chap10_5.m

```
clearall;
closeall
x = 0:10;
y = sin(x);
xx = 0:0.25:10;
yy = spline(x,y,xx);
plot(x,y,'o',xx,yy,'k','linewidth',2);
```

10.5.3 最优轨迹的设计

不失一般性,最优轨迹可在定点运动-摆线运动轨迹的基础上进行优化。摆线运动的表达式如下:

$$\theta_r = (\theta_d - \theta_0)\left[\frac{t}{T_E} - \frac{1}{2\pi}\sin\left(\frac{2\pi t}{T_E}\right)\right] + \theta_0 \tag{10.11}$$

式中,T_E 为摆线周期;θ_0 和 θ_d 分别为角的初始角度和目标角度。

由于差分进化算法是一种离散型的算法,因此需要对连续型的参考轨迹式(10.11)进行等时间隔采样,取时间间隔为 $\frac{T_E}{2n}$,则可得到离散化的参考轨迹为

$$\bar{\theta}_r = \left[\bar{\theta}_{r,0}, \bar{\theta}_{r,1}, \cdots, \bar{\theta}_{r,2n-1}, \bar{\theta}_{r,2n}\right] \tag{10.12}$$

式中,$\bar{\theta}_{r,j}$ 为在时刻 $t = \frac{j}{2n}T_E$ 对于 θ_r 的采样值($j=0,1,\cdots,2n$)。

定义 $\Delta\bar{\theta}_j(k)$ 为与参考轨迹的偏差($j=1,2,\cdots,n-1$),k 表示差分进化算法中的第 k 次迭代,则得

$$\bar{\theta}_{opj}(k) = \bar{\theta}_{r,j} + \Delta\bar{\theta}_j(k) \tag{10.13}$$

式中,$\bar{\theta}_{opj}(k)$ 为在时刻 $t = \frac{j}{2n}T_E$ 由差分进化算法的第 k 次迭代得到的关节角的修正角度。

10.5.4 最优轨迹的优化

最优轨迹能够通过优化与参考轨迹的偏差来间接地得到。假设系统达到稳态的最大允许时间为 $t = 3T_E$,考虑到能量守恒定理,用非保守力做功来表示系统在运动过程中消耗的总能量,目标函数选择为

$$J = \omega\int_0^{3T_E}|\tau\dot{\theta}|dt + (1-\omega)\int_0^{3T_E}|\text{dis}(t)|dt \tag{10.14}$$

式中,ω 为权值;τ 为控制输入信号;$\text{dis}(t)$ 为实际跟踪轨迹与理想轨迹之间的距离,$\text{dis}(t) = \theta_{op}(t) - \theta_r(t)$。

通过采用差分进化算法,优化轨迹式(10.13),使目标函数最小,从而获得最优轨迹。差分进化算法的设定参数如下:最大迭代次数 G,种群数 Size,搜索空间的维数 D,放大因子 F,交叉因子 CR。经过差分进化算法可得到一组最优偏差,进而得到最优的离散轨迹如下:

$$\bar{\theta}_{op} = \left[\bar{\theta}_{op,0}, \bar{\theta}_{op,1}, \cdots, \bar{\theta}_{op,2n-1}, \bar{\theta}_{op,2n}\right] \tag{10.15}$$

为了获得连续型的最优轨迹,采用三次样条插值进行轨迹规划,即利用三次样条插值的方法对离散轨迹进行插值。插值的边界条件如下:

$$\theta_{op}(0) = \bar{\theta}_{op,0} = \theta_0,$$
$$\theta_{op}(T_E) = \bar{\theta}_{op,2n} = \theta_d,$$
$$\dot{\theta}_{op}(0) = \dot{\bar{\theta}}_{op,0} = \dot{\theta}_0 = 0,$$
$$\dot{\theta}_{op}(T_E) = \dot{\bar{\theta}}_{op,2n} = \dot{\theta}_d = 0$$

插值节点为

$$\theta_{op}(t_j) = \overline{\theta}_{op,j}, \quad t_j = \frac{j}{2n}T_E, \quad j=1,2,\cdots,2n-1$$

将插值得到的连续函数 $\theta_{op}(k)$ 作为关节的最优轨迹。采用 PD 控制算法实现对最优轨迹的跟踪，控制律为

$$\tau = k_p e + k_d \dot{e} \tag{10.16}$$

式中，$k_p > 0$；$k_d > 0$。

10.5.5 仿真实例

考虑简单的被控对象：

$$I\ddot{\theta} + b\dot{\theta} = \tau + d$$

式中，$I = \frac{1}{133}$；$b = \frac{25}{133}$；$d = \sin t$。

采样时间为 $t_s = 0.001$，采用 Z 变换进行离散化。仿真中，最大允许时间为 $3T_E$，摆线周期 $T_E = 1$，取摆线周期的一半离散点数为 $n = 500$，则采样时间为 $t_s = \frac{T_E}{2n} = 0.001$。

采用样条插值方法，插值点选取 4 个点，即 $D = 4$。通过插值点的优化来初始化路径，具体方法为：插值点横坐标固定取第 200、第 400、第 600 和第 800 个点，纵坐标取初始点和终止点之间的 4 个随机值，第 i 个样本 $(i=1,2,\cdots,\text{Size})$ 第 j 个插值点 $(j=1,2,3,4)$ 的值取为

$$\theta_{op}(i,j) = \text{rand}(\theta_d - \theta_0) + \theta_0$$

式中，rand 为 0～1 之间的随机值。

采用差分进化算法设计最优轨迹 θ_{op}，目标函数取式（10.14），取权值 $\omega = 0.60$，样本个数 Size $= 50$，变异因子 $F = 0.5$，交叉因子 CR $= 0.9$，优化次数为 30 次。通过差分进化方法不断优化 4 个插值点的纵坐标值，直到达到满意的优化指标 J 或优化次数为止。

跟踪指令为 $\theta_d = 0.5$，采用 PD 控制律式（10.16），取 $k_p = 300$，$k_d = 0.30$，仿真结果如图 10-12～图 10-15 所示。

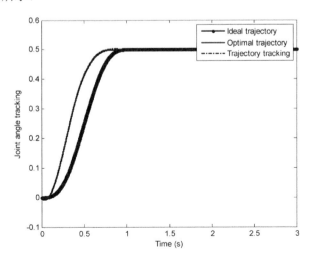

图 10-12　理想轨迹、最优轨迹及轨迹跟踪

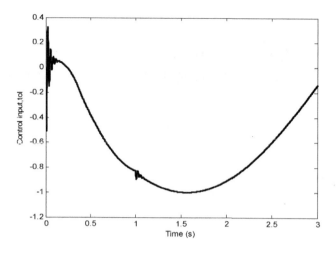

图 10-13 控制输入信号

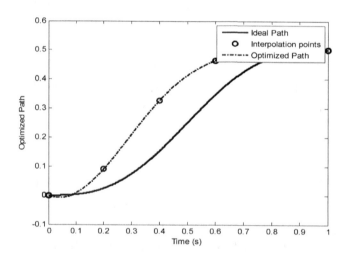

图 10-14 最优轨迹的优化效果

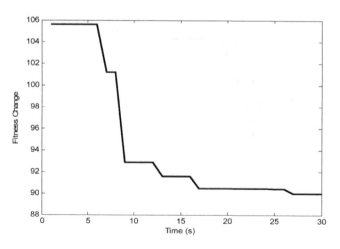

图 10-15 目标函数的优化过程

〖仿真程序〗

（1）优化主程序：chap10_6.m

```
clear all;
close all;
global TE G ts
Size=50;            %样本个数
D=4;                %每个样本有4个固定点，即分成4段
F=0.5;              %变异因子
CR=0.9;             %交叉因子

Nmax=30;            %DE 优化次数

TE=1;               %参考轨迹参数 TE
thd=0.50;
aim=[TE;thd];       %摆线路径终点

start=[0;0];        %路径起点
tmax=3*TE;          %仿真时间

ts=0.001;           %Sampling time
G=tmax/ts;          %仿真时间为 G=3000
%*************摆线参考轨迹*************%
th0=0;
dT=TE/1000; %将 TE 分为 1000 个点，每段长度（步长）为 dT

for k=1:1:G
t(k)=k*dT;   %t(1)=0.001;t(2)=0.002;.....
if t(k)<TE
thr(k)=(thd-th0)*(t(k)/TE-1/(2*pi)*sin(2*pi*t(k)/TE))+th0;    %不含原点的参考轨迹(1)
else
thr(k)=thd;
end
end
%*************初始化路径*************%
fori=1:Size
for j=1:D
Path(i,j)=rand*(thd-th0)+th0;
end
end

%**********差分进化计算**************%
for N=1:Nmax
%*************变异*************%
fori=1:Size
        r1=ceil(Size*rand);
        r2=ceil(Size*rand);
        r3=ceil(Size*rand);
```

```matlab
                    while(r1==r2||r1==r3||r2==r3||r1==i||r2==i||r3==i)    %选取不同的r1,r2,r3,且不等于i
                        r1=ceil(Size*rand);
                        r2=ceil(Size*rand);
                        r3=ceil(Size*rand);
                    end
            for j=1:D
                mutate_Path(i,j)=Path(r1,j)+F.*(Path(r2,j)-Path(r3,j));    %选择前半部分产生变异个体
            end
            %***************交叉****************%
            for j=1:D
            if rand<=CR
            cross_Path(i,j)=mutate_Path(i,j);
            else
            cross_Path(i,j)=Path(i,j);
            end
            end
            %先进行三次样条插值,此为D=4时的特殊情况%
                    XX(1)=0;XX(2)=200*dT;XX(3)=400*dT;XX(4)=600*dT;XX(5)=800*dT;XX(6)=1000*dT;
                    YY(1)=th0;YY(2)=cross_Path(i,1);YY(3)=cross_Path(i,2);YY(4)=cross_Path(i,3);YY(5)=
cross_Path(i,4);YY(6)=thd;
            dY=[0 0];
                cross_Path_spline=spline(XX,YY,linspace(0,1,1000));%输出插值拟合后的曲线,注意步长nt的一致,
此时输出1000个点
                    YY(2)=Path(i,1);YY(3)=Path(i,2);YY(4)=Path(i,3);YY(5)=Path(i,4);
                Path_spline=spline(XX,YY,linspace(0,1,1000));
            %***   计算指标并比较***%
            for k=1:1000
            distance_cross(i,k)=abs(cross_Path_spline(k)-thr(k));        %计算交叉后的轨迹与参考轨迹的距离值
            distance_Path(i,k)=abs(Path_spline(k)-thr(k));               %计算插值后的轨迹与参考轨迹的距离值
            end
            new_object     = chap10_6obj(cross_Path_spline,distance_cross(i,:),0);    %计算交叉后的能量消耗
最低及路径逼近最佳值的和
                formal_object = chap10_6obj(Path_spline,distance_Path(i,:),0);         %计算插值后的能量消耗
最低及路径逼近最佳值的和

            %%%%%%%%%%   选择算法   %%%%%%%%%%%%
            ifnew_object<=formal_object
            Fitness(i)=new_object;
            Path(i,:)=cross_Path(i,:);
            else
            Fitness(i)=formal_object;
            Path(i,:)=Path(i,:);
            end
            end
            [iteraion_fitness(N),flag]=min(Fitness);         %记下第NC次迭代的最小数值及其维数

            lujing(N,:)=Path(flag,:)                         %第NC次迭代的最佳路径
            fprintf('N=%d Jmin=%g\n',N,iteraion_fitness(N));
            end
```

```
[Best_fitness,flag1]=min(iteraion_fitness);
Best_solution=lujing(flag1,:);
YY(2)=Best_solution(1);YY(3)=Best_solution(2);YY(4)=Best_solution(3);YY(5)=Best_solution(4);

Finally_spline=spline(XX,YY,linspace(0,1,1000));
chap10_6obj(Finally_spline,distance_Path(Size,:),1);

figure(3);
plot((0:0.001:1),[0,thr(1:1:1000)],'k','linewidth',2);
xlabel('Time (s)');ylabel('Ideal Path');
hold on;
plot((0:0.2:1), YY,'ko','linewidth',2);
hold on;
plot((0:0.001:1),[0,Finally_spline],'k-.','linewidth',2);
xlabel('Time (s)');ylabel('Optimized Path');
legend('Ideal Path','Interpolationpoints','Optimized Path');

figure(4);
plot((1:Nmax),iteraion_fitness,'k','linewidth',2);
xlabel('Time (s)');ylabel('Fitness Change');
```

（2）目标函数程序：chap10_6obj.m

```
%***********计算控制输入能量消耗最低及路径逼近最佳值之和的子函数*************%
function Object=object(path,distance,flag)    %path,distance 是 2000 维
global TE G ts
w=0.60;
th_1=0;tol_1=0;e_1=0;
tmax=3*TE; %目标函数积分上限为 3TE
thd=0.5;
thop_1=0;dthop_1=0;
x1_1=0;x2_1=0;
for k=1:1:G    %Begin th(k)从 2 开始和 thop(1)对应

t(k)=k*ts;
if t(k)<=TE
thop(k)=path(k); %要逼近的最优轨迹
dthop(k)=(thop(k)-thop_1)/ts;
ddthop(k)=(dthop(k)-dthop_1)/ts;
else
thop(k)=thd;
dthop(k)=0;
ddthop(k)=0;
end

%离散模型
I=1/133;b=25/133;
d(k)=1*sin(k*ts);

x2(k)=x2_1+ts*1/I*(tol_1-b*x2_1+d(k));
```

```
x1(k)=x1_1+ts*x2(k);

th(k)=x1(k);
dth(k)=x2(k);

e(k)=thop(k)-th(k);
de(k)=(e(k)-e_1)/ts;

kp=300;kd=0.30;

tol(k)=kp*e(k)+kd*de(k);
energy(k)=abs(tol(k)*dth(k));

    tol_1=tol(k);
    x1_1=x1(k);
    x2_1=x2(k);
    e_1=e(k);
    thop_1=thop(k);
    dthop_1=dthop(k);
end
%************计算总能量******************%
energy_all=0;
for k=1:1:G
energy_all=energy_all+energy(k);
end
dis=sum(distance);%参考轨迹的逼近误差
%*********计算目标*********%
Object=w*energy_all+(1-w)*dis;  %used for main.m
if flag==1
t(1)=0;
    th0=0;
    for k=1:1:G    %>TE 不包含原点
t(k)=k*ts;
if t(k)<TE
thr(k)=(thd-th0)*(t(k)/TE-1/(2*pi)*sin(2*pi*t(k)/TE))+th0;    %不含原点的参考轨迹
else
thr(k)=thd;
end
end
figure(1);
plot(t,thr,'k.-',t,thop,'k',t,th,'k-.','linewidth',2);
legend('Ideal trajectory','Optimal trajectory', 'Trajectory tracking');
xlabel('Time (s)');ylabel('Joint angle tracking');
figure(2);
plot(t,tol,'k','linewidth',2);
xlabel('Time (s)');ylabel('Control input,tol');
end
end
```

参 考 文 献

[1] STORN R, PRICE K. Differential evolution: a simple and efficient heuristic for global optimization over continuous spaces[J]. Journal of Global Optimization, 1997, 11:341-59.

[2] URSEM R K. Parameter identification of induction motors using differential evolution[C]. The 2003 Congress on Evolutionary Computation, 2003, 2:790-796.

[3] CHANG W D. Parameter identification of Chen and Lü systems: A differential evolution approach[J]. Chaos, Solitons & Fractals, 2007, 32(4):1469-1476.

第 11 章 伺服系统 PID 控制

11.1 基于 LuGre 摩擦模型的 PID 控制

11.1.1 伺服系统的摩擦现象

在高精度、超低速伺服系统中，由于非线性摩擦环节的存在，使系统的动态及静态性能受到很大程度的影响，主要表现为低速时出现爬行现象，稳态时有较大的静差或出现极限环振荡。

摩擦现象是一种复杂的、非线性的、具有不确定性的自然现象，摩擦学的研究结果表明，人类目前对于摩擦的物理过程的了解还只停留在定性认识阶段，无法通过数学方法对摩擦过程给出精确描述。在现实生活中，摩擦现象几乎无处不在，在有些情况下，摩擦环节是人们所期望的，如汽车的刹车系统，但对于机械伺服系统而言，摩擦环节却成为提高系统性能的障碍，使系统出现爬行、振荡或稳态误差。为了减轻机械伺服系统中摩擦环节带来的负面影响，人们在大量的实践中总结出很多有效的方法，可概括为三类：

① 改变机械伺服系统的结构设计，减少传动环节；
② 选择更好的润滑剂，减小动静摩擦的差值；
③ 采用适当的控制补偿方法，对摩擦力（矩）进行补偿。

有关摩擦建模及动态补偿控制技术方面的研究具有近百年的历史，但由于当时控制理论和摩擦学发展水平的限制，使得这方面的研究一直进展不大，进入 20 世纪 80 年代以后，这一领域的研究渐渐活跃，许多先进的摩擦模型和补偿方法被相继提出，其中许多补偿技术已经在机械伺服系统的控制设计中得到了成功的应用。

在伺服系统辨识中，选择一个合适的摩擦模型是非常重要的，实践表明，采用简单的库仑摩擦+黏性摩擦作为摩擦模型，其效果并不理想。目前，已提出的摩擦模型很多，主要有 Karnopp 模型、LuGre 模型及综合模型。其中，LuGre 模型是 Canudas 等在 1995 年提出的典型伺服系统的摩擦模型[1]，该模型能够准确地描述摩擦过程的复杂的动态、静态特性，如爬行（stick slip）、极限环振荡（hunting）、滑前变形（presliding displacement）、摩擦记忆（friction memory）、变静摩擦（rising static friction）及静态 Stribeck 曲线。

11.1.2 伺服系统的 LuGre 摩擦模型

LuGre 摩擦模型可描述如下。
对于伺服系统，用下面的微分方程表示：

$$J\ddot{\theta} = u - F \tag{11.1}$$

式中，J 为转动惯量；θ 为转角；u 为控制力矩；F 为摩擦力矩。设状态变量 z 代表接触面鬃毛的平均变形（bristle deform），则 F 可由下面的 LuGre 模型来描述：

$$F = \sigma_0 z + \sigma_1 \dot{z} + \alpha \dot{\theta} \tag{11.2}$$

$$\dot{z} = \dot{\theta} - \frac{\sigma_0|\dot{\theta}|}{g(\dot{\theta})}z \qquad (11.3)$$

$$g(\dot{\theta}) = F_c + (F_s - F_c)e^{-\left(\frac{\dot{\theta}}{V_s}\right)^2} + \alpha\dot{\theta} \qquad (11.4)$$

在式（11.2）～式（11.4）中，σ_0、σ_1 为动态摩擦参数；F_c、F_s、α、V_s 为静态摩擦参数，其中 F_c 为库仑摩擦，F_s 为静摩擦，α 为黏性摩擦系数，V_s 为切换速度。

11.1.3 仿真实例

在伺服系统式（11.1）及摩擦模型式（11.2）～式（11.4）中，取 $J=1.0$，$\sigma_0=260$，$\sigma_1=2.5$，$\alpha=0.02$，$F_c=0.28$，$F_s=0.34$，$V_s=0.01$。取指令信号为正弦信号 $y_d=0.1\sin(2\pi t)$。

采用 Simulink 实现控制算法及带有摩擦模型的被控对象的描述。采用 PD 控制，取 $k_p=20$，$k_d=5$。图 11-1 及图 11-2 所示为位置和速度跟踪及 PD 的控制输入的仿真结果。在速度过零点时，波形发生畸变，出现位置跟踪"平顶"现象和速度跟踪"死区"现象。

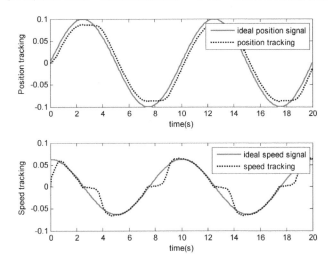

图 11-1　PD 控制的位置和速度跟踪

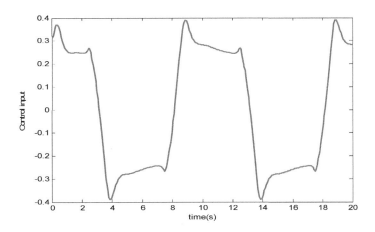

图 11-2　PD 的控制输入

〖仿真程序〗

（1）Simulink 主程序：chap11_1sim.mdl

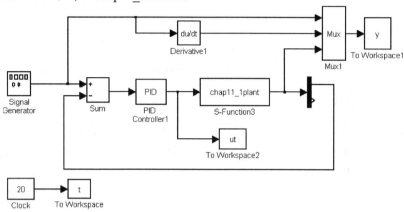

（2）被控对象子程序：chap11_1plant.m

```
function [sys,x0,str,ts]=s_function(t,x,u,flag)
switch flag,
case 0,
    [sys,x0,str,ts]=mdlInitializeSizes;
case 1,
    sys=mdlDerivatives(t,x,u);
case 3,
    sys=mdlOutputs(t,x,u);
case {2, 4, 9 }
    sys = [];
otherwise
    error(['Unhandled flag = ',num2str(flag)]);
end
function [sys,x0,str,ts]=mdlInitializeSizes
sizes = simsizes;
sizes.NumContStates  = 3;
sizes.NumDiscStates  = 0;
sizes.NumOutputs     = 2;
sizes.NumInputs      = 1;
sizes.DirFeedthrough = 1;
sizes.NumSampleTimes = 0;
sys=simsizes(sizes);
x0=[0;0;0];
str=[];
ts=[];
function sys=mdlDerivatives(t,x,u)
ut=u(1);

sigma0=260;sigma1=2.5;sigma2=0.02;
Fc=0.28;Fs=0.34;
Vs=0.01;
J=1.0;
g=Fc+(Fs-Fc)*exp(-(x(2)/Vs)^2)+sigma2*x(2);
```

```
        F=sigma0*x(3)+sigma1*x(3)+sigma2*x(2);

        sys(1)=x(2);
        sys(2)=1/J*(ut-F);
        sys(3)=x(2)-(sigma0*abs(x(2))/g)*x(3);
        function sys=mdlOutputs(t,x,u)
        sys(1)=x(1);
        sys(2)=x(2);
```

(3) 作图子程序：chap11_1plot.m

```
        close all;

        figure(1);
        subplot(211);
        plot(t,y(:,1),'r',t,y(:,3),'k:','linewidth',2);
        xlabel('time(s)');ylabel('Position tracking');
        legend('ideal position signal','position tracking');
        subplot(212);
        plot(t,y(:,2),'r',t,y(:,4),'k:','linewidth',2);
        xlabel('time(s)');ylabel('Speed tracking');
        legend('ideal speed signal','speed tracking');

        figure(2);
        plot(t,ut(:,1),'r','linewidth',2);
        xlabel('time(s)');ylabel('Control input');
```

11.2　基于 Stribeck 摩擦模型的 PID 控制

11.2.1　Stribeck 摩擦模型描述

Stribeck 曲线是比较著名的摩擦模型[2]。图 11-3 所示表明了在不同的摩擦阶段，摩擦力矩与速度之间的关系，该关系即为 Stribeck 曲线。由图中可见，在 Stribeck 摩擦区域，随着运动速度增加，Stribeck 摩擦力会下降。

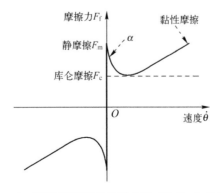

图 11-3　摩擦-速度稳态关系曲线（Stribeck 曲线）

Stribeck 摩擦模型可表示如下[1]。

当 $|\dot{\theta}(t)| < \alpha$ 时，静摩擦为

$$F_f(\dot{\theta}) = \begin{cases} F_m & F(t) > F_m \\ F(t) & -F_m < F(t) < F_m \\ -F_m & F(t) < -F_m \end{cases} \quad (11.5)$$

当 $|\dot{\theta}(t)| > \alpha$ 时，动摩擦为

$$F_f(\dot{\theta}) = \left(F_c + (F_m - F_c)e^{-\alpha_1|\dot{\theta}(t)|}\right)\text{sgn}(\dot{\theta}(t)) + k_v\dot{\theta} \quad (11.6)$$

式中，$F(t)$ 为驱动力；F_m 为最大静摩擦力；F_c 为库仑摩擦力；k_v 为黏性摩擦力矩比例系数；$\dot{\theta}(t)$ 为转动角速度；α 和 α_1 为非常小的、正的常数。

11.2.2 一个典型伺服系统描述

以飞行模拟转台伺服系统为例，它是三轴伺服系统，正常情况下可简化为线性二阶环节的系统，在低速情况下具有较强的摩擦现象，此时控制对象就变为非线性，很难用传统控制方法达到高精度控制。飞行模拟转台任意框的伺服结构如图 11-4 所示，该系统采用直流电机，忽略电枢电感，电流环和速度环为开环，其中 K_u 为 PWM 功率放大器放大系数，R 为电枢电阻，K_m 为电机力矩系数，C_e 为电压反馈系数，J 为该框的转动惯量，$\dot{\theta}(t)$ 为转速，$\theta_d(t)$ 为指令信号，$u(t)$ 为控制输入，即驱动力 $F(t)$。

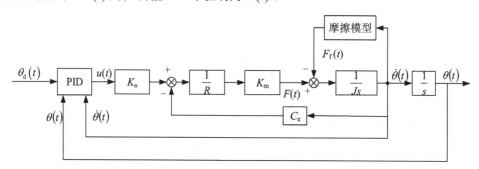

图 11-4 飞行模拟转台伺服系统结构

根据图 11-4，可得 $\left(K_u u(t) - C_e \dot{\theta}\right)\dfrac{1}{R}K_m = F(t)$，即

$$F(t) = \frac{K_u K_m}{R}u(t) - \frac{C_e K_m}{R}\dot{\theta}$$

根据图 11-4，可得伺服系统的动力学方程为

$$\ddot{\theta} = -\frac{K_m C_e}{JR}\dot{\theta} + K_u\frac{K_m}{JR}u - \frac{1}{J}F_f(\dot{\theta}) \quad (11.7)$$

转换为状态方程可描述如下：

$$\begin{bmatrix} \dot{x}_1(t) \\ \dot{x}_2(t) \end{bmatrix} = \begin{bmatrix} 0 & 1 \\ 0 & -\dfrac{K_m C_e}{JR} \end{bmatrix} \begin{bmatrix} x_1(t) \\ x_2(t) \end{bmatrix} + \begin{bmatrix} 0 \\ K_u \dfrac{K_m}{JR} \end{bmatrix} u(t) - \begin{bmatrix} 0 \\ \dfrac{1}{J} \end{bmatrix} F_f(\dot{\theta}) \quad (11.8)$$

式中，$x_1(t)=\theta(t)$ 为转角；$x_2(t)=\dot{\theta}(t)$ 为转速。

11.2.3 仿真实例

设某伺服系统参数：$R=7.77\Omega$，$K_m=6\mathrm{N\cdot m/A}$，$C_e=1.2\mathrm{V/(rad/s)}$，$J=0.6\mathrm{kg\cdot m^2}$，$K_u=11\mathrm{V/V}$。摩擦模型参数取 $F_c=15\mathrm{N\cdot m}$，$F_m=20\mathrm{N\cdot m}$，$a_1=1.0$，$k_v=2.0\mathrm{Nms/rad}$，$\alpha=0.01$。

采用离散系统系统仿真，采用低速正弦跟踪信号指令 $\theta_d(t)=0.10\sin(2\pi t)$，采样时间取 0.001，采用 M 语言进行仿真，仿真主程序为 chap11_2m。

采用连续系统仿真，采用低速正弦跟踪信号指令 $\theta_d(t)=0.10\sin(2\pi t)$。首先，只采用 PD 控制 $u_{PD}(t)=200e(t)+40\dot{e}(t)$，取 $u=u_{PD}$，则

$$\ddot{\theta}=-\frac{K_m C_e}{JR}\dot{\theta}+K_u\frac{K_m}{JR}u_{PD}-\frac{1}{J}F_f(\dot{\theta})$$

如果不采用摩擦补偿，即 $M=1$，运行 Simulink 主程序 chap11_3sim.mdl，带有摩擦环节的 PD 控制仿真结果如图 11-5 和图 11-6 所示。仿真结果表明，在带有摩擦条件下，低速时，角度跟踪存在"平顶"现象，角速度跟踪存在"死区"现象。只采用 PD 控制鲁棒性差，不能达到高精度跟踪。

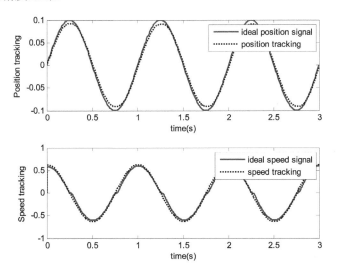

图 11-5 带摩擦时的角度和角速度的跟踪

采用 PD 控制+摩擦补偿方法，设计控制律为 $u=u_{PD}+\dfrac{R}{K_u K_m}\hat{F}_f(\dot{\theta})$，则

$$\ddot{\theta}=-\frac{K_m C_e}{JR}\dot{\theta}+\frac{K_u K_m}{JR}\left(u_{PD}+\frac{R}{K_u K_m}\hat{F}_f(\dot{\theta})\right)-\frac{1}{J}F_f(\dot{\theta})$$

$$=-\frac{K_m C_e}{JR}\dot{\theta}+\frac{K_u K_m}{JR}u_{PD}+\frac{1}{J}\left(\hat{F}_f(\dot{\theta})-F_f(\dot{\theta})\right)$$

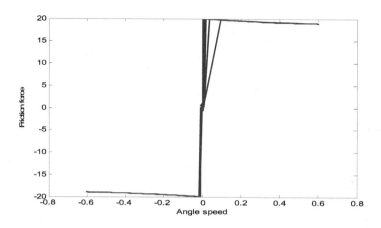

图 11-6 摩擦力 $F_f(\dot{\theta})$ 随角速度的变化

取 $\hat{F}_f(\dot{\theta}) = 0.95 F_f(\dot{\theta})$，如果采用摩擦补偿，即 $M=2$，运行主程序 chap11_3sim.mdl，摩擦补偿后的角度和角速度跟踪如图 11-7 所示，随着摩擦模型辨识精度的提高，可以更好地补偿摩擦，获得更理想的控制精度。

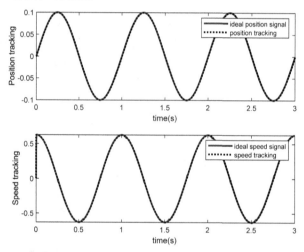

图 11-7 摩擦补偿后的角度和角速度的跟踪

【仿真程序】

（1）M 语言仿真程序

① 主程序：chap11_2.m。

```
%PID Control with Stribeck Friction Model
clear all;
close all;
global M
%Servo system Parameters
Ku=11;R=7.77;Km=6;J=0.6;Ce=1.2;
kv=2.0;alfa=0.01;a1=1.0;Fm=20;Fc=15;
```

```
T=1.0;
ts=0.001;    %Sampling time
xk=zeros(2,1);
ut_1=0;x1_1=0;x2_1=0;

M=1;         %If M=0, No Friction works
for k=1:1:T/ts+1
time(k)=(k-1)*ts;

para=ut_1;
tSpan=[0 ts];
[t,xx]=ode45('chap11_2plant',tSpan,xk,[],para);
xk = xx(length(xx),:);
x1(k)=xk(1);
x2(k)=xk(2);

thd(k)=0.1*sin(2*pi*k*ts);
dthd(k)=0.1*2*pi*cos(2*pi*k*ts);
e(k)=thd(k)-x1(k);
de(k)=dthd(k)-x2(k);
ut(k)=200*e(k)+40*de(k);     %PID

x1_1=x1(k);
x2_1=x2(k);
ut_1=ut(k);

F(k)=Ku*Km/R*ut(k)-Ce*Km/R*x2(k);

if abs(x2(k))<=alfa
    if F(k)>Fm
        Ff(k)=Fm;
    elseif F(k)<-Fm
        Ff(k)=-Fm;
    else
        Ff(k)=F(k);
    end
end

if x2(k)>alfa
    Ff(k)=Fc+(Fm-Fc)*exp(-a1*x2(k))+kv*x2(k);
elseif x2(k)<-alfa
    Ff(k)=-Fc-(Fm-Fc)*exp(a1*x2(k))+kv*x2(k);
end

if M==0
    Ff(k)=0;    %No Friction
end
end
figure(1);
```

```
subplot(211);
plot(time,thd,'r',time,x1,'k','linewidth',2);
xlabel('time(s)');ylabel('Angle tracking');
legend('ideal angle signal','Angle tracking');
subplot(212);
plot(time,dthd,'r',time,x2,'k','linewidth',2);
xlabel('time(s)');ylabel('speed tracking');
legend('ideal angle speed signal','Angle speed tracking');

figure(2);
plot(x2,Ff,'r','linewidth',2);
xlabel('Angle speed signal');ylabel('Friction');
figure(3);
plot(time,ut,'r','linewidth',2);
xlabel('time(s)');ylabel('Control input');
```

② 被控对象程序：chap11_2plant.m。

```
function dx=Model(t,x,flag,para)
global M
%Servo system Parameters
Ku=11;R=7.77;Km=6;J=0.6;Ce=1.2;
kv=2.0;alfa=0.01;a1=1.0;Fm=20;Fc=15;

dx=zeros(2,1);
ut=para;

F=Ku*Km/R*ut-Ce*Km/R*x(2);

if abs(x(2))<=alfa
    if F>Fm
        Ff=Fm;
    elseif F<-Fm
        Ff=-Fm;
    else
        Ff=F;
    end
end
if x(2)>alfa
    Ff=Fc+(Fm-Fc)*exp(-a1*x(2))+kv*x(2);
elseif x(2)<-alfa
    Ff=-Fc-(Fm-Fc)*exp(a1*x(2))+kv*x(2);
end

if M==0
    Ff=0;      %No Friction
end

dx(1)=x(2);
dx(2)=-Km*Ce/(J*R)*x(2)+Ku*Km*ut/(J*R)-Ff/J;
```

（2）Simulink 仿真程序

① Simulink 主程序：chap11_3sim.mdl。

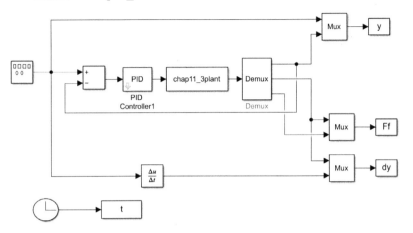

② 被控对象 S 函数程序：chap11_3plant.m。

```
function [sys,x0,str,ts] = spacemodel(t,x,u,flag)

switch flag,
case 0,
    [sys,x0,str,ts]=mdlInitializeSizes;
case 1,
    sys=mdlDerivatives(t,x,u);
case 3,
    sys=mdlOutputs(t,x,u);
case {2,4,9}
    sys=[];
otherwise
    error(['Unhandled flag = ',num2str(flag)]);
end

function [sys,x0,str,ts]=mdlInitializeSizes
sizes = simsizes;
sizes.NumContStates  = 2;
sizes.NumDiscStates  = 0;
sizes.NumOutputs     = 3;
sizes.NumInputs      = 1;
sizes.DirFeedthrough = 1;
sizes.NumSampleTimes = 1;
sys = simsizes(sizes);
x0  = [0;0];
str = [];
ts  = [0 0];
function sys=mdlDerivatives(t,x,u)
persistent ut
ut_PD=u(1);
if t==0
    ut=0;
```

```
end

%Servo system Parameters
Ku=11;R=7.77;Km=6;J=0.6;Ce=1.2;
kv=2.0;alfa=0.01;a1=1.0;Fm=20;Fc=15;kv=2.0;

F=Ku*Km/R*ut-Ce*Km/R*x(2);
if abs(x(2))<=alfa
   if F>Fm
      Ff=Fm;
   elseif F<-Fm
      Ff=-Fm;
   else
      Ff=F;
   end
end
if x(2)>alfa
   Ff=Fc+(Fm-Fc)*exp(-a1*x(2))+kv*x(2);
elseif x(2)<-alfa
   Ff=-Fc-(Fm-Fc)*exp(a1*x(2))+kv*x(2);
end

Ffp=0.95*Ff;
ut=ut_PD+R/(Ku*Km)*Ffp;    %with compensation
ut=ut_PD                   %without compensation

sys(1)=x(2);
sys(2)=-Km*Ce/(J*R)*x(2)+Ku*Km*ut/(J*R)-Ff/J;
function sys=mdlOutputs(t,x,u)
persistent ut
ut_PD=u(1);
if t==0
    ut=0;
end

%Servo system Parameters
Ku=11;R=7.77;Km=6;J=0.6;Ce=1.2;
kv=2.0;alfa=0.01;a1=1.0;Fm=20;Fc=15;kv=2.0;

F=Ku*Km/R*ut-Ce*Km/R*x(2);

if abs(x(2))<=alfa
   if F>Fm
      Ff=Fm;
   elseif F<-Fm
      Ff=-Fm;
   else
      Ff=F;
   end
end
if x(2)>alfa
```

```
        Ff=Fc+(Fm-Fc)*exp(-a1*x(2))+kv*x(2);
    elseif x(2)<-alfa
        Ff=-Fc-(Fm-Fc)*exp(a1*x(2))+kv*x(2);
    end

    sys(1)=x(1);      %Angle
    sys(2)=x(2);      %Angle speed
    sys(3)=Ff;        %Friction force
```

③ 作图程序：chap11_3plot.m。

```
close all;
figure(1);
subplot(211);
plot(t,y(:,1),'r',t,y(:,2),'k:','linewidth',2);
xlabel('time(s)');ylabel('Position tracking');
legend('ideal position signal','position tracking');
subplot(212);
plot(t,dy(:,1),'r',t,dy(:,2),'k:','linewidth',2);
xlabel('time(s)');ylabel('Speed tracking');
legend('ideal speed signal','speed tracking');

figure(2);
plot(Ff(:,1),Ff(:,2),'r','linewidth',2);
xlabel('Angle speed');ylabel('Friction force');
```

11.3 伺服系统三环的 PID 控制

11.3.1 伺服系统三环的 PID 控制原理

现代数控机床伺服系统常采用全闭环或半闭环控制系统，而且是三环控制，由里向外分别是电流环、速度环、位置环[3-4]。以转台伺服系统为例，其控制结构如图 11-8 所示，其中 y_d 为框架参考角位置输入信号，θ 为输出角位置信号。伺服系统执行机构为典型的直流电动驱动机构，电机输出轴直接与负载-转动轴相连。为使系统具有较好的速度和加速度性能，引入测速机信号作为系统的速度反馈，直接构成模拟式速度回路。由高精度圆感应同步器与数字变换装置构成数字式角位置伺服回路。

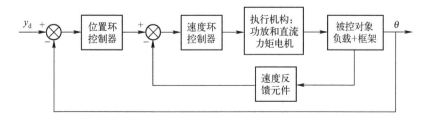

图 11-8　转台伺服系统控制结构框图

转台伺服系统单框的位置环、速度环和电流环框图如图 11-9、图 11-10 和图 11-11 所示。

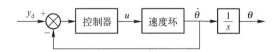

图 11-9　伺服系统位置环框图

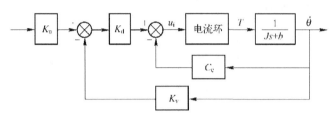

图 11-10　伺服系统速度环框图

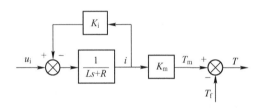

图 11-11　伺服系统电流环框图

以上三图中符号含义如下：y_d 为位置指令；θ 为转台转角；K_u 为 PWM 功率放大倍数；K_d 为速度环放大倍数；K_v 为速度环反馈系数；K_i 为电流反馈系数；L 为电枢电感；R 为电枢电阻；K_m 为电机力矩系数；C_e 为电机反电动势系数；J 为等效到转轴上的转动惯量；b 为黏性阻尼系数，其中 $J=J_m+J_L$，$b=b_m+b_L$，J_m 和 J_L 分别为电机和负载的转动惯量，b_m 和 b_L 分别为电机和负载的黏性阻尼系数；T_f 为扰动力矩，包括摩擦力矩和耦合力矩，此处 $T_f=F_f$。

假设在速度环中的外加干扰为黏性摩擦模型：

$$F_f(t) = F_c \cdot \mathrm{sgn}(\dot{\theta}) + b_c \cdot \dot{\theta} \tag{11.9}$$

控制器采用 PID 控制+前馈控制的形式，加入前馈摩擦补偿控制表示为

$$u_f(t) = F_{c1} \cdot \mathrm{sgn}(\dot{\theta}) + b_{c1} \cdot \dot{\theta} \tag{11.10}$$

式中，F_{c1} 和 b_{c1} 为黏性摩擦模型等效到位置环的估计系数，该系数可以根据经验确定，或根据计算得出。

11.3.2　仿真实例

被控对象为一个具有三环结构的伺服系统，见图 11-8、图 11-9 和图 11-10。伺服系统参数和控制参数在程序中给予了描述，系统采样时间为 1ms。取 $M=2$，此时输入指令为正弦迭加信号：$y_d(t) = A\sin(2\pi Ft) + 0.5A\sin(1.0\pi Ft) + 0.25A\sin(0.5\pi Ft)$，其中 $A=0.50$，$F=0.50$。

考虑到 K_i、L 和 C_e 的值很小，前馈补偿系数 F_{c1} 和 b_{c1} 等效到摩擦力矩端的系数可近似写为

$$\mathrm{Gain} \approx K_u \times K_d \times 1/R \times K_m \times K_g$$

式中，K_g 为经验系数。则摩擦模型估计系数 F_{c1} 和 b_{c1} 为 $F_{c1} \approx F_c/\mathrm{Gain}$，$b_{c1} \approx b_c/\mathrm{Gain}$。

系统总的控制输出为

$$u(t) = u_p(t) + u_f(t)$$

式中，$u_p(t)$ 为 PID 控制的输出，其三项系数为 $k_{pp} = 15$，$k_{ii} = 0.10$，$k_{dd} = 1.5$。

根据是否加入前馈补偿分别进行仿真。无前馈补偿时正弦位置跟踪和速度跟踪如图 11-12 所示，由于静摩擦的作用，在低速跟踪时，位置跟踪存在"平顶"现象，速度跟踪存在"死区"现象。有前馈补偿时的正弦位置跟踪和速度跟踪如图 11-13 所示，采用 PID 控制+前馈控制可很大程度地克服摩擦的影响，基本消除了位置跟踪的"平顶"和速度跟踪的"死区"，实现了较高的位置跟踪和速度跟踪精度。

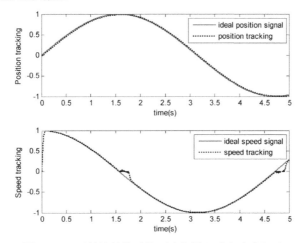

图 11-12　无前馈补偿时的正弦位置跟踪和速度跟踪

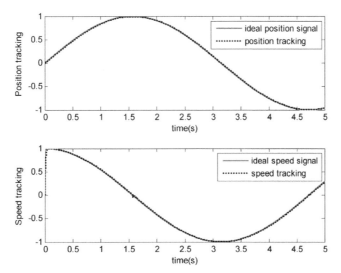

图 11-13　有前馈补偿时的正弦位置跟踪和速度跟踪

〖**仿真程序**〗

（1）初始化程序：chap11_4int.m

```
%Three Loop of Flight Simulator Servo System with Direct Current Motor
clear all;
```

```
close all;
%(1)Current loop
L=0.001;     %L<<1 Inductance of motor armature
R=1;         %Resistence of motor armature
ki=0.001;    %Current feedback coefficient

%(2)Velocity loop
kd=6;        %Velocity loop amplifier coefficient
kv=2;        %Velocity loop feedback coefficient

J=2;         %Equivalent moment of inertia of frame and motor
b=1;         %Viscosity damp coefficient of frame and motor

km=1.0;      %Motor moment coefficient
Ce=0.001;    %Voltage feedback coefficient

%Friction model: Coulomb&Viscous Friction
Fc=100.0;bc=30.0;    %Practical friction

%(3)Position loop: PID controller
ku=11;       %Voltage amplifier coefficient of PWM
kpp=150;
kii=0.1;
kdd=1.5;

%Friction Model compensation
%Equavalent gain from feedforward to practical friction
Gain=ku*kd*1/R*km*1.0;
Fc1=Fc/Gain;     bc1=bc/Gain; %Feedforward compensat
```

（2）Simulink 主程序：chap11_4sim.mdl（包括伺服系统位置环模块和伺服系统速度环和电流环模块）

伺服系统位置环模块：

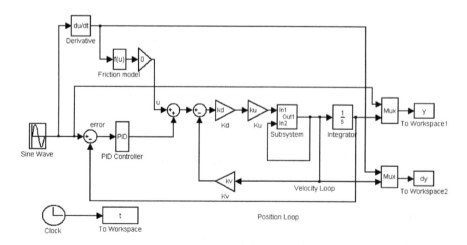

伺服系统速度环和电流环模块：

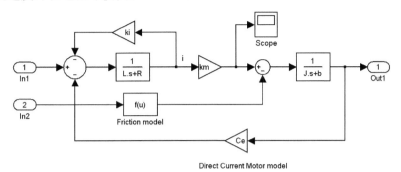

（3）作图程序：chap11_4plot.m

```
close all;

figure(1);
subplot(211);
plot(t,y(:,1),'r',t,y(:,2),'k:','linewidth',2);
xlabel('time(s)');ylabel('Position tracking');
legend('ideal position signal','position tracking');
subplot(212);
plot(t,dy(:,1),'r',t,dy(:,2),'k:','linewidth',2);
xlabel('time(s)');ylabel('Speed tracking');
legend('ideal speed signal','speed tracking');
```

11.4 二质量伺服系统的 PID 控制

11.4.1 二质量伺服系统的 PID 控制原理

如果伺服系统把电机与负载作为一个刚体来考虑，则称为单质量伺服系统，该系统与实际特性有很大差别。对于实际系统，尽管电机与负载是直接耦合的，但传动本质上是弹性的，而且轴承和框架也都不完全是刚性的。在电机驱动力矩的作用下，机械轴会受到某种程度的弯曲和变形。对于加速度要求大、快速性和精度要求高的系统或是转动惯量大、性能要求高的系统，弹性变形对系统性能的影响不能忽略。由于传动轴的弯曲和变形，在传递运动时含有储能元件。如果速度阻尼小，则在它的传递特性中将出现较高的机械谐振，此谐振对系统的动态性能影响较大。因此应将被控对象视为图 11-14 所示由电机、纯惯性负载和联结二者的等效传动轴所组成的三质量系统。

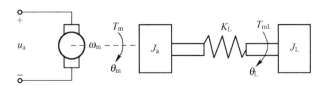

图 11-14 电机-传动轴-负载模型

根据图 11-14 可得传动轴动力学方程。根据伺服系统电机框图 11-15 可得电机电力学方程。根据伺服系统负载框图 11-16（不考虑干扰时）可得负载动力学方程。

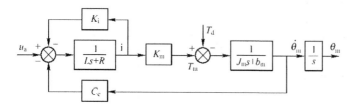

图 11-15 伺服系统电机框图　　　　图 11-16 伺服系统负载框图

三质量伺服系统的电学方程和动力学方程：

电机
$$iR + Li = u_a - C_e\dot{\theta}_m - K_i i \tag{11.11}$$
$$T_m = iK_m \tag{11.12}$$
$$J_m\ddot{\theta}_m = T_m - b_m\dot{\theta}_m - K_L(\theta_m - \theta_L) \tag{11.13}$$

传动轴
$$J_a(\ddot{\theta}_m - \ddot{\theta}_L) = K_L(\theta_m - \theta_L) - T_{mL} \tag{11.14}$$

负载
$$J_L\ddot{\theta}_L = T_{mL} - b_L\dot{\theta}_L \tag{11.15}$$

式中，J_a 为传动轴的转动惯量；θ_m 和 θ_L 分别为电机和负载的转角；J_m 和 J_L 分别为电机和负载的转动惯量；b_m 和 b_L 分别为电机和负载的黏性阻尼系数；K_L 为电机和框架之间的耦合刚度系数；T_{mL} 为负载端输出力矩。

一般 J_a 相对于 J_L 很小，而且其质量分布在轴的长度上，因此可以忽略或计入到 J_L 中，于是上述三质量系统可以简化为二质量系统。二质量系统的电学和动力学方程：

电机
$$iR + Li = u_a - C_e\dot{\theta}_m - K_i i \tag{11.16}$$
$$T_m = iK_m \tag{11.17}$$
$$J_m\ddot{\theta}_m = T_m - b_m\dot{\theta}_m - K_L(\theta_m - \theta_L) \tag{11.18}$$

负载
$$J_L\ddot{\theta}_L = T_{mL} - b_L\dot{\theta}_L \tag{11.19}$$
$$K_L(\theta_m - \theta_L) - T_{mL} = 0 \tag{11.20}$$

根据上述描述，得到二质量伺服系统部分结构图（其余部分与单质量伺服系统结构相同），如图 11-17 所示。

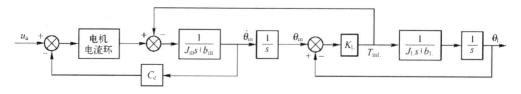

图 11-17 二质量伺服系统部分结构框图

11.4.2 仿真实例

被控对象为一个具有三环结构的二质量伺服系统。伺服系统参数和控制参数在程序中给予了描述。输入指令为正弦信号：$y_d = \sin 2\pi t$。假设在速度环中的外加干扰 T_f 为黏性摩擦模型：$F_f(t) = F_c \cdot \mathrm{sgn}(\dot{\theta}) + b_c \cdot \dot{\theta}$，控制器采用 PID 控制，参数选为为 $k_{pp} = 8.0$，$k_{ii} = 1.0$，$k_{dd} = 5.0$。根据是否加入摩擦干扰分别进行仿真。无摩擦时，正弦位置跟踪和速度跟踪如图 11-18 所示。带摩擦时，正弦位置跟踪和速度跟踪如图 11-19 所示。由于静摩擦的作用，在低速跟踪时，位置跟踪存在"平顶"现象，速度跟踪存在"死区"现象。

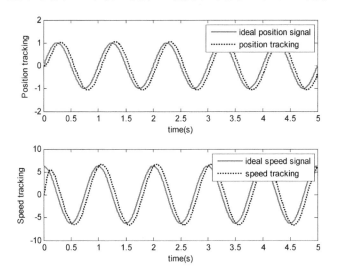

图 11-18　无摩擦时正弦位置跟踪和速度跟踪

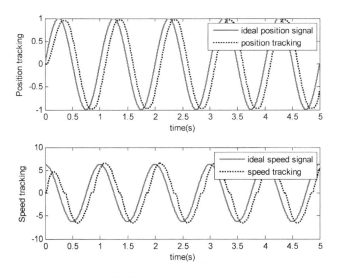

图 11-19　带摩擦时正弦位置跟踪和速度跟踪

〖仿真程序〗

（1）初始化程序：chap11_5int.m

```
%Three Loop of Flight Simulator Servo System with two-mass of Direct Current Motor
clear all;
```

```
close all;

%(1)Current loop
L=0.001;        %L<<1,Inductance of motor armature
R=1.0;          %Resistence of motor armature
ki=0.001;       %Current feedback coefficient

%(2)Velocity loop
kd=6;           %Velocity loop amplifier coefficient
kv=2;           %Velocity loop feedback coefficient

Jm=0.005;       %Equivalent moment of inertia of motor
bm=0.010;       %Viscosity damp coefficient of motor

km=10;          %Motor moment coefficient
Ce=0.001;       %Voltage feedback coefficient

Jl=0.15;        %Equivalent moment of inertia of frame
bl=8.0;         %Viscosity damp coefficient of frame

kl=5.0;         %Motor moment coefficient between frame and motor

%Friction model: Coulomb&Viscous Friction
Fc=10;bc=3;     %Practical friction

%(3)Position loop: PID controller
ku=11;          %Voltage amplifier coefficient of PWM

kpp=100;
kii=1.0;
kdd=50;
```

（2）Simulink 主程序：chap11_5sim.mdl（包括闭环 PID 控制 Simulink 主模型、二质量伺服系统 Simulink 模型和电机 Simulink 模型）

闭环 PID 控制 Simulink 主模型：

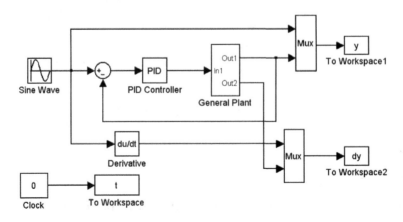

二质量伺服系统 Simulink 模型：

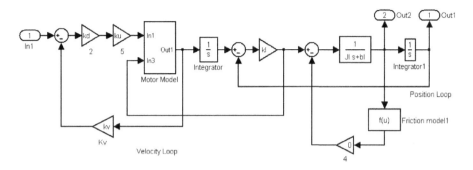

电机 Simulink 模型：

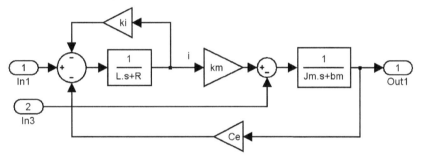

（3）作图程序：chap11_5plot.m

```
close all;

figure(1);
figure(1);
subplot(211);
plot(t,y(:,1),'r',t,y(:,2),'k:','linewidth',2);
xlabel('time(s)');ylabel('Position tracking');
legend('ideal position signal','position tracking');
subplot(212);
plot(t,dy(:,1),'r',t,dy(:,2),'k:','linewidth',2);
xlabel('time(s)');ylabel('Speed tracking');
legend('ideal speed signal','speed tracking');
```

11.5 伺服系统的模拟 PD+数字前馈控制

11.5.1 伺服系统的模拟 PD+数字前馈控制原理

针对三环伺服系统，设电流环为开环，忽略电机反电动系数，将电阻 R 等效到速度环放大系数 K_d 上。简化后的三环伺服系统结构框图如图 11-20 所示，其中 u 为控制输入，y_d

为位置指令。

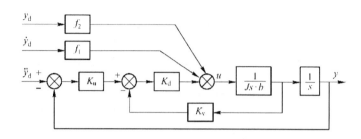

图 11-20 简化后的三环伺服系统结构框图

采用 PD+前馈控制方式，设计的控制律如下：

$$u = k_d\left[k_p(y_d - \theta) - k_v\dot{\theta}\right] + f_1\dot{y}_d + f_2\ddot{y}_d = k_1 e - k_2\dot{\theta} + f_1\dot{y}_d + f_2\ddot{y}_d \quad (11.21)$$

式中，$k_1 = k_d k_p$；$k_2 = k_d k_v$；$e = y_d - \theta$；f_1 和 f_2 为前馈系数。

由图 11-19 可知

$$\frac{1}{Js^2 + bs} = \frac{\theta}{u}$$

即

$$J\ddot{\theta} + b\dot{\theta} = u$$

将控制律 u 带入上式，得

$$f_1\dot{y}_d + f_2\ddot{y}_d - J\ddot{\theta} - (k_2 + b)\dot{\theta} + k_1 e = 0$$

取

$$f_1 = k_2 + b, \quad f_2 = J$$

得到系统的误差状态方程如下：

$$J\ddot{e} + (k_2 + b)\dot{e} + k_1 e = 0$$

由于 $J > 0$，$k_2 + b > 0$，$k_1 > 0$，则根据代数稳定性判据，针对二阶系统而言，当系统闭环特征方程式的系数都大于零时，系统稳定，系统的跟踪误差 $e(t)$ 和 $\dot{e}(t)$ 收敛于零。

11.5.2 仿真实例

被控对象为一个具有三环结构的伺服系统。伺服系统参数和控制参数在程序中给予了描述，输入指令为正弦叠加信号：$y_d(t) = \sin t$，采用控制律式（11.21），伺服系统参数为 $J = 2.0$，$b = 0.50$，$k_v = 2.0$，$k_p = 15$，$k_d = 6$，则 $f_1 = k_2 + b$，$f_2 = J$。位置跟踪和速度跟踪仿真结果如图 11-21 所示。

第 11 章 伺服系统 PID 控制

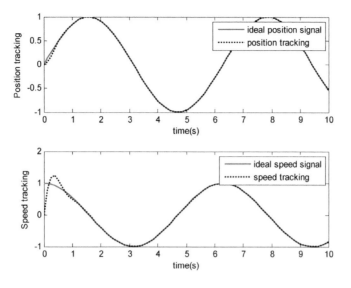

图 11-21 位置跟踪和速度跟踪

〖仿真程序〗

（1）初始化程序：chap11_6int.m

```
%Flight Simulator Servo System
clear all;
close all;

J=2;
b=0.5;

kv=2;
kp=15;
kd=6;

f1=(b+kd*kv);
f2=J;
```

（2）Simulink 主程序：chap11_6sim.mdl

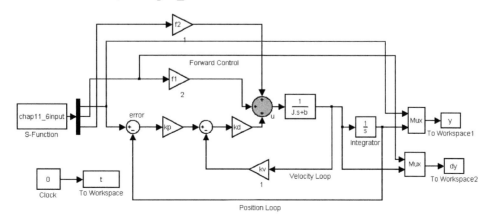

（3）作图程序：chap11_6plot.m

```
close all;
figure(1);
subplot(211);
plot(t,y(:,1),'r',t,y(:,2),'k:','linewidth',2);
xlabel('time(s)');ylabel('Position tracking');
legend('ideal position signal','position tracking');
subplot(212);
plot(t,dy(:,1),'r',t,dy(:,2),'k:','linewidth',2);
xlabel('time(s)');ylabel('Speed tracking');
legend('ideal speed signal','speed tracking');
```

参 考 文 献

[1] WIT C C D, OLSSON H, ASTROM K J, et al. A new model for control of systems with friction[J]. IEEE Transactions on Automatic Control, 1995, 40(3): 419-425.

[2] KARNOPP D. Computer simulation of stick-slip friction in mechanical dynamic systems[J]. Journal of Dynamic Systems, Measurement and Control, 1985, 107:100-103.

[3] 尔联洁. 自动控制系统[M]. 北京：航空工业出版社，1994.

[4] 冯国楠. 现代伺服系统的分析与设计[M]. 北京：机械工业出版社，1990.

第12章 迭代学习PID控制

12.1 迭代学习控制方法介绍

迭代学习控制（Iterative Learning Control，ILC）是通过迭代修正达到某种控制目标的改善。它的算法较为简单，能在给定的时间范围内实现未知对象实际运行轨迹以高精度跟踪给定期望轨迹，且不依赖系统的精确数学模型。因而迭代学习控制一经推出，就在机器人控制领域得到了广泛的运用。

迭代学习控制是智能控制中具有严格数学描述的一个分支。1984年，Arimoto[1]等人提出了迭代学习控制的概念，该控制方法适合于具有重复运动性质的被控对象，它不依赖于系统的精确数学模型，能以非常简单的方式处理不确定度相当高的非线性强耦合动态系统。目前，迭代学习控制在学习算法、收敛性、鲁棒性、学习速度及工程应用研究上取得了巨大的进展。

近年来，迭代学习控制理论和应用在国外发展很快，取得了许多成果。在国内，迭代学习控制理论也得到了广泛的重视，有许多重要著作出版[2,3]。

12.2 迭代学习控制基本原理

设被控对象的动态过程为

$$\dot{x}(t) = f(x(t), u(t), t), \quad y(t) = g(x(t), u(t), t) \tag{12.1}$$

式中，$x \in R^n$、$y \in R^m$、$u \in R^r$分别为系统的状态、输出和输入变量；$f(\cdot)$、$g(\cdot)$为适当维数的向量函数，其结构与参数均未知。若期望控制$u_d(t)$存在，则迭代学习控制的目标为：给定期望输出$y_d(t)$和每次运行的初始状态$x_k(0)$，要求在给定的时间$t \in [0, T]$内，按照一定的学习控制算法通过多次重复的运行，使控制输入$u_k(t) \to u_d(t)$，而系统输出$y_k(t) \to y_d(t)$。第k次运行时，式（12.1）表示为

$$\dot{x}_k(t) = f(x_k(t), u_k(t), t), \quad y_k(t) = g(x_k(t), u_k(t), t) \tag{12.2}$$

跟踪误差为

$$e_k(t) = y_d(t) - y_k(t) \tag{12.3}$$

迭代学习控制可分为开环学习和闭环学习。

开环学习控制的方法：第$k+1$次的控制等于第k次控制再加上第k次输出误差的校正项，即

$$u_{k+1}(t) = L(u_k(t), e_k(t)) \tag{12.4}$$

闭环学习策略：取第$k+1$次运行的误差作为学习的修正项，即

$$u_{k+1}(t) = L(u_k(t), e_{k+1}(t)) \tag{12.5}$$

式中，L 为线性或非线性算子。

迭代学习控制的基本结构如图 12-1 所示。

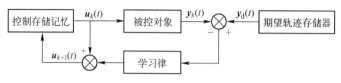

图 12-1　迭代学习控制基本结构

12.3　基本的迭代学习控制算法

Arimoto 等首先给出了线性时变连续系统的 D 型迭代学习控制律[1]：

$$u_{k+1}(t) = u_k(t) + \Gamma \dot{e}_k(t) \tag{12.6}$$

式中，Γ 为常数增益矩阵。在 D 型算法的基础上，相继出现了 P 型、PI 型、PD 型迭代学习控制律。从一般意义来看它们都是 PID 型迭代学习控制律的特殊形式，PID 迭代学习控制律表示为

$$u_{k+1}(t) = u_k(t) + \Gamma \dot{e}_k(t) + \Phi e_k(t) + \Psi \int_0^t e_k(\tau) \mathrm{d}\tau \tag{12.7}$$

式中，Γ、Φ、Ψ 为学习增益矩阵。算法中的误差信息使用 $e_k(t)$ 称为开环迭代学习控制；如果使用 $e_{k+1}(t)$，则称为闭环迭代学习控制；如果同时使用 $e_k(t)$ 和 $e_{k+1}(t)$，则称为开闭环迭代学习控制。

此外，还有高阶迭代学习控制算法、最优迭代学习控制算法、遗忘因子迭代学习控制算法和反馈-前馈迭代学习控制算法等。

学习算法的收敛性分析是迭代学习控制的核心问题。基本的收敛性分析方法有压缩映射方法、谱半径条件法、基于 2D 理论的分析方法和基于 Lyapunov 直接法的设计方法等。

12.4　基于 PID 型的迭代学习控制

12.4.1　系统描述

考虑电机控制系统，被控对象描述为

$$J\ddot{q} = \tau \tag{12.8}$$

式中，q 为角度；τ 为控制力矩。

设系统所要跟踪的期望轨迹为 $q_\mathrm{d}(t)$，$t \in [0, T]$。系统第 i 次输出为 $q_i(t)$，令 $e_i(t) = q_\mathrm{d}(t) - q_i(t)$。

在学习开始时，系统的初始状态为 $x_0(0)$。学习控制的任务为通过学习控制律设计 $u_{i+1}(t)$，使第 $i+1$ 次运动误差 $e_{i+1}(t)$ 及其导数 $\dot{e}_{i+1}(t)$ 减少。

12.4.2　控制器设计

采用三种基于反馈的迭代学习控制律。

① 闭环 D 型：
$$u_{k+1}(t) = u_k(t) + K_d\left(\dot{q}_d(t) - \dot{q}_{k+1}(t)\right) \tag{12.9}$$

② 闭环 PD 型：
$$u_{k+1}(t) = u_k(t) + K_p\left(q_d(t) - q_{k+1}(t)\right) + K_d\left(\dot{q}_d(t) - \dot{q}_{k+1}(t)\right) \tag{12.10}$$

③ 指数变增益 D 型：
$$u_{k+1}(t) = u_k(t) + K_p\left(q_d(t) - q_{k+1}(t)\right) + K_d\left(\dot{q}_d(t) - \dot{q}_{k+1}(t)\right) \tag{12.11}$$

上述控制算法的收敛性分析可参见相关文献[1-4]。

12.4.3 仿真实例

被控对象取式（12.8），被控对象参数为 $J = 10\,\text{kg}\cdot\text{m}^2$。采用三种闭环迭代学习控制律，其中 $M=1$ 为 D 型迭代学习控制律式（12.9），$M=2$ 为 PD 型迭代学习控制律式（12.10），$M=3$ 为变增益指数 D 型迭代学习控制律式（12.11）。

位置指令为 $\sin t$，为了保证被控对象初始输出与指令初值一致，取被控对象的初始状态为 $x(0) = [0,\ 1]^T$。取 PD 型迭代学习控制，即 $M=3$，$k_p = 30$，$k_d = 50$，运行主程序 chap12_1main.m，仿真结果如图 12-2～图 12-4 所示。

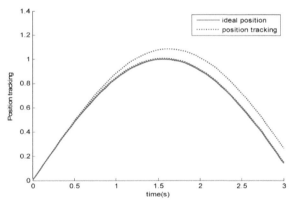

图 12-2　20 次迭代学习的位置跟踪过程

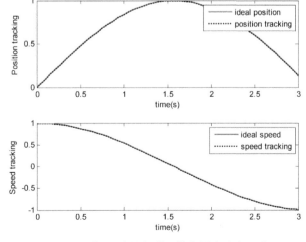

图 12-3　第 20 次迭代学习的位置和速度跟踪

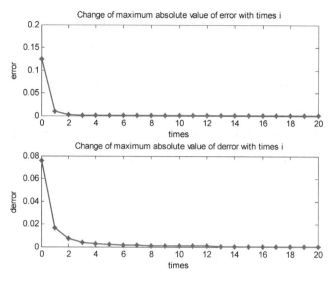

图 12-4　20 次迭代过程中误差范数及误差导数范数的收敛过程

〖仿真程序〗

（1）主程序：chap12_1main.m

```
%PID type Learning Control
clear all;
close all;

t=[0:0.01:3]';
k(1:301)=0;      %Total initial points
k=k';
T(1:301)=0;
T=T';
%%%%%%%%%%%%%%%%%%%%%%%%%%%%%%%%%%%%%%%%%
for i=0:1:20     % Start Learning Control
i
pause(0.01);

sim('chap12_1sim',[0,3]);
q1=q(:,1);
dq1=q(:,2);
qd1=qd(:,1);
dqd1=qd(:,2);

e=qd1-q1;
de=dqd1-dq1;

figure(1);
hold on;
plot(t,qd1,'r',t,q1,'b:','linewidth',2);
xlabel('time(s)');ylabel('Position tracking');
```

```
legend('ideal position','position tracking');

j=i+1;
times(j)=i;
ei(j)=max(abs(e));
dei(j)=max(abs(de));
end            %End of i
%%%%%%%%%%%%%%%%%%%%%%%%%%%%%%%%%%%%%%%%%%%
figure(2);
subplot(211);
plot(t,qd1,'r',t,q1,'k:','linewidth',2);
xlabel('time(s)');ylabel('Position tracking');
legend('ideal position','position tracking');
subplot(212);
plot(t,dqd1,'r',t,dq1,'k:','linewidth',2);
xlabel('time(s)');ylabel('Speed tracking');
legend('ideal speed','speed tracking');
figure(3);
subplot(211);
plot(times,ei,'*-r','linewidth',2);
title('Change of maximum absolute value of error with times i');
xlabel('times');ylabel('error');
subplot(212);
plot(times,dei,'*-r','linewidth',2);
title('Change of maximum absolute value of derror with times i');
xlabel('times');ylabel('derror');
```

（2）Simulink 子程序：chap12_1sim.mdl

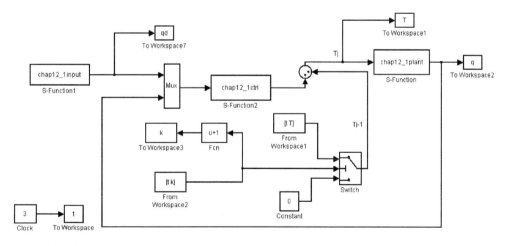

（3）被控对象子程序：chap12_1plant.m

```
function [sys,x0,str,ts] = spacemodel(t,x,u,flag)
switch flag,
case 0,
     [sys,x0,str,ts]=mdlInitializeSizes;
case 1,
```

```
        sys=mdlDerivatives(t,x,u);
case 3,
        sys=mdlOutputs(t,x,u);
case {2,4,9}
        sys=[];
otherwise
        error(['Unhandled flag = ',num2str(flag)]);
end
function [sys,x0,str,ts]=mdlInitializeSizes
sizes = simsizes;
sizes.NumContStates  = 2;
sizes.NumDiscStates  = 0;
sizes.NumOutputs     = 2;
sizes.NumInputs      = 1;
sizes.DirFeedthrough = 0;
sizes.NumSampleTimes = 1;
sys = simsizes(sizes);
x0  = [0;1];
str = [];
ts  = [0 0];
function sys=mdlDerivatives(t,x,u)
Tol=u(1);
J=10;

sys(1)=x(2);
sys(2)=1/J*Tol;
function sys=mdlOutputs(t,x,u)
sys(1)=x(1);      %Angle
sys(2)=x(2);      %Angle speed
```

（4）控制器子程序：chap12_1ctrl.m

```
function [sys,x0,str,ts] = spacemodel(t,x,u,flag)
switch flag,
case 0,
        [sys,x0,str,ts]=mdlInitializeSizes;
case 3,
        sys=mdlOutputs(t,x,u);
case {2,4,9}
        sys=[];
otherwise
        error(['Unhandled flag = ',num2str(flag)]);
end
function [sys,x0,str,ts]=mdlInitializeSizes
sizes = simsizes;
sizes.NumContStates  = 0;
sizes.NumDiscStates  = 0;
sizes.NumOutputs     = 1;
sizes.NumInputs      = 4;
sizes.DirFeedthrough = 1;
```

```
sizes.NumSampleTimes = 1;
sys = simsizes(sizes);
x0  = [];
str = [];
ts  = [0 0];
function sys=mdlOutputs(t,x,u)
qd=u(1);dqd=u(2);
q=u(3);dq=u(4);

e=qd-q;
de=dqd-dq;
Kp=30;Kd=50;

M=3;
if M==1
    Tol=Kd*de;           %D Type
elseif M==2
    Tol=Kp*e+Kd*de;      %PD Type
elseif M==3
    Tol=Kd*exp(0.8*t)*de;   %Exponential Gain D Type
end
sys(1)=Tol;
```

(5) 指令程序: chap12_1input.m

```
function [sys,x0,str,ts] = spacemodel(t,x,u,flag)
switch flag,
case 0,
    [sys,x0,str,ts]=mdlInitializeSizes;
case 3,
    sys=mdlOutputs(t,x,u);
case {2,4,9}
    sys=[];
otherwise
    error(['Unhandled flag = ',num2str(flag)]);
end
function [sys,x0,str,ts]=mdlInitializeSizes
sizes = simsizes;
sizes.NumContStates  = 0;
sizes.NumDiscStates  = 0;
sizes.NumOutputs     = 2;
sizes.NumInputs      = 0;
sizes.DirFeedthrough = 1;
sizes.NumSampleTimes = 1;
sys = simsizes(sizes);
x0  = [];
str = [];
ts  = [0 0];
function sys=mdlOutputs(t,x,u)
qd=sin(t);
```

```
dqd=cos(t);

sys(1)=qd;
sys(2)=dqd;
```

参 考 文 献

[1] ARIMOTO S, KAWAMURA S, MIYAZAKI F. Bettering operation of robotics by leaning[J]. Journal of Robotic System, 1984, 1(2):123-140.

[2] 孙明轩，黄宝健. 迭代学习控制[M]. 北京：国防工业出版社，1999.

[3] 谢胜利. 迭代学习控制的理论与应用[M]. 北京：科学出版社，2005.

[4] 刘金琨. 机器人控制系统的设计与 Matlab 仿真[M]. 北京：清华大学出版社，2008.

第 13 章 挠性及奇异摄动系统的 PD 控制

13.1 基于输入成型的挠性机械系统 PD 控制

近年来，输入成型已经作为一种主动振动控制方法。输入成型技术由于其良好的抑制振动能力以及较强的鲁棒性被广泛应用于挠性机械系统的控制中[1-2]。

13.1.1 系统描述

三相管状永磁步进电机模型可视为一个二阶动态振荡器，其挠性动态方程如下[3]：

$$m\ddot{x} + b\dot{x} + kx = Fu \tag{13.1}$$

式中，x 为位置输出；m、b、k 和 F 为系统的物理参数。

式（13.1）可转化为二阶动态系统的传递函数：

$$G(s) = \frac{F}{ms^2 + bs + k} = \frac{\dfrac{F}{m}}{s^2 + \dfrac{b}{m}s + \dfrac{k}{m}} \tag{13.2}$$

由式（13.2）可得系统的振动频率和阻尼系数：

$$\begin{cases} \omega^2 = \dfrac{k}{m} \\ \xi\omega = \dfrac{b}{2m} \end{cases} \tag{13.3}$$

由式（13.3）可见，阻尼系数 ξ 是影响动态振动的关键因素。故 m 越小，b 越大，阻尼系数越小，振荡越激烈。通过输入成型器可使系统的振动能得到很好的抑制，在此基础上，采用滑模控制使系统的模态 x 跟踪期望值。

13.1.2 控制器设计

式（13.1）可写为

$$\begin{aligned} \dot{x}_1 &= x_2 \\ \dot{x}_2 &= \frac{1}{m}\left(-bx_2 - kx_1 + Fu\right) \end{aligned} \tag{13.4}$$

式中，x_1 为位置；x_2 为速度信号。

取位置指令为 x_d，误差为 $e = x_1 - x_d$，控制律设计为

$$u = k_p e + k_d \dot{e} \tag{13.5}$$

式中，$k_p > 0$；$k_d > 0$。

13.1.3 输入成型器基本原理

在输入成型技术中，输入信号被一系列脉冲调制，其目标是通过调制脉冲幅度和时间来消

除振动。输入成型是一种非常实用的消除余振的方法。输入成型在挠性振动的控制中取得很好的效果。采用输入成型和滑模变结构控制相结合,可以有效地抑制挠性系统的挠性振动。

输入成型是指由脉冲系列(称为输入成型器,Input Shaper)与一定的期望输入指令相卷积,所形成的新指令作为系统的输入指令。其中,脉冲系列根据振动的频率和阻尼得到,用于抑制振动,脉冲系列中各脉冲的幅值和作用时间通过求解一定的约束方程组得到,约束方程包括对残余振动幅值的约束、对鲁棒性的约束、对成型器时间长度的约束等。

输入成型器的基本约束:所有脉冲的幅度大小之和等于1,且每一个脉冲都是正脉冲,即

$$\sum_{i=1}^{m} A_i = 1, A_i > 0 \tag{13.6}$$

如果所有的脉冲幅度之和等于1,则经过成型后的输入信号的最后输出和没经过成型的输入信号的最后输出完全一样,即该约束使加入输入成型器后不改变系统的最后输出。

对于给定的振动系统,其受 m 个脉冲力作用的余振方程可表示为

$$V(\omega,\zeta) = e^{-\xi\omega T_m}\left[\left(\sum_{i=1}^{m} A_i e^{\xi\omega T_i}\cos(\omega_d T_i)\right)^2 + \left(\sum_{i=1}^{m} A_i e^{\xi\omega T_i}\sin(\omega_d T_i)\right)^2\right]^{1/2} \tag{13.7}$$

式中,A_i 和 T_i 分别为第 i 个脉冲力的幅值和作用时间,为使系统的响应时间尽可能的短,一般取 $T_1=0$(即第一个脉冲时间为0时刻);T_m 为最后一个脉冲的作用时间,也是成型器的总长度。

采用输入成型算法设计跟踪期望信号 $r(t)$,设计具有单模态二阶鲁棒性的4脉冲零振动零微分 ZVDD 输入成型器。

具有 $m=4$ 脉冲的 ZVDD 成型器,约束条件如下:

$$\begin{cases} V(\omega,\zeta)=0 \\ \dfrac{\partial V(\omega,\zeta)}{\partial \omega}=0 \\ \dfrac{\partial^2 V(\omega,\zeta)}{\partial \omega^2}=0 \\ T_1=0 \end{cases} \tag{13.8}$$

式(13.8)中前三个式子每个可构成两个子方程,则由式(13.6)和式(13.8)可得8个方程构成的方程组。以 $V(\omega,\zeta)=0$ 为例,可得如下两个方程:

$$\begin{cases} \sum_{i=1}^{m} A_i e^{\xi\omega T_i}\cos(\omega_d T_i)=0 \\ \sum_{i=1}^{m} A_i e^{\xi\omega T_i}\sin(\omega_d T_i)=0 \end{cases}$$

解8个方程构成的方程组得幅值和作用时间为

$$\begin{cases} A_i = \dfrac{\binom{i-1}{3}\bar{K}^{i-1}}{\sum_{i=1}^{4}\binom{i-1}{3}\bar{K}^{i-1}} \\ T_i = \dfrac{(i-1)\pi}{\omega\sqrt{1-\zeta^2}} \end{cases} \tag{13.9}$$

式中，$i = 1,2,3,4$；$\bar{K} = e^{-(\zeta\pi/\sqrt{1-\zeta^2})}$；$\zeta$ 为振动模态的阻尼系数；ω 为振动模态的振动频率；$\begin{pmatrix} n \\ m \end{pmatrix} = \dfrac{m!}{n!(m-n)!}$，即 $\begin{pmatrix} i-1 \\ 3 \end{pmatrix} = \dfrac{3!}{(i-1)!(4-i)!}$。

最后可得脉冲序列为

$$A_{\text{mult}} = A_1\delta(t-T_1) + A_2\delta(t-T_2) + A_3\delta(t-T_3) + A_4\delta(t-T_4) \tag{13.10}$$

式中，δ 为脉冲信号。

输入成型器成型输出 u_r 为

$$u_r = r(t) * A_{\text{mult}} \tag{13.11}$$

式中，$r(t)$ 为期望信号。

13.1.4 仿真实例

采用式（13.1）给定的电机模型，取 $m = 4.4$，$b = 18$，$k = 2317$，$F = 27.8$，系统振动频率和阻尼系数可由式（13.3）得到，即 $\omega = 22.9476$，$\xi = 0.0891$。

针对 200 的位移量，设计具有二阶鲁棒性的 4 脉冲 ZVDD 输入成型器对指令进行输入成型。据卷积原理，由式（13.10）和式（13.11）知，4 脉冲指令成型器的成型输出 u_r 为一个 4 阶梯的信号，其展开形式为

$$u_r = A_1 \cdot r(t-T_1) + A_2 \cdot r(t-T_2) + A_3 \cdot r(t-T_3) + A_4 \cdot r(t-T_4)$$

由式（13.9）可得 A_i 和 T_i（$i = 1,2,3,4$），4 脉冲成型器的幅值与时间见表 13-1。

表 13-1 4 脉冲成型器的幅值与时间

脉冲序列数	幅值，A	时间，T
1	0.1850	0
2	0.4190	0.1374
3	0.3164	0.2749
4	0.0796	0.4123

图 13-1 所示为原指令与经输入成型器后的指令，图 13-2 和图 13-3 所示为经整形的指令得到的系统响应曲线和控制输入，图 13-4 和图 13-5 所示为未整形得到的系统响应曲线和控制输入。可见，通过对输入指令进行整形后，控制的初始输入信号得到了明显的降低，使系统的振动得到了很好的抑制，因此，输入成型具有重要的工程价值。

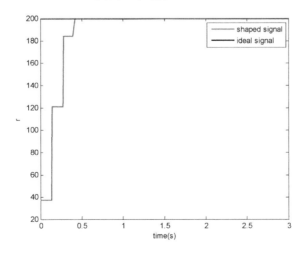

图 13-1 原指令与经输入成型器后的指令

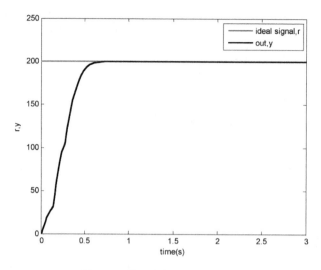

图 13-2　整形后的系统响应曲线

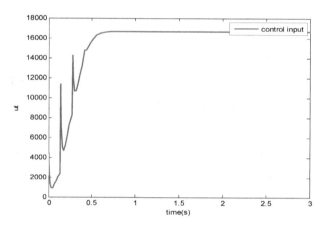

图 13-3　整形后的控制输入

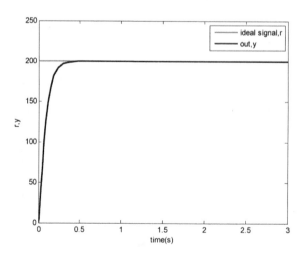

图 13-4　未整形的系统响应曲线

第 13 章 挠性及奇异摄动系统的 PD 控制

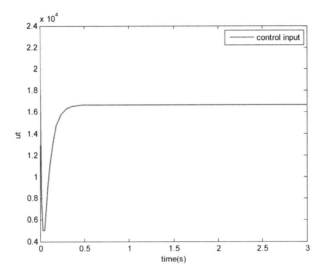

图 13-5 未整形的控制输入

〖仿真程序〗

（1）Simulink 主程序：chap13_1sim.mdl

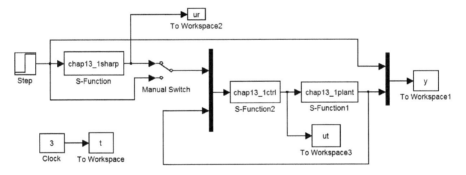

（2）输入成型器：chap13_1sharp.m

```
function [sys,x0,str,ts]=sharper(t,x,u,flag)
switch flag,
case 0,
    [sys,x0,str,ts]=mdlInitializeSizes;
case 3,
sys=mdlOutputs(t,x,u);
case {1, 2, 4, 9 }
sys = [];
otherwise
error(['Unhandled flag = ',num2str(flag)]);
end

function [sys,x0,str,ts]=mdlInitializeSizes
sizes = simsizes;
sizes.NumContStates  = 0;
```

```
sizes.NumDiscStates   = 0;
sizes.NumOutputs      = 1;
sizes.NumInputs       = 1;
sizes.DirFeedthrough = 1;
sizes.NumSampleTimes = 1;
sys=simsizes(sizes);
x0=[];
str=[];
ts=[0 0];
function sys=mdlOutputs(t,x,u)
m=4.4;b=18;k=2317;F=27.8;

w=sqrt(k/m);
Ks=b/(2*m*w);
K=exp(-pi*Ks/sqrt(1-Ks^2));

r=u;

A(1)=1/(1+3*K+3*K^2+K^3);
A(2)=3*K/(1+3*K+3*K^2+K^3);
A(3)=3*K^2/(1+3*K+3*K^2+K^3);
A(4)=K^3/(1+3*K+3*K^2+K^3);

fori=1:4
T(i)=(i-1)*pi/(w*sqrt(1-Ks^2));   %T11=0
end
tt=[T(1) T(2) T(3) T(4)];
AA=[A(1) A(2) A(3) A(4)];

fori=2:4
AA(i)=AA(i)+AA(i-1);
end
Amult=AA;


fori=1:4
ur(i)=r*Amult(i);
end
i=find(tt<=t);   %1 2 3 4 5 6 7 8
sys=ur(i(end));
```

(3) 控制器子程序: chap13_1ctrl.m

```
function [sys,x0,str,ts]=sharper(t,x,u,flag)
switch flag,
case 0,
    [sys,x0,str,ts]=mdlInitializeSizes;
case 3,
sys=mdlOutputs(t,x,u);
case {1, 2, 4, 9 }
sys = [];
otherwise
```

```
error(['Unhandled flag = ',num2str(flag)]);
end

function [sys,x0,str,ts]=mdlInitializeSizes
sizes = simsizes;
sizes.NumContStates  = 0;
sizes.NumDiscStates  = 0;
sizes.NumOutputs     = 1;
sizes.NumInputs      = 3;
sizes.DirFeedthrough = 1;
sizes.NumSampleTimes = 1;
sys=simsizes(sizes);
x0=[];
str=[];
ts=[0 0];
function sys=mdlOutputs(t,x,u)
m=4.4;b=18;k=2317;F=27.8;

r=u(1);dr=0;ddr=0;
x1=u(2);
x2=u(3);

e=r-x1;
de=dr-x2;

kp=10000;
kd=1000;
ut=kp*e+kd*de;
sys=ut;
```

(4)被控对象子程序：chap13_1plant.m

```
function [sys,x0,str,ts]=s_function(t,x,u,flag)
switch flag,
case 0,
    [sys,x0,str,ts]=mdlInitializeSizes;
case 1,
sys=mdlDerivatives(t,x,u);
case 3,
sys=mdlOutputs(t,x,u);
case {2, 4, 9 }
sys = [];
otherwise
error(['Unhandled flag = ',num2str(flag)]);
end
function [sys,x0,str,ts]=mdlInitializeSizes
sizes = simsizes;
sizes.NumContStates  = 2;
sizes.NumDiscStates  = 0;
sizes.NumOutputs     = 2;
sizes.NumInputs      = 1;
sizes.DirFeedthrough = 0;
```

```
sizes.NumSampleTimes = 0;
sys=simsizes(sizes);
x0=[0 0];
str=[];
ts=[];
function sys=mdlDerivatives(t,x,u)
ut=u(1);
m=4.4;b=18;k=2317;F=27.8;
x1=x(1);x2=x(2);

sys(1)=x(2);
sys(2)=1/m*(-b*x2-k*x1+F*ut);
function sys=mdlOutputs(t,x,u)
sys(1)=x(1);
sys(2)=x(2);
```

(5)作图程序:chap13_1plot.m

```
closeall;

figure(1);
plot(t,ur,'r',t,y(:,1),'k','linewidth',2);
legend('shaped signal','ideal signal');
xlabel('time(s)');ylabel('r');
figure(2);
plot(t,y(:,1),'r',t,y(:,2),'k','linewidth',2);
legend('ideal signal,r','out,y');
xlabel('time(s)');ylabel('r,y');

figure(3);
plot(t,ut(:,1),'r','linewidth',2);
legend('control input');
xlabel('time(s)');ylabel('ut');
```

13.2 基于奇异摄动理论的 P 控制

在系统理论和控制工程中,如果动力学系统中存在一些小的时间常数、惯量、电导或电容等,则会使得方程具有很高的阶数,以及病态的数值解。奇异摄动理论可有效处理这类问题。其基本思想是先忽略快变量降低系统阶数,然后引入边界层校正来提高近似程度。这两个降阶的系统可以近似原系统[4]。对于动态系统,这实际是一种时标的分解。

针对奇异摄动系统,采用奇异摄动理论,通过时标变换,将模型转换为慢系统和快系统,然后分别针对慢系统和快系统进行控制律的设计,从而控制律设计的简化。

根据文献[4-6]的结论:针对奇异摄动系统,按快慢系统分别设计稳定的控制律,所得到的复合控制律是稳定的。

13.2.1 问题描述

考虑如下单输入单输出非线性奇异摄动系统：

$$\dot{x} = x^2 + 2z + u \tag{13.12}$$

$$\varepsilon \dot{z} = x^2 - z + 1 + u \tag{13.13}$$

控制目标为 $x \to 0$。如果直接进行控制器的设计，很难保证闭环系统的稳定性。

13.2.2 模型分解

当 $\varepsilon \to 0$ 时，式（13.13）变为 $\dot{z} = \dfrac{1}{\varepsilon}(x^2 - z + 1 + u)$，则式（13.13）通过时标变换后可转换为快系统，相对而言，则式（13.12）为慢系统。

取总的控制输入为 $u = u_f + u_s$，其中 u_s 为慢系统的控制输入，u_f 为快系统的控制输入。

1. 慢系统模型的建立

在 t 时间尺度下为慢系统，控制输入为 u_s。令 $\varepsilon = 0$，则式（13.13）中 z 有唯一实根：

$$z_s = x^2 + 1 + u_s \tag{13.14}$$

将式（13.14）代入式（13.12），可得原系统的慢系统模型为

$$\dot{x} = x^2 + 2(x^2 + 1 + u_s) + u_s = 3x^2 + 2 + 3u_s \tag{13.15}$$

2. 快系统模型的建立

由式（13.13）可得

$$\varepsilon \dot{z} = x^2 - z + 1 + u_s + u_f = z_s - z + u_f$$

引入新变量 $z_f = z - z_s$，则上式变为

$$\varepsilon \dot{z} = -z_f + u_f \tag{13.16}$$

由于 $z = z_s + z_f$，当 $\varepsilon \to 0$ 时，则 $\varepsilon \dot{z} = \varepsilon \dfrac{dz_s}{dt} + \varepsilon \dfrac{dz_f}{dt}$。由于 z_s 是基于慢时变系统的，而 z 是基于快时变系统的，则可取 $\varepsilon \dfrac{dz_s}{dt} = 0$，从而 $\varepsilon \dot{z} = \varepsilon \dfrac{dz_f}{dt}$，则式（13.16）变为

$$\varepsilon \dfrac{dz_f}{dt} = -z_f + u_f$$

引入伸长时标 $\tau = \dfrac{t}{\varepsilon}$，则在 τ 时间尺度下，可得快系统模型为

$$\dfrac{dz_f}{d\tau} = -z_f + u_f \tag{13.17}$$

13.2.3 控制律设计

针对慢系统 $\dot{x} = 3x^2 + 2 + 3u_s$，设计基于 P 控制加补偿的控制律为

$$u_s = -\dfrac{1}{3}\left(3x^2 + 2 + k_{ps}x\right), \quad k_{ps} > 0 \tag{13.18}$$

则 $\dot{x} = -k_p x$，从而 $t \to \infty$ 时，$x \to 0$。

针对快系统 $\dfrac{\mathrm{d}z_f}{\mathrm{d}\tau} = -z_f + u_f$，设计 P 控制律为

$$u_f = -k_{pf} z_f, k_{pf} > 0 \qquad (13.19)$$

则 $\dfrac{\mathrm{d}z_f}{\mathrm{d}\tau} = -(k_{pf}+1)z_f$，可知快系统的闭环系统是指数稳定的。

由式（13.18）和式（13.19），可得复合控制律为

$$u = u_s + u_f \qquad (13.20)$$

13.2.4 仿真实例

被控对象模型采用式（13.12）和式（13.13）。仿真时，取 $\varepsilon = 0.001$。被控对象模型初始状态为 [5 0]。采用控制律式（13.20），取 $k_{ps} = 10$，$k_{pf} = 1.0$，仿真结果如图 13-6 和图 13-7 所示。

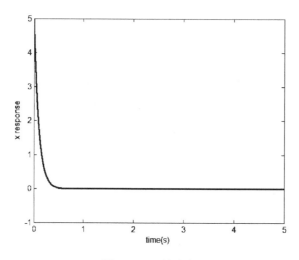

图 13-6　x 的响应

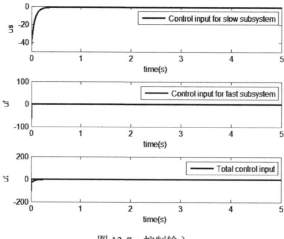

图 13-7　控制输入

〖仿真程序〗

(1) 主程序: chap13_2sim.mdl

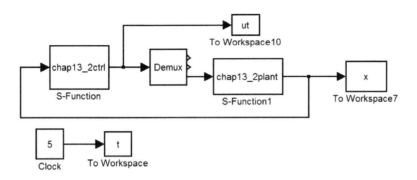

(2) 控制器 S 函数: chap13_2ctrl.m

```
function [sys,x0,str,ts] = spacemodel(t,x,u,flag)
switch flag,
case 0,
     [sys,x0,str,ts]=mdlInitializeSizes;
case 3,
sys=mdlOutputs(t,x,u);
case {2,4,9}
sys=[];
otherwise
error(['Unhandled flag = ',num2str(flag)]);
end
function [sys,x0,str,ts]=mdlInitializeSizes
sizes = simsizes;
sizes.NumContStates  = 0;
sizes.NumDiscStates  = 0;
sizes.NumOutputs     = 3;
sizes.NumInputs      = 2;
sizes.DirFeedthrough = 1;
sizes.NumSampleTimes = 0;
sys = simsizes(sizes);
x0  = [];
str = [];
ts  = [];
function sys=mdlOutputs(t,x,u)
x_1=u(1);
z_1=u(2);

kps=10;
us=-1/3*(3*x_1^2+2+kps*x_1);

kpf=1.0;
zs=x_1^2+1+us;
zf=z_1-zs;
```

```
uf=-kpf*zf;
ut=us+uf;

sys(1)=us;
sys(2)=uf;
sys(3)=ut;
```

（3）被控对象S函数：chap13_2plant.m

```
function [sys,x0,str,ts]=s_function(t,x,u,flag)
switch flag,
case 0,
    [sys,x0,str,ts]=mdlInitializeSizes;
case 1,
sys=mdlDerivatives(t,x,u);
case 3,
sys=mdlOutputs(t,x,u);
case {2, 4, 9 }
sys = [];
otherwise
error(['Unhandled flag = ',num2str(flag)]);
end
function [sys,x0,str,ts]=mdlInitializeSizes
sizes = simsizes;
sizes.NumContStates  = 2;
sizes.NumDiscStates  = 0;
sizes.NumOutputs     = 2;
sizes.NumInputs      = 1;
sizes.DirFeedthrough = 0;
sizes.NumSampleTimes = 0;
sys=simsizes(sizes);
x0=[5 0];
str=[];
ts=[];
function sys=mdlDerivatives(t,x,u)
epc=0.001;
ut=u(1);
sys(1)=x(1)^2+2*x(2)+ut;
sys(2)=(x(1)^2-x(2)+1+ut)/epc;
function sys=mdlOutputs(t,x,u)
sys(1)=x(1);
sys(2)=x(2);
```

（4）作图程序：chap13_2plot.m

```
closeall;

figure(1);
plot(t,x(:,1),'k','linewidth',2);
xlabel('time(s)');ylabel('x response');
```

```
figure(2);
subplot(311);
plot(t,ut(:,1),'k','linewidth',2);
xlabel('time(s)');ylabel('us');
legend('Control input for slow subsystem');
subplot(312);
plot(t,ut(:,2),'k','linewidth',2);
xlabel('time(s)');ylabel('uf');
legend('Control input for fast subsystem');
subplot(313);
plot(t,ut,'k','linewidth',2);
xlabel('time(s)');ylabel('ut');
legend('Total control input');
```

13.3 柔性机械臂的偏微分方程动力学建模

13.3.1 柔性机械臂的控制问题

传统的机械臂质量大、速度低、能耗高，各部件均当作刚性原件进行研究。随着科技的发展，新一代的机器人技术由于轻量化、高速度、低耗能、接触冲击小的需求，要求新一代的机械臂质量轻、能进行大跨度作业，因而新一代的机械臂需采用柔性轻质材料并设计成细长的结构，这种机械臂在运动过程中会产生较大的弯曲变形和较强的残余振动，所以柔性机械臂不能利用刚体动力学来研究。

从数学模型的角度来看，由于柔性机械臂的运动特性不仅仅与时间有关，也与位置有关，故柔性机械臂本质上是一种分布式参数系统。其建模需要采用基于偏微分方程的形式建立分布式参数模型，其控制方法需要采用分布式参数系统。针对分布式参数系统的控制，边界控制可有效地实现挠性系统的控制。相对于离散化的分布式控制，边界控制只需要少量执行器即可实现良好控制效果。

柔性机械臂系统在大范围运动的同时，由于自身的柔性特性，会引起小变形弹性振动，如果挠性够大的话，就会变成大变形振动。柔性机械臂的运动与振动相互耦合、相互影响，在很大程度上干扰了机械臂的精确定位。在严重情况下臂杆弹性振动会对整个系统的稳定性产生破坏作用，甚至使整个机器人系统失控、失效。因此，如何削弱柔性机械臂在运动过程中产生的振动是一个迫切需要解决的难题。

13.3.2 柔性机械臂的偏微分方程建模

对于柔性臂控制的研究多数都是基于 ODE 动力学模型进行的，虽然 ODE 模型形式上简单而且方便控制器的设计，但难以准确描述柔性结构的分布参数特性，同时也可能会造成溢出不稳定的问题。相比于 ODE 模型，PDE 模型更能精确地反映柔性结构的动力学特性。本节利用 Hamilton 方法建立系统的 PDE 动力学模型[8-9]。Hamilton 方法的优点是，避免对系统做复杂的受力分析，而直接通过数学推导，不仅能求出系统的 PDE 方程，而且能够得到相应的系统的边界条件。

研究对象为水平移动的单杆柔性机械臂，如图 13-8 所示。单杆柔性机械臂在水平面运动，机械臂的末端有边界控制输入。不考虑重力情况下，XOY 是系统的惯性坐标系，xOy 为随动坐标系。

为了简单起见，在函数变量中省略时间 t，例如，$\theta(t)$ 表示为 θ。柔性机械臂物理参数见表 13-2，取 $(*)_x = \dfrac{\partial(*)}{\partial x}$，$(\dot{*}) = \dfrac{\partial(*)}{\partial t}$。

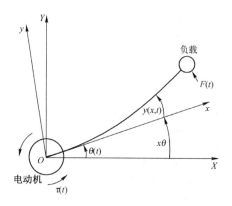

图 13-8　单杆柔性机械臂的结构示意图

表 13-2　柔性机械臂物理参数

符号	物理参数	单位
L	机械臂长度	m
EI	均匀梁的弯曲刚度	$N \cdot m^2$
m	机械臂终端负载质量	kg
I_h	中心转动惯量	$kg \cdot m^2$
τ	初始端点的电机控制输入力矩	$N \cdot m$
F	末端负载的电机控制输入力矩	$N \cdot m$
$\theta(t)$	未考虑变形时的关节转动角度	rad
ρ	杆单位长度上的质量	kg/m
$y(x,t)$	机械臂在 x 点处的弹性变形	m

由任意时刻原点挠性弯曲为零，得 $y(0,t) = 0$，由任意时刻原点挠性弯曲沿 x 轴变化率为零，得 $y_x(0,t) = 0$，则边界条件表示为

$$y(0) = y_x(0) = 0 \tag{13.21}$$

可近似把柔性机械臂上在随动坐标系 xOy 上任何一点 $[x, y(x,t)]$ 在惯性坐标系 XOY 下表示为

$$z(x) = x\theta + y(x) \tag{13.22}$$

式中，$z(x)$ 为机械臂的偏移量。

由式（13.21）和式（13.22），可得

$$z(0) = 0 \tag{13.23}$$

$$z_x(0) = \theta \tag{13.24}$$

$$\dfrac{\partial^n z(x)}{\partial x^n} = \dfrac{\partial^n y(x)}{\partial x^n}, (n \geqslant 2) \tag{13.25}$$

由式（13.25）可得 $z_{xx}(x) = y_{xx}(x)$，$\ddot{z}_x(0) = \ddot{\theta}$，$z_{xx}(0) = y_{xx}(0)$，$z_{xx}(L) = y_{xx}(L)$，$z_{xxx}(L) = y_{xxx}(L)$。

根据 Hamilton 原理有[9]

$$\int_{t_1}^{t_2} \left(\delta E_k - \delta E_p + \delta W_c \right) dt = 0 \tag{13.26}$$

式中，δE_k、δE_p 和 δW_c 分别是动能、势能和非保守力做功的变分。

柔性关节的转动动能为 $\frac{1}{2} I_h \dot{\theta}^2$，柔性机械臂的动能为 $\frac{1}{2} \int_0^L \rho \dot{z}^2(x) dx$，负载的动能为 $\frac{1}{2} m \dot{z}^2(L)$，则系统的总动能为

$$E_k = \frac{1}{2} I_h \dot{\theta}^2 + \frac{1}{2} \int_0^L \rho \dot{z}^2(x) dx + \frac{1}{2} m \dot{z}^2(L) \tag{13.27}$$

柔性机械臂的势能可以表示为

$$E_p = \frac{1}{2} \int_0^L EI y_{xx}^2(x) dx \tag{13.28}$$

系统的非保守力做功为

$$W_c = \tau \theta + F z(L) \tag{13.29}$$

首先，将式（13.26）的第 1 项展开可得

$$\int_{t_1}^{t_2} \delta E_k dt = \int_{t_1}^{t_2} \delta \left(\frac{1}{2} I_h \dot{\theta}^2 + \frac{\rho}{2} \int_0^L \dot{z}(x)^2 dx + \frac{1}{2} m \dot{z}(L)^2 \right) dt$$

$$= \int_{t_1}^{t_2} \delta \left(\frac{1}{2} I_h \dot{\theta}^2 \right) dt + \frac{\rho}{2} \int_{t_1}^{t_2} \int_0^L \delta \dot{z}(x)^2 dx dt + \int_{t_1}^{t_2} \delta \left(\frac{1}{2} m \dot{z}(L)^2 \right) dt$$

由于

$$\int_{t_1}^{t_2} \delta \left(\frac{1}{2} I_h \dot{\theta}^2 \right) dt = \int_{t_1}^{t_2} I_h \dot{\theta} \delta \dot{\theta} dt = I_h \dot{\theta} \delta \theta \Big|_{t_1}^{t_2} - \int_{t_1}^{t_2} I_h \ddot{\theta} \delta \theta dt = - \int_{t_1}^{t_2} I_h \ddot{\theta} \delta \theta dt$$

式中，由变分基本公式 $\delta \frac{dx}{dt} = \frac{d}{dt} \delta x$ 可得 $\delta \dot{\theta} dt = \frac{d}{dt} \delta \theta$。

$$\frac{\rho}{2} \int_{t_1}^{t_2} \int_0^L \delta \dot{z}(x)^2 dx dt = \int_0^L \int_{t_1}^{t_2} \rho \dot{z}(x) \delta \dot{z}(x) dt dx$$

$$= \int_0^L \left(\rho \dot{z}(x) \delta z(x) \Big|_{t_1}^{t_2} - \int_{t_1}^{t_2} \rho \ddot{z}(x) \delta z(x) dt \right) dx$$

$$= - \int_0^L \int_{t_1}^{t_2} \rho \ddot{z}(x) \delta z(x) dt dx$$

$$= - \int_{t_1}^{t_2} \int_0^L \rho \ddot{z}(x) \delta z(x) dx dt$$

式中，$\int_0^L \int_{t_1}^{t_2} \rho \ddot{z}(x) \delta z(x) dt dx = \int_{t_1}^{t_2} \int_0^L \rho \ddot{z}(x) \delta z(x) dx dt$。

$$\int_{t_1}^{t_2} \delta \left(\frac{1}{2} m \dot{z}(L)^2 \right) dt = \int_{t_1}^{t_2} m \dot{z}(L) \delta \dot{z}(L) dt$$

$$= m \dot{z}(L) \delta z(L) \Big|_{t_1}^{t_2} - \int_{t_1}^{t_2} m \ddot{z}(L) \delta z(L) dt = - \int_{t_1}^{t_2} m \ddot{z}(L) \delta z(L) dt$$

则

$$\delta \int_{t_1}^{t_2} E_k dt = - \int_{t_1}^{t_2} I_h \ddot{\theta} \delta \theta dt - \int_{t_1}^{t_2} \int_0^L \rho \ddot{z}(x) \delta z(x) dx dt - \int_{t_1}^{t_2} m \ddot{z}(L) \delta z(L) dt \tag{13.30}$$

然后，将式（13.26）的第 2 项展开，根据 $z_{xx}(x) = y_{xx}(x)$ 可得

$$
\begin{aligned}
-\delta\int_{t_1}^{t_2} E_p \mathrm{d}t &= -\delta\int_{t_1}^{t_2}\frac{\mathrm{EI}}{2}\int_0^L (z_{xx}(x))^2 \mathrm{d}x\mathrm{d}t \\
&= -\mathrm{EI}\int_{t_1}^{t_2}\int_0^L z_{xx}(x)\delta z_{xx}(x)\mathrm{d}x\mathrm{d}t \\
&= -\mathrm{EI}\int_{t_1}^{t_2}\left(z_{xx}(x)\delta z_x(x)\big|_0^L - \int_0^L z_{xxx}(x)\delta z_x(x)\mathrm{d}x \right)\mathrm{d}t \\
&= -\mathrm{EI}\int_{t_1}^{t_2} \left(z_{xx}(L)\delta z_x(L) - z_{xx}(0)\delta z_x(0)\right)\mathrm{d}t + \mathrm{EI}\int_{t_1}^{t_2}\int_0^L z_{xxx}(x)\delta z_x(x)\mathrm{d}x\mathrm{d}t \\
&= -\mathrm{EI}\int_{t_1}^{t_2}\left(z_{xx}(L)\delta z_x(L) - z_{xx}(0)\delta z_x(0)\right)\mathrm{d}t + \mathrm{EI}\int_{t_1}^{t_2}\left(z_{xxx}(x)\delta z(x)\big|_0^L - \int_0^L z_{xxxx}(x)\delta z(x)\mathrm{d}x\right)\mathrm{d}t \\
&= -\mathrm{EI}\int_{t_1}^{t_2}\left(z_{xx}(L)\delta z_x(L) - z_{xx}(0)\delta z_x(0)\right)\mathrm{d}t + \mathrm{EI}\int_{t_1}^{t_2} z_{xxx}(L)\delta z(L)\mathrm{d}t - \mathrm{EI}\int_{t_1}^{t_2}\int_0^L z_{xxxx}(x)\delta z(x)\mathrm{d}x\mathrm{d}t
\end{aligned}
$$

（13.31）

最后，将式（13.26）的第 3 项展开可得

$$
\delta\int_{t_1}^{t_2} W_c \mathrm{d}t = \delta\int_{t_1}^{t_2}\left(\tau\theta + Fz(L)\right)\mathrm{d}t \tag{13.32}
$$

根据上述分析，得

$$
\begin{aligned}
&\int_{t_1}^{t_2}(\delta E_k - \delta E_p + \delta W_c)\mathrm{d}t \\
&= -\int_{t_1}^{t_2} I_h \ddot{\theta}\delta\theta \mathrm{d}t - \int_{t_1}^{t_2}\int_0^L \rho\ddot{z}(x)\delta z(x)\mathrm{d}x\mathrm{d}t - \int_{t_1}^{t_2} m\ddot{z}(L)\delta z(L)\mathrm{d}t \\
&\quad - \mathrm{EI}\int_{t_1}^{t_2}\left(z_{xx}(L)\delta z_x(L) - z_{xx}(0)\delta z_x(0)\right)\mathrm{d}t + \mathrm{EI}\int_{t_1}^{t_2} z_{xxx}(L)\delta z(L)\mathrm{d}t \\
&\quad - \mathrm{EI}\int_{t_1}^{t_2}\int_0^L z_{xxxx}(x)\delta z(x)\mathrm{d}x\mathrm{d}t + \delta\int_{t_1}^{t_2}\tau\theta + Fz(L)\mathrm{d}t
\end{aligned}
$$

将 $z(0)=0$，$z_x(0)=\theta$，$\ddot{z}_x(0)=\ddot{\theta}$，$\dfrac{\partial^n z(x)}{\partial x^n} = \dfrac{\partial^n y(x)}{\partial x^n}$，$(n \geqslant 2)$ 代入上式，可得

$$
\begin{aligned}
&\int_{t_1}^{t_2}(\delta E_k - \delta E_p + \delta W_c)\mathrm{d}t \\
&= -\int_{t_1}^{t_2}\int_0^L \left(\rho\ddot{z}(x) + \mathrm{EI}z_{xxxx}(x)\right)\delta z(x)\mathrm{d}x\mathrm{d}t - \int_{t_1}^{t_2}\left(I_h\ddot{\theta} - \mathrm{EI}z_{xx}(0) - \tau\right)\delta z_x(0)\mathrm{d}t \\
&\quad - \int_{t_1}^{t_2}\left(m\ddot{z}(L) - \mathrm{EI}z_{xxx}(L) - F\right)\delta z(L)\mathrm{d}t - \int_{t_1}^{t_2} \mathrm{EI}z_{xx}(L)\delta z_x(L)\mathrm{d}t \\
&= -\int_{t_1}^{t_2}\int_0^L A\delta z(x)\mathrm{d}x\mathrm{d}t - \int_{t_1}^{t_2} B\delta z_x(0)\mathrm{d}t - \int_{t_1}^{t_2} C\delta z(L)\mathrm{d}t - \int_{t_1}^{t_2} D\delta z_x(L)\mathrm{d}t
\end{aligned}
$$

其中

$$
\begin{aligned}
A &= \rho\ddot{z}(x) + \mathrm{EI}z_{xxxx}(x) \\
B &= I_h\ddot{z}_x(0) - \mathrm{EI}z_{xx}(0) - \tau \\
C &= m\ddot{z}(L) - \mathrm{EI}z_{xxx}(L) - F \\
D &= \mathrm{EI}z_{xx}(L)
\end{aligned}
$$

根据 Hamilton 方程式（13.26），有

$$-\int_{t_1}^{t_2}\int_0^L A\delta z(x)\mathrm{d}x\mathrm{d}t - \int_{t_1}^{t_2} B\delta z_x(0)\mathrm{d}t - \int_{t_1}^{t_2} C\delta z(L)\mathrm{d}t - \int_{t_1}^{t_2} D\delta z_x(L)\mathrm{d}t = 0 \tag{13.33}$$

由于 $\delta z(x)$、$\delta z_x(0)$、$\delta z(L)$、$\delta z_x(L)$ 属于独立的变量，即上式中的各项线性无关，则有 $A=B=C=D=0$，从而得到 PDE 动力学模型如下

$$\rho\ddot{z}(x) = -\mathrm{EI}z_{xxxx}(x) \tag{13.34}$$

$$\tau = I_h\ddot{z}_x(0) - \mathrm{EI}z_{xx}(0) \tag{13.35}$$

$$F = m\ddot{z}(L) - \mathrm{EI}z_{xxx}(L) \tag{13.36}$$

$$z_{xx}(L) = 0 \tag{13.37}$$

式中，$\ddot{z}(x) = x\ddot{\theta} + \ddot{y}(x)$；$\ddot{z}(L) = L\ddot{\theta} + \ddot{y}(L)$。

13.4 柔性机械臂分布式参数边界控制

为了在实现 $\theta \to \theta_d$，$\dot{\theta} \to \dot{\theta}_d$ 的基础上，同时实现整个机械臂振动的抑制，即实现 $y(x) \to 0$ 和 $\dot{y}(x) \to 0$，需要在末端加上边界控制输入 F，在机械臂的末端进行控制，以调节机械臂的振动。通过设计 Lyapunov 函数来设计 PD 边界控制律。

13.4.1 模型描述

在 13.3.2 节的基础上，考虑在机械臂的末端同时边界进行控制，根据 Hamilton 原理，此时柔性机械手动力学模型式（13.34）至式（13.37）包括以下三部分：

① 考虑分布式力平衡可得

$$\rho\ddot{z}(x) = -\mathrm{EI}z_{xxxx}(x) \tag{13.38}$$

② 由边界点力平衡可得

$$I_h\ddot{\theta} = \tau + \mathrm{EI}y_{xx}(0) \tag{13.39}$$

$$m\ddot{z}(L) = \mathrm{EI}z_{xxx}(L) + F \tag{13.40}$$

③ 边界条件：

$$\begin{aligned} y(0) &= 0 \\ y_x(0) &= 0 \end{aligned} \tag{13.41}$$

$$y_{xx}(L) = 0 \tag{13.42}$$

上面几个公式的物理量说明见表 13-1。

控制目标：$\theta \to \theta_d$，$\dot{\theta} \to \dot{\theta}_d$，$y(x) \to 0$，$\dot{y}(x) \to 0$，其中 θ_d 为理想的角度信号，θ_d 为常值。

13.4.2 边界 PD 控制律设计

取角度信号的误差信息为
$$e = \theta - \theta_d, \quad \dot{e} = \dot{\theta} - \dot{\theta}_d = \dot{\theta}, \quad \ddot{e} = \ddot{\theta} - \ddot{\theta}_d = \ddot{\theta}$$

考虑到机械臂的动能、机械臂的势能和负载的动能最小时，$y(x)$ 为最小，另外考虑跟踪误差和跟踪误差变化率，设计李雅普诺夫函数为
$$V = E_1 + E_2 \tag{13.43}$$

式中，$E_1 = \frac{1}{2}\int_0^L \rho \dot{z}^2(x)\mathrm{d}x + \frac{1}{2}\mathrm{EI}\int_0^L y_{xx}^2(x)\mathrm{d}x$；$E_2 = \frac{1}{2}I_\mathrm{h}\dot{e}^2 + \frac{1}{2}k_\mathrm{p}e^2 + \frac{1}{2}m\dot{z}^2(L)$，$k_\mathrm{p} > 0$；$E_1$ 为机械臂的动能和势能之和，表示对机械臂弯曲变形量和弯曲变化率的抑制指标；E_2 中的前两项代表了控制的误差指标，第 3 项为负载的动能。则
$$\dot{V} = \dot{E}_1 + \dot{E}_2$$

其中
$$\dot{E}_1 = \int_0^L \rho \dot{z}(x)\ddot{z}(x)\mathrm{d}x + \mathrm{EI}\int_0^L y_{xx}(x)\dot{y}_{xx}(x)\mathrm{d}x$$

将式（13.38）即 $\rho\ddot{z}(x) = -\mathrm{EI}z_{xxxx}(x)$ 代入上式中，则
$$\dot{E}_1 = -\mathrm{EI}\int_0^L \dot{z}(x)z_{xxxx}(x)\mathrm{d}x + \mathrm{EI}\int_0^L y_{xx}(x)\dot{y}_{xx}(x)\mathrm{d}x$$

$$\int_0^L \dot{z}(x)z_{xxxx}(x)\mathrm{d}x = \int_0^L \dot{z}(x)\mathrm{d}z_{xxx}(x)$$
$$= \dot{z}(x)z_{xxx}(x)\Big|_0^L - \int_0^L z_{xxx}(x)\dot{z}_x(x)\mathrm{d}x = \dot{z}(L)z_{xxx}(L) - \int_0^L z_{xxx}(x)\dot{z}_x(x)\mathrm{d}x$$

$$\int_0^L y_{xx}(x)\dot{y}_{xx}(x)\mathrm{d}x = \int_0^L z_{xx}(x)\dot{z}_{xx}(x)\mathrm{d}x = \int_0^L z_{xx}(x)\mathrm{d}\dot{z}_x(x)$$
$$= z_{xx}(x)\dot{z}_x(x)\Big|_0^L - \int_0^L \dot{z}_x(x)z_{xxx}(x)\mathrm{d}x = -z_{xx}(0)\dot{\theta} - \int_0^L \dot{z}_x(x)z_{xxx}(x)\mathrm{d}x$$

式中，$z_{xx}(L) = 0$；$\dot{z}_x(0) = \dot{\theta}$。从而
$$\dot{E}_1 = -\mathrm{EI}\int_0^L \dot{z}(x)z_{xxxx}(x)\mathrm{d}x + \mathrm{EI}\int_0^L y_{xx}(x)\dot{y}_{xx}(x)\mathrm{d}x$$
$$= -\mathrm{EI}\left(\dot{z}(L)z_{xxx}(L) - \int_0^L z_{xxx}(x)\dot{z}_x(x)\mathrm{d}x\right) + \mathrm{EI}\left(-z_{xx}(0)\dot{\theta} - \int_0^L \dot{z}_x(x)z_{xxx}(x)\mathrm{d}x\right)$$
$$= -\mathrm{EI}\dot{z}(L)y_{xxx}(L) - \mathrm{EI}y_{xx}(0)\dot{\theta}$$

即
$$\dot{E}_1 = -\mathrm{EI}y_{xxx}(L)\dot{z}(L) - \mathrm{EI}y_{xx}(0)\dot{\theta}$$
$$\dot{E}_2 = I_\mathrm{h}\dot{e}\ddot{e} + k_\mathrm{p}e\dot{e} + M_\mathrm{t}\dot{z}(L)\ddot{z}(L) = \dot{e}(I_\mathrm{h}\ddot{e} + k_\mathrm{p}e) + \dot{z}(L)m\ddot{z}(L)$$

则
$$\dot{V} = \dot{E}_1 + \dot{E}_2$$
$$= -\mathrm{EI}y_{xxx}(L)\dot{z}(L) - \mathrm{EI}y_{xx}(0)\dot{\theta} + \dot{e}(I_\mathrm{h}\ddot{e} + k_\mathrm{p}e) + \dot{z}(L)m\ddot{z}(L)$$
$$= \dot{e}\left(I_\mathrm{h}\cdot\frac{1}{I_\mathrm{h}}(\tau + \mathrm{EI}y_{xx}(0)) + k_\mathrm{p}e - \mathrm{EI}y_{xx}(0)\right) + \dot{z}(L)\left(-\mathrm{EI}y_{xxx}(L) + m\frac{1}{m}(\mathrm{EI}y_{xxx}(L) + F)\right)$$
$$= \dot{e}(\tau + k_\mathrm{p}e) + \dot{z}(L,t)F$$

设计控制律为

$$\tau = -k_p e - k_d \dot{e} \tag{13.44}$$

$$F = -k\dot{z}(L) \tag{13.45}$$

式中，$k_p > 0$；$k_d > 0$；$k > 0$；F 为边界控制，则

$$\dot{V} = -k_d \dot{e}^2 - k\dot{z}^2(L) \leqslant 0$$

将闭环系统进行空间转换，采用半群和紧凑性分析方法，可证明本闭环系统的稳定性分析可采用无穷维 LaSalle 不变集定理方法[10]。

下面针对在 $\dot{V} \equiv 0$ 条件下进行闭环系统的收敛性分析：

当 $\dot{V} \equiv 0$ 时，有 $\dot{e} \equiv \dot{z}(L) \equiv 0$，$\ddot{e} \equiv \ddot{z}(L) \equiv 0$。由于 θ_d 为常数，则 $\dot{\theta} \equiv 0$，$\ddot{\theta} \equiv 0$，代入式 $\rho(x\ddot{\theta} + \ddot{y}(x)) = \rho\ddot{z}(x) = -\mathrm{EI} y_{xxxx}(x)$ 中，可得

$$\rho\ddot{y}(x) = -\mathrm{EI} y_{xxxx}(x),$$

$$\rho\ddot{z}(L) = -\mathrm{EI} y_{xxxx}(L) = 0$$

从而 $y_{xxxx}(L) = 0$。

根据变量分离技术[11]，可取

$$y(x) = X(x) \cdot T(t) \tag{13.46}$$

式中，$X(x)$ 和 $T(t)$ 都是未知函数。

由式 $\rho\ddot{y}(x,t) = -\mathrm{EI} y_{xxxx}(x,t)$ 可得

$$y_{xxxx}(x) = -\frac{\rho}{\mathrm{EI}} \ddot{y}(x)$$

由式（13.46）可知 $y_{xxxx}(x) = X^{(4)}(x) \cdot T(t)$，$\ddot{y}(x) = X(x) \cdot T^{(2)}(t)$，代入上式，则

$$\frac{X^{(4)}(x)}{X(x)} = -\frac{\rho}{\mathrm{EI}} \frac{T^{(2)}(t)}{T(t)} = \mu$$

即

$$X^{(4)}(x) - \mu X(x) = 0$$

取 $\mu = \beta^4$，求解上式，可得

$$X(x) = c_1 \cosh\beta x + c_2 \sinh\beta x + c_3 \cos\beta x + c_4 \sin\beta x \tag{13.47}$$

式中，$c_i \in R, i = 1,2,3,4$ 为未知实数。

由于 $y(0) = 0$，$y_x(0) = 0$，$y_{xx}(L) = 0$，考虑 $y_{xxxx}(L) = 0$，结合式（13.46），可得 $X(0) = X'(0) = X''(L) = X^{(4)}(L) = 0$，则由式（13.47）可得

$$\begin{cases} c_1 + c_3 = 0 \\ c_2 + c_4 = 0 \\ c_1 \cosh\beta L + c_2 \sinh\beta L - c_3 \cos\beta L - c_4 \sin\beta L = 0 \\ c_1 \cosh\beta L + c_2 \sinh\beta L + c_3 \cos\beta L + c_4 \sin\beta L = 0 \end{cases} \tag{13.48}$$

由上式可得

$$\begin{cases} c_1 \cosh \beta L + c_2 \sinh \beta L = 0 \\ c_3 \cos \beta L + c_4 \sin \beta L = 0 \end{cases}$$

及

$$\begin{cases} c_3 \cosh \beta L + c_4 \sinh \beta L = 0 \\ c_3 \cos \beta L + c_4 \sin \beta L = 0 \end{cases}$$

从而可得

$$c_4 \left(\sinh \beta L \cdot \cos \beta L - \sin \beta L \cdot \cosh \beta L \right) = 0$$

显然方程式（13.48）有唯一解 $c_i = 0$，$i = 1, 2, 3, 4$，从而 $X(x) = 0$，则 $y(x) = 0$，$\dot{y}(x) = 0$，$y_{xx}(0) = 0$，由于

$$I_h \ddot{\theta} = \tau + \mathrm{EI} y_{xx}(0) = -k_p e - k_d \dot{e} + \mathrm{EI} y_{xx}(0)$$

由于当 $\dot{V} \equiv 0$ 时，有 $\ddot{\theta} \equiv 0$，$\dot{e} \equiv 0$，$\ddot{e} \equiv 0$，$y_{xx}(0) = 0$，则 $e \equiv 0$。因此，当 $\dot{V} \equiv 0$ 时，$e \equiv \dot{e} \equiv y(x) \equiv \dot{y}(x) \equiv 0$。闭环系统渐进稳定，即对于 $x \in [0, L]$，$t \to \infty$ 时，$\theta \to \theta_d$，$\dot{\theta} \to \dot{\theta}_d$，$y(x) \to 0$，$\dot{y}(x) \to 0$。

13.4.3 仿真实例

动力学模型取式（13.38）~式（13.40），模型参数取 $\rho = 0.2211$，$\mathrm{EI} = 2$，$m = 6.78$，$L = 0.60$，$I_h = 0.0139$。角度指令取 $\theta_d = 0.5$。采用控制律式（13.44）和式（13.45），取 $k_p = 30$，$k_d = 50$，$k = 10$。两个坐标轴按 $nx = 10$，$nt = 40000$ 划分区间，仿真时间为 20。仿真结果如图 13-9~图 13-12 所示。

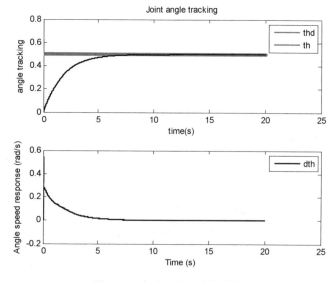

图 13-9　角度和角速度的响应

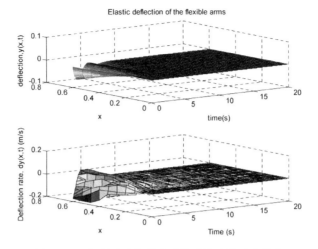

图 13-10 机械臂上的分布式的弹性形变及变化率

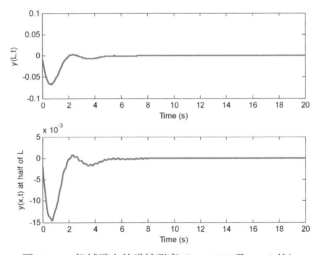

图 13-11 机械臂上的弹性形变（$x=0.5L$ 及 $x=L$ 处）

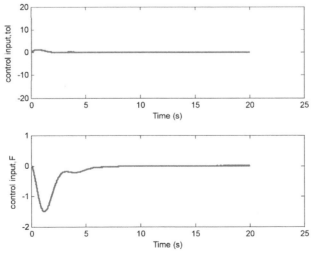

图 13-12 关节点处边界控制输入 τ 和末端点处边界控制输入 F

〖仿真程序〗 chap13_3.m

```
closeall;
clearall;
nx=10;
nt=40000;

tmax=20;L=0.6;
%Compute mesh spacing and time step
dx=L/(nx-1);
T=tmax/(nt-1);

%Create arrays to save data for export
t=linspace(0,nt*T,nt);
x=linspace(0,L,nx);

%Parameters
EI=2;m=6.78;rho=0.2211;Ih=0.0139;

thd=0.5;dthd=0;ddthd=0;

kp=30;kd=50;k=10;
F_1=0;
%Defineviriables and Initial condition:
y=zeros(nx,nt);    %elastic deflectgion
th_2=0;th_1=0;
dth_1=0;
for j=1:nt
th(j)=0;    %joint angle
end

for j=3:nt    %Begin
e(j)=th_1-thd;
de(j)=dth_1-dthd;

%th(j)
yxx0=(y(3,j-1)-2*y(2,j-1)+y(1,j-1))/dx^2;

tol(j)=-kp*e(j)-kd*de(j);    %PD control for the joint

th(j)=2*th_1-th_2+T^2/Ih*(tol(j)+EI*yxx0);    %(A1)
dth(j)=(th(j)-th_1)/T;
ddth(j)=(th(j)-2*th_1+th_2)/T^2;

%get y(i,j),i=1,2, Boundary condition (A2)
y(1,:)=0;    %y(0,t)=0, i=1
y(2,:)=0;    %y(1,t)=0, i=2

%get y(i,j),i=3:nx-2
fori=3:nx-2
```

```
            yxxxx=(y(i+2,j-1)-4*y(i+1,j-1)+6*y(i,j-1)-4*y(i-1,j-1)+y(i-2,j-1))/dx^4;
            y(i,j)=T^2*(-i*dx*ddth(j)-EI*yxxxx/rho)+2*y(i,j-1)-y(i,j-2);    %i*dx=x, (A3)
dy(i,j-1)=(y(i,j-1)-y(i,j-2))/T;
end

%get y(nx-1,j),i=nx-1
yxxxx(nx-1,j-1)=(-2*y(nx,j-1)+5*y(nx-1,j-1)-4*y(nx-2,j-1)+y(nx-3,j-1))/dx^4;
y(nx-1,j)=T^2*(-(nx-1)*dx*ddth(j)-EI*yxxxx(nx-1,j-1)/rho)+2*y(nx-1,j-1)-y(nx-1,j-2);    %(A6)
dy(nx-1,j)=(y(nx-1,j)-y(nx-1,j-1))/T;

%get y(nx,j),y=nx
yxxx_L=(-y(nx,j-1)+2*y(nx-1,j-1)-y(nx-2,j-1))/dx^3;
y(nx,j)=T^2*(-L*ddth(j)+(EI*yxxx_L+F_1)/m)+2*y(nx,j-1)-y(nx,j-2);      %(A7)
dy(nx,j)=(y(nx,j)-y(nx,j-1))/T;
%%%%%%%%%%%%%%%%%%%%%%%%%%%%%%
dzL=L*dth(j)+(y(nx,j)-y(nx,j-1))/T;

F(j)=-k*dzL; %P Control for the end

F_1=F(j);
th_2=th_1;
th_1=th(j);
dth_1=dth(j);
end%End
%To view the curve, short the points
tshort=linspace(0,tmax,nt/100);
yshort=zeros(nx,nt/100);
dyshort=zeros(nx,nt/100);
for j=1:nt/100
fori=1:nx
yshort(i,j)=y(i,j*100);     %Using true y(i,j)
dyshort(i,j)=dy(i,j*100);      %Using true dy(i,j)
end
end
%%%%%%%%%%%%%%%%%%%%%%%%%%%%%%
figure(1);
subplot(211);
plot(t,thd,'r',t,th,'k','linewidth',2);
title('Joint angle tracking');
xlabel('time(s)');ylabel('angle tracking');
legend('thd','th');
subplot(212);
plot(t,dth,'k','linewidth',2);
xlabel('Time (s)');ylabel('Angle speed response (rad/s)');
legend('dth');

figure(2);
subplot(211);
surf(tshort,x,yshort);
title('Elastic deflection of the flexible arms');
xlabel('time(s)'); ylabel('x');zlabel('deflection,y(x,t)');
```

```
subplot(212);
surf(tshort,x,dyshort);
xlabel('Time (s)'); ylabel('x');zlabel('Deflection rate, dy(x,t) (m/s)');

figure(3);
subplot(211);
for j=1:nt/100
yshortL(j)=y(nx,j*100);
end
plot(tshort,yshortL,'r','linewidth',2);
xlabel('Time (s)');ylabel('y(L,t)');
subplot(212);
for j=1:nt/100
yshort1(j)=y(nx/2,j*100);
end
plot(tshort,yshort1,'r','linewidth',2);
xlabel('Time (s)');ylabel('y(x,t) at half of L');

figure(4);
subplot(211);
plot(t,tol,'r','linewidth',2);
xlabel('Time (s)');ylabel('control input,tol');
subplot(212);
plot(t,F,'r','linewidth',2);
xlabel('Time (s)');ylabel('control input,F');
```

知识点：离散化仿真方法

为了实现 PDE 模型的仿真，目前的方法是将 PDE 动力学模型离散化。离散化过程中，时间差分与 x 轴差分二者之间应满足一定关系。取采样时间为 $\Delta t = T$，x 轴间距为 $\Delta x = dx$，文献[12]针对 ODE 模型离散化给出了一个经验关系式，即时间差分与 x 轴差分之间的关系应满足 $\Delta t \leqslant \frac{1}{2}\Delta x^2$，仿真分析表明，在满足该关系式同时，应尽量降低 Δt 和 Δx 的值，并保证二者之间在一定的比值范围内。

采用差分方法对模型式（13.38）～式（13.40）进行离散化，从而求 $\theta(j)$ 和 $y(i,j)$，具体介绍如下：

（1）关节转动角度 $\theta(t)$ 的离散化

由边界点力平衡动力学方程式（13.39）可知 $I_h \ddot{\theta}(t) = \tau + EI y_{xx}(0,t)$，采用向前差分，即 $\ddot{\theta}(t) = \dfrac{\dot{\theta}(j) - \dot{\theta}(j-1)}{T}$，则

$$\ddot{\theta}(t) = \dfrac{\dfrac{\theta(j)-\theta(j-1)}{T} - \dfrac{\theta(j-1)-\theta(j-2)}{T}}{T} = \dfrac{\theta(j)-2\theta(j-1)+\theta(j-2)}{T^2}$$

将动力学模型展开，得

$$I_h \dfrac{\theta(j) - 2\theta(j-1) + \theta(j-2)}{T^2} = \tau + EI y_{xx}(0,t)$$

则可求出

$$\theta(j) = 2\theta(j-1) - \theta(j-2) + \frac{T^2}{I_h}\left(\tau + \mathrm{EI}y_{xx}(0,t)\right) \quad (13.49)$$

其中采用向前差分方法，取当前时间为 $j-1$，则 $y_{xx}(0,t)$ 相当于 $y_{xx}(1,j-1)$，则有 $y_x(2,j-1) = \dfrac{y(3,j-1)-y(2,j-1)}{\mathrm{d}x}$，$y_x(1,j-1) = \dfrac{y(2,j-1)-y(1,j-1)}{\mathrm{d}x}$，则

$$y_{xx}(0,t) = \frac{y_x(2,j-1) - y_x(1,j-1)}{\mathrm{d}x} = \frac{y(3,j-1) - 2y(2,j-1) + y(1,j-1)}{\mathrm{d}x^2}$$

仿真时，考虑当前时刻的 $\theta(j)$ 未知，取 $\theta(t)$ 为 $\theta(j-1)$。

(2) 离散化的几种差分方法

采用 $v(i,j)$ 来描述 $v(x,t)$，i 描述 x，j 描述 t，中心点取 (i,j) 的离散点示意图如图 13-13 所示。

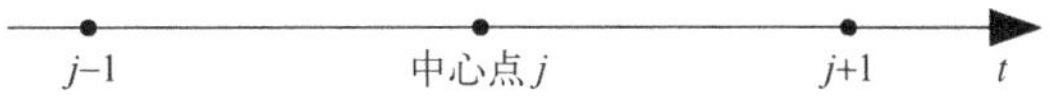

图 13-13 离散点示意图

取时间间隔为 Δt，采用差分求 $v(x,t)$ 的离散值方法有 3 种，描述如下：

① 向后差分：$\dfrac{\partial v}{\partial t}\big|_{t=i} = \dfrac{v(i,j) - v(i,j-1)}{\Delta t}$。

② 向前差分：$\dfrac{\partial v}{\partial t}\big|_{t=i} = \dfrac{v(i,j+1) - v(i,j)}{\Delta t}$。

③ 中心差分为向前差分与向后差分之和的平均值：$\dfrac{\partial v}{\partial t}\big|_{t=i} = \dfrac{v(i,j+1) - v(i,j-1)}{2\Delta t}$。

在离散化的程序设计中，可根据需要采用上述 3 种方法之一。

(3) 边界条件的离散化

时间取 $1 \leqslant j \leqslant nt$，根据边界条件，分为以下 4 种情况求 $y(i,j)$：

① $1 \leqslant i \leqslant 2$，根据边界条件求 $y(i,j)$。

由边界条件式（13.41）可知 $y(0,t) = 0$，$y_x(0,t) = 0$。由边界条件式 $y(0,t) = 0$，可得 $y(1,j) = 0$，由于 $y_x(0,t) = \dfrac{y(2,j) - y(1,j)}{\mathrm{d}x}$，则由边界条件式 $y_x(0,t) = 0$，可得 $y(2,j) = 0$，即

$$y(1,j) = y(2,j) = 0 \quad (13.50)$$

② $3 \leqslant i \leqslant nx - 2$，求 $y(i,j)$。

由式（13.38）可知，$\rho \ddot{z}(x) = -\mathrm{EI}z_{xxxx}(x)$，展开，得

$$i \cdot \mathrm{d}x \cdot \ddot{\theta}(t) + \frac{y(i,j) - 2y(i,j-1) + y(i,j-2)}{T^2} = -\frac{\mathrm{EI}}{\rho} y_{xxxx}(x,t)$$

$$\ddot{\theta}(t) = \frac{\theta(j) - 2\theta(j-1) + \theta(j-2)}{T^2}$$

$$\dot{y}(x,t) = \frac{y(i,j-1) - y(i,j-2)}{T}$$

$$y_{xxxx}(x,t) = \frac{y(i+2,j-1) - 4y(i+1,j-1) + 6y(i,j-1) - 4y(i-1,j-1) + y(i-2,j-1)}{dx^4}$$

则

$$y(i,j) = T^2\left(-i \cdot dx \cdot \ddot{\theta}(t) - \frac{EI}{\rho}y_{xxxx}(x,t)\right) + 2y(i,j-1) - y(i,j-2) \qquad (13.51)$$

③ $i = nx - 1$，根据边界条件求 $y(nx-1, j)$。

由边界条件式（13.42）可知 $y_{xx}(L,t) = 0$，则

$$y_{xx}(L,t) = \frac{y_x(nx+1,j-1) - y_x(nx,j-1)}{dx}$$

$$= \frac{y(nx+1,j-1) - 2y(nx,j-1) + y(nx-1,j-1)}{dx^2} = 0$$

即

$$y(nx+1, j-1) = 2y(nx, j-1) - y(nx-1, j-1) \qquad (13.52)$$

以 $(nx-1, j-1)$ 为中心展开得

$$y_{xxxx}(nx-1,j-1) = \frac{y(nx+1,j-1) - 4y(nx,j-1) + 6y(nx-1,j-1) - 4y(nx-2,j-1) + y(nx-3,j-1)}{dx^4}$$

将式（13.52）代入上式得

$$y_{xxxx}(nx-1,j-1) = \frac{-2y(nx,j-1) + 5y(nx-1,j-1) - 4y(nx-2,j-1) + y(nx-3,j-1)}{dx^4} \qquad (13.53)$$

将上式代入（13.51）式，取 $i = nx - 1$，可求出

$$y(nx-1,j) = T^2\left(-(nx-1) \cdot dx \cdot \ddot{\theta}(t) - \frac{EI}{\rho}y_{xxxx}(nx-1,j-1)\right) + 2y(nx-1,j-1) - y(nx-1,j-2) \qquad (13.54)$$

④ $i = nx$，根据边界条件求 $y(nx, j)$。

差分展开得

$$y_{xxx}(L,t) = \frac{y(nx+1,j-1) - 3y(nx,j-1) + 3y(nx-1,j-1) - y(nx-2,j-1)}{dx^3}$$

考虑式（13.52），可得

$$y_{xxx}(L,t) = \frac{-y(nx,j-1) + 2y(nx-1,j-1) - y(nx-2,j-1)}{dx^3}$$

由式（13.40）即 $F = m\ddot{z}(L) - EIz_{xxx}(L)$ 可知 $EIy_{xxx}(L,t) + F = m(L\ddot{\theta}(t) + \ddot{y}(L,t))$，以 $(nx, j-1)$ 为中心展开得

$$\frac{EIy_{xxx}(L,t) + F}{m} = L\ddot{\theta} + \frac{y(nx,j) - 2y(nx,j-1) + y(nx,j-2)}{T^2}$$

则可得

$$y(nx,j) = T^2 \times \left(-L\ddot{\theta} + \frac{\mathrm{EI}y_{xxx}(L,t)+F}{m}\right) + 2y(nx,j-1) - y(nx,j-2) \quad (13.55)$$

参 考 文 献

[1] SMITH O J M. Feedback control systems[M]. New York: McGraw-Hill, 1958.

[2] 刘金琨 王明钊. 挠性航天器 LMI 抗饱和控制及模态振动抑制[J]. 电机与控制学报，2014, 18(3):79-84.

[3] VAUGHAN J, YANO A, SINGHOSE W. Comparison of robot input shapers[J]. Journal of Sound and Vibration, 2008, 315:797-815.

[4] KHALIL H K. Output feedback control of linear two-time-scale systems[J]. IEEE Transactions on Automatic Control, 1987, 32(9):784-792.

[5] KOKOTOVI P V. Applications of singular perturbation techniques to control problems[J]. SIAM REVIEW, 1984, 26(4):501-550.

[6] SABERI A, KHALIL H. Quadratic-type Lyapunov functions for singularly perturbed systems[J]. IEEE Transactions on Automatic Control, 1984, 29(6):542-550.

[7] IOANNOU P A, SUN J. Robust adaptive control[M]. PTR Prentice-Hall, 1996.

[8] HE W, GE S S, HOW B V E, et al. Robust adaptive boundary control of a flexible marine riser with vessel dynamics[J]. Automatica, 2011, 47:722-732.

[9] ZHANG L J, LIU J K. Adaptive boundary control for flexible two-link manipulator based on partial differential equation dynamic model[J]. IET Control Theory & Application, 2013, 7(1):43-51.

[10] RAHN C D. Mechatronic control of distributed noise and vibration[M]. New York: Springer, 2001.

[11] RAY W H. Advanced process control[M]. New York: McGraw-Hill, 1981.

[12] ABHYANKAR N S, HALL E K, HANAGUD S V. Chaotic vibrations of beams: numerical solution of partial differential equations[J]. ASME J.Appl. Mech., 1993, 60:167-174.

第14章 机械手 PID 控制

14.1 机械手独立 PD 控制

14.1.1 控制律设计

当忽略重力和外加干扰时,采用独立的 PD 控制,能满足机械手定点控制的要求[1]。
设 n 关节机械手方程为

$$D(q)\ddot{q} + C(q,\dot{q})\dot{q} = \tau \tag{14.1}$$

式中,$D(q)$ 为 $n \times n$ 阶正定惯性矩阵;$C(q,\dot{q})$ 为 $n \times n$ 阶离心和哥氏力项。

独立的 PD 控制律为

$$\tau = K_d \dot{e} + K_p e \tag{14.2}$$

取跟踪误差为 $e = q_d - q$,采用定点控制时,q_d 为常值,则 $\dot{q}_d = \ddot{q}_d = 0$。

此时,机械手方程为

$$D(q)(\ddot{q}_d - \ddot{q}) + C(q,\dot{q})(\dot{q}_d - \dot{q}) + K_d \dot{e} + K_p e = 0$$

亦即

$$D(q)\ddot{e} + C(q,\dot{q})\dot{e} + K_p e = -K_d \dot{e} \tag{14.3}$$

取 Lyapunov 函数为

$$V = \frac{1}{2} \dot{e}^T D(q) \dot{e} + \frac{1}{2} e^T K_p e$$

由 $D(q)$ 及 K_p 的正定性知,V 是全局正定的,则

$$\dot{V} = \dot{e}^T D \ddot{e} + \frac{1}{2} \dot{e}^T \dot{D} \dot{e} + \dot{e}^T K_p e$$

利用 $\dot{D} - 2C$ 的斜对称性知 $\dot{e}^T \dot{D} \dot{e} = 2\dot{e}^T C \dot{e}$,则

$$\dot{V} = \dot{e}^T D\ddot{e} + \dot{e}^T C\dot{e} + \dot{e}^T K_p e = \dot{e}^T \left(D\ddot{e} + C\dot{e} + K_p e\right) = -\dot{e}^T K_d \dot{e} \leqslant 0$$

14.1.2 收敛性分析

由于 $\dot{V}$ 是半负定的,且 K_d 为正定,则当 $\dot{V} \equiv 0$ 时,有 $\dot{e} \equiv 0$,从而 $\ddot{e} \equiv 0$。代入式 (14.3),有 $K_p e \equiv 0$,再由 K_p 的可逆性知 $e \equiv 0$。由 LaSalle 定理[2]知,$(e, \dot{e}) = (0, 0)$ 是受控机械手全局渐进稳定的平衡点,即从任意初始条件 $(q_0, \dot{q}_0)$ 出发,均有 $q \to q_d$,$\dot{q} \to 0$。

14.1.3 仿真实例

针对被控对象式 (14.1),选双关节机械手系统(不考虑重力、摩擦力和干扰),其动力

学模型为

$$D(q)\ddot{q} + C(q,\dot{q})\dot{q} = \tau$$

其中

$$D(q) = \begin{bmatrix} p_1 + p_2 + 2p_3 \cos q_2 & p_2 + p_3 \cos q_2 \\ p_2 + p_3 \cos q_2 & p_2 \end{bmatrix}$$

$$C(q,\dot{q}) = \begin{bmatrix} -p_3 \dot{q}_2 \sin q_2 & -p_3(\dot{q}_1 + \dot{q}_2)\sin q_2 \\ p_3 \dot{q}_1 \sin q_2 & 0 \end{bmatrix}$$

定义 $p = [p_1 \ p_2 \ p_3 \ p_4]$，取 $p = [2.90 \ 0.76 \ 0.87 \ 3.04 \ 0.87]^T$，取 $q_0 = [0.0 \ 0.0]^T$、$\dot{q}_0 = [0.0 \ 0.0]^T$。

位置指令为 $q_d(0) = [1.0 \ 1.0]^T$，在控制器式（14.2）中，取 $K_p = \begin{bmatrix} 100 & 0 \\ 0 & 100 \end{bmatrix}$、$K_d = \begin{bmatrix} 100 & 0 \\ 0 & 100 \end{bmatrix}$，仿真结果见图 14-1 和图 14-2 所示。

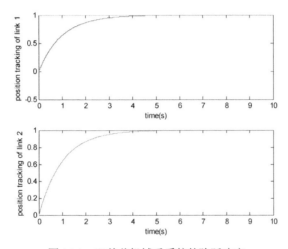

图 14-1 双关节机械手系统的阶跃响应

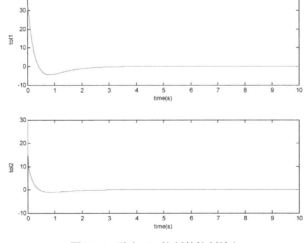

图 14-2 独立 PD 控制的控制输入

仿真中，当改变参数 K_p、K_d 时，只要满足 $K_d>0$、$K_p>0$，都能获得比较好的仿真结果。完全不受外力没有任何干扰的机械手系统是不存在的，独立的 PD 控制只能作为基础来考虑分析，但对它的分析是有重要意义的。

〖仿真程序〗

（1）Simulink 主程序：chap14_1sim.mdl

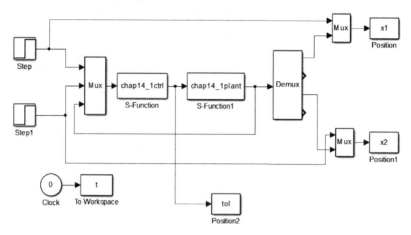

（2）控制器子程序：chap14_1ctrl.m

```
function [sys,x0,str,ts] = spacemodel(t,x,u,flag)

switch flag,
case 0,
    [sys,x0,str,ts]=mdlInitializeSizes;
case 3,
sys=mdlOutputs(t,x,u);
case {2,4,9}
sys=[];
otherwise
error(['Unhandled flag = ',num2str(flag)]);
end

function [sys,x0,str,ts]=mdlInitializeSizes
sizes = simsizes;
sizes.NumOutputs     = 2;
sizes.NumInputs      = 6;
sizes.DirFeedthrough = 1;
sizes.NumSampleTimes = 1;
sys = simsizes(sizes);
x0  = [];
str = [];
ts  = [0 0];

function sys=mdlOutputs(t,x,u)
R1=u(1);dr1=0;
R2=u(2);dr2=0;
```

```
x(1)=u(3);
x(2)=u(4);
x(3)=u(5);
x(4)=u(6);

e1=R1-x(1);
e2=R2-x(3);
e=[e1;e2];

de1=dr1-x(2);
de2=dr2-x(4);
de=[de1;de2];

Kp=[50 0;0 50];
Kd=[50 0;0 50];

tol=Kp*e+Kd*de;

sys(1)=tol(1);
sys(2)=tol(2);
```

(3)被控对象子程序：chap14_1plant.m

```
function [sys,x0,str,ts]=s_function(t,x,u,flag)
switch flag,
case 0,
    [sys,x0,str,ts]=mdlInitializeSizes;
case 1,
sys=mdlDerivatives(t,x,u);
case 3,
sys=mdlOutputs(t,x,u);
case {2, 4, 9 }
sys = [];
otherwise
error(['Unhandled flag = ',num2str(flag)]);
end
function [sys,x0,str,ts]=mdlInitializeSizes
global p g
sizes = simsizes;
sizes.NumContStates  = 4;
sizes.NumDiscStates  = 0;
sizes.NumOutputs     = 4;
sizes.NumInputs      =2;
sizes.DirFeedthrough = 0;
sizes.NumSampleTimes = 0;
sys=simsizes(sizes);
x0=[0 0 0 0];
str=[];
ts=[];

p=[2.9 0.76 0.87 3.04 0.87];
```

```
g=9.8;
function sys=mdlDerivatives(t,x,u)
global p g
D0=[p(1)+p(2)+2*p(3)*cos(x(3)) p(2)+p(3)*cos(x(3));
p(2)+p(3)*cos(x(3)) p(2)];
C0=[-p(3)*x(4)*sin(x(3)) -p(3)*(x(2)+x(4))*sin(x(3));
p(3)*x(2)*sin(x(3))   0];
tol=u(1:2);
dq=[x(2);x(4)];

S=inv(D0)*(tol-C0*dq);

sys(1)=x(2);
sys(2)=S(1);
sys(3)=x(4);
sys(4)=S(2);
function sys=mdlOutputs(t,x,u)
sys(1)=x(1);
sys(2)=x(2);
sys(3)=x(3);
sys(4)=x(4);
```

(4) 作图子程序：chap14_1plot.m

```
closeall;

figure(1);
subplot(211);
plot(t,x1(:,1),'r',t,x1(:,2),'k','linewidth',2);
xlabel('time(s)');ylabel('position tracking of link 1');
subplot(212);
plot(t,x2(:,1),'r',t,x2(:,2),'k','linewidth',2);
xlabel('time(s)');ylabel('position tracking of link 2');

figure(2);
subplot(211);
plot(t,tol(:,1),'k','linewidth',2);
xlabel('time(s)');ylabel('tol1');
subplot(212);
plot(t,tol(:,2),'k','linewidth',2);
xlabel('time(s)');ylabel('tol2');
```

14.2 工作空间中机械手末端轨迹 PD 控制

由于通常机械手是以关节角度进行动力学建模的，通过设计执行机构施加的关节扭矩 τ，可实现关节角度和关节角速度的跟踪。

然而，在实际工程中，通常需要针对机械手末端轨迹的控制[3]，这就需要建立工作空间关节末端节点直角坐标(x_1, x_2)的动力学模型，并设计加在关节末端节点的控制律$\boldsymbol{F}_x$，并通过$\boldsymbol{F}_x$与$\boldsymbol{\tau}$之间的映射关系，求出实际的关节扭矩$\boldsymbol{\tau}$。

14.2.1　工作空间直角坐标与关节角位置的转换

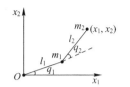

图 14-3　二自由度机械手

将工作空间中的关节末端节点直角坐标(x_1, x_2)转为二关节角位置(q_1, q_2)的问题，即机械手的逆向运动学问题。

根据图 14-3 可得末端在工作空间中的位置为

$$x_1 = l_1 \cos q_1 + l_2 \cos(q_1 + q_2) \\ x_2 = l_1 \sin q_1 + l_2 \sin(q_1 + q_2) \tag{14.4}$$

则

$$x_1^2 + x_2^2 = l_1^2 + l_2^2 + 2l_1 l_2 \cos q_2$$

从而可得

$$q_2 = \arccos\left(\frac{x_1^2 + x_2^2 - l_1^2 - l_2^2}{2l_1 l_2}\right) \tag{14.5}$$

根据文献[4]，取$p_1 = \arctan \dfrac{x_2}{x_1}$，$p_2 = \arccos \dfrac{x_1^2 + x_2^2 + l_1^2 - l_2^2}{2l_1 \sqrt{x_1^2 + x_2^2}}$，则

$$q_1 = \begin{cases} p_1 - p_2, & q_2 > 0 \\ p_1 + p_2, & q_2 \leqslant 0 \end{cases} \tag{14.6}$$

定义$\boldsymbol{x} = \begin{bmatrix} x_1 & x_2 \end{bmatrix}$，$\boldsymbol{q} = \begin{bmatrix} q_1 & q_2 \end{bmatrix}$，则$\mathrm{d}\boldsymbol{x} = \dfrac{\partial \boldsymbol{x}}{\partial \boldsymbol{q}} \mathrm{d}\boldsymbol{q}$；定义$\boldsymbol{J} = \dfrac{\partial \boldsymbol{x}}{\partial \boldsymbol{q}}$，则

$$\mathrm{d}\boldsymbol{x} = \boldsymbol{J} \cdot \mathrm{d}\boldsymbol{q}$$

式中，$\boldsymbol{J} = \begin{bmatrix} \dfrac{\partial x_1}{\partial q_1} & \dfrac{\partial x_1}{\partial q_2} \\ \dfrac{\partial x_2}{\partial q_1} & \dfrac{\partial x_2}{\partial q_2} \end{bmatrix}$，表示机械手末端端点速度与机械臂关节角速度之间关系的雅可比矩阵。

由式（14.4）可得$\dfrac{\partial x_1}{\partial q_1} = -l_1 \sin q_1 - l_2 \sin(q_1 + q_2)$，$\dfrac{\partial x_1}{\partial q_2} = -l_2 \sin(q_1 + q_2)$，$\dfrac{\partial x_2}{\partial q_1} = l_1 \cos q_1 + l_2 \cos(q_1 + q_2)$，$\dfrac{\partial x_2}{\partial q_2} = l_2 \cos(q_1 + q_2)$，则

$$\boldsymbol{J}(\boldsymbol{q}) = \begin{bmatrix} -l_1 \sin(q_1) - l_2 \sin(q_1 + q_2) & -l_2 \sin(q_1 + q_2) \\ l_1 \cos(q_1) + l_2 \cos(q_1 + q_2) & l_2 \cos(q_1 + q_2) \end{bmatrix} \tag{14.7}$$

$$\dot{\boldsymbol{J}}(\boldsymbol{q}) = \begin{bmatrix} -l_1 \cos(q_1) - l_2 \cos(q_1 + q_2) & -l_2 \cos(q_1 + q_2) \\ -l_1 \sin(q_1) - l_2 \sin(q_1 + q_2) & -l_2 \sin(q_1 + q_2) \end{bmatrix} \dot{q}_1 \\ + \begin{bmatrix} -l_2 \cos(q_1 + q_2) & -l_2 \cos(q_1 + q_2) \\ -l_2 \sin(q_1 + q_2) & -l_2 \sin(q_1 + q_2) \end{bmatrix} \dot{q}_2$$

可见，$J(q)$ 是由结构决定的，假定它在有界的工作空间 Ω 中是非奇异的。

14.2.2 机械手在工作空间的建模

考虑一个刚性 n 关节机械手，其动态特性为

$$D(q)\ddot{q} + C(q,\dot{q})\dot{q} + G(q) = \tau \tag{14.8}$$

式中，$q \in R^n$ 是表示关节变量的向量；$\tau \in R^n$ 是执行机构施加的关节扭矩向量；$D(q) \in R^{n \times n}$ 为对称正定惯性矩阵；$C(q,\dot{q}) \in R^{n \times n}$ 为哥氏力和离心力向量；$G(q) \in R^n$ 为重力向量。

为了实现末端位置的控制，需要将关节角度动力学方程转换为基于末端位置的动力学方程。

在静态平衡状态下，传递到机械手末端力的 F_x 与关节扭矩 τ 之间存在线性映射关系，通过虚功原理可得[5]

$$F_x = J^{-T}(q)\tau \tag{14.9}$$

由于 $\dot{x} = J \cdot \dot{q}$，则 $\dot{q} = J^{-1}\dot{x}$，$\ddot{x} = \dot{J}\dot{q} + J\ddot{q} = \dot{J}J^{-1}\dot{x} + J\ddot{q}$，从而

$$\ddot{q} = J^{-1}\left(\ddot{x} - \dot{J}J^{-1}\dot{x}\right)$$

将上式代入式（14.8），可得

$$D(q)J^{-1}\left(\ddot{x} - \dot{J}J^{-1}\dot{x}\right) + C(q,\dot{q})J^{-1}\dot{x} + G(q) = \tau$$

即 $D(q)J^{-1}\ddot{x} - D(q)J^{-1}\dot{J}J^{-1}\dot{x} + C(q,\dot{q})J^{-1}\dot{x} + G(q) = \tau$，整理得

$$D(q)J^{-1}\ddot{x} + \left(C(q,\dot{q}) - D(q)J^{-1}\dot{J}\right)J^{-1}\dot{x} + G(q) = \tau$$

则

$$J^{-T}(q)\left(D(q)J^{-1}\ddot{x} + \left(C(q,\dot{q}) - D(q)J^{-1}\dot{J}\right)J^{-1}\dot{x} + G(q)\right) = J^{-T}(q)\tau$$

从而

$$D_x(q)\ddot{x} + C_x(q,\dot{q})\dot{x} + G_x(q) = F_x \tag{14.10}$$

式中，$D_x(q) = J^{-T}(q)D(q)J^{-1}(q)$；$C_x(q,\dot{q}) = J^{-T}(q)\left(C(q,\dot{q}) - D(q)J^{-1}(q)\dot{J}(q)\right)J^{-1}(q)$；$G_x(q) = J^{-T}(q)G(q)$。

机械手动态方程具有下面特性[3,6]：

特性1：惯性矩阵 $D_x(q)$ 对称正定。

特性2：矩阵 $\dot{D}_x(q) - 2C_x(q,\dot{q})$ 是斜对称的。

14.2.3 PD 控制器的设计

设 $x_d(t)$ 是在工作空间中的理想轨迹，则 $\dot{x}_d(t)$ 和 $\ddot{x}_d(t)$ 分别是理想的速度和加速度。

定义

$$e(t) = x_d(t) - x(t)$$

$$\dot{e}(t) = \dot{x}_d(t) - \dot{x}(t)$$

采用前馈控制及 PD 反馈控制相结合的形式设计控制律：

$$F_x = K_p e + K_d \dot{e} + D_x(q)\ddot{x}_d + C_x(q,\dot{q})\dot{x}_d + G_x(q) \tag{14.11}$$

式中，$K_p > 0$；$K_d > 0$。

此时，式（14.10）可写为

$$D_x(q)(\ddot{x}_d - \ddot{x}) + C_x(q,\dot{q})(\dot{x}_d - \dot{x}) + K_d \dot{e} + K_p e = 0$$

亦即

$$D_x(q)\ddot{e} + C_x(q,\dot{q})\dot{e} + K_p e = -K_d \dot{e} \tag{14.12}$$

即

$$D_x(q)\ddot{e} + (C_x(q,\dot{q}) + K_d)\dot{e} + K_p e = 0$$

控制目标为 $e \to 0$ 和 $\dot{e} \to 0$。

取 Lyapunov 函数为

$$V = \frac{1}{2}\dot{e}^T D_x(q)\dot{e} + \frac{1}{2}e^T K_p e$$

由 $D_x(q)$ 及 K_p 的正定性知，V 是全局正定的，则

$$\dot{V} = \dot{e}^T D_x \ddot{e} + \frac{1}{2}\dot{e}^T \dot{D}_x \dot{e} + \dot{e}^T K_p e$$

利用 $\dot{D}_x - 2C_x$ 的斜对称性知 $\dot{e}^T \dot{D}_x \dot{e} = 2\dot{e}^T C_x \dot{e}$，则

$$\dot{V} = \dot{e}^T D_x \ddot{e} + \dot{e}^T C_x \dot{e} + \dot{e}^T K_p e = \dot{e}^T (D_x \ddot{e} + C_x \dot{e} + K_p e) = -\dot{e}^T K_d \dot{e} \leqslant 0$$

由于 $\dot{V}$ 是半负定的，且 K_d 为正定，则当 $\dot{V} \equiv 0$ 时，有 $\dot{e} \equiv 0$，从而 $\ddot{e} \equiv 0$。代入式（14.12）中，有 $K_p e \equiv 0$，再由 K_p 的可逆性知 $e \equiv 0$。由 LaSalle 定理[2]知，$(e,\dot{e}) = (0,0)$ 是受控机械手全局渐进稳定的平衡点，即从任意初始条件 $(x_0, \dot{x}_0)$ 出发，均有 $t \to \infty$ 时，$x \to x_d$，$\dot{x} \to \dot{x}_d$。

14.2.4 仿真实例

考虑平面两关节机械手，其动力学方程为

$$D(q)\ddot{q} + C(q,\dot{q})\dot{q} + G(q) = \tau$$

其中

$$D(q) = \begin{bmatrix} m_1 + m_2 + 2m_3 \cos q_2 & m_2 + m_3 \cos q_2 \\ m_2 + m_3 \cos q_2 & m_2 \end{bmatrix}$$

$$C(q,\dot{q}) = \begin{bmatrix} -m_3 \dot{q}_2 \sin q_2 & -m_3(\dot{q}_1 + \dot{q}_2)\sin q_2 \\ m_3 \dot{q}_1 \sin q_2 & 0.0 \end{bmatrix}$$

$$G(q) = \begin{bmatrix} m_4 g \cos q_1 + m_5 g \cos(q_1 + q_2) \\ m_5 g \cos(q_1 + q_2) \end{bmatrix}$$

式中，m_i 值由式 $\boldsymbol{M} = \boldsymbol{P} + p_l \boldsymbol{L}$ 给出，有

$$\boldsymbol{M} = \begin{bmatrix} m_1 & m_2 & m_3 & m_4 & m_5 \end{bmatrix}^T$$

$$\boldsymbol{P} = \begin{bmatrix} p_1 & p_2 & p_3 & p_4 & p_5 \end{bmatrix}^T$$

$$\boldsymbol{L} = \begin{bmatrix} l_1^2 & l_2^2 & l_1 l_2 & l_1 & l_2 \end{bmatrix}^T$$

式中，p_l 为负载；l_1 和 l_2 分别为关节 1 和关节 2 的长度；$\boldsymbol{P}$ 是机械手自身的参数向量。机械力臂实际参数为 $p_l = 0.50$，$\boldsymbol{P} = \begin{bmatrix} 1.66 & 0.42 & 0.63 & 3.75 & 1.25 \end{bmatrix}^T$，$l_1 = l_2 = 1$。

在笛卡尔空间中的理想跟踪轨迹取 $x_{d1} = \cos t$，$x_{d2} = \sin t$，该轨迹为一个半径为 1.0、圆心在 $(x_1, x_2) = (1.0, 1.0)\,\mathrm{m}$ 的圆。初始条件为 $\boldsymbol{x}(0) = \begin{bmatrix} 1.0 & 1.0 \end{bmatrix}$，$\dot{\boldsymbol{x}}(0) = \begin{bmatrix} 0.0 & 0.0 \end{bmatrix}$。

由于跟踪轨迹为工作空间中的直角坐标，而不是关节空间中的角位置，应按式（14.5）和式（14.6）将工作空间中的关节末端直角坐标 (x_1, x_2) 转为关节角位置 (q_1, q_2)。

仿真中，被控对象取式（14.10），控制器取式（14.11），控制器的增益选为 $\boldsymbol{K}_\mathrm{p} = \begin{bmatrix} 30 & 0 \\ 0 & 30 \end{bmatrix}$，$\boldsymbol{K}_\mathrm{d} = \begin{bmatrix} 30 & 0 \\ 0 & 30 \end{bmatrix}$，由式（14.9）可求 τ。仿真结果如图 14-4～图 14-7 所示。

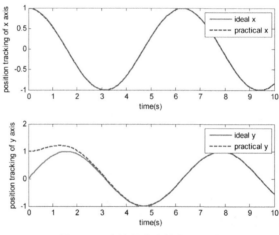

图 14-4　末关节节点的位置跟踪

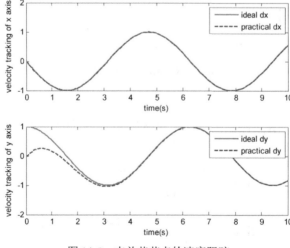

图 14-5　末关节节点的速度跟踪

第 14 章 机械手 PID 控制

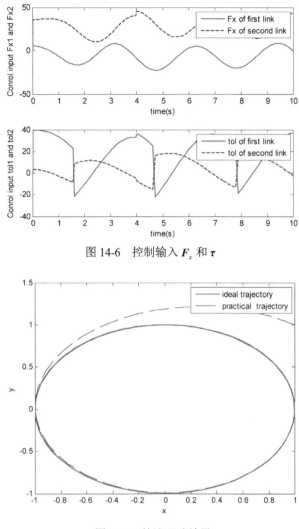

图 14-6 控制输入 F_x 和 τ

图 14-7 轨迹跟踪效果

〖仿真程序〗

（1）Simulink 主程序：chap14_2sim.mdl

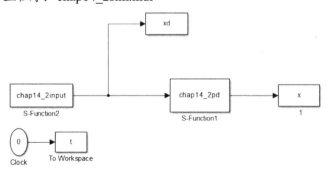

（2）控制器及被控对象的 S 函数：chap14_2pd.m

```
function [sys,x0,str,ts]=s_function(t,x,u,flag)
```

```
switch flag,
case 0,
     [sys,x0,str,ts]=mdlInitializeSizes;
case 1,
sys=mdlDerivatives(t,x,u);
case 3,
sys=mdlOutputs(t,x,u);
case {2, 4, 9 }
sys = [];
otherwise
error(['Unhandled flag = ',num2str(flag)]);
end
function [sys,x0,str,ts]=mdlInitializeSizes
global J Fx
sizes = simsizes;
sizes.NumContStates  = 4;
sizes.NumDiscStates  = 0;
sizes.NumOutputs     = 8;
sizes.NumInputs      = 6;
sizes.DirFeedthrough = 1;
sizes.NumSampleTimes = 0;
sys=simsizes(sizes);
x0=[1 0 1 0];
str=[];
ts=[];
J=0;Dx=0;Cx=0;Gx=0;Fx=[0 0];
function sys=mdlDerivatives(t,x,u)
global J Fx

l1=1;l2=1;
P=[1.66 0.42 0.63 3.75 1.25];
g=9.8;
L=[l1^2 l2^2 l1*l2 l1 l2];
pl=0.5;
M=P+pl*L;
Q=(x(1)^2+x(3)^2-l1^2-l2^2)/(2*l1*l2);
q2=acos(Q);
dq2=-1/sqrt(1-Q^2);

A=x(3)/x(1);
p1=atan(A);
d_p1=1/(1+A^2);

B=sqrt(x(1)^2+x(3)^2+l1^2-l2^2)/(2*l1*sqrt(x(1)^2+x(3)^2));
p2=acos(B);
d_p2=-1/sqrt(1-B^2);

if q2>0
   q1=p1-p2;
   dq1=d_p1-d_p2;
else
```

```
    q1=p1+p2;
    dq1=d_p1+d_p2;
end
J=[-sin(q1)-sin(q1+q2) -sin(q1+q2);
   cos(q1)+cos(q1+q2) cos(q1+q2)];
d_J=[-dq1*cos(q1)-(dq1+dq2)*cos(q1+q2) -(dq1+dq2)*cos(q1+q2);
     -dq1*sin(q1)-(dq1+dq2)*sin(q1+q2) -(dq1+dq2)*sin(q1+q2)];

D=[M(1)+M(2)+2*M(3)*cos(q2) M(2)+M(3)*cos(q2);
   M(2)+M(3)*cos(q2) M(2)];
C=[-M(3)*dq2*sin(q2) -M(3)*(dq1+dq2)*sin(q2);
    M(3)*dq1*sin(q2)  0];
G=[M(4)*g*cos(q1)+M(5)*g*cos(q1+q2);
   M(5)*g*cos(q1+q2)];

Dx=(inv(J))'*D*inv(J);
Cx=(inv(J))'*(C-D*inv(J)*d_J)*inv(J);
Gx=(inv(J))'*G;

xd1=u(1);
d_xd1=u(2);
dd_xd1=u(3);
xd2=u(4);
d_xd2=u(5);
dd_xd2=u(6);

e1=xd1-x(1);
e2=xd2-x(3);
de1=d_xd1-x(2);
de2=d_xd2-x(4);
e=[e1;e2];
de=[de1;de2];

dxd=[d_xd1;d_xd2];
ddxd=[dd_xd1;dd_xd2];

Kp=30*eye(2);
Kd=30*eye(2);
%Fx=Dx*ddxr+Cx*dxr+Gx+K*r;
Fx=Kp*e+Kd*de+Dx*ddxd+Cx*dxd+Gx;

dx=[x(2);x(4)];
S=inv(Dx)*(Fx-Cx*dx-Gx);

sys(1)=x(2);
sys(2)=S(1);
sys(3)=x(4);
sys(4)=S(2);
function sys=mdlOutputs(t,x,u)
global J Fx
```

```
tol=J'*Fx;

sys(1)=x(1);
sys(2)=x(2);
sys(3)=x(3);
sys(4)=x(4);
sys(5:6)=Fx(1:2);
sys(7:8)=tol(1:2);
```

(3）输入指令 S 函数: chap14_2input.m

```
function [sys,x0,str,ts] = spacemodel(t,x,u,flag)
switch flag,
case 0,
    [sys,x0,str,ts]=mdlInitializeSizes;
case 1,
sys=mdlDerivatives(t,x,u);
case 3,
sys=mdlOutputs(t,x,u);
case {2,4,9}
sys=[];
otherwise
error(['Unhandled flag = ',num2str(flag)]);
end
function [sys,x0,str,ts]=mdlInitializeSizes
sizes = simsizes;
sizes.NumContStates  = 0;
sizes.NumDiscStates  = 0;
sizes.NumOutputs     = 6;
sizes.NumInputs      = 0;
sizes.DirFeedthrough = 1;
sizes.NumSampleTimes = 1;
sys = simsizes(sizes);
x0  = [];
str = [];
ts  = [0 0];
function sys=mdlOutputs(t,x,u)
xd1=cos(t);
d_xd1=-sin(t);
dd_xd1=-cos(t);
xd2=sin(t);
d_xd2=cos(t);
dd_xd2=-sin(t);
sys(1)=xd1;
sys(2)=d_xd1;
sys(3)=dd_xd1;
sys(4)=xd2;
sys(5)=d_xd2;
sys(6)=dd_xd2;
```

（4）作图程序：chap14_2plot.m

```
closeall;

figure(1);
subplot(211);
plot(t,xd(:,1),'r',t,x(:,1),'b--','linewidth',2);
xlabel('time(s)');ylabel('position tracking of x axis');
legend('ideal x','practical x');
subplot(212);
plot(t,xd(:,4),'r',t,x(:,3),'b--','linewidth',2);
xlabel('time(s)');ylabel('position tracking of y axis');
legend('ideal y','practical y');

figure(2);
subplot(211);
plot(t,xd(:,2),'r',t,x(:,2),'b--','linewidth',2);
xlabel('time(s)');ylabel('velocity tracking of x axis');
legend('ideal dx','practical dx');
subplot(212);
plot(t,xd(:,5),'r',t,x(:,4),'b--','linewidth',2);
xlabel('time(s)');ylabel('velocity tracking of y axis');
legend('ideal dy','practical dy');

figure(3);
subplot(211);
plot(t,x(:,5),'r',t,x(:,6),'b--','linewidth',2);
xlabel('time(s)');ylabel('Control input Fx1 and Fx2');
legend('Fx of first link','Fx of second link');
subplot(212);
plot(t,x(:,7),'r',t,x(:,8),'b--','linewidth',2);
xlabel('time(s)');ylabel('Conrol input tol1 and tol2');
legend('tol of first link','tol of second link');

figure(4);
plot(xd(:,1),xd(:,4),'r','linewidth',2);
holdon;
plot(x(:,1),x(:,3),'b--','linewidth',1);
xlabel('x');ylabel('y');
legend('ideal trajectory','practical   trajectory');
```

14.3 工作空间中机械手末端的阻抗 PD 控制

14.3.1 问题的提出

工业机械手可以完成的任务可以分为两类：一类是非接触性作业，即机械手在自由空间中搬运、操作目标物等任务，对于这一类作业，仅仅运用位置控制便可以胜任；另一类是接触性作业，如抛光、打磨等，对于这一类任务，单纯的位置控制已经不能胜任了，因为在这类任务中对接触力的大小是有要求的，并且机械手末端微小的位置偏差就可能导致巨大的接触力，会对机械手和目标物造成损害，所以必须添加接触力的控制功能来提高机械手的有效作业精度。

Hongan 提出机械手的阻抗控制方法[7-8]，机械手阻抗控制就是间接地控制机械手和环境间的作用力，其设计思想是建立机械手末端作用力与其位置之间的动态关系，通过控制机械手位移而达到控制末端作用力的目的，保证了机械手在受约束的方向保持期望的接触力。自阻抗控制概念被提出以来，涌现出很多不同的具体应用方法。由于工业机械手都匹配有高性能的位置控制器，所以基于位置的阻抗控制策略得到了广泛的应用。

带有阻力约束的双关节机械手示意图如图 14-8 所示[9]，机械手末端接触到障碍物后，沿着垂直 x_1 的方向滑下，然后继续跟踪指令 x_d。阻抗控制就是在阻力约束下的机械手末端位置控制。

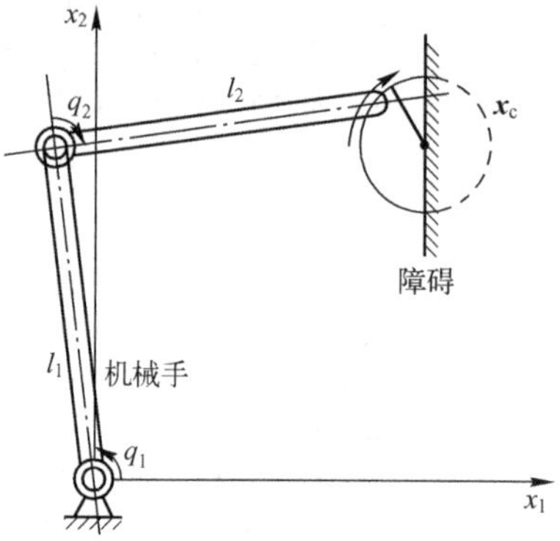

设 x 为机械手末端位置向量，关节角度 q 与机械手末端位置向量 x 关系为

$$x = h(q) \quad (14.13a)$$

且

$$\dot{x} = J(q)\dot{q} \quad (14.13b)$$

式中，$J(q)$ 为机械手末端的 Jacobian 信息。

图 14-8 带有阻力约束的双关节机械手示意图

机械手末端的接触阻力为 F_e，F_e 与位置误差 $x_c - x$ 有关，动力学描述为[9]

$$M_m(\ddot{x}_c - \ddot{x}) + B_m(\dot{x}_c - \dot{x}) + K_m(x_c - x) = F_e \quad (14.14)$$

式中，x_c 为接触位置的指令轨迹；$x(0) = x_c(0)$；M_m、B_m 和 K_m 分别为质量、阻尼和刚度系数矩阵。

由于阻尼控制是在笛卡尔坐标系下实现，为了实现理想接触位置 x_c 的轨迹跟踪，为此需要通过角度动力学方程求得笛卡尔坐标系下动力学方程。根据 14.2 节中工作空间中机械手末端轨迹控制问题的描述，针对末端位置双关节动力学模型式（14.10），在带有阻力 F_e 的笛卡尔坐标系下转化为

$$D_x(q)\ddot{x} + C_x(q,\dot{q})\dot{x} + G_x(q) + F_e = F_x \quad (14.15)$$

式中，$D_x(q) = J^{-T}(q)D(q)J^{-1}(q)$；$C_x(q,\dot{q}) = J^{-T}(q)\left(C(q,\dot{q}) - D(q)J^{-1}(q)\dot{J}(q)\right)J^{-1}(q)$；$G_x(q) = J^{-T}(q)G(q)$，$J(q)$ 和 $\dot{J}(q)$ 表达式见式（14.7）。

14.3.2 阻抗模型的建立

在阻抗模型中，阻抗控制目标为 x 跟踪理想的阻抗轨迹 x_d，由式（14.14）可知，x_d 可由下述模型求得

$$M_m\ddot{x}_d + B_m\dot{x}_d + K_mx_d = -F_e + M_m\ddot{x}_c + B_m\dot{x}_c + K_mx_c \quad (14.16)$$

式中，$x_d(0) = x_c(0)$；$\dot{x}_d(0) = \dot{x}_c(0)$。

根据工作空间直角坐标与关节角位置的转换及工作空间关节末端节点直角坐标 (x_1, x_2) 的动力学模型，设计加在关节末端节点的控制律 F_x，并通过 F_x 与 τ 之间的映射关系，求出

实际的关节扭矩 $\boldsymbol{\tau}$。

机械手动态方程具有下面特性[3,6]：

特性 1 惯性矩阵 $\boldsymbol{D}_x(\boldsymbol{q})$ 对称正定。

特性 2 矩阵 $\dot{\boldsymbol{D}}_x(\boldsymbol{q}) - 2\boldsymbol{C}_x(\boldsymbol{q}, \dot{\boldsymbol{q}})$ 是斜对称的。

14.3.3 控制器的设计

设 $\boldsymbol{x}_d(t)$ 是在工作空间中的理想轨迹，则 $\dot{\boldsymbol{x}}_d(t)$ 和 $\ddot{\boldsymbol{x}}_d(t)$ 分别是理想的速度和加速度。定义

$$\boldsymbol{e}(t) = \boldsymbol{x}_d(t) - \boldsymbol{x}(t)$$

采用基于前馈补偿和阻力补偿的 PD 控制方法，控制律设计为

$$\boldsymbol{F}_x = \boldsymbol{D}_x(\boldsymbol{q})\ddot{\boldsymbol{x}}_d + \boldsymbol{C}_x(\boldsymbol{q},\dot{\boldsymbol{q}})\dot{\boldsymbol{x}}_d + \boldsymbol{G}_x(\boldsymbol{q}) + \boldsymbol{F}_e + \boldsymbol{K}_p \boldsymbol{e} + \boldsymbol{K}_d \dot{\boldsymbol{e}} \tag{14.17}$$

式中，$\boldsymbol{K}_p > 0$；$\boldsymbol{K}_d > 0$。

将控制律式（14.17）代入式（14.15），得

$$\boldsymbol{D}_x(\boldsymbol{q})\ddot{\boldsymbol{x}} + \boldsymbol{C}_x(\boldsymbol{q},\dot{\boldsymbol{q}})\dot{\boldsymbol{x}} + \boldsymbol{G}_x(\boldsymbol{q}) + \boldsymbol{F}_e = \boldsymbol{D}_x(\boldsymbol{q})\ddot{\boldsymbol{x}}_d + \boldsymbol{C}_x(\boldsymbol{q},\dot{\boldsymbol{q}})\dot{\boldsymbol{x}}_d + \boldsymbol{G}_x(\boldsymbol{q}) + \boldsymbol{F}_e + \boldsymbol{K}_p \boldsymbol{e} + \boldsymbol{K}_d \dot{\boldsymbol{e}}$$

则

$$\boldsymbol{D}_x(\boldsymbol{q})\ddot{\boldsymbol{e}} + \boldsymbol{C}_x(\boldsymbol{q},\dot{\boldsymbol{q}})\dot{\boldsymbol{e}} + \boldsymbol{K}_p \boldsymbol{e} = -\boldsymbol{K}_d \dot{\boldsymbol{e}}$$

即

$$\boldsymbol{D}_x(\boldsymbol{q})\ddot{\boldsymbol{e}} + \left(\boldsymbol{C}_x(\boldsymbol{q},\dot{\boldsymbol{q}}) + \boldsymbol{K}_d\right)\dot{\boldsymbol{e}} + \boldsymbol{K}_p \boldsymbol{e} = 0$$

控制目标为 $\boldsymbol{e} \to 0$ 和 $\dot{\boldsymbol{e}} \to 0$。

稳定性分析如下：取 Lyapunov 函数为

$$V = \frac{1}{2}\dot{\boldsymbol{e}}^T \boldsymbol{D}_x(\boldsymbol{q})\dot{\boldsymbol{e}} + \frac{1}{2}\boldsymbol{e}^T \boldsymbol{K}_p \boldsymbol{e}$$

由 $\boldsymbol{D}_x(\boldsymbol{q})$ 及 $\boldsymbol{K}_p$ 的正定性知，V 是全局正定的，则

$$\dot{V} = \dot{\boldsymbol{e}}^T \boldsymbol{D}_x \ddot{\boldsymbol{e}} + \frac{1}{2}\dot{\boldsymbol{e}}^T \dot{\boldsymbol{D}}_x \dot{\boldsymbol{e}} + \dot{\boldsymbol{e}}^T \boldsymbol{K}_p \boldsymbol{e}$$

利用 $\dot{\boldsymbol{D}}_x - 2\boldsymbol{C}_x$ 的斜对称性知 $\dot{\boldsymbol{e}}^T \dot{\boldsymbol{D}}_x \dot{\boldsymbol{e}} = 2\dot{\boldsymbol{e}}^T \boldsymbol{C}_x \dot{\boldsymbol{e}}$，则

$$\dot{V} = \dot{\boldsymbol{e}}^T \boldsymbol{D}_x \ddot{\boldsymbol{e}} + \dot{\boldsymbol{e}}^T \boldsymbol{C}_x \dot{\boldsymbol{e}} + \dot{\boldsymbol{e}}^T \boldsymbol{K}_p \boldsymbol{e} = \dot{\boldsymbol{e}}^T \left(\boldsymbol{D}_x \ddot{\boldsymbol{e}} + \boldsymbol{C}_x \dot{\boldsymbol{e}} + \boldsymbol{K}_p \boldsymbol{e}\right) = -\dot{\boldsymbol{e}}^T \boldsymbol{K}_d \dot{\boldsymbol{e}} \leqslant 0$$

由于 $\dot{V}$ 是半负定的，且 $\boldsymbol{K}_d$ 为正定，则当 $\dot{V} \equiv 0$ 时，有 $\dot{\boldsymbol{e}} \equiv 0$，从而 $\ddot{\boldsymbol{e}} \equiv 0$。代入式（14.6）中，有 $\boldsymbol{K}_p \boldsymbol{e} \equiv 0$，再由 $\boldsymbol{K}_p$ 的可逆性知 $\boldsymbol{e} \equiv 0$。由 LaSalle 定理[2]知，$(\boldsymbol{e}, \dot{\boldsymbol{e}}) = (0, 0)$ 是受控机械手全局渐进稳定的平衡点，即从任意初始条件 $(\boldsymbol{x}_0, \dot{\boldsymbol{x}}_0)$ 出发，均有 $t \to \infty$ 时，$\boldsymbol{x} \to \boldsymbol{x}_d$，$\dot{\boldsymbol{x}} \to \dot{\boldsymbol{x}}_d$。

14.3.4 仿真实例

仿真对象为 14.2 节的对象，考虑平面两关节机械手，机械手的动力学方程为

$$\boldsymbol{D}(\boldsymbol{q})\ddot{\boldsymbol{q}} + \boldsymbol{C}(\boldsymbol{q},\dot{\boldsymbol{q}})\dot{\boldsymbol{q}} + \boldsymbol{G}(\boldsymbol{q}) = \boldsymbol{\tau}$$

其中

$$\boldsymbol{D}(\boldsymbol{q}) = \begin{bmatrix} m_1 + m_2 + 2m_3 \cos q_2 & m_2 + m_3 \cos q_2 \\ m_2 + m_3 \cos q_2 & m_2 \end{bmatrix}$$

$$\boldsymbol{C}(\boldsymbol{q},\dot{\boldsymbol{q}}) = \begin{bmatrix} -m_3 \dot{q}_2 \sin q_2 & -m_3 (\dot{q}_1 + \dot{q}_2) \sin q_2 \\ m_3 \dot{q}_1 \sin q_2 & 0.0 \end{bmatrix}$$

$$G(q) = \begin{bmatrix} m_4 g \cos q_1 + m_5 g \cos(q_1 + q_2) \\ m_5 g \cos(q_1 + q_2) \end{bmatrix}$$

式中，m_i 值由式 $M = P + p_l L$ 给出，有

$$M = \begin{bmatrix} m_1 & m_2 & m_3 & m_4 & m_5 \end{bmatrix}^T$$
$$P = \begin{bmatrix} p_1 & p_2 & p_3 & p_4 & p_5 \end{bmatrix}^T$$
$$L = \begin{bmatrix} l_1^2 & l_2^2 & l_1 l_2 & l_1 & l_2 \end{bmatrix}^T$$

式中，p_l 为负载；l_1 和 l_2 分别为关节 1 和关节 2 的长度；P 为机械手自身的参数向量。机械力臂实际参数为 $p_l = 0.50$，$P = \begin{bmatrix} 1.66 & 0.42 & 0.63 & 3.75 & 1.25 \end{bmatrix}^T$，$l_1 = l_2 = 1$。

在笛卡尔空间中的理想跟踪轨迹取 $x_{c1} = 1.0 - 0.2\cos t$，$x_{c2} = 1.0 + 0.2\sin t$，则 $x_{c1}(0) = 0.8$，$\dot{x}_{c1}(0) = 0$，$x_{c1}(0) = 1.0$，$\dot{x}_{c2}(0) = 0.2$，该轨迹为一个半径为0.2、圆心在 $(x_1, x_2) = (1.0, 1.0)$ 的圆。初始条件为 $x(0) = \begin{bmatrix} 0.85 & 1.05 \end{bmatrix}$，$\dot{x}(0) = \begin{bmatrix} 0.0 & 0.0 \end{bmatrix}$。

由于跟踪轨迹为工作空间中的直角坐标，而不是关节空间中的角位置，应按式（14.5）和式（14.6）将工作空间中的关节末端直角坐标 (x_1, x_2) 转为关节角位置 (q_1, q_2)，采用式（14.7）求 $J(q)$ 和 $\dot{J}(q)$，采用式（14.9）可将 F_x 转化为实际控制输入 τ，用于作图。

仿真中，首先通过式（14.14）求 F_e，通过式（14.15）求 x，然后由式（14.16）求 x_d。接触面在 $x_1 = 1.0$ 处，存在以下两种情况：

① 当 $x_1 \leq 1.0$ 时，机械手末端没有接触障碍物，$F_e = \begin{bmatrix} 0 & 0 \end{bmatrix}^T$；

② 当 $x_1 \geq 1.0$ 时，机械手末端点停留在触障碍物上，此时 $x_1 = 1.0$，$\dot{x}_1 = 0$，$\ddot{x}_1 = 0$。

障碍物的阻尼参数为 $M_m = \mathrm{diag}[1.0]$，$B_m = \mathrm{diag}[10]$ 和 $K_m = \mathrm{diag}[50]$。

控制器取式（14.17），控制器的增益选为 $K_p = \begin{bmatrix} 500 & 0 \\ 0 & 500 \end{bmatrix}$，$K_d = \begin{bmatrix} 10 & 0 \\ 0 & 10 \end{bmatrix}$。仿真结果如图 14-9～图 14-13 所示。

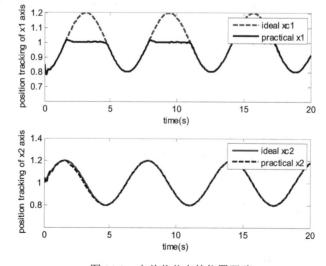

图 14-9 末关节节点的位置跟踪

第 14 章 机械手 PID 控制

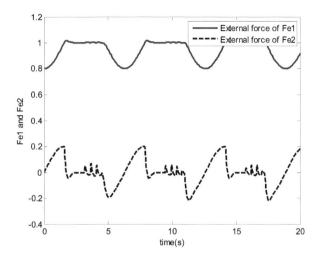

图 14-10 末关节节点的外力

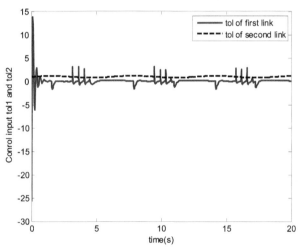

图 14-11 关节实际控制输入 $\boldsymbol{\tau}$

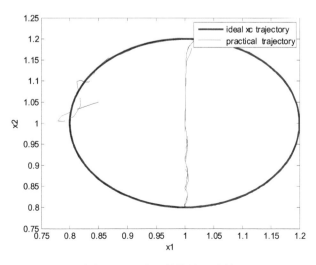

图 14-12 对 $\boldsymbol{x}_c$ 的轨迹跟踪效果

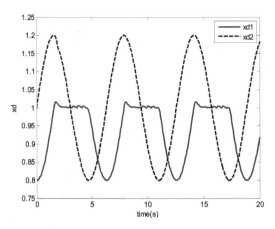

图 14-13　由式（14.16）生成的 x_d 轨迹

14.3.5　仿真中的代数环问题

代数环是控制系统 MATLAB 仿真中不可避免的现象。代数环之所以成为代数环，是因为输入和输出信号是同时发生的，这才形成了代数环。一般情况下不必理会代数环，让 Simulink 去自行求解代数方程即可，但有时代数环会造成 Simulink 求解出现困难，导致仿真中止。如果能不让这两个信号同时发生，则可以避免代数环。避免代数环的方法有许多种，一种有效的方法是在输出信号后面接一个延迟环节，将其作为输入信号馈入环中的另一个模块，如果这个延迟的时间常数足够小，则有望用这种方法避开代数环。另一种方法是在输出模块后接一个低通滤波器，避免直馈现象，如果时间常数 T 足够小，则可以很好地避开代数环[15]。

在 14.3.4 节的仿真中，可以发现 S 函数模块子程序 chap14_3Fe.m 陷入了代数环，出现仿真中止的现象。在出现代数环的模块后面引入小延迟 $e^{-\tau s}$ 或低通滤波器 $\dfrac{1}{Ts+1}$ 的近似方法，可以很好地避开代数环的问题。在本仿真中，为了克服代数环，在 S 函数模块子程序 chap9_4Fe.m 后面引入低通滤波器 $\dfrac{1}{Ts+1}$，取 $T=0.015$，见 Simulink 主程序 chap14_3sim.mdl。

〖仿真程序〗

（1）Simulink 主程序：chap14_3sim.mdl

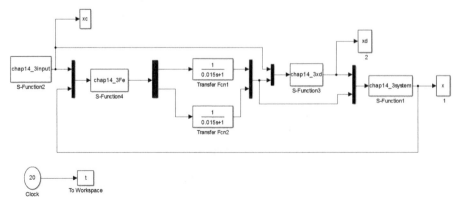

（2）输入指令 S 函数：chap14_3input.m

```
function [sys,x0,str,ts] = spacemodel(t,x,u,flag)
switch flag,
case 0,
    [sys,x0,str,ts]=mdlInitializeSizes;
case 1,
    sys=mdlDerivatives(t,x,u);
case 3,
    sys=mdlOutputs(t,x,u);
case {2,4,9}
    sys=[];
otherwise
    error(['Unhandled flag = ',num2str(flag)]);
end
function [sys,x0,str,ts]=mdlInitializeSizes
sizes = simsizes;
sizes.NumContStates  = 0;
sizes.NumDiscStates  = 0;
sizes.NumOutputs     = 6;
sizes.NumInputs      = 0;
sizes.DirFeedthrough = 1;
sizes.NumSampleTimes = 1;
sys = simsizes(sizes);
x0  = [];
str = [];
ts  = [0 0];
function sys=mdlOutputs(t,x,u)
xc1=1-0.2*cos(t);
dxc1=0.2*sin(t);
ddxc1=0.2*cos(t);
xc2=1+0.2*sin(t);
dxc2=0.2*cos(t);
ddxc2=-0.2*sin(t);
sys(1)=xc1;
sys(2)=dxc1;
sys(3)=ddxc1;
sys(4)=xc2;
sys(5)=dxc2;
sys(6)=ddxc2;
```

（3）控制律 S 函数：chap14_3Fe.m

```
function [sys,x0,str,ts]=s_function(t,x,u,flag)
switch flag,
case 0,
    [sys,x0,str,ts]=mdlInitializeSizes;
case 3,
    sys=mdlOutputs(t,x,u);
case {1,2, 4, 9 }
    sys = [];
otherwise
```

```
        error(['Unhandled flag = ',num2str(flag)]);
    end
function [sys,x0,str,ts]=mdlInitializeSizes
sizes = simsizes;
sizes.NumDiscStates  = 0;
sizes.NumOutputs     = 2;
sizes.NumInputs      = 14;
sizes.DirFeedthrough = 1;
sizes.NumSampleTimes = 0;
sys=simsizes(sizes);
x0=[];
str=[];
ts=[];
function sys=mdlOutputs(t,x,u)
xc=[u(1) u(4)]';
dxc=[u(2) u(5)]';
ddxc=[u(3) u(6)]';

Mm=[1 0;0 1];
Bm=[10 0;0 10];
Km=[50 0;0 50];

x1=u(7);dx1=u(8);ddx1=u(9);
x2=u(10);dx2=u(11);ddx2=u(12);

xp=[x1 x2]';
dxp=[dx1 dx2]';
ddxp=[ddx1 ddx2]';
if x1>=1.0
    xp=[1.0 xp(2)]';dxp=[0 dxp(2)]';ddxp=[0 ddxp(2)]';
end

Fe=Mm*(ddxc-ddxp)+Bm*(dxc-dxp)+Km*(xc-xp);
if x1<=1.0
    Fe=[0 0]';
end

sys(1)=Fe(1);
sys(2)=Fe(2);
```

（4）xd 轨迹生成 S 函数：chap14_3xd.m

```
function [sys,x0,str,ts]=s_function(t,x,u,flag)
switch flag,
case 0,
    [sys,x0,str,ts]=mdlInitializeSizes;
case 1,
    sys=mdlDerivatives(t,x,u);
case 3,
    sys=mdlOutputs(t,x,u);
case {2, 4, 9 }
    sys = [];
```

```
    otherwise
        error(['Unhandled flag = ',num2str(flag)]);
end
function [sys,x0,str,ts]=mdlInitializeSizes
sizes = simsizes;
sizes.NumContStates  = 4;
sizes.NumDiscStates  = 0;
sizes.NumOutputs     = 6;
sizes.NumInputs      = 8;
sizes.DirFeedthrough = 1;
sizes.NumSampleTimes = 0;
sys=simsizes(sizes);
x0=[0.8 0 1.0 0.2];     %xd(0)=xc(0),dxd(0)=dxc(0)
str=[];
ts=[];
function sys=mdlDerivatives(t,x,u)
xc=[u(1) u(4)]';
dxc=[u(2) u(5)]';
ddxc=[u(3) u(6)]';

Mm=[1 0;0 1];
Bm=[10 0;0 10];
Km=[50 0;0 50];

Fe=[u(7) u(8)]';

xd=[x(1);x(3)];
dxd=[x(2);x(4)];
ddxd=inv(Mm)*((-Fe+Mm*ddxc+Bm*dxc+Km*xc)-Bm*dxd-Km*xd);

sys(1)=x(2);
sys(2)=ddxd(1);
sys(3)=x(4);
sys(4)=ddxd(2);

function sys=mdlOutputs(t,x,u)
xc=[u(1) u(4)]';
dxc=[u(2) u(5)]';
ddxc=[u(3) u(6)]';

Mm=[1 0;0 1];
Bm=[10 0;0 10];
Km=[50 0;0 50];

Fe=[u(7) u(8)]';

xd=[x(1);x(3)];
dxd=[x(2);x(4)];
S=inv(Mm)*((-Fe+Mm*ddxc+Bm*dxc+Km*xc)-Bm*dxd-Km*xd);       %ddxd

sys(1)=x(1);    %xd
```

```
            sys(2)=x(2);
            sys(3)=S(1);
            sys(4)=x(3);
            sys(5)=x(4);
            sys(6)=S(2);
```

（5）控制器及被控对象 S 函数：chap14_3system.m

```
function [sys,x0,str,ts]=s_function(t,x,u,flag)
switch flag,
case 0,
    [sys,x0,str,ts]=mdlInitializeSizes;
case 1,
    sys=mdlDerivatives(t,x,u);
case 3,
    sys=mdlOutputs(t,x,u);
case {2, 4, 9 }
    sys = [];
otherwise
    error(['Unhandled flag = ',num2str(flag)]);
end
function [sys,x0,str,ts]=mdlInitializeSizes
sizes = simsizes;
sizes.NumContStates  = 4;
sizes.NumDiscStates  = 0;
sizes.NumOutputs     = 8;
sizes.NumInputs      = 8;
sizes.DirFeedthrough = 1;
sizes.NumSampleTimes = 0;
sys=simsizes(sizes);
x0=[0.85 0 1.05 0];
str=[];
ts=[];
function sys=mdlDerivatives(t,x,u)
xd1=u(1);dxd1=u(2);ddxd1=u(3);
xd2=u(4);dxd2=u(5);ddxd2=u(6);

Fe1=u(7);Fe2=u(8);
Fe=[Fe1 Fe2]';

l1=1;l2=1;
P=[1.66 0.42 0.63 3.75 1.25];
g=9.8;
L=[l1^2 l2^2 l1*l2 l1 l2];

pl=0.5;

M=P+pl*L;
Q=(x(1)^2+x(3)^2-l1^2-l2^2)/(2*l1*l2);
q2=acos(Q);    %（14.5）
dq2=-1/sqrt(1-Q^2);
```

```
A=x(3)/x(1);
p1=atan(A);
d_p1=1/(1+A^2);

B=sqrt(x(1)^2+x(3)^2+l1^2-l2^2)/(2*l1*sqrt(x(1)^2+x(3)^2));
p2=acos(B);
d_p2=-1/sqrt(1-B^2);

% (14.6)
if q2>0
    q1=p1-p2;
    dq1=d_p1-d_p2;
else
    q1=p1+p2;
    dq1=d_p1+d_p2;
end
% (14.7)
J=[-l1*sin(q1)-l2*sin(q1+q2) -l2*sin(q1+q2);
    l1*cos(q1)+l2*cos(q1+q2) l2*cos(q1+q2)];

dJ1=[-l1*cos(q1)-l2*cos(q1+q2) -l2*cos(q1+q2);
     -l1*sin(q1)-l2*sin(q1+q2) -l2*sin(q1+q2)]*dq1;
dJ2=[-l2*cos(q1+q2) -l2*cos(q1+q2);
     -l2*sin(q1+q2) -l2*sin(q1+q2)]*dq2;
d_J=dJ1+dJ2;

D=[M(1)+M(2)+2*M(3)*cos(q2) M(2)+M(3)*cos(q2);
   M(2)+M(3)*cos(q2) M(2)];
C=[-M(3)*dq2*sin(q2) -M(3)*(dq1+dq2)*sin(q2);
   M(3)*dq1*sin(q2)   0];
G=[M(4)*g*cos(q1)+M(5)*g*cos(q1+q2);
   M(5)*g*cos(q1+q2)];

Dx=(inv(J))'*D*inv(J);
Cx=(inv(J))'*(C-D*inv(J)*d_J)*inv(J);
Gx=(inv(J))'*G;

e1=xd1-x(1);
e2=xd2-x(3);
de1=dxd1-x(2);
de2=dxd2-x(4);
e=[e1;e2];
de=[de1;de2];

dxd=[dxd1;dxd2];
ddxd=[ddxd1;ddxd2];

Kp=500*eye(2);
Kd=10*eye(2);
Fx=Dx*ddxd+Cx*dxd+Gx+Fe+Kp*e+Kd*de;
```

```
dx=[x(2);x(4)];
S=inv(Dx)*(Fx-Cx*dx-Gx-Fe);

sys(1)=x(2);
sys(2)=S(1);
sys(3)=x(4);
sys(4)=S(2);
function sys=mdlOutputs(t,x,u)
xd1=u(1);dxd1=u(2);ddxd1=u(3);
xd2=u(4);dxd2=u(5);ddxd2=u(6);

Fe1=u(7);Fe2=u(8);
Fe=[Fe1 Fe2]';

l1=1;l2=1;
P=[1.66 0.42 0.63 3.75 1.25];
g=9.8;
L=[l1^2 l2^2 l1*l2 l1 l2];

pl=0.5;

M=P+pl*L;
Q=(x(1)^2+x(3)^2-l1^2-l2^2)/(2*l1*l2);
q2=acos(Q);
dq2=-1/sqrt(1-Q^2);

A=x(3)/x(1);
p1=atan(A);
d_p1=1/(1+A^2);

B=sqrt(x(1)^2+x(3)^2+l1^2-l2^2)/(2*l1*sqrt(x(1)^2+x(3)^2));
p2=acos(B);
d_p2=-1/sqrt(1-B^2);

if q2>0
    q1=p1-p2;
    dq1=d_p1-d_p2;
else
    q1=p1+p2;
    dq1=d_p1+d_p2;
end

% (14.7)
J=[-l1*sin(q1)-l2*sin(q1+q2) -l2*sin(q1+q2);
    l1*cos(q1)+l2*cos(q1+q2) l2*cos(q1+q2)];

dJ1=[-l1*cos(q1)-l2*cos(q1+q2) -l2*cos(q1+q2);
    -l1*sin(q1)-l2*sin(q1+q2) -l2*sin(q1+q2)]*dq1;
dJ2=[-l2*cos(q1+q2) -l2*cos(q1+q2);
     -l2*sin(q1+q2) -l2*sin(q1+q2)]*dq2;
d_J=dJ1+dJ2;
```

```
D=[M(1)+M(2)+2*M(3)*cos(q2) M(2)+M(3)*cos(q2);
   M(2)+M(3)*cos(q2) M(2)];
C=[-M(3)*dq2*sin(q2) -M(3)*(dq1+dq2)*sin(q2);
   M(3)*dq1*sin(q2)   0];
G=[M(4)*g*cos(q1)+M(5)*g*cos(q1+q2);
   M(5)*g*cos(q1+q2)];

Dx=(inv(J))'*D*inv(J);
Cx=(inv(J))'*(C-D*inv(J)*d_J)*inv(J);
Gx=(inv(J))'*G;

e1=xd1-x(1);
e2=xd2-x(3);
de1=dxd1-x(2);
de2=dxd2-x(4);
e=[e1;e2];
de=[de1;de2];

dxd=[dxd1;dxd2];
ddxd=[ddxd1;ddxd2];

Kp=500*eye(2);
Kd=10*eye(2);
Fx=Dx*ddxd+Cx*dxd+Gx+Fe+Kp*e+Kd*de;

dx=[x(2);x(4)];

S=inv(Dx)*(Fx-Cx*dx-Gx-Fe);
tol=J'*Fx;

sys(1)=x(1);
sys(2)=x(2);
sys(3)=S(1);
sys(4)=x(3);
sys(5)=x(4);
sys(6)=S(2);
sys(7:8)=tol(1:2);
```

（6）作图程序：chap14_3plot.m

```
close all;

figure(1);
subplot(211);
plot(t,xc(:,1),'r--',t,x(:,1),'b','linewidth',2);
xlabel('time(s)');ylabel('position tracking of x1 axis');
legend('ideal xc1','practical x1');
subplot(212);
plot(t,xc(:,4),'r',t,x(:,4),'b--','linewidth',2);
xlabel('time(s)');ylabel('position tracking of x2 axis');
legend('ideal xc2','practical x2');
```

```
figure(2);
plot(t,xd(:,1),'r',t,xd(:,2),'b--','linewidth',2);
xlabel('time(s)');ylabel('Fe1 and Fe2');
legend('External force of Fe1','External force of Fe2');

figure(3);
plot(t,x(:,3),'r',t,x(:,4),'b--','linewidth',2);
xlabel('time(s)');ylabel('Conrol input tol1 and tol2');
legend('tol of first link','tol of second link');

figure(4);
plot(xc(:,1),xc(:,4),'r','linewidth',2);
hold on;
plot(x(:,1),x(:,4),'b--','linewidth',1);
xlabel('x1');ylabel('x2');
legend('ideal xc trajectory','practical    trajectory');

figure(5);
plot(t,xd(:,1),'r',t,xd(:,4),'b--','linewidth',2);
xlabel('time(s)');ylabel('xd');
legend('xd1','xd2');
```

14.4 移动机器人的 P+前馈控制

移动机器人可通过移动来完成一些比较危险的任务，如地雷探测、海底探测、无人机驾驶等，在工业、国防等很多领域都有实用价值。移动机器人有多种，最常见的是在地面上依靠轮子移动的机器人，也称作"无人驾驶车"或"移动小车"。

14.4.1 移动机器人运动学模型

以轮式移动机器人为例，该机器人两个后轮较大，为驱动轮，两个前轮较小，为从动轮。左右两个后轮各由一个电动机来驱动，如果两个电动机的转速不同，则左右两个后轮会产生"差动"，从而可实现转弯。

如图 14-14 所示，移动机器人的状态由其两个驱动轮的轴中点 M 在坐标系的位置及航向角 θ 来表示，令 $P = \begin{bmatrix} x & y & \theta \end{bmatrix}^T$，$q = \begin{bmatrix} v & \omega \end{bmatrix}^T$，其中 $\begin{bmatrix} x & y \end{bmatrix}$ 为移动机器人的位置，θ 为移动机器人前进方向与 x 轴的夹角，v 和 ω 分别为移动机器人的线速度和角速度，在运动学模型中它们是控制的输入信号。

移动机器人的运动学方程为

$$\dot{p} = \begin{pmatrix} \dot{x} \\ \dot{y} \\ \dot{\theta} \end{pmatrix} = \begin{pmatrix} \cos\theta & 0 \\ \sin\theta & 0 \\ 0 & 1 \end{pmatrix} q \quad (14.18)$$

第 14 章 机械手 PID 控制

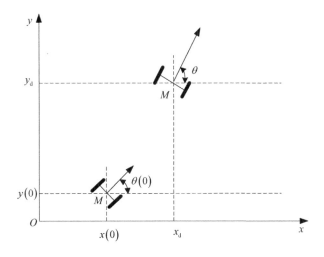

图 14-14 移动机器人的运动

由该运动学方程可见，共有两个自由度，模型输出为 3 个变量，该模型为欠驱动系统，只能实现两个变量的主动跟踪，剩余的变量为随动或镇定状态。本控制为轨迹跟踪问题，即通过设计控制律 $q = \begin{bmatrix} v & \omega \end{bmatrix}^T$ 实现移动机器人的位置 $[x \quad y]$ 的跟踪，并实现夹角 θ 的随动。

由式（14.18）得移动机器人运动学模型为

$$\dot{x} = v\cos(\theta)$$
$$\dot{y} = v\sin(\theta) \tag{14.19}$$
$$\dot{\theta} = \omega$$

采用双环控制方法，针对位置 $[x \quad y]$ 的跟踪作为外环，外环产生 θ_d，然后通过内环实现 θ 快速跟踪 θ_d。

14.4.2 位置控制律设计

首先通过设计位置控制律 v，实现 x 跟踪 x_d，y 跟踪 y_d。取理想轨迹为 $[x_d \quad y_d]$，则误差跟踪方程为

$$\dot{x}_e = v\cos\theta - \dot{x}_d, \quad \dot{y}_e = v\sin\theta - \dot{y}_d \tag{14.20}$$

式中，$x_e = x - x_d$，$y_e = y - y_d$。

取

$$v\cos\theta = u_1$$
$$v\sin\theta = u_2 \tag{14.21}$$

则针对 $\dot{x}_e = v\cos\theta - \dot{x}_d$，有 $\dot{x}_e = u_1 - \dot{x}_d$，取 P+前馈控制设计控制器，即

$$u_1 = -k_{p1}x_e + \dot{x}_d \tag{14.22}$$

则

$$\dot{x}_e = -k_{p1}x_e$$

取 $k_{p1} > 0$，则 $t \to \infty$ 时，$x_e \to 0$。

针对 $\dot{y}_e = v\sin\theta - \dot{y}_d$，有 $\dot{y}_e = u_2 - \dot{y}_d$，取 P+前馈控制设计控制器，即

$$u_2 = -k_{p2}y_e + \dot{y}_d \tag{14.23}$$

则

$$\dot{y}_e = -k_{p2}y_e$$

取 $k_{p2}>0$，则 $t\to\infty$ 时，$y_e\to 0$。

由式（14.21）可得 $\dfrac{u_2}{u_1}=\tan\theta$，如果 θ 的值域是 $(-\pi/2,\pi/2)$，则可得到满足理想轨迹跟踪的 θ 为

$$\theta = \arctan\dfrac{u_2}{u_1} \tag{14.24}$$

上式所求得的 θ 为位置控制律式（14.22）和式（14.23）所要求的角度，如果 θ 与 θ_d 相等，则理想的轨迹控制律式（14.22）和式（14.23）可实现，但实际模型式（14.19）中的 θ 与 θ_d 不可能完全一致，尤其是控制的初始阶段，这会造成闭环跟踪系统式（14.20）的不稳定。

为此，需要将式（14.24）求得的角度 θ 当成理想值，即取

$$\theta_d = \arctan\dfrac{u_2}{u_1} \tag{14.25}$$

设计理想的位姿指令 $[x_d \quad y_d]$ 时，需要使 θ_d 的值域满足 $(-\pi/2,\pi/2)$。

实际的 θ 与 θ_d 之间的差异会造成位置控制律式（14.22）和式（14.23）无法精确实现，从而造成闭环系统的不稳定。较简单的解决方法是通过设计比位置控制律收敛更快的姿态控制算法，使 θ 尽快跟踪 θ_d。

由式（14.21），可得到实际的位置控制律为

$$v = \dfrac{u_1}{\cos\theta_d} \tag{14.26}$$

14.4.3 姿态控制律设计

下面的任务是通过设计姿态控制律 ω，实现角度 θ 跟踪 θ_d。

取 $\theta_e = \theta - \theta_d$，则 $\dot\theta_e = \omega - \dot\theta_d$，取 P+前馈控制设计控制器，即

$$\omega = -k_{p3}\theta_e + \dot\theta_d \tag{14.27}$$

则

$$\dot\theta_e = -k_{p3}\theta_e$$

取 $k_{p3}>0$，则 $t\to\infty$ 时，$\theta_e\to 0$。

14.4.4 闭环系统的设计关键

上述闭环系统属于由内外环构成的控制系统，位置子系统为外环，姿态子系统为内环，外环产生中间指令信号 θ_d，并传递给内环系统，内环则通过滑模控制律实现对这个中间指令信号的跟踪。具有双环的闭环系统结构如图 14-15 所示。

需要说明的两点如下：

① 在控制律式（14.27）中，需要对外环产生的中间指令信号 θ_d 求导，为了简单起见可

采用如下线性二阶微分器实现 $\dot{\theta}_d$[10]：

$$\begin{aligned}\dot{x}_1 &= x_2 \\ \dot{x}_2 &= -2R^2\left(x_1 - n(t)\right) - Rx_2 \\ y &= x_2\end{aligned} \qquad (14.28)$$

式中，$n(t)$ 为待微分的输入信号，取 $n(t) = \theta_d$；x_1 为对信号进行跟踪；x_2 为信号一阶导数的估计；微分器的初始值为 $x_1(0) = 0$，$x_2(0) = 0$。

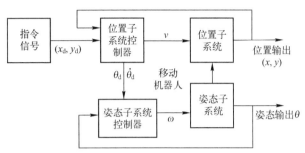

图 14-15 具有双环的闭环系统结构

由于该微分器具有积分链式结构，在工程上对含有噪声的信号求导时，噪声只含在微分器的最后一层，通过积分作用信号一阶导数中的噪声能够被更充分地抑制。

② 在内外环控制中，实际模型中的 θ 跟踪 θ_d 的动态性能会影响外环的稳定性，从而会影响整个闭环控制系统的稳定性。针对这一问题，文献[11～14]给出了严格的解决方法，其中文献[11]推出了内外环之间的控制增益之间的关系，从而保证了严格的闭环系统稳定性。

为了实现稳定的内环滑模控制，本节介绍的是工程上一般采用的方法，即内环收敛速度大于外环收敛速度的方法，设计较大的控制器增益 k_{p3} 和 k_{d3}，通过 θ 快速跟踪 θ_d，来保证闭环系统的稳定性。

14.4.5 仿真实例

被控对象为式（14.18），取位姿指令 $[x_d \quad y_d]$ 为 $x_d = t$，$y_d = \sin(0.5x) + 0.5x + 1$。

取位姿初始值为 $[0 \quad 0 \quad 0]$，采用控制律式（14.26）和式（14.27），取 $k_{p1} = 10$，$k_{d1} = 10$，$k_{p3} = 100$，微分器参数取 $R = 100$，仿真结果如图 14-16～图 14-19 所示。

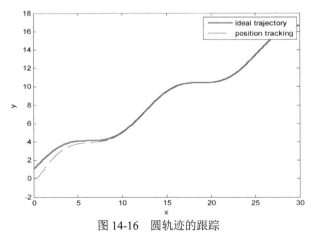

图 14-16 圆轨迹的跟踪

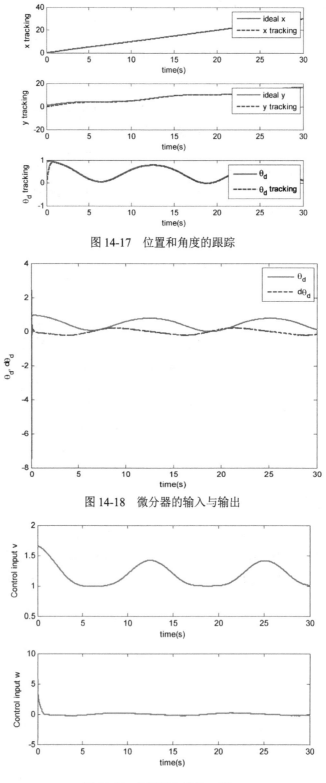

图 14-17 位置和角度的跟踪

图 14-18 微分器的输入与输出

图 14-19 控制输入信号 ω 和 v

由仿真可见，θ_d 的最大值为 0.9526 弧度，属于区间 $(-\pi/2, \pi/2)$，满足式（14.25）的要求。

〖仿真程序〗

（1）Simulink 主程序：chap14_4sim.mdl

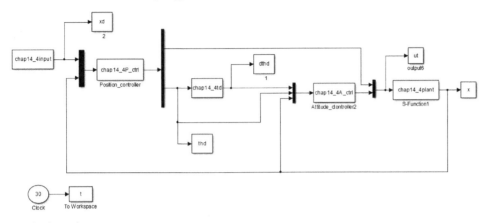

（2）指令程序：chap14_4input.m

```
function [sys,x0,str,ts] = spacemodel(t,x,u,flag)
switch flag,
case 0,
    [sys,x0,str,ts]=mdlInitializeSizes;
case 1,
sys=mdlDerivatives(t,x,u);
case 3,
sys=mdlOutputs(t,x,u);
case {2,4,9}
sys=[];
otherwise
error(['Unhandled flag = ',num2str(flag)]);
end
function [sys,x0,str,ts]=mdlInitializeSizes
sizes = simsizes;
sizes.NumContStates  = 0;
sizes.NumDiscStates  = 0;
sizes.NumOutputs     = 2;
sizes.NumInputs      = 0;
sizes.DirFeedthrough = 1;
sizes.NumSampleTimes = 1;
sys = simsizes(sizes);
x0  =[];
str = [];
ts  = [0 0];
function sys=mdlOutputs(t,x,u)
xd=t;
yd=sin(0.5*xd)+0.5*xd+1;
```

```
sys(1)=xd;
sys(2)=yd;
```

(3) 姿态控制器程序: chap14_4A_ctrl.m

```
function [sys,x0,str,ts] = spacemodel(t,x,u,flag)
switch flag,
case 0,
    [sys,x0,str,ts]=mdlInitializeSizes;
case 1,
sys=mdlDerivatives(t,x,u);
case 3,
sys=mdlOutputs(t,x,u);
case {2,4,9}
sys=[];
otherwise
error(['Unhandled flag = ',num2str(flag)]);
end
function [sys,x0,str,ts]=mdlInitializeSizes
sizes = simsizes;
sizes.NumContStates  = 0;
sizes.NumDiscStates  = 0;
sizes.NumOutputs     = 1;
sizes.NumInputs      = 5;
sizes.DirFeedthrough = 1;
sizes.NumSampleTimes = 1;
sys = simsizes(sizes);
x0  = [];
str = [];
ts  = [0 0];
function sys=mdlOutputs(t,x,u)
dthd=u(1);
thd=u(2);
th=u(5);

the=th-thd;
kp3=100;
w=dthd-kp3*the;

sys(1)=w;
```

(4) 位置控制器程序: chap14_4P_ctrl.m

```
function [sys,x0,str,ts] = spacemodel(t,x,u,flag)
switch flag,
case 0,
    [sys,x0,str,ts]=mdlInitializeSizes;
case 1,
sys=mdlDerivatives(t,x,u);
case 3,
sys=mdlOutputs(t,x,u);
case {2,4,9}
```

```
sys=[];
otherwise
error(['Unhandled flag = ',num2str(flag)]);
end
function [sys,x0,str,ts]=mdlInitializeSizes
sizes = simsizes;
sizes.NumContStates  = 0;
sizes.NumDiscStates  = 0;
sizes.NumOutputs     = 2;
sizes.NumInputs      = 5;
sizes.DirFeedthrough = 1;
sizes.NumSampleTimes = 1;
sys = simsizes(sizes);
x0  =[];
str = [];
ts  = [0 0];
function sys=mdlOutputs(t,x,u)
xd=u(1);
yd=u(2);
xd=t;dxd=1;
yd=sin(0.5*xd)+0.5*xd+1;
dyd=0.5*cos(0.5*xd)+0.5;

x1=u(3);
y1=u(4);

kp1=10;
xe=x1-xd;
u1=-kp1*xe+dxd;

kp2=10;
ye=y1-yd;
u2=-kp2*ye+dyd;

thd=atan(u2/u1);
v=u1/cos(thd);

sys(1)=v;
sys(2)=thd;
```

（5）被控对象程序：chap14_4plant.m

```
function [sys,x0,str,ts] = spacemodel(t,x,u,flag)
switch flag,
case 0,
    [sys,x0,str,ts]=mdlInitializeSizes;
case 1,
sys=mdlDerivatives(t,x,u);
case 3,
sys=mdlOutputs(t,x,u);
case {2,4,9}
sys=[];
```

```
otherwise
error(['Unhandled flag = ',num2str(flag)]);
end
function [sys,x0,str,ts]=mdlInitializeSizes
sizes = simsizes;
sizes.NumContStates    = 3;
sizes.NumOutputs       = 3;
sizes.NumInputs        = 2;
sizes.DirFeedthrough = 0;
sizes.NumSampleTimes = 1;
sys = simsizes(sizes);
x0  = [0;0;0];
str = [];
ts  = [0 0];
function sys=mdlDerivatives(t,x,u)
v=u(1);
w=u(2);
th=x(3);

sys(1)=v*cos(th);
sys(2)=v*sin(th);
sys(3)=w;
function sys=mdlOutputs(t,x,u)
sys(1)=x(1);
sys(2)=x(2);
sys(3)=x(3);
```

（6）微分器程序：chap14_4td.m

```
function [sys,x0,str,ts] = Differentiator(t,x,u,flag)
switch flag,
case 0,
    [sys,x0,str,ts]=mdlInitializeSizes;
case 1,
sys=mdlDerivatives(t,x,u);
case 3,
sys=mdlOutputs(t,x,u);
case {2, 4, 9 }
sys = [];
otherwise
error(['Unhandled flag = ',num2str(flag)]);
end
function [sys,x0,str,ts]=mdlInitializeSizes
sizes = simsizes;
sizes.NumContStates    = 2;
sizes.NumDiscStates    = 0;
sizes.NumOutputs       = 1;
sizes.NumInputs        = 1;
sizes.DirFeedthrough = 1;
sizes.NumSampleTimes = 1;
sys = simsizes(sizes);
x0  = [1 0];
```

```
str = [];
ts  = [0 0];
function sys=mdlDerivatives(t,x,u)
n=u(1);
e=x(1)-n;
R=100;

sys(1)=x(2);
sys(2)=-2*R^2*e-R*x(2);
function sys=mdlOutputs(t,x,u)
sys = x(2);
```

(7) 作图程序: chap14_4plot.m

```
closeall;

figure(1);
plot(xd(:,1),xd(:,2),'r','linewidth',2);
holdon;
plot(x(:,1),x(:,2),'b--','linewidth',1);
xlabel('x');ylabel('y');
legend('ideal trajectory','position tracking');

figure(2);
subplot(311);
plot(t,xd(:,1),'r',t,x(:,1),'b--','linewidth',2);
xlabel('time(s)');ylabel('x tracking');
legend('ideal x','x tracking');
subplot(312);
plot(t,xd(:,2),'r',t,x(:,2),'b--','linewidth',2);
xlabel('time(s)');ylabel('y tracking');
legend('ideal y','y tracking');
subplot(313);
plot(t,thd(:,1),'r',t,x(:,3),'b--','linewidth',2);
xlabel('time(s)');ylabel('\theta_d tracking');
legend('\theta_d','\theta_d tracking');

figure(3);
plot(t,thd(:,1),'r',t,dthd(:,1),'b--','linewidth',2);
xlabel('time(s)');ylabel('\theta_d, d\theta_d');
legend('\theta_d','d\theta_d');

figure(4);
subplot(211);
plot(t,ut(:,1),'r','linewidth',2);
xlabel('time(s)');ylabel('Control input v');
subplot(212);
plot(t,ut(:,2),'r','linewidth',2);
xlabel('time(s)');ylabel('Control input w');

max_thd=max(thd)       %must be in [-pi/2,pi/2]
```

14.5 主辅电机的协调跟踪 PD 控制

14.5.1 系统描述

主辅电机动力学方程为

$$\ddot{q}_m = \tau_m - d_m \\ \ddot{q}_s = \tau_s - d_s \tag{14.29}$$

式中，q_m 和 q_s 分别为主辅电机转动的角度；τ_m 和 τ_s 分别为主辅电机的控制输入；d_m 和 d_s 分别为加在主辅执行器上的扰动。

取主电机的理想转动角度为 q_d，控制目标为主电机跟踪理想指令，辅电机跟踪主电机，即

$$t \to \infty \text{ 时}, \ q_m \to q_d, \ \dot{q}_m \to \dot{q}_d, \ q_s \to q_m, \ \dot{q}_s \to \dot{q}_m$$

14.5.2 控制律设计

定义

$$e_m = q_m - q_d, \ e_s = q_s - q_m$$

设计控制律为

$$\tau_m = k_{mp} e_m + k_{md} \dot{e}_m \\ \tau_s = k_{sp} e_s + k_{sd} \dot{e}_s \tag{14.30}$$

式中，$k_{mp} > 0$，$k_{md} > 0$，$k_{sp} > 0$，$k_{sd} > 0$。

14.5.3 仿真实例

被控对象取式（14.29），$d_m = 0.5\sin t$，$d_s = 0.5\sin t$，对象的初始状态为 $[0.5, 0, 0, 0]$。取 $q_d = \sin t$，采用控制律式（14.30），取 $k_{mp} = k_{sp} = 10$，$k_{md} = k_{sd} = 10$。仿真结果如图 14-20～图 14-22 所示。

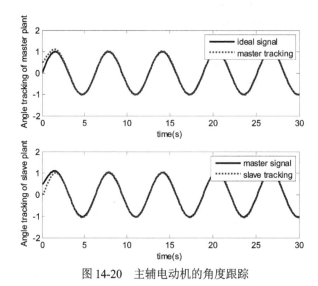

图 14-20 主辅电动机的角度跟踪

第 14 章 机械手 PID 控制

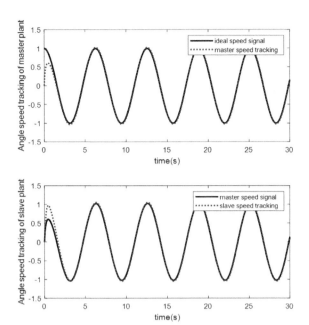

图 14-21 主辅电动机的角速度跟踪

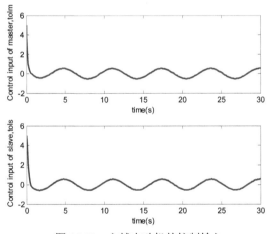

图 14-22 主辅电动机的控制输入

〖**仿真程序**〗

（1）Simulink 主程序：chap14_5sim.mdl

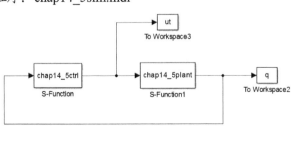

（2）控制器 S 函数：chap14_5ctrl.m

```matlab
function [sys,x0,str,ts] = spacemodel(t,x,u,flag)
switch flag,
case 0,
    [sys,x0,str,ts]=mdlInitializeSizes;
case 3,
    sys=mdlOutputs(t,x,u);
case {1,2,4,9}
    sys=[];
otherwise
    error(['Unhandled flag = ',num2str(flag)]);
end
function [sys,x0,str,ts]=mdlInitializeSizes
sizes = simsizes;
sizes.NumDiscStates  = 0;
sizes.NumOutputs     = 2;
sizes.NumInputs      = 4;
sizes.DirFeedthrough = 1;
sizes.NumSampleTimes = 1;
sys = simsizes(sizes);
x0  = [];
str = [];
ts  = [0 0];
function sys=mdlOutputs(t,x,u)
qm=u(1);dqm=u(2);qs=u(3);dqs=u(4);
qd=sin(t);dqd=cos(t);ddqd=-sin(t);

em=qm-qd;es=qs-qm;
dem=dqm-dqd;
des=dqs-dqm;

kmp=10;ksp=10;
kmd=10;ksd=10;
 tolm=-kmp*em-kmd*dem;
 tols=-ksp*es-ksd*des;

sys(1)=tolm;
sys(2)=tols;
```

（3）被控对象 S 函数：chap14_5plant.m

```matlab
function [sys,x0,str,ts] = spacemodel(t,x,u,flag)
switch flag,
case 0,
    [sys,x0,str,ts]=mdlInitializeSizes;
case 1,
    sys=mdlDerivatives(t,x,u);
case 3,
```

```
        sys=mdlOutputs(t,x,u);
case {2,4,9}
        sys=[];
otherwise
        error(['Unhandled flag = ',num2str(flag)]);
end
function [sys,x0,str,ts]=mdlInitializeSizes
sizes = simsizes;
sizes.NumContStates  = 4;
sizes.NumDiscStates  = 0;
sizes.NumOutputs     = 4;
sizes.NumInputs      = 2;
sizes.DirFeedthrough = 0;
sizes.NumSampleTimes = 0;
sys = simsizes(sizes);
x0 = [0.5;0;0;0];
str = [];
ts = [];
function sys=mdlDerivatives(t,x,u)
dm=0.5*sin(t);
ds=0.5*sin(t);
tolm=u(1);
tols=u(2);

sys(1)=x(2);
sys(2)=tolm-dm;
sys(3)=x(4);
sys(4)=tols-ds;
function sys=mdlOutputs(t,x,u)
sys(1)=x(1);
sys(2)=x(2);
sys(3)=x(3);
sys(4)=x(4);
```

（4）作图程序：chap14_5plot.m

```
close all;

figure(1);
subplot(211);
plot(t,sin(t),'k',t,q(:,1),'r:','linewidth',2);
xlabel('time(s)');ylabel('Angle tracking of master plant');
legend('ideal signal','master tracking');
subplot(212);
plot(t,q(:,1),'k',t,q(:,3),'r:','linewidth',2);
xlabel('time(s)');ylabel('Angle tracking of slave plant');
legend('master signal','slave tracking');
```

```
figure(2);
subplot(211);
plot(t,cos(t),'k',t,q(:,2),'r:','linewidth',2);
xlabel('time(s)');ylabel('Angle speed tracking of master plant');
legend('ideal speed signal','master speed tracking');
subplot(212);
plot(t,q(:,2),'k',t,q(:,4),'r:','linewidth',2);
xlabel('time(s)');ylabel('Angle speed tracking of slave plant');
legend('master speed signal','slave speed tracking');

figure(3);
subplot(211);
plot(t,ut(:,1),'r','linewidth',2);
xlabel('time(s)');ylabel('Control input of master,tolm');

subplot(212);
plot(t,ut(:,2),'r','linewidth',2);
xlabel('time(s)');ylabel('Control input of slave,tols');
```

14.6 两个移动运动体协调 P 控制

14.6.1 系统描述

针对运动体 i，动力学模型为

$$\ddot{x}_i = u_i + d_i \tag{14.31}$$

式中，u_i 为控制输入；d_i 为输入扰动。

运动体位置为 $p_i = x_i$，速度为 $v_i = \dot{x}_i$，给定的期望跟踪速度为 v_d，则速度跟踪误差为

$$\tilde{v}_i = v_i - v_\mathrm{d}$$

则 $\dot{\tilde{v}}_i = \dot{v}_i - \dot{v}_\mathrm{d} = \ddot{x}_i - \dot{v}_\mathrm{d} = u_i + d_i - \dot{v}_\mathrm{d}$。

以两个运动体为例，$i = j, k$，第 j 个运动体和第 k 个运动体之间的距离 $p_{jk} = p_j - p_k$，运动体 j、k 间的期望位置关系为 δ_{jk}。δ_{jk} 为已知，取常值。

所谓协调控制问题，即通过设计控制律，实现速度 v_i 对 v_{id} 的跟踪，且 p_{jk} 跟踪理想距离 δ_{jk}。

控制目标为使每个运动体追踪同一期望速度 v_d，同时彼此之间保持理想的距离，即

$$t \to \infty \text{ 时}, \quad \tilde{v}_i \to 0, \quad p_{jk} \to \delta_{jk}$$

14.6.2 控制律设计与分析

根据控制目标，设计如下 Lyapunov 函数：

$$V = \frac{1}{2}\left(\tilde{v}_j + p_{jk} - \delta_{jk}\right)^2 + \frac{1}{2}\left(-\tilde{v}_k + p_{jk} - \delta_{jk}\right)^2 + \frac{1}{2}\left(p_{jk} - \delta_{jk}\right)^2 \tag{14.32}$$

则

$$\dot{V} = (\tilde{v}_j + p_{jk} - \delta_{jk})(\dot{\tilde{v}}_j + \dot{p}_{jk}) + (-\tilde{v}_k + p_{jk} - \delta_{jk})(-\dot{\tilde{v}}_k + \dot{p}_{jk}) + (p_{jk} - \delta_{jk})\dot{p}_{jk}$$
$$= (\tilde{v}_j + p_{jk} - \delta_{jk})(u_j + d_j - \dot{v}_{jd} + \tilde{v}_j - \tilde{v}_k)$$
$$+ (-\tilde{v}_k + p_{jk} - \delta_{jk})(-u_k - d_k + \dot{v}_{kd} + \tilde{v}_j - \tilde{v}_k) + (p_{jk} - \delta_{jk})\dot{p}_{jk}$$

根据 $p_{jk} = p_j - p_k$，由于两个运动体跟踪同一期望速度 v_d，则可得

$$\dot{p}_{jk} = \dot{x}_j - \dot{x}_k = v_j - v_k = \tilde{v}_j - \tilde{v}_k$$

采用基于前馈补偿的增益反馈鲁棒控制，设计控制律如下：

$$u_j = -2(p_{jk} - \delta_{jk}) - 2\tilde{v}_j + \tilde{v}_k - \eta_j \operatorname{sgn}(\tilde{v}_j + p_{jk} - \delta_{jk}) + \dot{v}_d \quad (14.33)$$

$$u_k = 2(p_{jk} - \delta_{jk}) + \tilde{v}_j - 2\tilde{v}_k + \eta_k \operatorname{sgn}(-\tilde{v}_k + p_{jk} - \delta_{jk}) + \dot{v}_d \quad (14.34)$$

式中，$\eta_i \geqslant \max|d_i| + \eta_0$，$\eta_0 > 0$，则

$$(\tilde{v}_j + p_{jk} - \delta_{jk})(-\eta_j \operatorname{sgn}(\tilde{v}_j + p_{jk} - \delta_{jk}) + d_j) = -\eta_j|\tilde{v}_j + p_{jk} - \delta_{jk}| + (\tilde{v}_j + p_{jk} - \delta_{jk})d_j \leqslant 0$$

$$(-\tilde{v}_k + p_{jk} - \delta_{jk})(-\eta_k \operatorname{sgn}(-\tilde{v}_k + p_{jk} - \delta_{jk}) - d_k) = -\eta_k|-\tilde{v}_k + p_{jk} - \delta_{jk}| - (-\tilde{v}_k + p_{jk} - \delta_{jk})d_k \leqslant 0$$

从而

$$\dot{V} \leqslant (\tilde{v}_j + p_{jk} - \delta_{jk})(-2(p_{jk} - \delta_{jk}) - \tilde{v}_j) + (-\tilde{v}_k + p_{jk} - \delta_{jk})(-2(p_{jk} - \delta_{jk}) + \tilde{v}_k) + (p_{jk} - \delta_{jk})(\tilde{v}_j - \tilde{v}_k)$$
$$= -(\tilde{v}_j + p_{jk} - \delta_{jk})(\tilde{v}_j + p_{jk} - \delta_{jk}) - (-\tilde{v}_k + p_{jk} - \delta_{jk})(-\tilde{v}_k + p_{jk} - \delta_{jk}) + (p_{jk} - \delta_{jk})(\tilde{v}_j - \tilde{v}_k)$$
$$= -(\tilde{v}_j + p_{jk} - \delta_{jk})^2 - (\tilde{v}_j + p_{jk} - \delta_{jk})(p_{jk} - \delta_{jk})$$
$$\quad -(-\tilde{v}_k + p_{jk} - \delta_{jk})^2 - (-\tilde{v}_k + p_{jk} - \delta_{jk})(p_{jk} - \delta_{jk}) + (p_{jk} - \delta_{jk})(\tilde{v}_j - \tilde{v}_k)$$
$$= -(\tilde{v}_j + p_{jk} - \delta_{jk})^2 - (-\tilde{v}_k + p_{jk} - \delta_{jk})^2 - 2(p_{jk} - \delta_{jk})^2$$

其中，

$$-(\tilde{v}_j + p_{jk} - \delta_{jk})(p_{jk} - \delta_{jk}) - (-\tilde{v}_k + p_{jk} - \delta_{jk})(p_{jk} - \delta_{jk}) + (p_{jk} - \delta_{jk})(\tilde{v}_j - \tilde{v}_k)$$
$$= -(p_{jk} - \delta_{jk})(p_{jk} - \delta_{jk}) - (p_{jk} - \delta_{jk})(p_{jk} - \delta_{jk})$$
$$= -2(p_{jk} - \delta_{jk})^2$$

则

$$\dot{V} \leqslant -2V - (p_{jk} - \delta_{jk})^2 \leqslant -2V$$

系统是指数稳定的，当 $t \to \infty$ 时，$p_{jk} - \delta_{jk} \to 0$，$\tilde{v}_j \to 0$，$\tilde{v}_k \to 0$。

14.6.3 仿真实例

针对模型式（14.31），取 $d_j = 0.01\sin t$，$d_k = 0.01\cos t$。采用两个运动体构成一组编队，两个运动体的初始状态分别取 [0 0] 和 [0.5 0.5]。运动体理想速度轨迹为 $v_d = \sin 0.1t$，采用控制器式（14.33）和式（14.34），两个运动体之间的相对理想距离取 $\delta_{jk} = 3.0$，仿真结果如图 14-23 和图 14-24 所示。

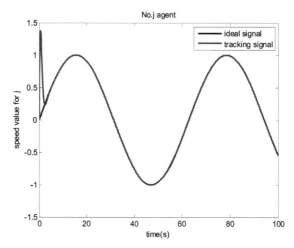

（a）第 1 个运动体速度的收敛过程

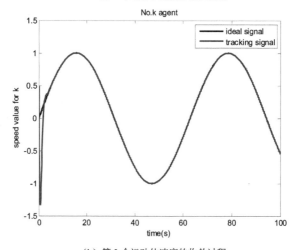

（b）第 2 个运动体速度的收敛过程

图 14-23　两个运动体速度的收敛过程

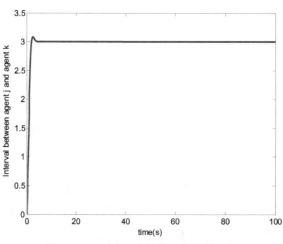

图 14-24　两个运动体的距离收敛过程

〖仿真程序〗

(1) Simulink 主程序: chap14_6sim.mdl

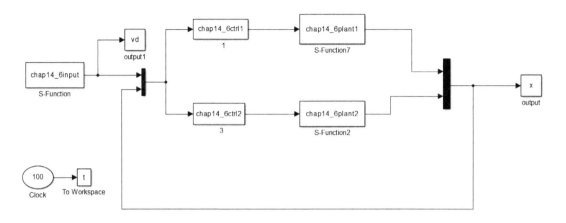

(2) 第 1 个运动体模型程序: chap14_6plant1.m

```
function [sys,x0,str,ts]=Model(t,x,u,flag)
switch flag,
case 0,
    [sys,x0,str,ts]=mdlInitializeSizes;
case 1,
    sys=mdlDerivatives(t,x,u);
case 3,
    sys=mdlOutputs(t,x,u);
case {2, 4, 9 }
    sys = [];
otherwise
    error(['Unhandled flag = ',num2str(flag)]);
end
function [sys,x0,str,ts]=mdlInitializeSizes
sizes = simsizes;
sizes.NumContStates  = 2;
sizes.NumDiscStates  = 0;
sizes.NumOutputs     = 2;
sizes.NumInputs      = 1;
sizes.DirFeedthrough = 0;
sizes.NumSampleTimes = 1;
sys=simsizes(sizes);
x0=[0 0];
str=[];
ts=[-1 0];
function sys=mdlDerivatives(t,x,u)
uk=u(1);
dk=0.01*sin(t);
ddx=uk+dk;
```

```
sys(1)=x(2);
sys(2)=ddx;
function sys=mdlOutputs(t,x,u)

sys(1)=x(1);
sys(2)=x(2);
```

(3) 第 1 个运动体控制器程序：chap14_6ctrl1.m

```
function [sys,x0,str,ts] = func(t,x,u,flag)
switch flag,
case 0,
    [sys,x0,str,ts]=mdlInitializeSizes;
case 1,
    sys=mdlDerivatives(t,x,u);
case 3,
    sys=mdlOutputs(t,x,u);
case {2,4,9}
    sys=[];
otherwise
    error(['Unhandled flag = ',num2str(flag)]);
end
function [sys,x0,str,ts]=mdlInitializeSizes
sizes = simsizes;
sizes.NumContStates  = 0;
sizes.NumDiscStates  = 0;
sizes.NumOutputs     = 1;
sizes.NumInputs      = 5;
sizes.DirFeedthrough = 1;
sizes.NumSampleTimes = 1;
sys = simsizes(sizes);
x0  = [];
str = [];
ts  = [0 0];
function sys=mdlOutputs(t,x,u)
vd=u(1);
dvd=0.1*cos(0.1*t);

xj=u(2);dxj=u(3);
xk=u(4);dxk=u(5);
vj=dxj;
vk=dxk;
e_vk=vk-vd;
e_vj=vj-vd;
delta_jk=3;
pj=xj;pk=xk;
pjk=pj-pk;
xitej=0.012;
uj=-2*(pjk-delta_jk)-2*e_vj+e_vk-xitej*sign(e_vj+pjk-delta_jk)+dvd;
sys(1)=uj;
```

(4) 第2个运动体模型程序: chap14_6plant2.m

```
function [sys,x0,str,ts]=Model(t,x,u,flag)
switch flag,
case 0,
    [sys,x0,str,ts]=mdlInitializeSizes;
case 1,
    sys=mdlDerivatives(t,x,u);
case 3,
    sys=mdlOutputs(t,x,u);
case {2, 4, 9 }
    sys = [];
otherwise
    error(['Unhandled flag = ',num2str(flag)]);
end
function [sys,x0,str,ts]=mdlInitializeSizes
sizes = simsizes;
sizes.NumContStates  = 2;
sizes.NumDiscStates  = 0;
sizes.NumOutputs     = 2;
sizes.NumInputs      = 1;
sizes.DirFeedthrough = 0;
sizes.NumSampleTimes = 1;
sys=simsizes(sizes);
x0=[0.5 0.5];
str=[];
ts=[-1 0];
function sys=mdlDerivatives(t,x,u)
uk=u(1);
dk=0.01*cos(t);
ddx=uk+dk;

sys(1)=x(2);
sys(2)=ddx;
function sys=mdlOutputs(t,x,u)

sys(1)=x(1);
sys(2)=x(2);
```

(5) 第2个运动体控制器程序: chap14_6ctrl2.m

```
function [sys,x0,str,ts] = func(t,x,u,flag)
switch flag,
case 0,
    [sys,x0,str,ts]=mdlInitializeSizes;
case 1,
    sys=mdlDerivatives(t,x,u);
case 3,
    sys=mdlOutputs(t,x,u);
case {2,4,9}
```

```
            sys=[];
        otherwise
            error(['Unhandled flag = ',num2str(flag)]);
    end
    function [sys,x0,str,ts]=mdlInitializeSizes
    sizes = simsizes;
    sizes.NumContStates  = 0;
    sizes.NumDiscStates  = 0;
    sizes.NumOutputs     = 1;
    sizes.NumInputs      = 5;
    sizes.DirFeedthrough = 1;
    sizes.NumSampleTimes = 1;
    sys = simsizes(sizes);
    x0  =[];
    str = [];
    ts  = [0 0];
    function sys=mdlOutputs(t,x,u)
    vd=u(1);
    dvd=0.1*cos(0.1*t);
    xj=u(2);dxj=u(3);
    xk=u(4);dxk=u(5);
    vj=dxj;
    vk=dxk;
    e_vk=vk-vd;
    e_vj=vj-vd;
    delta_jk=3;
    pj=xj;pk=xk;
    pjk=pj-pk;
    xitej=0.012;
    uk=2*(pjk-delta_jk)+e_vj-2*e_vk+xitej*sign(-e_vk+pjk-delta_jk)+dvd;
sys(1)=uk;
```

（6）作图程序：chap14_6plot.m

```
close all;
%First agent
figure(1);
plot(t,vd(:,1),'b',t,x(:,2),'r','linewidth',2);
xlabel('time(s)');ylabel('speed value for j');
legend('ideal signal','tracking signal');
title('No.j agent');

%Second agent
figure(2);
plot(t,vd(:,1),'b',t,x(:,4),'r','linewidth',2);
xlabel('time(s)');ylabel('speed value for k');
legend('ideal signal','tracking signal');
title('No.k agent');

figure(3);
```

```
plot(t,x(:,1)-x(:,3),'r','linewidth',2);
xlabel('time(s)');ylabel('Interval between agent j and agent k');
```

参 考 文 献

[1] 霍伟. 机器人动力学与控制[M]. 北京：高等教育出版社，2005.

[2] LASALLE J, LEFSCHETZ S. Stability by Lyapunov's direct method[M]. New York: Academic Press, 1961.

[3] GE S S, HANG C C, WOON L C. Adaptive neural network control of robot manipulators in task space[J]. IEEE Transactions on Industrial Electronics, 1997, 44(6):746-752.

[4] 申铁龙. 机器人鲁棒控制基础[M]. 北京：清华大学出版社，2004.

[5] 大熊繁. 机器人控制[M]. 北京：科学出版社，2002.

[6] ORTEGA R, SPONG M W. Adaptive motion control of rigid robots: a tutorial[J]. Automatica, 1989, 25(6):877-888.

[7] HOGAN N. Impedance control: an approach to manipulation-Part I:Theory; Part II: Implementation; Part III: Applications[J]. Trans. ASMEJ. Dynamic Systems, Measurement and Control, 1985, 107(1):1-24.

[8] HOGAN N. On the stability of manipulators performing contact tasks[J]. IEEE Journal of Robotics and Automation, 1988, 4(6):667-686.

[9] GE S S, LEE T H, HARRIS C J. Adaptive neural network control of robotic manipulators[M]. London: World Scientific, 1998.

[10] 王新华，刘金琨. 微分器设计与应用：信号滤波与求导[M]. 北京：电子工业出版社，2010.

[11] BERTRAND S, GUENARD N, HAMEL T, et al. A hierarchical controller for miniature VTOLUAVs: design and stability analysis using singular perturbation theory[J]. Control Engineering Practice, 2011, 19:1099-1108.

[12] Jankovic M, Sepulchre R, Kokotovic P V. Constructive Lyapunov stabilization of nonlinear cascade systems[J]. IEEE Transactions on Automatic Control, 1996, 41(12):1723-1735.

[13] AILON A. Simple tracking controllers for autonomous VTOL aircraft with bounded inputs[J]. IEEE Transactions on Automatic Control, 2010, 55(3):737-743.

[14] AILON A, ZOHAR I. Controllers for trajectory tracking and string-like formation in wheeled mobile robots with bounded inputs[J]. IEEE, 2010, 1563-1568.

[15] 薛定宇. 薛定宇教授大讲堂（卷 VI）：Simulink 建模与仿真[M]. 北京：清华大学出版社，2021.

第15章 飞行器双闭环 PD 控制

15.1 基于双环设计的 VTOL 飞行器轨迹跟踪 PD 控制

垂直起降飞行器（VTOL）的控制系统有三个自由度，是基于两个控制输入的欠驱动非最小相位系统，其控制算法的设计富有挑战性。

15.1.1 VTOL 模型描述

利用机理分析法可建立 VTOL 动力学平衡方程为[1]

$$\left.\begin{aligned}\dot{x}_1 &= x_2 \\ \dot{x}_2 &= -u_1\sin\theta + \varepsilon_0 u_2\cos\theta + \Delta_1(t) \\ \dot{y}_1 &= y_2 \\ \dot{y}_2 &= u_1\cos\theta + \varepsilon_0 u_2\sin\theta - g + \Delta_2(t) \\ \dot{\theta} &= \omega \\ \dot{\omega} &= u_2 + \Delta_3(t)\end{aligned}\right\} \quad (15.1)$$

式中，u_1 和 u_2 为控制输入，即飞行器底部推力力矩和滚动力矩；g 为重力加速度；ε_0 为描述 u_1 和 u_2 之间耦合关系的系数；$\Delta_1(t)$、$\Delta_2(t)$ 和 $\Delta_3(t)$ 为外界干扰力矩。

不考虑耦合系数 ε_0 和扰动 $\Delta_1(t)$、$\Delta_2(t)$ 和 $\Delta_3(t)$，VTOL 动力学模型可简化为

$$\left.\begin{aligned}\dot{x}_1 &= x_2 \\ \dot{x}_2 &= -u_1\sin\theta \\ \dot{y}_1 &= y_2 \\ \dot{y}_2 &= u_1\cos\theta - g \\ \dot{\theta} &= \omega \\ \dot{\omega} &= u_2\end{aligned}\right\} \quad (15.2)$$

跟踪指令分别为 x_d 和 y_d，则式（15.2）转化为跟踪子系统：

$$\left.\begin{aligned}\dot{\tilde{x}}_1 &= \tilde{x}_2 \\ \dot{\tilde{x}}_2 &= -u_1\sin\theta - \ddot{x}_\mathrm{d} \\ \dot{\tilde{y}}_1 &= \tilde{y}_2 \\ \dot{\tilde{y}}_2 &= u_1\cos\theta - g - \ddot{y}_\mathrm{d} \\ \dot{\theta} &= \omega \\ \dot{\omega} &= u_2\end{aligned}\right\} \quad (15.3)$$

式中，$\tilde{x}_1 = x_1 - x_\mathrm{d}$；$\tilde{x}_2 = x_2 - \dot{x}_\mathrm{d}$；$\tilde{y}_1 = y_1 - y_\mathrm{d}$；$\tilde{y}_2 = y_2 - \dot{y}_\mathrm{d}$。

控制任务：通过设计控制律 u_1 和 u_2，实现 $x_1 \to x_d$，$x_2 \to \dot{x}_d$，$y_1 \to y_d$，$y_2 \to \dot{y}_d$，从而实现 VTOL 飞行器的轨迹跟踪。

15.1.2 针对第 1 个子系统的控制

针对式（15.3）中的第 1 个子系统，即航迹跟踪子系统设计控制输入 u_1。

$$\left.\begin{aligned}\dot{\tilde{x}}_1 &= \tilde{x}_2 \\ \dot{\tilde{x}}_2 &= -u_1 \sin\theta - \ddot{x}_d \\ \dot{\tilde{y}}_1 &= \tilde{y}_2 \\ \dot{\tilde{y}}_2 &= u_1 \cos\theta - g - \ddot{y}_d\end{aligned}\right\} \quad (15.4)$$

取 $v_1 = -u_1 \sin\theta$，$v_2 = u_1 \cos\theta$，则

$$\left.\begin{aligned}\dot{\tilde{x}}_1 &= \tilde{x}_2 \\ \dot{\tilde{x}}_2 &= v_1 - \ddot{x}_d \\ \dot{\tilde{y}}_1 &= \tilde{y}_2 \\ \dot{\tilde{y}}_2 &= v_2 - g - \ddot{y}_d\end{aligned}\right\}$$

首先针对 x 子系统，设计 PD 控制律为

$$v_1 = -k_{px}\tilde{x}_1 - k_{dx}\tilde{x}_2 + \ddot{x}_d \quad (15.5)$$

式中，$k_{px} > 0$，$k_{dx} > 0$，则 $\ddot{\tilde{x}}_1 + k_{dx}\dot{\tilde{x}}_1 + k_{px}\tilde{x}_1 = 0$。按极点配置设计 PD 参数，取极点为 -3.0，则 $k_{px} = 9.0$，$k_{dx} = 6.0$。

然后针对 y 子系统，取基于前馈补偿的 PD 控制律为

$$v_2 = -k_{py}\tilde{y}_1 - k_{dy}\tilde{y}_2 + g + \ddot{y}_d \quad (15.6)$$

式中，$k_{px} > 0$，$k_{dx} > 0$，则 $\ddot{\tilde{y}}_1 + k_{dy}\dot{\tilde{y}}_1 + k_{py}\tilde{y}_1 = 0$。按极点配置设计 PD 参数，取极点为 -3.0，则 $k_{py} = 9.0$，$k_{dy} = 6.0$。

上述控制器构成了一个外环系统，外环控制器产生角度指令 θ_d，并传递给内环系统，外环产生的误差 $\theta - \theta_d$ 通过内环控制消除。基于双环的控制系统结构如图 15-1 所示。

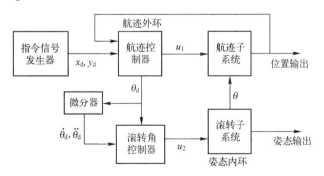

图 15-1 基于双环的控制系统结构

由于与重力方向相比，u_1 方向向上，即 u_1 取正方向，见式（15.1），故可由式（15.5）和式（15.6）可得控制律为

$$u_1 = \sqrt{v_1^2 + v_2^2} \tag{15.7}$$

$$\theta_d = \arctan\left(-\frac{v_1}{v_2}\right) \tag{15.8}$$

上述控制算法实现了外环控制，所产生的 θ_d 作为内环控制指令，通过内环控制实现 θ 跟踪 θ_d。内环所产生的 θ 跟踪 θ_d 的误差会影响闭环系统的稳定性，在双环控制系统中，为了保证整个闭环系统的稳定性，工程上一般采用快速的内环控制算法，即需要 θ 平稳快速地跟踪 θ_d。

基于双闭环系统的稳定性分析是一个重要的理论问题，本节只采用工程方法，即内环控制增益大于外环控制增益的方法，使内环响应速度大于外环。针对 θ 跟踪 θ_d 误差对闭环系统稳定性影响进行理论分析，这方面的研究成果可见文献[2-3]。

15.1.3 针对第 2 个子系统的控制

针对第 2 个子系统，即滚转跟踪子系统设计内环控制输入 u_2。

$$\dot{\theta} = \omega$$
$$\dot{\omega} = u_2$$

取角度指令为 θ_d，$e = \theta - \theta_d$ 为跟踪误差。设计基于前馈补偿的 PD 控制律为

$$u_2 = -k_p e - k_d \dot{e} + \ddot{\theta}_d \tag{15.9}$$

式中，$k_p > 0$，$k_d > 0$，则 $\ddot{e} + k_d \dot{e} + k_p e = 0$。按极点配置设计 PD 参数，取极点为-5.0，则 $k_p = 25$，$k_d = 10$。姿态控制律的设计中，为了使内环较外环收敛速度快，需要采用较大的 PD 增益。

在控制律式（15.9）中，需要对式（15.8）中的 θ_d 求导，而该求导过程过于复杂，为了简单起见，可采用如下三阶积分链式微分器实现 $\dot{\theta}_d$ 和 $\ddot{\theta}_d$ [4]：

$$\begin{aligned}\dot{x}_1 &= x_2 \\ \dot{x}_2 &= x_3 \\ \dot{x}_3 &= -\frac{k_1}{\varepsilon^3}(x_1 - \theta_d) - \frac{k_2}{\varepsilon^2} x_2 - \frac{k_3}{\varepsilon} x_3\end{aligned} \tag{15.10}$$

微分器的输出 x_1 和 x_2 即为 $\dot{\theta}_d$ 和 $\ddot{\theta}_d$。为了抑制微分器中的峰值现象，在初始时刻 $0 \leqslant t \leqslant 1.0$ 时，取

$$\varepsilon = \frac{1}{100}\left(1 - e^{-2t}\right)$$

15.1.4 仿真实例

被控对象为式（15.2），g 取 9.8m/s^2，初始状态 $x_1(0) = 0$，$x_2(0) = 0$，$y_1(0) = 1.0$，$y_2(0) = 0$，$\theta(0) = 0$，$\omega(0) = 0$。

取理想航迹为 $x_d = \sin t$，$y_d = \cos t$，即为半径为 1 的圆。采用控制律式（15.7）和式（15.9）。微分器参数取 $\varepsilon = 0.01$，$k_1 = 9$，$k_2 = 27$，$k_3 = 27$。仿真结果如图 15-2～图 15-6 所示。可见，在控制律的作用下，飞行器实际位置轨迹快速收敛于参考位置轨迹，且滚转角及其角速度是有界的。

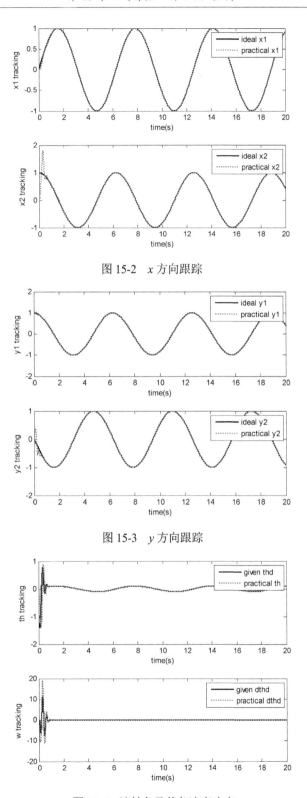

图 15-2　x 方向跟踪

图 15-3　y 方向跟踪

图 15-4　滚转角及其角速度响应

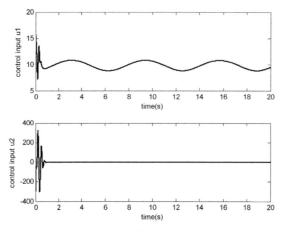

图 15-5　控制输入信号

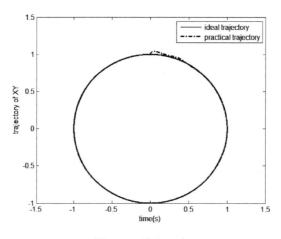

图 15-6　轨迹跟踪

〖仿真程序〗

（1）Simulink 主程序：chap15_1sim.mdl

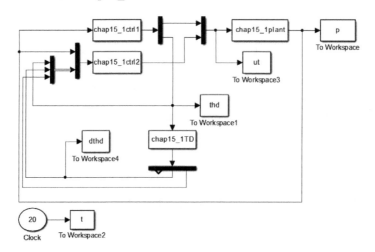

（2）航迹跟踪子系统外环控制器 S 函数程序：chap15_1ctrl1.m

```matlab
function [sys,x0,str,ts]=s_function(t,x,u,flag)
switch flag,
case 0,
     [sys,x0,str,ts]=mdlInitializeSizes;
case 3,
sys=mdlOutputs(t,x,u);
case {1, 2, 4, 9 }
sys = [];
otherwise
error(['Unhandled flag = ',num2str(flag)]);
end
function [sys,x0,str,ts]=mdlInitializeSizes
sizes = simsizes;
sizes.NumDiscStates  = 0;
sizes.NumOutputs     = 2;
sizes.NumInputs      = 6;
sizes.DirFeedthrough = 1;
sizes.NumSampleTimes = 1;
sys=simsizes(sizes);
x0=[];
str=[];
ts=[0 0];
function sys=mdlOutputs(t,x,u)
xd=sin(t);dxd=cos(t);ddxd=-sin(t);
yd=cos(t);dyd=-sin(t);ddyd=-cos(t);
g=9.8;

x1=u(1);x2=u(2);
y1=u(3);y2=u(4);
th=u(5);dth=u(6);

x1e=x1-xd;
x2e=x2-dxd;
y1e=y1-yd;
y2e=y2-dyd;

kpx=9.0;kdx=6.0;
kpy=9.0;kdy=6.0;

v1=-kpx*x1e-kdx*x2e+ddxd;
v2=-kpy*y1e-kdy*y2e+g+ddyd;

u1=sqrt(v1^2+v2^2);
thd=atan(-v1/v2);

sys(1)=u1;
sys(2)=thd;
```

(3) 滚转跟踪子系统内环控制器 S 函数程序: chap15_1ctrl2.m

```
function [sys,x0,str,ts]=s_function(t,x,u,flag)
switch flag,
case 0,
    [sys,x0,str,ts]=mdlInitializeSizes;
case 3,
sys=mdlOutputs(t,x,u);
case {1, 2, 4, 9 }
sys = [];
otherwise
error(['Unhandled flag = ',num2str(flag)]);
end
function [sys,x0,str,ts]=mdlInitializeSizes
sizes = simsizes;
sizes.NumDiscStates  = 0;
sizes.NumOutputs     = 1;
sizes.NumInputs      = 9;
sizes.DirFeedthrough = 1;
sizes.NumSampleTimes = 1;
sys=simsizes(sizes);
x0=[];
str=[];
ts=[0 0];
function sys=mdlOutputs(t,x,u)
g=9.8;

x1=u(1);x2=u(2);
y1=u(3);y2=u(4);
th=u(5);dth=u(6);
thd=u(7);
dthd=u(8);
ddthd=u(9);

e=th-thd;
de=dth-dthd;

kp=25;kd=10;
u2=-kp*e-kd*de+ddthd;

sys(1)=u2;
```

(4) 微分器 S 函数程序: chap15_1TD.m

```
function [sys,x0,str,ts] = spacemodel(t,x,u,flag)
switch flag,
case 0,
    [sys,x0,str,ts]=mdlInitializeSizes;
case 1,
sys=mdlDerivatives(t,x,u);
case 3,
sys=mdlOutputs(t,x,u);
```

```
case {2,4,9}
sys=[];
otherwise
error(['Unhandled flag = ',num2str(flag)]);
end
function [sys,x0,str,ts]=mdlInitializeSizes
sizes = simsizes;
sizes.NumContStates  = 3;
sizes.NumDiscStates  = 0;
sizes.NumOutputs     = 3;
sizes.NumInputs      = 1;
sizes.DirFeedthrough = 1;
sizes.NumSampleTimes = 1;
sys = simsizes(sizes);
x0  = [0 0 0];
str = [];
ts  = [0 0];
function sys=mdlDerivatives(t,x,u)
v=u(1);
a1=9;b1=27;c1=27;
kexi=0.01;
if t<=1
kexi=1/(100*(1-exp(-2*t)));
end
sys(1)=x(2);
sys(2)=x(3);
sys(3)=-a1*(x(1)-v)/kexi^3-b1*x(2)/kexi^2-c1*x(3)/kexi;
function sys=mdlOutputs(t,x,u)
v=u(1);
sys(1)=v;
sys(2)=x(2);
sys(3)=x(3);
```

（5）被控对象 S 函数程序：chap15_1plant.m

```
function [sys,x0,str,ts]=s_function(t,x,u,flag)
switch flag,
case 0,
    [sys,x0,str,ts]=mdlInitializeSizes;
case 1,
sys=mdlDerivatives(t,x,u);
case 3,
sys=mdlOutputs(t,x,u);
case {2, 4, 9 }
sys = [];
otherwise
error(['Unhandled flag = ',num2str(flag)]);
end
function [sys,x0,str,ts]=mdlInitializeSizes
sizes = simsizes;
sizes.NumContStates  = 6;
sizes.NumDiscStates  = 0;
```

```
sizes.NumOutputs     = 6;
sizes.NumInputs      =2;
sizes.DirFeedthrough = 0;
sizes.NumSampleTimes = 1;
sys=simsizes(sizes);
x0=[0 0 1 0 0 0];
str=[];
ts=[-1 0];
function sys=mdlDerivatives(t,x,u)
th=x(5);
g=9.8;

sys(1)=x(2);
sys(2)=-u(1)*sin(th);
sys(3)=x(4);
sys(4)=u(1)*cos(th)-g;
sys(5)=x(6);
sys(6)=u(2);
function sys=mdlOutputs(t,x,u)
x1=x(1);x2=x(2);
y1=x(3);y2=x(4);
th=x(5);dth=x(6);

sys(1)=x1;
sys(2)=x2;
sys(3)=y1;
sys(4)=y2;
sys(5)=th;
sys(6)=dth;
```

（6）作图程序：chap15_1plot.m

```
closeall;

figure(1);
subplot(211);
plot(t,sin(t),'k',t,p(:,1),'r:','linewidth',2);
xlabel('time(s)');ylabel('x1 tracking');
legend('ideal x1','practical x1');
subplot(212);
plot(t,cos(t),'k',t,p(:,2),'r:','linewidth',2);
xlabel('time(s)');ylabel('x2 tracking');
legend('ideal x2','practical x2');

figure(2);
subplot(211);
plot(t,cos(t),'k',t,p(:,3),'r:','linewidth',2);
xlabel('time(s)');ylabel('y1 tracking');
legend('ideal y1','practical y1');
subplot(212);
plot(t,-sin(t),'k',t,p(:,4),'r:','linewidth',2);
xlabel('time(s)');ylabel('y2 tracking');
```

```
legend('ideal y2','practical y2');

figure(3);
subplot(211);
plot(t,thd(:,1),'k',t,p(:,5),'r:','linewidth',2);
xlabel('time(s)');ylabel('th tracking');
legend('given thd','practical th');
subplot(212);
plot(t,dthd(:,1),'k',t,p(:,6),'r:','linewidth',2);
xlabel('time(s)');ylabel('w tracking');
legend('given dthd','practical dthd');

figure(4);
subplot(211);
plot(t,ut(:,1),'k','linewidth',2);
xlabel('time(s)');ylabel('control input u1');
subplot(212);
plot(t,ut(:,2),'k','linewidth',2);
xlabel('time(s)');ylabel('control input u2');

figure(5);
plot(sin(t),cos(t),'r','linewidth',2);
holdon;
plot(p(:,1),p(:,3),'-.k','linewidth',2);
xlabel('time(s)');ylabel('trajectory of XY');
legend('ideal trajectory','practical trajectory');
```

15.2 基于内外环的四旋翼飞行器的 PD 控制

15.2.1 四旋翼飞行器动力学模型

四旋翼飞行器的动力学模型的特点为具有多入多出，带有强耦合的欠驱动系统。根据拉格朗日方程，其动力学模型表示为[5]

$$\begin{aligned}
\ddot{x} &= u_1\left(\cos\phi\sin\theta\cos\psi + \sin\phi\sin\psi\right) - K_1\dot{x}/m \\
\ddot{y} &= u_1\left(\sin\phi\sin\theta\cos\psi - \cos\phi\sin\psi\right) - K_2\dot{y}/m \\
\ddot{z} &= u_1\cos\phi\cos\psi - g - K_3\dot{z}/m \\
\ddot{\theta} &= u_2 - \frac{lK_4}{I_1}\dot{\theta} \\
\ddot{\psi} &= u_3 - \frac{lK_5}{I_2}\dot{\psi} \\
\ddot{\phi} &= u_4 - \frac{lK_6}{I_3}\dot{\phi}
\end{aligned} \quad (15.11)$$

式中，ϕ、θ、ψ 为飞行器 3 个姿态的欧拉角度，分别代表滚转角、俯仰角和偏航角；(x,y,z) 为飞行器质心在惯性坐标系中的位置坐标；l 为飞行器半径长度表示每个旋翼末端到飞行器质心的距离；m 为四旋翼无人机的负载总质量；I_i 为围绕每个轴的转动惯量；K_i 为阻力系数。

控制目标：$x \to 0$，$y \to 0$，$z \to z_d$，$\phi \to \phi_d$。

需要说明的是，由于欠驱动特性的存在，不可能对所有的 6 个自由度都进行跟踪。一个合理的控制目标方案为：跟踪航迹 (x, y, z) 和滚转角 ϕ，同时保证另外两个角度。

下面的设计过程中，采用了 Hurwitz 判据，即针对二阶系统 $a_2 s^2 + a_1 s + a_0 = 0$ 的稳定性条件为

$$\begin{cases} a_0 、 a_1 、 a_2 > 0 \\ a_1 a_0 > 0 \end{cases}$$

15.2.2 位置控制律设计

首先通过设计位置控制律 u_1，实现 $x \to 0$，$y \to 0$，$z \to z_d$。由式（15.11），定义

$$\begin{aligned} u_{1x} &= u_1 \left(\cos\phi \sin\theta \cos\psi + \sin\phi \sin\psi \right) \\ u_{1y} &= u_1 \left(\sin\phi \sin\theta \cos\psi - \cos\phi \sin\psi \right) \\ u_{1z} &= u_1 \cos\phi \cos\psi \end{aligned} \quad (15.12)$$

则用来描述位置状态的模型为

$$\begin{aligned} \ddot{x} &= u_{1x} - \frac{K_1}{m} \dot{x} \\ \ddot{y} &= u_{1y} - \frac{K_2}{m} \dot{y} \\ \ddot{z} &= u_{1z} - g - \frac{K_3}{m} \dot{z} \end{aligned} \quad (15.13)$$

首先针对第 1 个位置子系统，采用 PD 控制方法设计控制律为

$$u_{1x} = -k_{px} x - k_{dx} \dot{x} \quad (15.14)$$

则 $\ddot{x} + (k_{dx} + K_1/m)\dot{x} + k_{px} x = 0$。根据二阶系统 Hurwitz 判据，需要满足 $k_{px} > 0$，$k_{dx} + K_1/m > 0$，可取 $k_{px} = 5.0$，$k_{dx} = 5.0$。

同理，针对第 2 个位置子系统，设计 PD 控制律为

$$u_{1y} = -k_{py} y - k_{dy} \dot{y} \quad (15.15)$$

则 $\ddot{y} + (k_{dy} + K_2/m)\dot{y} + k_{py} y = 0$。根据二阶系统 Hurwitz 判据，需要满足 $k_{py} > 0$，$k_{dy} + K_2/m > 0$，可取 $k_{py} = 5.0$，$k_{dy} = 5.0$。

针对第 3 个位置子系统，设计基于前馈和重力补偿的 PD 控制律为

$$u_{1z} = -k_{pz} z_e - k_{dz} \dot{z}_e + g + \ddot{z}_d + \frac{K_3}{m} \dot{z}_d \quad (15.16)$$

式中，$z_e = z - z_d$。

则 $\ddot{z} = -k_{pz} z_e - k_{dz} \dot{z}_e + \ddot{z}_d - \frac{K_3}{m} \dot{z}_e$，即 $\ddot{z}_e + \left(k_{dz} + \frac{K_3}{m} \right) \dot{z}_e + k_{pz} z_e = 0$。

根据二阶系统 Hurwitz 判据，需要满足 $k_{pz} > 0$，$k_{dz} + \dfrac{K_3}{m} > 0$，可取 $k_{pz} = 5.0$，$k_{dz} = 5.0$。

15.2.3 虚拟姿态角度的求解

假设满足控制律式（15.14）～式（15.16）所需要的姿态角度为 θ_d 和 ψ_d，为了实现 θ 对 θ_d 的跟踪，ψ 对 ψ_d 的跟踪，需要 θ_d 和 ψ_d 进行求解。

由式（15.12）可知

$$\begin{bmatrix} u_{1x} \\ u_{1y} \end{bmatrix} = \begin{bmatrix} \cos\phi \sin\theta_d \cos\psi_d + \sin\phi \sin\psi_d \\ \sin\phi \sin\theta_d \cos\psi_d - \cos\phi \sin\psi_d \end{bmatrix} u_1 = \begin{bmatrix} \cos\phi & \sin\phi \\ \sin\phi & -\cos\phi \end{bmatrix} \begin{bmatrix} \sin\theta_d \cos\psi_d \\ \sin\psi_d \end{bmatrix} u_1$$

由于 $\begin{bmatrix} \cos\phi & \sin\phi \\ \sin\phi & -\cos\phi \end{bmatrix}^{-1} = \begin{bmatrix} \cos\phi & \sin\phi \\ \sin\phi & -\cos\phi \end{bmatrix}$，则上式变为

$$\begin{bmatrix} \cos\phi & \sin\phi \\ \sin\phi & -\cos\phi \end{bmatrix} \begin{bmatrix} u_{1x} \\ u_{1y} \end{bmatrix} = \begin{bmatrix} \sin\theta_d \cos\psi_d \\ \sin\psi_d \end{bmatrix} u_1$$

由 $u_{1z} = u_1 \cos\phi \cos\psi_d$，可得 $u_1 = \dfrac{u_{1z}}{\cos\phi \cos\psi_d}$，则

$$\begin{bmatrix} \cos\phi & \sin\phi \\ \sin\phi & -\cos\phi \end{bmatrix} \begin{bmatrix} u_{1x} \\ u_{1y} \end{bmatrix} = \begin{bmatrix} \sin\theta_d \cos\psi_d \\ \sin\psi_d \end{bmatrix} \dfrac{u_{1z}}{\cos\phi \cos\psi_d} \tag{15.17}$$

由式（15.17）的第 2 行，可得

$$\dfrac{\cos\phi (\sin\phi \cdot u_{1x} - \cos\phi \cdot u_{1y})}{u_{1z}} = \dfrac{\sin\psi_d}{\cos\psi_d} = \tan\psi_d$$

则

$$\psi_d = \arctan\left(\dfrac{\sin\phi \cos\phi \cdot u_{1x} - \cos^2\phi \cdot u_{1y}}{u_{1z}} \right) \tag{15.18}$$

由式（15.17）的第 1 行，可得

$$\dfrac{\cos\phi (\cos\phi \cdot u_{1x} + \sin\phi \cdot u_{1y})}{u_{1z}} = \sin\theta_d \tag{15.19}$$

需要注意的是，式（15.19）的左边值如果超出 $[-1 \ +1]$，则造成 θ_d 不存在，即无法求解，这是本算法的不足之处。

取 $X = \dfrac{\cos\phi (\cos\phi \cdot u_{1x} + \sin\phi \cdot u_{1y})}{u_{1z}}$，解决的方法为：当 $X > 1$ 时，取 $\sin\theta_d = 1$，即 $\theta_d = \dfrac{\pi}{2}$；当 $X < -1$ 时，取 $\sin\theta_d = -1$，即 $\theta_d = -\dfrac{\pi}{2}$；当 $|X| \leqslant 1$ 时，有 $\sin\theta_d = X$，即

$$\theta_d = \arcsin\left(\dfrac{\cos\phi (\cos\phi \cdot u_{1x} + \sin\phi \cdot u_{1y})}{u_{1z}} \right) \tag{15.20}$$

此时，为了使式（15.19）成立，式（15.19）可写为

$$\frac{\cos\phi\bigl(\cos\phi\cdot(u_{1x}+\varepsilon_{1x})+\sin\phi\cdot(u_{1y}+\varepsilon_{1y})\bigr)}{u_{1z}+\varepsilon_{1z}}=\sin\theta_d$$

式中，ε_{1x}、ε_{1y} 和 ε_{1z} 为时变的实数值。$\boldsymbol{\varepsilon}=\begin{bmatrix}\varepsilon_{1x} & \varepsilon_{1y} & \varepsilon_{1z}\end{bmatrix}$，当 $|X|\leqslant 1$ 时，可取 $\boldsymbol{\varepsilon}=0$，当 $|X|>1$ 时，$\boldsymbol{\varepsilon}$ 为满足上式成立的实数。因此，$\boldsymbol{\varepsilon}$ 相当于加在控制输入 u_{1x}、u_{1y} 和 u_{1z} 上的扰动，可通过控制器的鲁棒特性来克服。

求解 θ_d 和 ψ_d 后，便可得到位置控制律为

$$u_1=\frac{u_{1z}}{\cos\phi\cos\psi_d}\tag{15.21}$$

15.2.4 姿态控制律设计

下面针对如下姿态子系统设计 PD 控制律，实现 $\theta\to\theta_d$，$\psi\to\psi_d$ 和 $\phi\to\phi_d$。

$$\ddot{\theta}=u_2-\frac{lK_4}{I_1}\dot{\theta}$$

$$\ddot{\psi}=u_3-\frac{lK_5}{I_2}\dot{\psi}$$

$$\ddot{\phi}=u_4-\frac{lK_6}{I_3}\dot{\phi}$$

取 $\theta_e=\theta-\theta_d$，采用基于前馈补偿的 PD 控制方法，设计控制律为

$$u_2=-k_{p4}\theta_e-k_{d4}\dot{\theta}_e+\ddot{\theta}_d+\frac{lK_4}{I_1}\dot{\theta}_d\tag{15.22}$$

则 $\ddot{\theta}=-k_{p4}\theta_e-k_{d4}\dot{\theta}_e+\ddot{\theta}_d-\frac{lK_4}{I_1}\dot{\theta}_e$，从而 $\ddot{\theta}_e+\left(k_{d4}+\frac{lK_4}{I_1}\right)\dot{\theta}_e+k_{p4}\theta_e=0$，根据二阶系统 Hurwitz 判据，需要满足 $k_{p4}>0$，$k_{d4}+\frac{lK_4}{I_1}>0$，可取 $k_{p4}=15$，$k_{d4}=15$。

取 $\psi_e=\psi-\psi_d$，针对第 2 个姿态角子系统，设计控制律为

$$u_3=-k_{p5}\psi_e-k_{d5}\dot{\psi}_e+\ddot{\psi}_d+\frac{lK_5}{I_2}\dot{\psi}_d\tag{15.23}$$

则 $\ddot{\psi}_e=-k_{p5}\psi_e-k_{d5}\dot{\psi}_e-\frac{lK_5}{I_2}\dot{\psi}_e$，从而 $\ddot{\psi}_e+\left(k_{d5}+\frac{lK_5}{I_2}\right)\dot{\psi}_e+k_{p5}\psi_e=0$，根据二阶系统 Hurwitz 判据，需要满足 $k_{p5}>0$，$k_{d5}+\frac{lK_5}{I_2}>0$，可取 $k_{p5}=15$，$k_{d5}=15$。

取 $\phi_e=\phi-\phi_d$，针对第 3 个姿态角子系统，设计控制律为

$$u_4=-k_{p6}\phi_e-k_{d6}\dot{\phi}_e+\ddot{\phi}_d+\frac{lK_6}{I_3}\dot{\phi}_d\tag{15.24}$$

则 $\ddot{\phi}_e=-k_{p6}\phi_e-k_{d6}\dot{\phi}_e-\frac{lK_6}{I_3}\dot{\phi}_e$，从而 $\ddot{\phi}_e+\left(k_{d6}+\frac{lK_6}{I_3}\right)\dot{\phi}_e+k_{p6}\phi_e=0$，根据二阶系统 Hurwitz 判据，需要满足 $k_{p6}>0$，$k_{d6}+\frac{lK_6}{I_3}>0$，可取 $k_{p6}=15$，$k_{d6}=15$。

15.2.5 闭环系统的设计关键

整个闭环控制系统结构如图 15-7 所示。

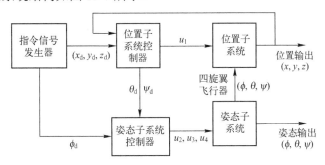

图 15-7　闭环控制系统结构

上述闭环系统属于由内外环构成的控制系统，需要采用双环控制方法设计控制律。位置子系统为外环，姿态子系统为内环，外环产生两个中间指令信号 ψ_d 和 θ_d，并传递给内环系统，内环则通过内环控制律实现对这两个中间指令信号的跟踪。

在控制律式（15.21）和式（15.22）中，需要对外环产生的两个中间指令信号 ψ_d 和 θ_d 求一次和二次导，可采用如下有限时间收敛三阶微分器实现 $\dot{\psi}_d$、$\ddot{\psi}_d$ 和 $\dot{\theta}_d$、$\ddot{\theta}_d$ [4]：

$$\begin{aligned}
\dot{x}_1 &= x_2 \\
\dot{x}_2 &= x_3 \\
\varepsilon^3 \dot{x}_3 &= -2^{3/5} 4 \left(x_1 - v(t) + (\varepsilon x_2)^{9/7} \right)^{1/3} - 4 \left(\varepsilon^2 x_3 \right)^{3/5} \\
y_1 &= x_2, \; y_2 = x_3
\end{aligned} \quad (15.25)$$

式中，$v(t)$ 为待微分的输入信号；$\varepsilon = 0.04$；x_1 为对信号进行跟踪；x_2 为信号一阶导数的估计；x_3 为信号二阶导数的估计。微分器的初始值为 $x_1(0) = 0$，$x_2(0) = 0$，$x_3(0) = 0$。

由于微分器可对非连续函数求导，因此不要求指令信号 ψ_d 和 θ_d 连续，从而位置控制律中可以含有切换函数。由于该微分器具有积分链式结构，在工程上对含有噪声的信号求导时，噪声只含在微分器的最后一层，通过积分作用信号一阶导数中的噪声能够被更充分地抑制。

与 15.1 节一样，在内外环控制中，内环的动态性能影响外环的稳定性，从而会影响整个闭环控制系统的稳定性。为了实现收敛速度快的内环控制，采用内环收敛速度大于外环收敛速度的方法，来保证闭环系统的稳定性。在本算法中通过调整内环控制其增益系数，即在姿态控制律的设计中，为了使内环较外环收敛速度快，采用了较大的 PD 增益，保证内环收敛速度大于外环收敛速度。

15.2.6 仿真实例

针对模型式（15.11），取 $m=2$，$l=0.2$，$g=9.8$，$K_1=0.01$，$K_2=0.01$，$K_3=0.01$，$K_4=0.012$，$K_5=0.012$，$K_6=0.012$，$I_1=1.25$，$I_2=1.25$，$I_3=2.5$。扰动取 $d_4=d_5=d_6=0.10$，被控对象位置初始状态取 $[2 \; 0 \; 1 \; 0 \; 0 \; 0]$，被控对象角度初始状态取 $[0 \; 0 \; 0 \; 0 \; 0 \; 0]$。

采用式（15.18）和式（15.20）求解 θ_d 和 ψ_d，采用微分器式（15.25）求解 $\dot{\psi}_d$、$\ddot{\psi}_d$ 和 $\dot{\theta}_d$、$\ddot{\theta}_d$。

采用内环收敛速度大于外环收敛速度的方法，以保证闭环系统的稳定性。因此，取内环控制器增益远远大于外环控制器增益。采用位置控制律式（15.14）～式（15.16），采用姿态控制律式（15.22）～式（15.24），取 $z_d = 3$，$\phi_d = \dfrac{\pi}{3}$。仿真结果如图 15-8～图 15-10 所示。

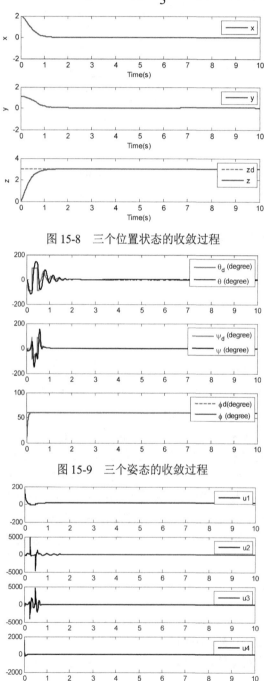

图 15-8　三个位置状态的收敛过程

图 15-9　三个姿态的收敛过程

图 15-10　四个控制输入的变化过程

〖仿真程序〗

(1) 参数初始化程序: chap15_2int.m

```
%Parameters Value
m=2;l=0.2;g=9.8;
K1=0.01;K2=0.01;K3=0.01;K4=0.012;K5=0.012;K6=0.012;
I1=1.25;I2=1.25;I3=2.5;

c1=5;c2=5;c3=5;
c4=30;c5=30;c6=30;

k1=5;k2=5;k3=5;
k4=50;k5=50;k6=50;

eta1=0.10;eta2=0.10;eta3=0.10;
eta4=0.10;eta5=0.10;eta6=0.10;

zd=10;phid=pi/3;
%zd=10;phid=0;
```

(2) Simulink 主程序: chap15_2sim.mdl

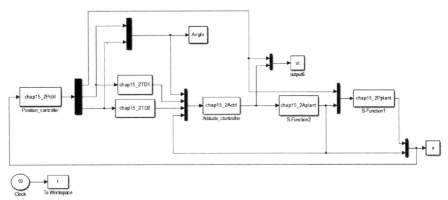

(3) 位置子系统被控对象程序: chap15_2Pplant.m

```
function [sys,x0,str,ts]=Model(t,x,u,flag)
switch flag,
case 0,
    [sys,x0,str,ts]=mdlInitializeSizes;
case 1,
sys=mdlDerivatives(t,x,u);
case 3,
sys=mdlOutputs(t,x,u);
case {2, 4, 9 }
sys = [];
otherwise
error(['Unhandled flag = ',num2str(flag)]);
end
function [sys,x0,str,ts]=mdlInitializeSizes
sizes = simsizes;
```

```
sizes.NumContStates  = 6;
sizes.NumDiscStates  = 0;
sizes.NumOutputs     = 6;
sizes.NumInputs      = 7;
sizes.DirFeedthrough = 0;
sizes.NumSampleTimes = 1;
sys=simsizes(sizes);
x0=[2 0 1 0 3 0];
str=[];
ts=[-1 0];
function sys=mdlDerivatives(t,x,u)
u1=u(1);
theta=u(2);
psi=u(4);
phi=u(6);

chap15_2int;

x1=x(1);dx1=x(2);
y=x(3);dy=x(4);
z=x(5);dz=x(6);

ddx=u1*(cos(phi)*sin(theta)*cos(psi)+sin(phi)*sin(psi))-K1*dx1/m;
ddy=u1*(sin(phi)*sin(theta)*cos(psi)-cos(phi)*sin(psi))-K2*dy/m;
ddz=u1*(cos(phi)*cos(psi))-g-K3*dz/m;

sys(1)=x(2);
sys(2)=ddx;
sys(3)=x(4);
sys(4)=ddy;
sys(5)=x(6);
sys(6)=ddz;
function sys=mdlOutputs(t,x,u)
x1=x(1);dx1=x(2);
y=x(3);dy=x(4);
z=x(5);dz=x(6);

sys(1)=x1;
sys(2)=dx1;
sys(3)=y;
sys(4)=dy;
sys(5)=z;
sys(6)=dz;
```

（4）姿态子系统被控对象程序：chap15_2Aplant.m

```
function [sys,x0,str,ts]=chap14_5plant(t,x,u,flag)
switch flag,
case 0,
    [sys,x0,str,ts]=mdlInitializeSizes;
case 1,
sys=mdlDerivatives(t,x,u);
```

```
case 3,
sys=mdlOutputs(t,x,u);
case {2, 4, 9 }
sys = [];
otherwise
error(['Unhandled flag = ',num2str(flag)]);
end
function [sys,x0,str,ts]=mdlInitializeSizes
sizes = simsizes;
sizes.NumContStates  = 6;
sizes.NumDiscStates  = 0;
sizes.NumOutputs     = 6;
sizes.NumInputs      = 3;
sizes.DirFeedthrough = 0;
sizes.NumSampleTimes = 1;
sys=simsizes(sizes);
x0=[0 0 0 0 0 0];
str=[];
ts=[-1 0];
function sys=mdlDerivatives(t,x,u)
u2=u(1);u3=u(2);u4=u(3);

chap15_2int;

theta=x(1);dtheta=x(2);
psi=x(3);dpsi=x(4);
phi=x(5);dphi=x(6);

ddtheta=u2-l*K4*dtheta/I1;
ddpsi=u3-l*K5*dpsi/I2;
ddphi=u4-K6*dphi/I3;

sys(1)=x(2);
sys(2)=ddtheta;
sys(3)=x(4);
sys(4)=ddpsi;
sys(5)=x(6);
sys(6)=ddphi;
function sys=mdlOutputs(t,x,u)
theta=x(1);dtheta=x(2);
psi=x(3);dpsi=x(4);
phi=x(5);dphi=x(6);

sys(1)=theta;
sys(2)=dtheta;
sys(3)=psi;
sys(4)=dpsi;
sys(5)=phi;
sys(6)=dphi;
```

(5) 位置子系统控制器程序：chap15_2Pctrl.m

```matlab
function [sys,x0,str,ts] = spacemodel(t,x,u,flag)
switch flag,
case 0,
    [sys,x0,str,ts]=mdlInitializeSizes;
case 1,
sys=mdlDerivatives(t,x,u);
case 3,
sys=mdlOutputs(t,x,u);
case {2,4,9}
sys=[];
otherwise
error(['Unhandled flag = ',num2str(flag)]);
end
function [sys,x0,str,ts]=mdlInitializeSizes
sizes = simsizes;
sizes.NumContStates  = 0;
sizes.NumDiscStates  = 0;
sizes.NumOutputs     = 3;
sizes.NumInputs      = 12;
sizes.DirFeedthrough = 1;
sizes.NumSampleTimes = 1;
sys = simsizes(sizes);
x0  =[];
str = [];
ts  = [0 0];
function sys=mdlOutputs(t,x,u)
chap15_2int;

x1=u(1);dx1=u(2);
y=u(3);dy=u(4);
z=u(5);dz=u(6);
phi=u(11);

dzd=0;ddzd=0;
ze=z-zd;
dze=dz-dzd;

kdx=5;kpx=5;
kdy=5;kpy=5;
kdz=5;kpz=5;
u1x=-kpx*x1-kdx*dx1;
u1y=-kpy*y-kdy*dy;
u1z=-kpz*ze-kdz*dze+g+ddzd+K3/m*dzd;

X=(cos(phi)*cos(phi)*u1x+cos(phi)*sin(phi)*u1y)/u1z;
%To Gurantee X is [-1,1]
if X>1
sin_thetad=1;
thetad=pi/2;
```

```
elseif X<-1
sin_thetad=-1;
thetad=-pi/2;
else
sin_thetad=X;
thetad=asin(X);
end
psid=atan((sin(phi)*cos(phi)*u1x-cos(phi)*cos(phi)*u1y)/u1z);

u1=u1z/(cos(phi)*cos(psid));
sys(1)=u1;
sys(2)=thetad;
sys(3)=psid;
```

(6) 姿态子系统控制器程序：chap15_2Actrl.m

```
function [sys,x0,str,ts] = spacemodel(t,x,u,flag)
switch flag,
case 0,
    [sys,x0,str,ts]=mdlInitializeSizes;
case 1,
sys=mdlDerivatives(t,x,u);
case 3,
sys=mdlOutputs(t,x,u);
case {2,4,9}
sys=[];
otherwise
error(['Unhandled flag = ',num2str(flag)]);
end
function [sys,x0,str,ts]=mdlInitializeSizes
sizes = simsizes;
sizes.NumContStates  = 0;
sizes.NumDiscStates  = 0;
sizes.NumOutputs     = 3;
sizes.NumInputs      = 14;
sizes.DirFeedthrough = 1;
sizes.NumSampleTimes = 1;
sys = simsizes(sizes);
x0  = [];
str = [];
ts  = [0 0];
function sys=mdlOutputs(t,x,u)
chap15_2int;

dphid=0;ddphid=0;
thetad=u(1);
psid=u(2);
dthetad=u(4);
ddthetad=u(5);
dpsid=u(7);
ddpsid=u(8);
```

```
theta=u(9);dtheta=u(10);
psi=u(11);dpsi=u(12);
phi=u(13);dphi=u(14);

thetae=theta-thetad;dthetae=dtheta-dthetad;
psie=psi-psid;dpsie=dpsi-dpsid;
phie=phi-phid;dphie=dphi-dphid;

kp4=15;kd4=15;
kp5=15;kd5=15;
kp6=15;kd6=15;

u2=-kp4*thetae-kd4*dthetae+ddthetad+l*K4/I1*dthetad;
u3=-kp5*psie-kd5*dpsie+ddpsid+l*K5/I2*dpsid;
u4=-kp6*phie-kd6*dphie+ddphid+l*K6/I3*dphid;

sys(1)=u2;
sys(2)=u3;
sys(3)=u4;
```

（7）微分器程序：chap15_2td1.m

```
function [sys,x0,str,ts] = spacemodel(t,x,u,flag)
switch flag,
case 0,
    [sys,x0,str,ts]=mdlInitializeSizes;
case 1,
sys=mdlDerivatives(t,x,u);
case 3,
sys=mdlOutputs(t,x,u);
case {2,4,9}
sys=[];
otherwise
error(['Unhandled flag = ',num2str(flag)]);
end
function [sys,x0,str,ts]=mdlInitializeSizes
sizes = simsizes;
sizes.NumContStates  = 3;
sizes.NumDiscStates  = 0;
sizes.NumOutputs     = 3;
sizes.NumInputs      = 1;
sizes.DirFeedthrough = 1;
sizes.NumSampleTimes = 1;
sys = simsizes(sizes);
x0  = [0 0 0];
str = [];
ts  = [0 0];
function sys=mdlDerivatives(t,x,u)
ebs=0.10;
vt=u(1);
temp1=(abs(ebs*x(2))^(9/7))*sign(ebs*x(2));
temp2=x(1)-vt+temp1;
temp2=abs(temp2)^(1/3)*sign(temp2);
```

```
temp3=abs(ebs^2*x(3))^(3/5)*sign(ebs^2*x(3));
sys(1)=x(2);
sys(2)=x(3);
sys(3)=(-2^(3/5)*4*temp2-4*temp3)*1/ebs^3;
function sys=mdlOutputs(t,x,u)
v=u(1);
sys(1)=v;
sys(2)=x(2);
sys(3)=x(3);
```

(8) 微分器程序: chap15_2td2.m

```
function [sys,x0,str,ts] = spacemodel(t,x,u,flag)
switch flag,
case 0,
    [sys,x0,str,ts]=mdlInitializeSizes;
case 1,
sys=mdlDerivatives(t,x,u);
case 3,
sys=mdlOutputs(t,x,u);
case {2,4,9}
sys=[];
otherwise
error(['Unhandled flag = ',num2str(flag)]);
end
function [sys,x0,str,ts]=mdlInitializeSizes
sizes = simsizes;
sizes.NumContStates  = 3;
sizes.NumDiscStates  = 0;
sizes.NumOutputs     = 3;
sizes.NumInputs      = 1;
sizes.DirFeedthrough = 1;
sizes.NumSampleTimes = 1;
sys = simsizes(sizes);
x0  = [0 0 0];
str = [];
ts  = [0 0];
function sys=mdlDerivatives(t,x,u)
ebs=0.04;
vt=u(1);
temp1=(abs(ebs*x(2))^(9/7))*sign(ebs*x(2));
temp2=x(1)-vt+temp1;
temp2=abs(temp2)^(1/3)*sign(temp2);
temp3=abs(ebs^2*x(3))^(3/5)*sign(ebs^2*x(3));
sys(1)=x(2);
sys(2)=x(3);
sys(3)=(-2^(3/5)*4*temp2-4*temp3)*1/ebs^3;
function sys=mdlOutputs(t,x,u)
v=u(1);
sys(1)=v;
sys(2)=x(2);
sys(3)=x(3);
```

(9) 作图程序: chap15_2plot.m

```
closeall;
figure(1);
subplot(311);
plot(t,x(:,1),'b','linewidth',2);
xlabel('Time(s)');ylabel('x');
legend('x');
subplot(312);
plot(t,x(:,3),'b','linewidth',2);
xlabel('Time(s)');ylabel('y');
legend('y');
subplot(313);
%zd=3*t./t;
zd=10*t./t;
plot(t,zd,'r--',t,x(:,5),'b','linewidth',2);
xlabel('Time(s)');ylabel('z');
legend('zd','z');

figure(2);
subplot(311);
plot(t,Angle(:,1)/pi*180,'r',t,x(:,7)/pi*180,'k','linewidth',2);
legend('\theta_d (degree)','\theta (degree)');
subplot(312);
plot(t,Angle(:,2)/pi*180,'r',t,x(:,9)/pi*180,'k','linewidth',2);
legend('\psi_d (degree)','\psi (degree)');
subplot(313);
plot(t,60*t./t,'r--',t,x(:,11)/pi*180,'b','linewidth',2);
legend('\phid(degree)','\phi (degree)');

figure(3);
subplot(411);
plot(t,ut(:,1),'k','linewidth',2);
legend('u1');
subplot(412);
plot(t,ut(:,2),'k','linewidth',2);
legend('u2');
subplot(413);
plot(t,ut(:,3),'k','linewidth',2);
legend('u3');
subplot(414);
plot(t,ut(:,4),'k','linewidth',2);
legend('u4');
```

参 考 文 献

[1] OLFATI-SABER R. Global configuration stabilization for the VTOL aircraft with strong input coupling[J]. IEEE Transactions on Automatic Control, 2002,47(11): 1949-1952.

[2] BERTRAND S, GUENARD N, HAMEL T, et al. A hierarchical controller for miniature VTOLUAVs: design

and stability analysis using singular perturbation theory[J]. Control Engineering Practice, 2011,19:1099-1108.
[3] JANKOVIC M, SEPULCHRE R , KOKOTOVIC P V. Constructive Lyapunov stabilization of nonlinear cascade systems[J]. IEEE Transactions on Automatic Control, 1996, 41(12):1723-1735.
[4] 王新华，刘金琨. 微分器设计与应用：信号滤波与求导[M]. 北京：电子工业出版社，2010.
[5] XU R, ÖZGÜNER Ü. Sliding mode control of a class of underactuated systems[J]. Automatica 44.1 (2008):233-241.

第 16 章 小车倒立摆系统的控制及 GUI 动画演示

 16.1 小车倒立摆的 H_∞ 控制

由于小车倒立摆系统是一个欠驱动系统，控制目标为采用电机同时控制小车的位置和摆的角度，无法采用 PID 进行控制。

鲁棒控制（Robust Control）是指控制系统在一定（结构，大小）的参数摄动下，维持某些性能的特性，H_∞ 控制是一种重要的鲁棒控制方法。H_∞ 优化控制问题可归纳为，求出一个使系统内部稳定的控制器 $K(s)$，使闭环传递函数 $T(s)$ 的无穷范数极小。采用 H_∞ 控制可实现小车倒立摆系统的鲁棒控制。

16.1.1 系统描述

为了使倒立摆线性化，必须满足倒立摆的各级摆杆的转角是小角度，此时 $\sin\theta \approx \theta$，$\cos\theta \approx 1$。线性化后的单级倒立摆方程为

$$\ddot{\theta} = \frac{m(m+M)gl}{(M+m)I+Mml^2}\dot{\theta} - \frac{ml}{(M+m)I+Mml^2}u \qquad (16.1)$$

$$\ddot{x} = -\frac{m^2gl^2}{(M+m)I+Mml^2}\dot{\theta} + \frac{I+ml^2}{(M+m)I+Mml^2}u \qquad (16.2)$$

式中，$I = \frac{1}{12}mL^2$；$l = \frac{1}{2}L$。

控制的目标是通过给小车底座施加一个力 u（控制量），使小车停留在预定的位置，并使杆不倒下，即不超过一预先定义好的垂直偏离角度范围。

如将倒立摆方程转化为状态方程的形式，令 $x(1) = \theta$，$x(2) = x$，$x(3) = \dot{\theta}$，$x(4) = \dot{x}$，考虑控制输入干扰 w，则式（16.1）和式（16.2）可表示为状态方程

$$\dot{x} = Ax + B_1 w + B_2 u \qquad (16.3)$$

式中，$A = \begin{bmatrix} 0 & 0 & 1 & 0 \\ 0 & 0 & 0 & 1 \\ t_1 & 0 & 0 & 0 \\ t_2 & 0 & 0 & 0 \end{bmatrix}$；$B_1 = \begin{bmatrix} 0 \\ 0 \\ 1 \\ 1 \end{bmatrix}$；$B_2 = \begin{bmatrix} 0 \\ 0 \\ t_3 \\ t_4 \end{bmatrix}$；$t_1 = \frac{m(m+M)gl}{(M+m)I+Mml^2}$；

$$t_2 = -\frac{m^2gl^2}{(M+m)I + Mml^2}; \quad t_3 = -\frac{ml}{(M+m)I + Mml^2}; \quad t_4 = \frac{I + ml^2}{(M+m)I + Mml^2}$$

16.1.2　H_∞ 控制器要求

针对系统

$$\begin{aligned} \dot{x} &= Ax + B_1 w + B_2 u \\ z &= C_1 x + D_{11} w + D_{12} u \\ y &= x \end{aligned} \tag{16.4}$$

式中，w 为控制扰动；z 为控制系统性能评价信号；$D_{11} = 0$。

本控制系统的设计要求：

① $x = 0$ 是闭环系统的局部渐进稳定平衡点，即对于任意初始状态 $x(0) \subset R^4$，$x(t) \to 0$；

② 对于任意扰动 $w \in L_2[0, +\infty)$，闭环系统具有扰动抑制性能，即

$$\int_0^\infty \left(q_1 x^2(t) + q_2 \theta^2(t) + q_3 \dot{x}^2(t) + q_4 \dot{\theta}^2(t) + \rho u^2(t) \right) dt < \int_0^\infty w^2(t) dt \tag{16.5}$$

式中，$q_i \geq 0 (i=1,2,3,4)$ 和 $\rho > 0$ 为加权系数，令

$$C_1 = \begin{bmatrix} \sqrt{q_1} & 0 & 0 & 0 \\ 0 & \sqrt{q_2} & 0 & 0 \\ 0 & 0 & \sqrt{q_3} & 0 \\ 0 & 0 & 0 & \sqrt{q_4} \\ 0 & 0 & 0 & 0 \end{bmatrix}, \quad D_{12} = \begin{bmatrix} 0 \\ 0 \\ 0 \\ 0 \\ \sqrt{\rho} \end{bmatrix} \tag{16.6}$$

则式（16.5）等价于

$$\|z\|_2 < \|w\|_2 \tag{16.7}$$

定义 $T_{sw}(s)$ 为 w 至 z 的闭环传递函数，表达式为

$$\|T_{sw}(s)\|_\infty = \sup_{w \neq 0} \frac{\|z\|_2}{\|w\|_2} \tag{16.8}$$

则闭环系统的扰动抑制性能等价于 $\|T_{sw}(s)\|_\infty < 1$。

16.1.3　基于 Riccati 方程的 H_∞ 控制

定理[1]：针对式（16.4），存在反馈控制器，使得闭环系统稳定且

$$\|T_{sw}(s)\|_\infty < 1 \tag{16.9}$$

成立的充分必要条件是 Riccati 方程：

$$A^T X + XA + X(B_1 B_1^T - B_2 B_2^T) X + C_1^T C_1 = 0 \tag{16.10}$$

具有使 $A + (B_1 B_1^T - B_2 B_2^T) X$ 稳定的半正定解 $X \geq 0$。如果有解，则增益为

$$K = -B_2^T X \tag{16.11}$$

满足要求的控制器为

$$u = \mathbf{K}x \tag{16.12}$$

16.1.4 LMI 及其 MATLAB 求解

线性矩阵不等式（Linear Matrix Inequality，LMI）是控制领域的一个强有力的设计工具。许多控制理论及分析与综合问题都可简化为相应的 LMI 问题，通过构造有效的计算机算法求解。

随着控制技术的迅速发展，在反馈控制系统的设计中，常需要考虑许多系统的约束条件，例如系统的不确定性约束等。在处理系统鲁棒控制问题以及其他控制理论引起的许多控制问题时，都可将所控制问题转化为一个线性矩阵不等式或带有线性矩阵不等式约束的最优化问题。目前线性矩阵不等式（LMI）技术已成为控制工程、系统辨识、结构设计等领域的有效工具。利用线性矩阵不等式技术来求解一些控制问题，是目前和今后控制理论发展的一个重要方向。

1. 新的 LMI 求解工具箱——YALMIP 工具箱

YALMIP 是 MATLAB 的一个独立的工具箱，具有很强的优化求解能力，该工具箱具有以下几个特点：

① 是基于符号运算工具箱编写的工具箱；
② 是一种定义和求解高级优化问题的模化语言；
③ 该工具箱用于求解线性规划、整数规划、非线性规划、混合规划等标准优化问题以及 LMI 问题。

采用 YALMIP 工具箱求解 LMI 问题，通过 set 指令可以很容易描述 LMI 约束条件，不需具体地说明不等式中各项的位置和内容，运行的结果可以用 double 语句查看。

使用工具箱中的集成命令，只需直接写出不等式的表达式，就可很容易地求解不等式了。YALMIP 工具箱的关键集成命令为[2]：

① 实型变量 sdpvar 是 YALMIP 的一种核心对象，它所代表的是优化问题中的实型决策变量；
② 约束条件 set 是 YALMIP 的另外一种关键对象，用它来囊括优化问题的所有约束条件；
③ 求解函数 solvesdp 用来求解优化问题；
④ 求解未知量 x 完成后，用 x=double(x)提取解矩阵。

YALMIP 工具箱可从网络上免费下载，工具箱名字为"yalmip.rar"。工具箱安装方法：先把 rar 文件解压到 MATLAB 安装目录下的 Toolbox 子文件夹；然后在 MATLAB 界面下 File→set path 点 add with subfolders，最后找到解压文件目录。这样 MATLAB 就能自动找到工具箱里的命令了。

2. YALMIP 工具箱仿真实例

求解下列 LMI 问题。
LMI 不等式为

$$A^{\mathrm{T}}P + F^{\mathrm{T}}B^{\mathrm{T}}P + PA + PBF < 0$$

已知矩阵 A、B、P，求矩阵 F。

具体的一个求解实例如下：取 $A = \begin{bmatrix} -2.548 & 9.1 & 0 \\ 1 & -1 & 0 \\ 0 & -14.2 & 0 \end{bmatrix}$，$B = \begin{bmatrix} 1 & 0 & 0 \\ 0 & 1 & 0 \\ 0 & 0 & 1 \end{bmatrix}$，$P = \begin{bmatrix} 1000000 & 0 & 0 \\ 0 & 1000000 & 0 \\ 0 & 0 & 1000000 \end{bmatrix}$，解该LMI式，可得 $F = \begin{bmatrix} -492.4768 & -5.05 & 0 \\ -5.05 & -494.0248 & 6.6 \\ 0 & 6.6 & -495.0248 \end{bmatrix}$。

〖仿真程序〗 chap16_1.m

```
clearall;
closeall;

A=[-2.548 9.1 0;1 -1 1;0 -14.2 0];
B=[1 0 0;0 1 0;0 0 1];
F=sdpvar(3,3);
M=sdpvar(3,3);
P=1000000*eye(3);

FAI=(A'+F'*B')*P+P*(A+B*F);

%LMI description
L=set(FAI<0);
solvesdp(L);
F=double(F)
```

16.1.5 基于LMI的 H_∞ 控制

定理[3] 对于式（16.4），给定 $\gamma > 0$，存在 $P_1 = P_1^T > 0$ 和 P_2，如果满足不等式：

$$\begin{bmatrix} AP_1 + P_1 A^T + B_2 P_2 + P_2^T B_2^T + \gamma^{-2} B_1 B_1^T & (C_1 P_1 + D_{12} P_2)^T \\ C_1 P_1 + D_{12} P_2 & -I \end{bmatrix} < 0 \quad (16.13)$$

则状态反馈控制器为

$$u = Kx = P_2 P_1^{-1} x \quad (16.14)$$

式中，$K = \begin{bmatrix} k_1 & k_2 & k_3 & k_4 \end{bmatrix}$。

实现倒立摆控制律的设计，采用定理求解倒立摆系统式（16.4）的状态反馈控制增益 K 时，需要两个LMI，其中一个LMI为式（16.13），另一个LMI为 $P_1 > 0$，即

$$-P_1 < 0 \quad (16.15)$$

16.1.6 仿真实例

针对倒立摆式（16.1）和式（16.2），仿真中取参数为：$g = 9.8 \text{m/s}^2$（重力加速度），$M = 1.0 \text{kg}$（小车质量），$m = 0.1 \text{kg}$（杆的质量），$L = 0.5 \text{m}$（杆的半长）。初始条件取 $\theta(0) = 30$ 度，$\dot{\theta}(0) = 0.2°/\text{s}$，$x(0) = 0.20$，$\dot{x}(0) = 0$，其中摆动角度及角速度值应转变为弧度值。

在式（16.6）中，取 $q_1 = 1.0$、$q_2 = 1.0$、$q_3 = 1.0$、$q_4 = 1.0$、$\rho = 1$，采用以下两种方法进

行仿真。

【仿真之一】 基于 Riccati 方程的 H_∞ 控制

为了求解 Riccati 方程式（16.10），按 MATLAB 求解 H_∞ 控制的 Riccati 方程帮助信息，需要将其转化为

$$A^{\mathrm{T}}X + XA - X\begin{bmatrix} B_1 & B_2 \end{bmatrix}\begin{bmatrix} -I & 0 \\ 0 & I \end{bmatrix}\begin{bmatrix} B_1^{\mathrm{T}} \\ B_2^{\mathrm{T}} \end{bmatrix}X + C_1^{\mathrm{T}}C_1 = 0$$

为了保证 $A + (B_1B_1^{\mathrm{T}} - B_2B_2^{\mathrm{T}})X$ 具有稳定的半正定解 $X \geqslant 0$，取 $B_1 = \begin{bmatrix} 0 & 0 & 0.1 & 0.1 \end{bmatrix}^{\mathrm{T}}$。取 $B = \begin{bmatrix} B_1 & B_2 \end{bmatrix}$，$R = \begin{bmatrix} -1 & 0 \\ 0 & 1 \end{bmatrix}$，$C = C_1$，$X = \mathrm{care}(A, B, C^{\mathrm{T}}C, R)$，则可得到 $X \geqslant 0$ 的解，将 X 代入可验证 $A + (B_1B_1^{\mathrm{T}} - B_2B_2^{\mathrm{T}})X$ 的稳定性，可知其特征值全在负半面。

运行仿真程序 chap16_2riccati.m，由式（16.11）可得控制器增益 $K = -B_2^{\mathrm{T}}X =$ [29.0040 1.0395 5.3031 2.2403]。采用控制律式（16.12），倒立摆响应结果及控制输入如图 16-1～图 16-3 所示。

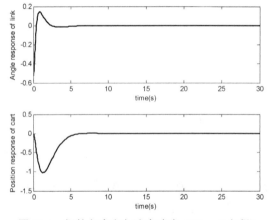

图 16-1 摆的角度和角速度响应（Riccati 方程）

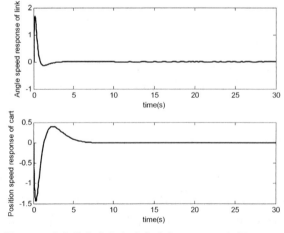

图 16-2 小车的角度和角速度响应（Riccati 方程）

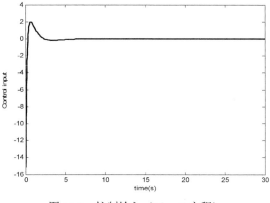

图 16-3 控制输入（Riccati 方程）

【仿真之二】 基于 LMI 的 H_∞ 控制

取 $\gamma=100$，运行基于 LMI 的控制器增益求解程序 chap16_2LMI.m，求解 LMI 不等式（16.13）和式（16.15），得 $K=[36.3149\ \ 1.8765\ \ 6.3851\ \ 3.6704]$。倒立摆响应结果及控制输入如图 16-4～图 16-6 所示。

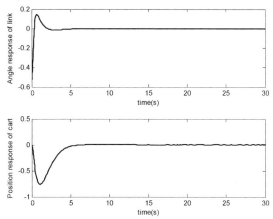

图 16-4 摆的角度和小车位置响应（LMI 方法）

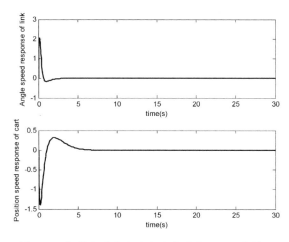

图 16-5 摆的角速度和小车速度响应（LMI 方法）

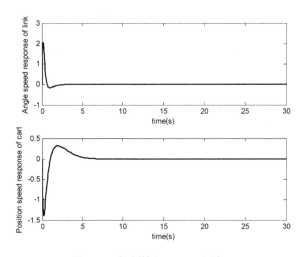

图 16-6 控制输入（LMI 方法）

〖仿真程序〗

（1）增益求解仿真

① Riccati 控制器增益求解程序：chap16_2riccati.m。

```
clearall;
closeall;
%Single Link Inverted Pendulum Parameters
g=9.8;M=1.0;
%M=0.1;
m=0.1;L=0.5;
I=1/12*m*L^2;
l=1/2*L;
t1=m*(M+m)*g*l/[(M+m)*I+M*m*l^2];
t2=-m^2*g*l^2/[(m+M)*I+M*m*l^2];
t3=-m*l/[(M+m)*I+M*m*l^2];
t4=(I+m*l^2)/[(m+M)*I+M*m*l^2];

A=[0,0,1,0;
   0,0,0,1;
   t1,0,0,0;
   t2,0,0,0];
B2=[0;0;t3;t4];
B1=[0;0;0.1;0.1];
%%%%%%%%%%%%%%%%%%%%%%%%%%%%%%%%%%%%%%%%%%%%%%%%%%%%%%
q1=1;q2=1;
q3=1;q4=1;
rho=1;

C1=[sqrt(q1), 0, 0, 0;
    0, sqrt(q2), 0, 0;
    0, 0, sqrt(q3), 0;
    0, 0, 0, sqrt(q4);
    0, 0, 0, 0];
```

```
D12=[0;0;0;0;sqrt(rho)];
%Continuous-time algebraic Riccati equation: Help-->search-->care
B=[B1 B2];
R=[-1 0;0 1];
C=C1;

X=care(A,B,C'*C,R)
%Verify the stability of A+(B1*B1'-B2*B2')*X
eig(A+(B1*B1'-B2*B2')*X)

K=-B2'*X
```

② LMI 的控制器增益求解程序：chap16_2LMI.m。

```
% H Infinity Controller Design based on LMI for Single Link Inverted Pendulum
clearall;
closeall;

%Single Link Inverted Pendulum Parameters
g=9.8;M=1.0;m=0.1;L=0.5;
I=1/12*m*L^2;
l=1/2*L;
t1=m*(M+m)*g*l/[(M+m)*I+M*m*l^2];
t2=-m^2*g*l^2/[(m+M)*I+M*m*l^2];
t3=-m*l/[(M+m)*I+M*m*l^2];
t4=(I+m*l^2)/[(m+M)*I+M*m*l^2];

A=[0,0,1,0;
   0,0,0,1;
   t1,0,0,0;
   t2,0,0,0];
B2=[0;0;t3;t4];
B1=[0;0;1;1];
%%%%%%%%%%%%%%%%%%%%%%%%%%%%%%%%%%%%%%%%%%%%%%%%%%%%%%%%
q1=1;q2=1;q3=1;q4=1;
q=[q1,q2,q3,q4];
gama=100;

C1=[diag(q);zeros(1,4)];
rho=1;
D12=[0;0;0;0;rho];
D11=zeros(5,1);
%%%%%%%%%%%%%%%%%%%%%%%%%%%%%%%%%%%%%%%%%%%%%%%%%%%%%%%%
P1=sdpvar(4,4);
P2=sdpvar(1,4);

FAI=[A*P1+P1*A'+B2*P2+P2'*B2'+1/gama^2*B1*B1' (C1*P1+D12*P2)';
     C1*P1+D12*P2 -eye(5)] ;

%LMI description
L1=set(P1>0);
L2=set(FAI<0);
```

```
LL=L1+L2;

solvesdp(LL);

P1=double(P1);
P2=double(P2);

K=P2*inv(P1)
```

(2) 控制系统仿真

① Simulink 主程序：chap16_3sim.mdl。

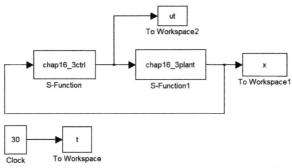

② 被控对象子程序：chap16_3plant.m。

```
function [sys,x0,str,ts] = spacemodel(t,x,u,flag)
switch flag,
case 0,
    [sys,x0,str,ts]=mdlInitializeSizes;
case 1,
sys=mdlDerivatives(t,x,u);
case 3,
sys=mdlOutputs(t,x,u);
case {2,4,9}
sys=[];
otherwise
error(['Unhandled flag = ',num2str(flag)]);
end
function [sys,x0,str,ts]=mdlInitializeSizes
sizes = simsizes;
sizes.NumContStates  = 4;
sizes.NumDiscStates  = 0;
sizes.NumOutputs     = 4;
sizes.NumInputs      = 1;
sizes.DirFeedthrough = 0;
sizes.NumSampleTimes = 1; % At least one sample time is needed
sys = simsizes(sizes);
x0  = [-30/57.3,0,0.20/57.3,0];     %Initial state
str = [];
ts  = [0 0];
function sys=mdlDerivatives(t,x,u)     %Time-varying model
%Single Link Inverted Pendulum Parameters
```

```
g=9.8;M=1.0;m=0.1;L=0.5;
I=1/12*m*L^2;
l=1/2*L;
t1=m*(M+m)*g*l/[(M+m)*I+M*m*l^2];
t2=-m^2*g*l^2/[(m+M)*I+M*m*l^2];
t3=-m*l/[(M+m)*I+M*m*l^2];
t4=(I+m*l^2)/[(m+M)*I+M*m*l^2];

A=[0,0,1,0;
   0,0,0,1;
   t1,0,0,0;
   t2,0,0,0];
B2=[0;0;t3;t4];
B1=[0;0;1;1];

w=0*sin(t);
%State equation for one link inverted pendulum
D=A*x+B1*w+B2*u;
sys(1)=x(3);
sys(2)=x(4);
sys(3)=D(3);
sys(4)=D(4);
function sys=mdlOutputs(t,x,u)
sys(1)=x(1);     %Angle
sys(2)=x(2);     %Cart position
sys(3)=x(3);     %Angle speed
sys(4)=x(4);     %Cart speed
```

③ 控制器子程序：chap16_3ctrl.m。

```
function [sys,x0,str,ts] = spacemodel(t,x,u,flag)
switch flag,
case 0,
    [sys,x0,str,ts]=mdlInitializeSizes;
case 3,
sys=mdlOutputs(t,x,u);
case {2,4,9}
sys=[];
otherwise
error(['Unhandled flag = ',num2str(flag)]);
end
function [sys,x0,str,ts]=mdlInitializeSizes
sizes = simsizes;
sizes.NumContStates  = 0;
sizes.NumDiscStates  = 0;
sizes.NumOutputs     = 1;
sizes.NumInputs      = 4;
sizes.DirFeedthrough = 1;
sizes.NumSampleTimes = 0;
sys = simsizes(sizes);
x0  = [];
str = [];
```

```
ts    = [];
function sys=mdlOutputs(t,x,u)
M=1;
if M==1    %Riccati equation
    K=[29.0040 1.0395 5.3031 2.2403];
elseif M==2    %LMI
    K=[36.3149 1.8765 6.3851 3.6704];
end

X=[u(1) u(2) u(3) u(4)]';    % x=[th,x.dth,dx]
ut=K*X;
sys(1)=ut;
```

④ 作图子程序：chap16_3plot.m。

```
closeall;
figure(1);
subplot(211);
plot(t,x(:,1),'k','linewidth',2);
xlabel('time(s)');ylabel('Angle response of link');
subplot(212);
plot(t,x(:,2),'k','linewidth',2);
xlabel('time(s)');ylabel('Position response of cart');

figure(2);
subplot(211);
plot(t,x(:,3),'k','linewidth',2);
xlabel('time(s)');ylabel('Angle speed response of link');
subplot(212);
plot(t,x(:,4),'k','linewidth',2);
xlabel('time(s)');ylabel('Position speed response of cart');

figure(3);
plot(t,ut,'k','linewidth',2);
xlabel('time(s)');ylabel('Control input');
```

16.2 单级倒立摆控制系统的 GUI 动画演示

16.2.1 GUI 介绍

图形用户界面（Graphical User Interface，简称 GUI，又称图形用户接口）是指采用图形方式显示的计算机操作用户界面。GUI 是一种结合计算机科学、美学、心理学、行为学，以及各商业领域需求分析的人机系统工程，强调人-机-环境三者作为一个系统进行总体设计。与早期计算机使用的命令行界面相比，图形界面对于用户来说在视觉上更易于接受。MATLAB 提供了很好的 GUI 开发环境[4]。

本实例是采用 GUI 技术，参考 16.1 节中倒立摆模型的描述和控制算法，实现倒立摆控制的动画演示。

16.2.2 演示程序的构成

演示程序由以下几个文件构成。
① 主程序：dlb.m。
② 演示界面程序：dlb.fig，采用 GUI 来实现，通过运行"opendlb.fig"可打开演示界面。
③ 倒立摆示意图：model.jpg，采用绘图软件设计。

16.2.3 主程序的实现

采用 LQR 控制算法实现倒立摆和小车的控制，主程序 dlb.m 包括以下几个部分。
① 模型参数创建：采用 mc_CreateFcn()、mc_Callback()实现小车质量的创建，同理可实现摆杆长度和质量的创建。
② LQR 参数创建：采用 qi_CreateFcn()和 qi_Callback()实现 q_i，$i=1,2,3,4$。采用 r_CreateFcn()和 r_Callback()实现 R。
③ 采用 LQR 计算 K：由 lqrok_Callback() 实现。
④ K 的创建：采用 ki_CreateFcn()和 ki_Callback()实现 K_i，$i=1,2,3,4$。
⑤ 摆杆角度和小车位置初始值设定：实现小车水平位置创建与回调、小车水平拖动条的创建与回调，摆杆角度创建与回调、摆杆角度拖动条的创建与回调。
⑥ 干扰的输入：共有冲击、阶跃和正弦三种干扰可以选择。
⑦ 仿真时间和步长的设定：Tedit_CreateFcn()和 Step_CreateFcn()。
⑧ 仿真启动的设定。
⑨ 重置按钮：reset_Callback()，实现倒立摆模型参数和 LQR 参数的重置。
⑩ 退出：exit_Callback()。

16.2.4 演示界面的 GUI 设计

首先在 MATLAB 环境下输入"guide"便可进入 GUI 界面的设计。本系统的 GUI 界面文件为 dlb.fig，创建并保存该文件时，可自动生成主程序框架 dlb.m。

用户在主程序框架 dlb.m 下，在相应的 GUI 组件回调函数中描述模型和编写控制算法。通过在 MATLAB 环境下运行"guide dlb.fig"可打开 GUI 界面。

在本系统中，采用了 GUI 开发环境的触控按钮、静态文本、可编辑文本、滑动条、坐标轴等组件。以小车质量"M"的 GUI 界面设计为例，首先建立小车重量的 Edit text，将其属性 tag 标签定义为"mc"。基于 GUI 的倒立摆控制动画演示程序如图 16-7 所示。

16.2.5 演示步骤

通过以下 4 个步骤可实现倒立摆的动态演示。
① 输入倒立摆参数：倒立摆摆杆质量 m 和长度 L，小车质量 M。
② 通过"初始值"下的"水平位置"和"摆杆角度"可设定倒立摆和小车的初始角度和位置；选择一种干扰输入（冲击、阶跃和正弦），并设定干扰输入的幅值。

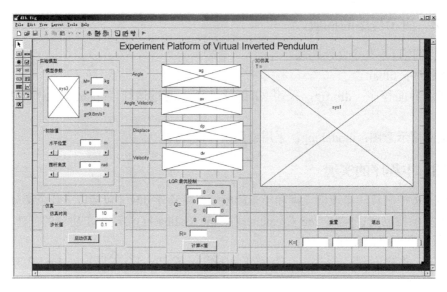

图 16-7　倒立摆控制动画演示 GUI 程序

③ 根据控制系统要求的性能输入控制器设计参数 q_1、q_2、q_3、q_4 和 R，单击 "确定" 按钮便可以得到控制器增益 K。

④ 单击 "启动仿真" 按钮便可以实现倒立摆的动态仿真演示。

【仿真实例】

取 $m=1$、$L=1$、$M=1$，取初始时刻的水平位置为 -0.15，摆杆角度为 -0.20。控制器参数取 $q_1=5$、$q_2=5$、$q_3=5$、$q_4=5$ 和 $R=5$，采用 LQR 方法求 K 可得控制器增益 $K=[-51.0162 \ -12.8235 \ -1 \ -2.7224]$。取仿真时间为 10，仿真步长为 0.1，控制目标位小车左侧停在零点，摆垂直不动。单击 "启动仿真" 按钮，演示界面及仿真结果如图 16-8 和图 16-9 所示。

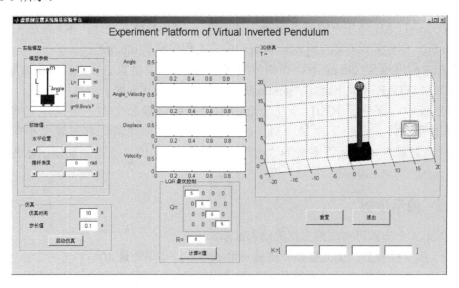

图 16-8　倒立摆控制演示的界面

第 16 章　小车倒立摆系统的控制及 GUI 动画演示

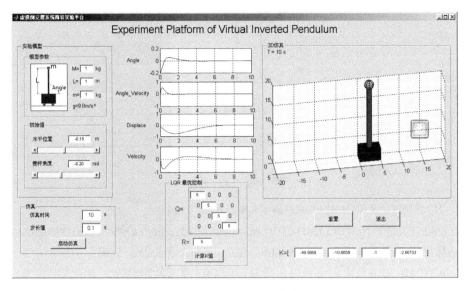

图 16-9　倒立摆控制仿真结果

〖仿真程序〗

① 主程序：dlb.m，包括调用示意图程序 model.jpg、倒立摆模型的数学描述、LQR 算法的计算、界面的创建、扰动的设定和仿真参数的设定等。由于程序较长，见本书的配书程序包。

② 演示界面程序：采用 GUI 设计环境进行设计，程序名为 dlb.fig，如图 16-10 所示。

通过 MATLAB 命令"guide"可打开 GUI 设计环境。在 MATLAB 环境下输入"guide dlb.fig"可打开倒立摆控制的演示界面程序进行设计或修改。

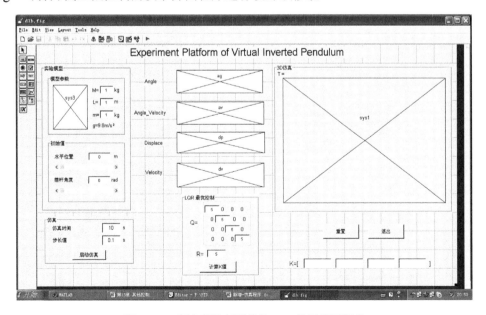

图 16-10　倒立摆控制系统的 GUI 演示界面程序

③ 倒立摆示意图，文件名为 model.jpg，如图 16-11 所示，该图为手工绘制。

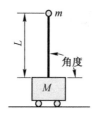

图 16-11　倒立摆示意图

参 考 文 献

[1] 申铁龙. H_∞ 控制理论及应用[M]. 北京：清华大学出版社，1996.
[2] 王琪. YALMIP 工具箱简介[EB/OL]. [2022-02-01]. https://wenku.baidu.com/view/b7b51caeda38376bae1fae3d.html.
[3] 俞立. 鲁棒控制：线性矩阵不等式处理方法[M]. 北京：清华大学出版社，2002.
[4] 罗华飞. MATLAB：GUI 设计学习手记[M]. 北京：北京航空航天大学出版社，2009.

第17章 自适应容错PD控制

控制系统中的各个部分，执行器、传感器和被控对象等，都有可能发生故障。对于运动系统故障的容错控制问题已经有很多有效的方法，其中，自适应补偿控制是一种行之有效的方法。执行器和传感器故障自适应补偿控制是根据系统的冗余情况，设计自适应补偿控制律，利用有效的执行器和传感器，达到跟踪参考模型运动的控制目的，同时保持较好的动态和稳态性能。在容错控制过程中，控制律随系统故障发生而变动，且可以自适应重组。

17.1 基于PD的执行器自适应容错控制

17.1.1 问题的提出

在实际系统中，由于执行器繁复的工作，所以执行器是控制系统中最容易发生故障的部分。典型的运动系统可描述为

$$\begin{aligned}\dot{x}_1 &= x_2 \\ J\dot{x}_2 + bx_2 &= u\end{aligned} \quad (17.1)$$

式中，x_1 和 x_2 分别表示位置和速度，定义 $\bm{x}=\begin{bmatrix}x_1 & x_2\end{bmatrix}^{\mathrm{T}}$；$J$ 为系统转动惯量，$J>0$；b 为黏性系数，$b>0$。

假设 x_{d} 为位置指令且为常值，$e=x_1-x_{\mathrm{d}}$ 为位置跟踪误差，$\dot{e}=\dot{x}_1-\dot{x}_{\mathrm{d}}=x_2$，$\ddot{e}=\ddot{x}_1-\ddot{x}_{\mathrm{d}}=\dot{x}_2$，则

$$J\ddot{e}+b\dot{e}=u$$

针对本系统，由于只有一个执行器，故控制输入 u 不能恒为0，取

$$u=\theta u_c \quad (17.2)$$

其中，$0<\theta\leqslant 1$，θ 为未知常数。

控制任务：在执行器出现故障时，通过设计控制律，实现 $t\to\infty$ 时，$e\to 0$，$\dot{e}\to 0$。

17.1.2 PD控制律的设计

取 $p=\dfrac{1}{\theta}$，设计 Lyapunov 函数为

$$V=\frac{1}{2}J\dot{e}^2+\frac{1}{2}K_{\mathrm{p}}e^2+\frac{\theta}{2\gamma}\tilde{p}^2 \quad (17.3)$$

式中，$\tilde{p}=\hat{p}-p$，$K_{\mathrm{p}}>0$，$\gamma>0$，则

$$\dot{V} = J\dot{e}\ddot{e} + K_{\mathrm{p}}e\dot{e} + \frac{\theta}{\gamma}\tilde{p}\dot{\tilde{p}} = \dot{e}(J\ddot{e} + K_{\mathrm{p}}e) + \frac{\theta}{\gamma}\tilde{p}\dot{\tilde{p}} = \dot{e}(\theta u_{\mathrm{c}} - b\dot{e} + K_{\mathrm{p}}e) + \frac{\theta}{\gamma}\tilde{p}\dot{\tilde{p}}$$

设计控制律和自适应律为

$$u_{\mathrm{c}} = -\hat{p}\alpha \tag{17.4}$$

$$\dot{\hat{p}} = \gamma \dot{e}\alpha \tag{17.5}$$

则

$$\dot{V} = \dot{e}(-\theta\hat{p}\alpha - b\dot{e} + K_{\mathrm{p}}e) + \theta\tilde{p}\dot{e}\alpha = \dot{e}(-\theta\hat{p}\alpha - b\dot{e} + K_{\mathrm{p}}e + \theta\tilde{p}\alpha)$$
$$= \dot{e}(-b\dot{e} + K_{\mathrm{p}}e - \theta p\alpha)$$

取 PD 型控制律：

$$\alpha = K_{\mathrm{p}}e + K_{\mathrm{d}}\dot{e}, \quad K_{\mathrm{d}} > 0 \tag{17.6}$$

从而

$$\dot{V} = \dot{e}(-K_{\mathrm{d}}\dot{e} - b\dot{e}) = -(K_{\mathrm{d}} + b)\dot{e}^2 \leqslant 0$$

通过设计投影自适应算法，可防止 $\hat{p}$ 不为零，且变化在 $[p_{\min}\quad p_{\max}]$ 范围内，可采用一种映射自适应算法，对式（17.5）进行以下修正：

$$\dot{\hat{p}} = \mathrm{Proj}_{\hat{p}}(\gamma\dot{e}\alpha) \tag{17.7}$$

$$\mathrm{Proj}_{\hat{p}}(\cdot) = \begin{cases} 0 & \text{如果 } \hat{p} \geqslant p_{\max} \text{ 和 } \cdot > 0 \\ 0 & \text{如果 } \hat{p} \leqslant p_{\min} \text{ 和 } \cdot < 0 \\ \cdot & \text{其他} \end{cases} \tag{17.8}$$

即当 $\hat{p}$ 超过最大值时，如果有继续增大的趋势，即 $\dot{\hat{p}} > 0$，则取 $\hat{p}$ 值不变，即 $\dot{\hat{p}} = 0$；当 $\hat{p}$ 小于最小值时，如果有继续减小的趋势，即 $\dot{\hat{p}} < 0$，则取 $\hat{p}$ 值不变，即 $\dot{\hat{p}} = 0$。当且仅当 $\dot{e} = 0$ 时，$\dot{V} = 0$。即当 $\dot{V} \equiv 0$ 时，$\dot{e} \equiv 0$，从而 $\ddot{e} \equiv 0$，代入闭环系统 $J\ddot{e} = u - b\dot{e}$，可得 $u \equiv 0$，从而 $u_{\mathrm{c}} \equiv 0$，由于投影自适应算法保证了 $\hat{p}$ 不为零，则由式（17.4）可得 $\alpha \equiv 0$，$e \equiv 0$。

根据 LaSalle 不变性原理[1]，闭环系统为渐进稳定，当 $t \to \infty$ 时，$e \to 0$，$\dot{e} \to 0$。系统的收敛速度取决于 K_{d}。

由于 $V \geqslant 0$，$\dot{V} \leqslant 0$，则当 $t \to \infty$ 时，V 有界，因此，可以证明 $\hat{p}$ 有界，但无法保证 $\hat{p}$ 收敛于 p。

17.1.3 仿真实例

针对模型式（17.1），取参数 $J = 1.0$，$b = 5.0$。位置指令信号取 $x_{\mathrm{d}} = \dfrac{\pi}{3}$。采用 PD 控制律式（17.4）至式（17.6），取 $\hat{p}(0) = 0.10$，$k_{\mathrm{p}} = 100$，$k_{\mathrm{d}} = 50$，$\gamma = 0.10$，不妨取 $0.1 \leqslant \theta \leqslant 1$，则对应 $p_{\min} = 0.1$，$p_{\max} = 1.0$。当仿真时间 $t \geqslant 5$ 时，取 $\theta = 0.20$，仿真结果如图 17-1 和图 17-2 所示。

第 17 章 自适应容错 PD 控制

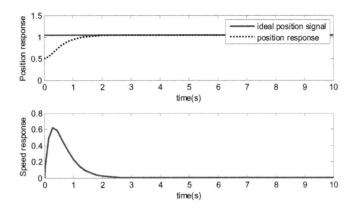

图 17-1 位置和速度响应

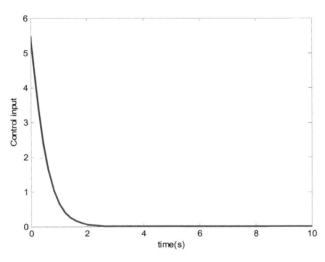

图 17-2 PD 控制输入

〖仿真程序〗

（1）Simulink 主程序：chap17_1sim.mdl

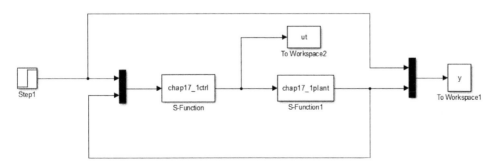

（2）控制律程序：chap17_1ctrl.m

```
function [sys,x0,str,ts]=s_function(t,x,u,flag)
switch flag,
case 0,
    [sys,x0,str,ts]=mdlInitializeSizes;
case 1,
    sys=mdlDerivatives(t,x,u);
case 3,
    sys=mdlOutputs(t,x,u);
case {2, 4, 9 }
    sys = [];
otherwise
    error(['Unhandled flag = ',num2str(flag)]);
end
function [sys,x0,str,ts]=mdlInitializeSizes
sizes = simsizes;
sizes.NumContStates  = 1;
sizes.NumDiscStates  = 0;
sizes.NumOutputs     = 1;
sizes.NumInputs      = 3;
sizes.DirFeedthrough = 1;
sizes.NumSampleTimes = 0;
sys=simsizes(sizes);
x0=[0.10];
str=[];
ts=[];
function sys=mdlDerivatives(t,x,u)
xd=u(1);
x1=u(2);
x2=u(3);

e=x1-xd;
de=x2;

Kp=100;Kd=15;
alfa=Kp*e+Kd*de;

gama=0.10;
p_est=x(1);

p_min=1.0;
p_max=10;

alaw=gama*de*alfa;     %Adaptive law

if p_est>=p_max&alaw>0
        sys(1)=0;
    elseif p_est<=p_min&alaw<0
        sys(1)=0;
    else
```

```
        sys(1)=alaw;
    end
function sys=mdlOutputs(t,x,u)
xd=u(1);
x1=u(2);
x2=u(3);

e=x1-xd;
de=x2;

p_est=x(1);

Kp=100;Kd=15;
alfa=Kp*e+Kd*de;
uc=-p_est*alfa;

if t>=5.0
    theta=0.20;
else
    theta=1.0;
end
ut=theta*uc;

sys(1)=ut;
```

（3）被控对象程序：chap17_1plant.m

```
function [sys,x0,str,ts]=s_function(t,x,u,flag)
switch flag,
case 0,
    [sys,x0,str,ts]=mdlInitializeSizes;
case 1,
    sys=mdlDerivatives(t,x,u);
case 3,
    sys=mdlOutputs(t,x,u);
case {2, 4, 9 }
    sys = [];
otherwise
    error(['Unhandled flag = ',num2str(flag)]);
end
function [sys,x0,str,ts]=mdlInitializeSizes
sizes = simsizes;
sizes.NumContStates  = 2;
sizes.NumDiscStates  = 0;
sizes.NumOutputs     = 2;
sizes.NumInputs      = 1;
sizes.DirFeedthrough = 1;
sizes.NumSampleTimes = 0;
sys=simsizes(sizes);
x0=[0.5;0];
str=[];
ts=[];
```

```
function sys=mdlDerivatives(t,x,u)
J=1.0;b=5;

ut=u(1);

sys(1)=x(2);
sys(2)=1/J*(ut-b*x(2));
function sys=mdlOutputs(t,x,u)
sys(1)=x(1);
sys(2)=x(2);
```

（4）作图程序：chap17_1plot.m

```
close all;
figure(1);
subplot(211);
plot(t,y(:,1),'r',t,y(:,2),'k:','linewidth',2)
xlabel('time(s)');ylabel('Position response');
legend('ideal position signal','position response');
subplot(212);
plot(t,y(:,3),'r','linewidth',2)
xlabel('time(s)');ylabel('Speed response');

figure(2);
plot(t,ut(:,1),'r','linewidth',2)
xlabel('time(s)');ylabel('Control input');
```

17.2 执行器和传感器同时容错的自适应 PD 控制

17.2.1 问题的提出

不确定性机械系统可描述为

$$\begin{aligned}\dot{x}_1 &= x_2 \\ J\dot{x}_2 + bx_2 &= u\end{aligned} \quad (17.9)$$

式中，x_1 和 x_2 表示位置和速度，定义 $\boldsymbol{x} = \begin{bmatrix} x_1 & x_2 \end{bmatrix}^\mathrm{T}$；$J$ 为系统转动惯量，$J>0$；b 为黏性系数，$b>0$。

传感器和执行器的容错取

$$x_i^F = \rho_i x_i, \quad i=1,2 \quad (17.10)$$

$$u = \theta u_c \quad (17.11)$$

式中，ρ_i 为未知常数，$0<\rho_i \leqslant 1$，$0<\theta \leqslant 1$，θ 为未知常数。

传感器实测输出为 x_1^F 和 x_2^F。控制目标：①设计控制律 u_c，使得闭环系统内所有信号有界；②$t\to\infty$ 时，$x_1\to 0$，$x_2\to 0$。

17.2.2 PD 控制律的设计

取 $p = \dfrac{1}{\theta}$，设计 Lyapunov 函数为

$$V = \frac{1}{2\rho_2} J\left(x_2^F\right)^2 + \frac{1}{2}\frac{\rho_2}{\rho_1} K_p \left(x_1^F\right)^2 + \frac{\theta}{2\gamma}\tilde{p}^2 \tag{17.12}$$

式中，$\tilde{p} = \hat{p} - p$；$K_p > 0$；$\gamma > 0$。

由 $x_i^F = \rho_i x_i$ 可得 $\left(x_2^F\right)^{2'} = 2x_2^F \rho_2 \dot{x}_2$，$\left(x_1^F\right)^{2'} = 2x_1^F \rho_1 x_2 = 2x_1^F \rho_1 \dfrac{x_2^F}{\rho_2}$，则

$$\dot{V} = x_2^F \left(J\dot{x}_2 + K_p x_1^F\right) + \frac{\theta}{\gamma}\tilde{p}\dot{\hat{p}} = x_2^F \left(\theta u_c - b x_2^F + K_p x_1^F\right) + \frac{\theta}{\gamma}\tilde{p}\dot{\hat{p}}$$

$$= x_2^F \left(\theta u_c - b x_2^F + K_p x_1^F\right) + \frac{\theta}{\gamma}\tilde{p}\dot{\hat{p}}$$

设计控制律和自适应律为

$$u_c = -\hat{p}\alpha \tag{17.13}$$

$$\dot{\hat{p}} = \gamma x_2^F \alpha \tag{17.14}$$

则

$$\dot{V} = x_2^F \left(-\theta\hat{p}\alpha - b x_2^F + K_p x_1^F\right) + \theta\tilde{p} x_2^F \alpha$$

$$= -x_2^F \theta\hat{p}\alpha - b\left(x_2^F\right)^2 + K_p x_1^F x_2^F + \theta\tilde{p} x_2^F \alpha$$

$$= -x_2^F \alpha - b\left(x_2^F\right)^2 + K_p x_1^F x_2^F$$

$$= -x_2^F \left(-K_p x_1^F + \alpha\right) - b\left(x_2^F\right)^2$$

取 PD 型控制律：

$$\alpha = K_p x_1^F + K_d x_2^F,\quad K_d > 0 \tag{17.15}$$

从而

$$\dot{V} = -K_d \left(x_2^F\right)^2 - b\left(x_2^F\right)^2 = -(K_d + b)\left(x_2^F\right)^2 \leqslant 0$$

通过设计投影自适应算法，可防止 $\hat{p}$ 不为零，且变化在 $\begin{bmatrix} p_{\min} & p_{\max} \end{bmatrix}$ 范围内，可采用一种映射自适应算法，对式（17.14）进行以下修正：

$$\dot{\hat{p}} = \text{Proj}_{\hat{p}}\left(\gamma x_2^F \alpha\right) \tag{17.16}$$

$$\text{Proj}_{\hat{p}}(\cdot) = \begin{cases} 0 & \text{如果 } \hat{p} \geqslant p_{\max} \text{ 和 } \cdot > 0 \\ 0 & \text{如果 } \hat{p} \leqslant p_{\min} \text{ 和 } \cdot < 0 \\ \cdot & \text{其他} \end{cases} \tag{17.17}$$

即当 $\hat{p}$ 超过最大值时，如果有继续增大的趋势，即 $\dot{\hat{p}} > 0$，则取 $\hat{p}$ 值不变，即 $\dot{\hat{p}} = 0$；当 $\hat{p}$ 小于最小值时，如果有继续减小的趋势，即 $\dot{\hat{p}} < 0$，则取 $\hat{p}$ 值不变，即 $\dot{\hat{p}} = 0$。当且仅当 $x_2^F = 0$ 时，$\dot{V} = 0$。即当 $\dot{V} \equiv 0$ 时，$x_2^F \equiv 0$，从而 $x_2 \equiv 0$，$\dot{x}_2 \equiv 0$，代入闭环系统 $J\dot{x}_2 + b x_2 = u$，可得 $u \equiv 0$，从而 $u_c \equiv 0$，由于投影自适应算法保证了 $\hat{p}$ 不为零，则由式（17.13）可得 $\alpha \equiv 0$，$x_1 \equiv 0$。

根据 LaSalle 不变性原理[1]，闭环系统为渐进稳定，当 $t \to \infty$ 时，$x_1 \to 0$，$x_2 \to 0$。系统的收敛速度取决于 K_d。

由于 $V \geqslant 0$，$\dot{V} \leqslant 0$，则当 $t \to \infty$ 时，V 有界，因此，可以证明 $\hat{p}$ 有界，但无法保证 $\hat{p}$ 收敛于 p。

需要说明的是，针对跟踪问题，由于传感器出现了失真，故无法保证位置和速度跟踪的精度。即当跟踪指令为常值 y_d，只能保证当 $t \to \infty$ 时，$x_1^F \to y_d$，$x_2^F \to \dot{y}_d$。

17.2.3 仿真实例

取被控对象参数 $J = 1.0$，$b = 5.0$。采用 PD 控制律式（17.13）～式（17.15），取 $\hat{p}(0) = 0.10$，$k_p = 500$，$k_d = 50$，$\gamma = 0.10$，不妨取 $0.1 \leqslant \theta \leqslant 1$，则对应 $p_{\min} = 1.0$，$p_{\max} = 10$。当仿真时间 $t \geqslant 5$ 时，取 $\rho_1 = 0.50$，$\rho_2 = 0.60$，$\theta = 0.20$，仿真结果如图 17-3 和图 17-4 所示。

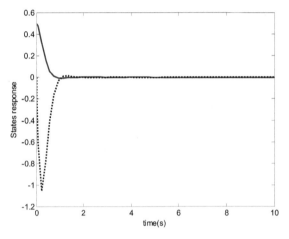

图 17-3 状态响应

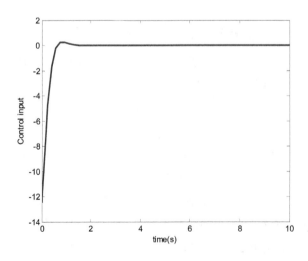

图 17-4 PD 控制输入

〖仿真程序〗

(1) Simulink 主程序: chap17_2sim.mdl

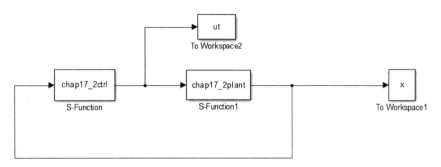

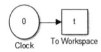

(2) 控制律程序: chap17_2ctrl.m

```
function [sys,x0,str,ts]=s_function(t,x,u,flag)
switch flag,
case 0,
    [sys,x0,str,ts]=mdlInitializeSizes;
case 1,
    sys=mdlDerivatives(t,x,u);
case 3,
    sys=mdlOutputs(t,x,u);
case {2, 4, 9 }
    sys = [];
otherwise
    error(['Unhandled flag = ',num2str(flag)]);
end
function [sys,x0,str,ts]=mdlInitializeSizes
sizes = simsizes;
sizes.NumContStates  = 1;
sizes.NumDiscStates  = 0;
sizes.NumOutputs     = 1;
sizes.NumInputs      = 2;
sizes.DirFeedthrough = 1;
sizes.NumSampleTimes = 0;
sys=simsizes(sizes);
x0=[0.10];
str=[];
ts=[];
function sys=mdlDerivatives(t,x,u)
x1=u(1);x2=u(2);
rou1=0.50;rou2=0.60;
x1F=rou1*x1;
```

```
x2F=rou2*x2;

Kp=500;Kd=50;
alfa=Kp*x1F+Kd*x2F;

gama=0.10;
p_est=x(1);

p_min=1.0;
p_max=10;

alaw=gama*x2F*alfa;    %Adaptive law

if p_est>=p_max&alaw>0
        sys(1)=0;
    elseif p_est<=p_min&alaw<0
        sys(1)=0;
    else
    sys(1)=alaw;
    end
function sys=mdlOutputs(t,x,u)
x1=u(1);x2=u(2);
rou1=0.50;rou2=0.60;
x1F=rou1*x1;
x2F=rou2*x2;

Kp=500;Kd=50;
alfa=Kp*x1F+Kd*x2F;

p_est=x(1);
uc=-p_est*alfa;

if t>=5.0
    theta=0.20;
else
    theta=1.0;
end
ut=theta*uc;

sys(1)=ut;
```

（3）被控对象程序：chap17_2plant.m

```
function [sys,x0,str,ts]=s_function(t,x,u,flag)
switch flag,
case 0,
    [sys,x0,str,ts]=mdlInitializeSizes;
case 1,
    sys=mdlDerivatives(t,x,u);
case 3,
    sys=mdlOutputs(t,x,u);
case {2, 4, 9 }
```

```
            sys = [];
otherwise
        error(['Unhandled flag = ',num2str(flag)]);
end
function [sys,x0,str,ts]=mdlInitializeSizes
sizes = simsizes;
sizes.NumContStates  = 2;
sizes.NumDiscStates  = 0;
sizes.NumOutputs     = 2;
sizes.NumInputs      = 1;
sizes.DirFeedthrough = 1;
sizes.NumSampleTimes = 0;
sys=simsizes(sizes);
x0=[0.5;0];
str=[];
ts=[];
function sys=mdlDerivatives(t,x,u)
J=1.0;b=5;

ut=u(1);

sys(1)=x(2);
sys(2)=1/J*(ut-b*x(2));
function sys=mdlOutputs(t,x,u)
sys(1)=x(1);
sys(2)=x(2);
```

（4）作图程序：chap17_2plot.m

```
close all;
figure(1);
plot(t,x(:,1),'r',t,x(:,2),'k:','linewidth',2)
xlabel('time(s)');ylabel('States response');

figure(2);
plot(t,ut(:,1),'r','linewidth',2)
xlabel('time(s)');ylabel('Control input');
```

17.3 基于神经网络的执行器自适应容错速度跟踪

17.3.1 问题的提出

摩擦阻力是影响速度跟踪的重要因素，针对如下不确定性系统：

$$\begin{aligned}\dot{x}_1 &= x_2 \\ \dot{x}_2 + f(x_2) + d(t) &= u\end{aligned} \quad (17.18)$$

式中，x_1 和 x_2 分别为位置和速度；$f(x_2)$ 为未知摩擦阻力；$d(t)$ 为控制输入扰动，

$|d(t)| \leq D$。

参考文献[2]，一种连续的摩擦模型可表示如下：

$$f(x_2) = \gamma_1 \tanh(x_2) + \gamma_2 x_2, \quad \gamma_1 > 0, \quad \gamma_2 > 0$$

假设 v_d 为理想的速度指令且为常值，$e = x_2 - v_d$ 为速度跟踪误差，$\dot{e} = \dot{x}_2 = u - f(x_2)$，则

$$\dot{e} + f(x_2) + d(t) = u$$

针对本系统，考虑只有一个执行器，故控制输入 u 不能恒为 0，取

$$u = \theta u_c, \quad 0 < \theta \leq 1 \tag{17.19}$$

控制任务：$f(x_2)$ 为未知连续函数，在执行器出现故障时，通过设计控制律，实现 $t \to \infty$ 时，$e \to 0$。

17.3.2 RBF 神经网络设计

采用 RBF 网络可实现未知函数 $f(x)$ 的逼近，RBF 网络算法为

$$h_j = g\left(\|x - c_{ij}\|^2 / b_j^2\right)$$

$$f = W^{*T} h(x) + \varepsilon$$

式中，x 为网络的输入；i 为网络的输入个数；j 为网络隐含层第 j 个节点；$h = [h_1, h_2, \cdots, h_n]^T$ 为高斯函数的输出；W^* 为网络的理想权值；ε 为网络的逼近误差，$|\varepsilon| \leq \varepsilon_N$。

采用 RBF 逼近未知函数 f，如果网络的输入取 x，则 RBF 网络的输出为

$$\hat{f}(x) = \hat{W}^T h(x) \tag{17.20}$$

则

$$\tilde{f}(x) = f(x) - \hat{f}(x) = W^{*T} h(x) + \varepsilon - \hat{W}^T h(x) = \tilde{W}^T h(x) + \varepsilon$$

式中，$\tilde{W} = W^* - \hat{W}$。

17.3.3 控制律的设计

取 $p = \dfrac{1}{\theta}$，设计 Lyapunov 函数为

$$V = \frac{1}{2} K_p e^2 + \frac{\theta}{2\gamma} \tilde{p}^2 + \frac{1}{2\gamma} \tilde{W}^T \tilde{W} \tag{17.21}$$

式中，$\tilde{p} = \hat{p} - p$；$K_p > 0$；$\gamma > 0$。则

$$\dot{V} = e\dot{e} + \frac{\theta}{\gamma}\tilde{p}\dot{\tilde{p}} - \frac{1}{\gamma}\tilde{\boldsymbol{W}}^{\mathrm{T}}\dot{\tilde{\boldsymbol{W}}} = e\left(u - f(x_2) - d(t)\right) + \frac{\theta}{\gamma}\tilde{p}\dot{\tilde{p}} - \frac{1}{\gamma}\tilde{\boldsymbol{W}}^{\mathrm{T}}\dot{\tilde{\boldsymbol{W}}}$$

$$= e\left(\theta u_c - f(x_2) - d(t)\right) + \frac{\theta}{\gamma}\tilde{p}\dot{\tilde{p}} - \frac{1}{\gamma}\tilde{\boldsymbol{W}}^{\mathrm{T}}\dot{\tilde{\boldsymbol{W}}}$$

设计 P 型控制律和自适应律为

$$u_c = -\hat{p}\alpha \tag{17.22}$$

$$\dot{\hat{p}} = \gamma e\alpha \tag{17.23}$$

则

$$\dot{V} = e\left(-\theta\hat{p}\alpha - f(x_2) - d(t)\right) + \theta\tilde{p}e\alpha - \frac{1}{\gamma}\tilde{\boldsymbol{W}}^{\mathrm{T}}\dot{\tilde{\boldsymbol{W}}}$$

$$= e\left(-\theta\hat{p}\alpha - f(x_2) - d(t) + \theta\tilde{p}\alpha\right) - \frac{1}{\gamma}\tilde{\boldsymbol{W}}^{\mathrm{T}}\dot{\tilde{\boldsymbol{W}}}$$

$$= e\left(-f(x_2) - \alpha - d(t)\right) - \frac{1}{\gamma}\tilde{\boldsymbol{W}}^{\mathrm{T}}\dot{\tilde{\boldsymbol{W}}}$$

取 P 型鲁棒控制律

$$\alpha = K_{\mathrm{p}}e - \hat{f}(x_2) + \eta\,\mathrm{sgn}\,e, \quad K_{\mathrm{p}} > 0, \quad \eta \geqslant \varepsilon_{\mathrm{N}} + D \tag{17.24}$$

从而

$$\dot{V} = e\left(-K_{\mathrm{p}}e - \tilde{f}(x_2) - d(t)\right) - \eta|e| - \frac{1}{\gamma}\tilde{\boldsymbol{W}}^{\mathrm{T}}\dot{\tilde{\boldsymbol{W}}}$$

$$= e\left(-K_{\mathrm{p}}e - \tilde{\boldsymbol{W}}^{\mathrm{T}}\boldsymbol{h}(x_2) - \varepsilon - d(t)\right) - \eta|e| - \frac{1}{\gamma}\tilde{\boldsymbol{W}}^{\mathrm{T}}\dot{\tilde{\boldsymbol{W}}}$$

$$\leqslant -K_{\mathrm{p}}e^2 - \frac{1}{\gamma}\tilde{\boldsymbol{W}}^{\mathrm{T}}\left(\gamma e\boldsymbol{h}(x_2) + \dot{\tilde{\boldsymbol{W}}}\right)$$

设计神经网络自适应律为

$$\dot{\hat{\boldsymbol{W}}} = -\gamma e\boldsymbol{h}(x_2) \tag{17.25}$$

则

$$\dot{V} \leqslant -K_{\mathrm{p}}e^2 \leqslant 0$$

可见，闭环系统为渐进稳定，当 $t \to \infty$ 时，$e \to 0$，系统的收敛速度取决于 K_{p}。

由于 $V \geqslant 0$，$\dot{V} \leqslant 0$，则当 $t \to \infty$ 时，V 有界，因此，可以证明 $\tilde{p}$ 和 $\tilde{\boldsymbol{W}}$ 有界。

17.3.4 仿真实例

被控对象取式（17.18），摩擦阻力为 $f(x_2) = 0.10\tanh(x_2) + 0.10x_2$，扰动为 $d(t) = \sin t$，取速度指令为 $v_{\mathrm{d}} = 3.0$，对象的初始状态为 $[0.5, 0]$，采用控制律式（17.22）和式（17.24），采用自适应律式（17.23）和式（17.25），取 $\hat{p}(0) = 0.10$，$k_{\mathrm{p}} = 500$，$\eta = 5.0$，$\gamma = 0.10$，根据网络输入 x_2 的实际范围来设计高斯基函数的参数，参数 c_i 和 b_i 取值分别为 $[-1\ -0.5\ 0\ 0.5\ 1]$ 和 0.50。网络权值中各个元素的初始值取 0，当仿真时间 $t \geqslant 5$ 时，取 $\theta = 0.20$，仿真结果如图 17-5 和图 17-6 所示。

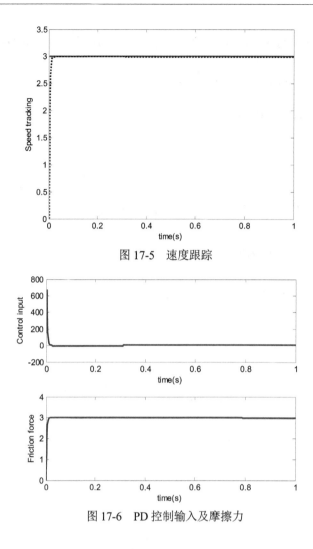

图 17-5 速度跟踪

图 17-6 PD 控制输入及摩擦力

〖仿真程序〗

(1) Simulink 主程序：chap17_3sim.mdl

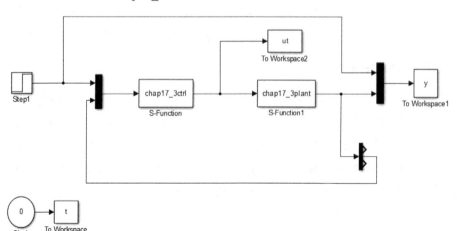

（2）控制律程序：chap17_3ctrl.m

```
function [sys,x0,str,ts]=s_function(t,x,u,flag)
switch flag,
case 0,
    [sys,x0,str,ts]=mdlInitializeSizes;
case 1,
    sys=mdlDerivatives(t,x,u);
case 3,
    sys=mdlOutputs(t,x,u);
case {2, 4, 9 }
    sys = [];
otherwise
    error(['Unhandled flag = ',num2str(flag)]);
end
function [sys,x0,str,ts]=mdlInitializeSizes
global bj cij Kp Kd xite
cij=0.5*[-2 -1 0 1 2];
bj=0.50;
Kp=500;
xite=5.0;

sizes = simsizes;
sizes.NumContStates  = 6;
sizes.NumDiscStates  = 0;
sizes.NumOutputs     = 1;
sizes.NumInputs      = 2;
sizes.DirFeedthrough = 1;
sizes.NumSampleTimes = 0;
sys=simsizes(sizes);
x0=[0 0 0 0 0 0.1];
str=[];
ts=[];
function sys=mdlDerivatives(t,x,u)
global bj cij Kp Kd xite
vd=u(1);
x2=u(2);
e=x2-vd;

gama=0.10;
p_est=x(6);

W=[x(1) x(2) x(3) x(4) x(5)];
xi=x2;
h=zeros(5,1);
for j=1:1:5
    h(j)=exp(-norm(xi-cij(:,j))^2/(2*bj^2));
end
fn=W*h;

alfa=Kp*e-fn+xite*sign(e);
```

```
for j=1:1:5
    sys(j)=-gama*e*h(j);
end
sys(6)=gama*e*alfa;

function sys=mdlOutputs(t,x,u)
global bj cij Kp Kd xite
vd=u(1);
x2=u(2);
e=x2-vd;

p_est=x(6);
W=[x(1) x(2) x(3) x(4) x(5)];
xi=x2;
h=zeros(5,1);
for j=1:1:5
    h(j)=exp(-norm(xi-cij(:,j))^2/(2*bj^2));
end
fn=W*h;
alfa=Kp*e-fn+xite*sign(e);

uc=-p_est*alfa;

if t>=5.0
    theta=0.20;
else
    theta=1.0;
end
ut=theta*uc;

sys(1)=ut;
```

（3）被控对象程序：chap17_3plant.m

```
function [sys,x0,str,ts]=s_function(t,x,u,flag)
switch flag,
case 0,
    [sys,x0,str,ts]=mdlInitializeSizes;
case 1,
    sys=mdlDerivatives(t,x,u);
case 3,
    sys=mdlOutputs(t,x,u);
case {2, 4, 9 }
    sys = [];
otherwise
    error(['Unhandled flag = ',num2str(flag)]);
end
function [sys,x0,str,ts]=mdlInitializeSizes
sizes = simsizes;
sizes.NumContStates  = 2;
sizes.NumDiscStates  = 0;
sizes.NumOutputs     = 3;
```

```
sizes.NumInputs       = 1;
sizes.DirFeedthrough = 1;
sizes.NumSampleTimes = 0;
sys=simsizes(sizes);
x0=[0.5;0];
str=[];
ts=[];
function sys=mdlDerivatives(t,x,u)
ut=u(1);
x2=x(2);
gama1=0.10;gama2=0.10;
fx=gama1*tanh(x2)+gama2*x(2);
dt=sin(t);;
sys(1)=x(2);
sys(2)=ut-fx-dt;;
function sys=mdlOutputs(t,x,u)
x2=x(2);
gama1=0.10;gama2=0.10;
fx=gama1*tanh(x2)+gama2*x(2);
sys(1)=x(1);
sys(2)=x(2);
sys(3)=fx;
```

（4）作图程序：chap17_3plot.m

```
close all;
figure(1);
plot(t,y(:,1),'r',t,y(:,3),'k:','linewidth',2)
xlabel('time(s)');ylabel('Speed tracking');

figure(2);
subplot(211);
plot(t,ut(:,1),'r','linewidth',2)
xlabel('time(s)');ylabel('Control input');

subplot(212);
plot(t,y(:,3),'r','linewidth',2)
xlabel('time(s)');ylabel('Friction force');
```

参 考 文 献

[1] LASALLE J, LEFSCHETZ S. Stability by Lyapunov's direct method. New York: Academic Press, 1961.
[2] MAKKAR C, DIXON W E, SAWYER W G, et al. A new continuously differentiable friction model for control systems design[C]. IEEE/ASME International Conference on Advanced Intelligent Mechatronics, 2005. 600-605.

第18章 基于事件驱动及输入延迟的PID控制

18.1 基于事件驱动的P控制

随着通信技术和传感器技术的发展，20世纪90年代出现了事件驱动控制的概念。事件驱动控制的基本思想是基于测量信号的通讯数据只有当事件驱动策略的设计条件得到满足时才会被发送。在事件驱动中，当某个事件（通常是一组策略，函数，算法或条件）超过给定阈值时，就执行采样或更新控制输入。通过采用事件驱动策略，可以大大节省信号的通讯量，事件驱动控制理论目前是网络控制理论研究的热点[1]。

18.1.1 基本原理

被控对象为

$$\dot{x}_1 = x_2 \\ \dot{x}_2 + bx_2 = u + d \tag{18.1}$$

式中，x_1、x_2 分别为位置和速度；b 为黏性系数，$b>0$；d 为扰动，$|d| \leqslant D$。

假设 v_d 为理想的速度指令且为常值，$e = x_2 - v_d$ 为速度跟踪误差，$\dot{e} = \dot{x}_2 = u - bx_2 - d$，则

$$\dot{e} + bx_2 = u + d$$

控制任务：通过设计控制律，实现 $t \to \infty$ 时，速度跟踪误差 $e \to 0$。

18.1.2 控制器设计

设计Lyapunov函数为

$$V = \frac{1}{2}e^2 \tag{18.2}$$

则

$$\dot{V} = e\dot{e} = e(u - bx_2 + d)$$

设计基于P型的控制律为

$$\omega = bx_2 - K_p e - \eta \,\mathrm{sgn}\, e - \bar{m}\tanh\left(\frac{e\bar{m}}{\varepsilon}\right) \tag{18.3}$$

式中，$\bar{m}$、ε 为正常数；$\eta \geqslant D$；$K_p > 0$。

事件驱动策略为

$$u = \omega(t_k), \quad \forall t \in [t_k, t_{k+1}) \tag{18.4}$$

$$t_{k+1}=\inf\{t\in R, |e(t)|\geq m\}, \quad t_1=0 \tag{18.5}$$

式中,$0<m<\bar{m}$;$e_u(t)=\omega(t)-u(t)$。

针对事件驱动策略式(18.4)和式(18.5),可分析如下:当 $t\in[t_k,t_{k+1})$ 时,$u=\omega(t_k)$,其中 $t=t_{k+1}$ 的值由 $|e_u(t)|\geq m$ 来确定;当 $|e_u(t)|<m$ 时,不传输控制输入信号,控制器的值保持不变。

综上所述,存在一个连续时变系数 $\lambda(t)$,满足 $\lambda(t_k)=0$,$\lambda(t_{k+1})=\pm 1$,且 $|\lambda(t)|\leq 1$,使 $\omega(t)=u(t)+\lambda(t)m$,即

$$u(t)=\omega(t)-\lambda(t)m \tag{18.6}$$

式(18.6)分析如下:

① 当 $\lambda(t)=0$ 时,$e_u(t)=\omega(t)-u(t)=0$,此时 $t=t_k$,$u=\omega(t_k)$;

② 当 $|\lambda(t)|<1$ 时,$|e_u(t)|=|\omega(t)-u(t)|<m$,此时 $t\in[t_k,t_{k+1})$;

③ 当 $|\lambda(t)|=1$ 时,$|e_u(t)|=m$,确定当前时刻为 $t=t_{k+1}$,此时 $u=\omega(t_{k+1})$。

对于 $t\in[t_{k+1},t_{k+2})$ 的分析同上。因此,对于任意时刻,都满足 $\omega(t)=u(t)+\lambda(t)m$,其中 $\lambda(t)$ 满足 $\lambda(t_k)=0$,$\lambda(t_{k+1})=\pm 1$,且 $|\lambda(t)|\leq 1$,则

$$\dot{V}=e\dot{e}=e(u-bx_2+d)=e(\omega(t)-\lambda(t)m-bx_2+d)$$

$$=e\left(-K_p e-\eta\,\text{sgn}\,e-\bar{m}\tanh\left(\frac{e\bar{m}}{\varepsilon}\right)-\lambda(t)m+d\right)$$

$$\leq -K_p e^2-e\bar{m}\tanh\left(\frac{e\bar{m}}{\varepsilon}\right)+|em|$$

根据双曲正切函数的特点,有 $0\leq|x|-x\tanh\left(\frac{x}{\varepsilon}\right)\leq k_u\varepsilon$,$k_u=0.2785$ [2],则

$$-e\bar{m}\tanh\left(\frac{e\bar{m}}{\varepsilon}\right)+|em|\leq k_u\varepsilon$$

则

$$\dot{V}\leq -K_p e^2+0.2785\varepsilon$$

即

$$\dot{V}\leq -2K_p V+0.2785\varepsilon$$

从而得到指数收敛的形式

$$V(t)\leq V(0)\mathrm{e}^{-2K_p t}+\frac{0.2785\varepsilon}{2K_p}$$

则 e 有界且收敛到 $\sqrt{\dfrac{0.2785\varepsilon}{K_p}}$,如果 ε 足够小或 K_p 足够大,当 $t\to\infty$ 时,$e\to 0$,即 $x_2\to v_d$。

18.1.3 仿真实例

被控对象取式(18.1),取 $b=15$,$d(t)=0.2\sin t$。取 $v_d=\sin t$,$\varepsilon=1.0$,$m=0.15$,

$\bar{m}=0.20$,$\eta=0.2$,$D=1.0$,控制律取式(18.3)~式(18.6)。为了防止抖振,控制器中采用饱和函数sat(e)代替符号函数sgn(e),即

$$\text{sat}(e)=\begin{cases}1 & e>\Delta\\ Me & |e|\leqslant\Delta,M=1/\Delta\\ -1 & e<-\Delta\end{cases}$$

式中,Δ为边界层,取$\Delta=0.15$。

分别取两组事件驱动,第一组取$m=1.5$,$\bar{m}=2.0$,仿真结果如图18-1和图18-2所示。

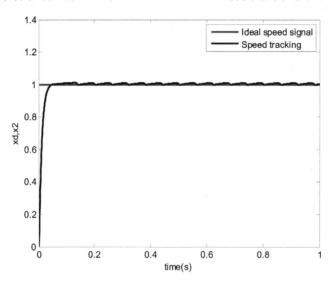

图18-1 速度跟踪($m=1.5$,$\bar{m}=2.0$)

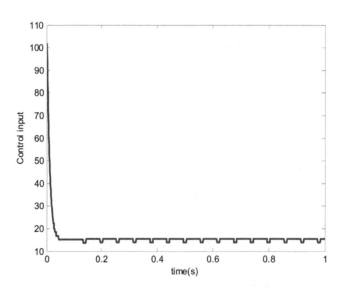

图18-2 控制输入($m=1.5$,$\bar{m}=2.0$)

第二组取$m=0.15$,$\bar{m}=0.20$,仿真结果如图18-3和图18-4所示。可见,第一组通信量得到了节省,但速度跟踪精度较差。第二组速度跟踪精度较好,但需要花费较大的通信量。

可见，m 值越小，跟踪精度较好，但需要花费较大的通信量。

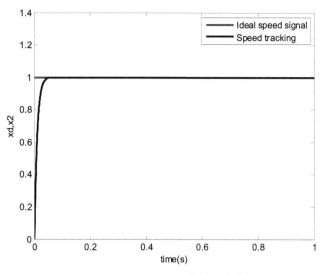

图 18-3　速度跟踪（$m=0.15$，$\bar{m}=0.20$）

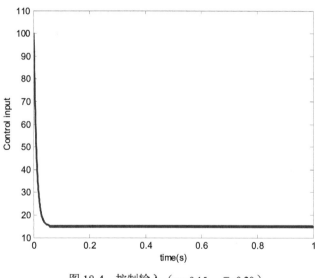

图 18-4　控制输入（$m=0.15$，$\bar{m}=0.20$）

〖仿真程序〗

（1）主程序：chap18_1main.m

```
%Discrete controller for continuous plant
clear all;
close all;

ts=0.001;   %Sampling time
xk=zeros(2,1);
u_1=0;
for k=1:1:1000
time(k) =k*ts;
```

```
vd(k)=1.0;

para=u_1;
tSpan=[0 ts];
[tt,xx]=ode45('chap18_1plant',tSpan,xk,[],para);
xk = xx(length(xx),:);
x2(k)=xk(2);

e(k)=x2(k)-vd(k);

Kp=100;
xite=0.20;
epc=1.0;
%m=0.5;mb=1.0;
m=1.5;mb=2.0;
%m=0.15;mb=0.20;

delta=0.15;
M=1/delta;
if abs(e(k))>delta
    sats=sign(e(k));
else
    sats=M*e(k);
end

b=15;
w(k)=b*x2(k)-Kp*e(k)-xite*sign(e(k))-mb*tanh(e(k)*mb/epc);

eu(k)=w(k)-u_1;
if abs(eu(k))>=m
    u(k)=w(k);
    u_1=w(k);
else
    u(k)=u_1;
end

end
figure(1);
plot(time,vd,'r',time,x2,'b','linewidth',2);
xlabel('time(s)');ylabel('xd,x2');
legend('Ideal speed signal','Speed tracking');

figure(2);
plot(time,u,'r','linewidth',2);
xlabel('time(s)');ylabel('Control input');
```

(2)被控对象子程序：chap18_1plant.m

```
function dx = PlantModel(t,x,flag,para)
dx=zeros(2,1);
ut=para;
d=0.2*sin(t);

dx(1)=x(2);
dx(2)=-15*x(2)+ut+d;
```

18.2 输入延迟补偿 PID 控制

18.2.1 系统描述

考虑具有控制输入延迟的系统模型如下：
$$\ddot{q} + a\dot{q} + bq = u(t-\tau) \tag{18.7}$$

式中，$\tau > 0$，为时间延迟常数。

控制目标：当 $t \to \infty$ 时，$q \to 0$，$\dot{q} \to 0$。

18.2.2 控制器设计与分析

定义辅助变量为 PD+延迟补偿的形式：
$$r = -k_1(\dot{q} + e_z) - k_2 q \tag{18.8}$$

$$e_z = \int_{t-\tau}^{t} u(\theta) \mathrm{d}\theta \tag{18.9}$$

式中，k_1 和 k_2 为待设计系数；e_z 为输入延迟补偿项。

设计控制律为
$$u(t) = kr \tag{18.10}$$

则
$$\begin{aligned}
\dot{r} &= -k_1(\ddot{q} + \dot{e}_z) - k_2 \dot{q} \\
&= -k_1(-a\dot{q} - bq + u(t-\tau) + u(t) - u(t-\tau)) - k_2 \dot{q} \\
&= (ak_1 - k_2)\dot{q} + bk_1 q - k_1 kr
\end{aligned}$$

设计 Lyapunov 函数为
$$V = \frac{1}{2}\eta_1 r^2 + \frac{1}{2}\eta_2 q^2 + P$$

其中
$$P = \omega \int_{t-\tau}^{t} \left(\int_{s}^{t} u^2(\theta) \mathrm{d}\theta \right) \mathrm{d}s \tag{18.11}$$

根据 Leibniz 积分法则（见附录 A）对 P 求导得
$$\dot{P} = \omega \tau u^2 - \omega \int_{t-\tau}^{t} u^2(\theta) \mathrm{d}\theta$$

式中，$\eta_1 > 0$；$\eta_2 > 0$；$\omega > 0$。

$$\begin{aligned}
\dot{V} &= \eta_1 r\dot{r} + \eta_2 q\dot{q} + \dot{P} \\
&= \eta_1 r\left[(ak_1 - k_2)\dot{q} + bk_1 q - k_1 kr\right] + \eta_2 q\dot{q} + \omega\tau v^2 - \omega\int_{t-\tau}^{t} u^2(\theta)\mathrm{d}\theta \\
&\leqslant -\eta_1 k_1 kr^2 + \eta_1 r\left((ak_1 - k_2)\dot{q} + bk_1 q\right) + \eta_2 q\dot{q} + \omega\tau u^2 - \omega\int_{t-\tau}^{t} u^2(\theta)\mathrm{d}\theta \\
&= -\eta_1 k_1 kr^2 + \eta_1\left(-k_1(\dot{q} + e_z) - k_2 q\right)\left((ak_1 - k_2)\dot{q} + bk_1 q\right) \\
&\quad + \eta_2 q\dot{q} + \omega\tau u^2 - \omega\int_{t-\tau}^{t} u^2(\theta)\mathrm{d}\theta
\end{aligned}$$

其中

$$\begin{aligned}
&\eta_1\left(-k_1(\dot{q} + e_z) - k_2 q\right)\left((ak_1 - k_2)\dot{q} + bk_1 q\right) \\
&= -\eta_1 k_1(ak_1 - k_2)\dot{q}^2 - \left[\eta_1 k_2(ak_1 - k_2) + \eta_1 bk_1^2\right]\dot{q}q - \eta_1 k_1(ak_1 - k_2)\dot{q}e_z \\
&\quad - \eta_1 bk_1 k_2 q^2 - \eta_1 bk_1^2 qe_z
\end{aligned}$$

根据 Cauchy-Schwartz 不等式

$$e_z^2 \leqslant \tau\int_{t-\tau}^{t} u^2(\theta)\mathrm{d}\theta \tag{18.12}$$

则

$$-\omega\int_{t-\tau}^{t} u^2(\theta)\mathrm{d}\theta \leqslant -\frac{\omega}{\tau}e_z^2 \tag{18.13}$$

$$\begin{aligned}
\dot{V} &\leqslant -\eta_1 k_1 kr^2 - \eta_1 k_1(ak_1 - k_2)\dot{q}^2 - \left[\eta_1 k_2(ak_1 - k_2) + \eta_1 bk_1^2\right]\dot{q}q - \eta_1 k_1(ak_1 - k_2)\dot{q}e_z \\
&\quad - \eta_1 bk_1 k_2 q^2 - \eta_1 bk_1^2 qe_z + \eta_2 q\dot{q} + \omega\tau u^2 - \omega\int_{t-\tau}^{t} u^2(\theta)\mathrm{d}\theta \\
&\leqslant -\eta_1 k_1 kr^2 - \eta_1 k_1(ak_1 - k_2)\dot{q}^2 - \left[\eta_1 k_2(ak_1 - k_2) + \eta_1 bk_1^2\right]\dot{q}q - \eta_1 k_1(ak_1 - k_2)\dot{q}e_z \\
&\quad - \eta_1 bk_1 k_2 q^2 - \eta_1 bk_1^2 qe_z + \eta_2 q\dot{q} + \omega\tau u^2 - \frac{\omega}{\tau}e_z^2
\end{aligned}$$

由于 $\omega\tau u^2 = \omega\tau k^2 r^2$，则

$$\begin{aligned}
\dot{V} &\leqslant -\eta_1 k_1 kr^2 - \eta_1 k_1(ak_1 - k_2)\dot{q}^2 - \left[\eta_1 k_2(ak_1 - k_2) + \eta_1 bk_1^2\right]\dot{q}q - \eta_1 k_1(ak_1 - k_2)\dot{q}e_z \\
&\quad - \eta_1 bk_1 k_2 q^2 - \eta_1 bk_1^2 qe_z \\
&\quad + \eta_2 q\dot{q} + \omega\tau k^2 r^2 - \frac{\omega}{\tau}e_z^2 \\
&= \left(\omega\tau k^2 - \eta_1 k_1 k\right)r^2 - \eta_1 k_1(ak_1 - k_2)\dot{q}^2 \\
&\quad - \left[\eta_1 k_2(ak_1 - k_2) + \eta_1 bk_1^2 + \eta_2\right]\dot{q}q - \eta_1 k_1(ak_1 - k_2)\dot{q}e_z \\
&\quad - \eta_1 bk_1 k_2 q^2 - \eta_1 bk_1^2 qe_z - \frac{\omega}{\tau}e_z^2
\end{aligned}$$

令 $\beta = \begin{bmatrix} r & \dot{q} & q & e_z \end{bmatrix}^{\mathrm{T}}$，且

$$W = \begin{bmatrix} \omega\tau k^2 - \eta_1 k_1 k & 0 & 0 & 0 \\ 0 & -\eta_1 k_1(ak_1 - k_2) & -\left[\eta_1 k_2(ak_1 - k_2) + \eta_1 bk_1^2 - \eta_2\right] & -\eta_1 k_1(ak_1 - k_2) \\ 0 & 0 & -\eta_1 bk_1 k_2 & -\eta_1 bk_1^2 \\ 0 & 0 & 0 & -\dfrac{\omega}{\tau} \end{bmatrix} \tag{18.14}$$

若存在 $\eta_1 > 0$、$\eta_2 > 0$、$\omega > 0$、$K > 0$ 及 k_1、k_2、k 使得 W 负定，则可实现有界收敛，则

$$\dot{V} \leqslant \boldsymbol{\beta}^{\mathrm{T}} \boldsymbol{W} \boldsymbol{\beta} \leqslant 0$$

由于 $V \geqslant 0$，根据 $\dot{V} \leqslant 0$，则 V 有界。根据 $\dot{V} \leqslant \boldsymbol{\beta}^{\mathrm{T}} \boldsymbol{W} \boldsymbol{\beta} \leqslant 0$，如果 W 负定，当 $\dot{V} \equiv 0$ 时，$\boldsymbol{\beta} = 0$，根据 LaSSale 不变引理，当 $t \to \infty$ 时，$\boldsymbol{\beta} = \begin{bmatrix} \tanh r & \dot{q} & q & e_z & \tilde{d} \end{bmatrix}^{\mathrm{T}} \to 0$。

Fmincon 函数是用于求解非线性多元函数最小值的 MATLAB 函数，优化工具箱提供 fmincon 函数用于对有约束优化的问题进行求解。针对本问题，在参数满足一定约束范围条件，采用 fmincon 函数进行优化求解，取 W 的最大特征值作为优化指标，从而得到满足 W 特征值均为负的 η_1、η_2、η_3、ω、K、k_1、k_2、k。

18.2.3 仿真实例

针对模型式（18.7），取 $a = 1.2$，$b = 1.0$，$\tau = 3$，被控对象初值取[1 0]，控制器采用式（18.4），参数 η_1、η_2、η_3、ω 和 K 约束取[0 10]，k_1、k_2 和 k 约束取[0 1]，采用 fmincon 函数按满足参数约束范围及式（18.14）中的 W 为负定来进行优化求解，可得 $[\eta_1\ \eta_2\ \omega\ k_1\ k_2\ k]=[\ 8.8736\ \ 5.0000\ \ 3.9122\ \ 5.0000\ \ 0.8874\ \ 0.5000\ \ 0.1865]$，从而可得 $k = 0.1865$。

此时 W 特征值的最大值为 -0.6520，满足 W 负定。采用控制律式（18.11），仿真结果如图 18-5～图 18-7 所示。

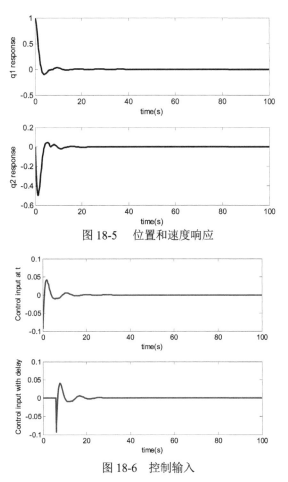

图 18-5　位置和速度响应

图 18-6　控制输入

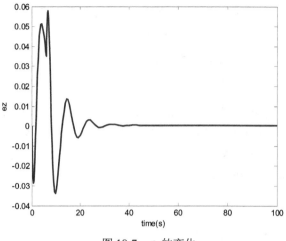

图 18-7　e_z 的变化

〖仿真程序〗

（1）ffmincon 求解程序

① 主程序：chap18_2main.m。

```
clear all;
close all;

a = 1.2;
b = 1;
tau = 6;

%初始值 xite1,xite2,w,K,k1,k2,k
k0 = [0 0 0 0 0 0 0];
%三个参数的范围，分别的最小值和最大值
k_min = [0 0 0 0 0 0 0];
k_max = [10 10 10 10 1 1 1];

p = [a,b,tau];
kk = fmincon(@(k)chap18_2func(p,k),k0,[],[],[],[],k_min,k_max)
chap18_2func(p,kk)

save delay_file2 kk;
```

② 子程序：chap18_2func.m。

```
function eig_max = max_eig_new(p1,x);
a = p1(1);
b = p1(2);
tau = p1(3);

xite1 = x(1);
xite2 = x(2);
w = x(3);      %k4
K = x(4);      %k5
```

```
k1 = x(5);
k2 = x(6);
k = x(7);

W1 = [w*tau*k^2-xite1*k1*k 0 0 0];
W2 = [0 -xite1*k1*(a*k1-k2) -xite1*k2*(a*k1-k2)-xite1*b*k1^2+xite2 -xite1*k1*(a*k1-k2)];
W3 = [0 0 -xite1*b*k1*k2 -xite1*b*k1^2];
W4 = [0 0 0 -w/tau];
W = [W1;W2;W3;W4];

eig_value = eig(W);
eig_max = max(real(eig_value));
end
```

（2）控制系统仿真程序

① Simulink 主程序：chap18_2sim.mdl。

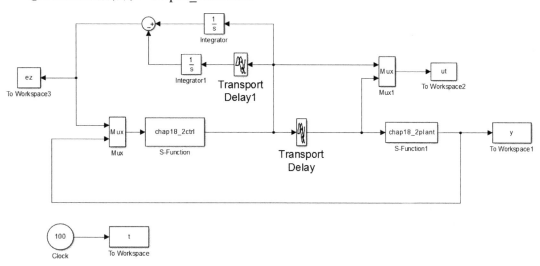

② 控制器 S 函数程序：chap18_2ctrl.m。

```
function [sys,x0,str,ts] = spacemodel(t,x,u,flag)
switch flag,
case 0,
    [sys,x0,str,ts]=mdlInitializeSizes;
case 1,
    sys=mdlDerivatives(t,x,u);
case 3,
    sys=mdlOutputs(t,x,u);
case {2,4,9}
    sys=[];
otherwise
    error(['Unhandled flag = ',num2str(flag)]);
end
function [sys,x0,str,ts]=mdlInitializeSizes
sizes = simsizes;
sizes.NumContStates  = 0;
```

```
sizes.NumDiscStates  = 0;
sizes.NumOutputs     = 1;
sizes.NumInputs      = 3;
sizes.DirFeedthrough = 1;
sizes.NumSampleTimes = 1;
sys = simsizes(sizes);
x0  = [];
str = [];
ts  = [0 0];
function sys=mdlOutputs(t,x,u)
persistent kk
ez=u(1);
q=u(2);
dq=u(3);

if t==0
    load delay_file2;
end

k1=kk(5);
k2=kk(6);
k=kk(7);

r=-k1*(dq+ez)-k2*q;
ut=k*r;
sys(1)=ut;
```

③ 被控对象 S 函数程序：chap18_2plant.m。

```
function [sys,x0,str,ts]=s_function(t,x,u,flag)
switch flag,
case 0,
    [sys,x0,str,ts]=mdlInitializeSizes;
case 1,
    sys=mdlDerivatives(t,x,u);
case 3,
    sys=mdlOutputs(t,x,u);
case {2, 4, 9 }
    sys = [];
otherwise
    error(['Unhandled flag = ',num2str(flag)]);
end
function [sys,x0,str,ts]=mdlInitializeSizes
sizes = simsizes;
sizes.NumContStates  = 2;
sizes.NumDiscStates  = 0;
sizes.NumOutputs     = 2;
sizes.NumInputs      = 1;
sizes.DirFeedthrough = 0;
sizes.NumSampleTimes = 0;
sys=simsizes(sizes);
x0=[1.0 0];
```

```
str=[];
ts=[];
function sys=mdlDerivatives(t,x,u)
a = 1.2;
b = 1.0;
u_tol=u(1);

sys(1)=x(2);
sys(2)=-a*x(2)-b*x(1)+u_tol;
function sys=mdlOutputs(t,x,u)
sys(1)=x(1);
sys(2)=x(2);
```

④ 作图程序：chap18_2plot.m。

```
close all;

figure(1);
subplot(211);
plot(t,y(:,1),'k','linewidth',2);
xlabel('time(s)');ylabel('q1 response');
subplot(212);
plot(t,y(:,2),'k','linewidth',2);
xlabel('time(s)');ylabel('q2 response');

figure(2);
subplot(211);
plot(t,ut(:,1),'r','linewidth',2);
xlabel('time(s)');ylabel('Control input at t');
subplot(212);
plot(t,ut(:,2),'r','linewidth',2);
xlabel('time(s)');ylabel('Control input with delay');

figure(3);
plot(t,ez(:,1),'r','linewidth',2);
xlabel('time(s)');ylabel('ez');
```

18.3 基于干扰观测器的输入延迟补偿 PID 控制

18.3.1 系统描述

考虑具有控制输入延迟的系统模型如下：
$$\ddot{q} + a\dot{q} + bq = u(t-\tau) + d \tag{18.15}$$

式中，τ 为时间延迟常数，$\tau > 0$；d 为扰动，$|d| \leqslant D$。

控制目标：当 $t \to \infty$ 时，$q \to 0$，$\dot{q} \to 0$。

假设扰动是满时变的，$\dot{d} = 0$。

18.3.2 控制器设计与分析

定义辅助变量为 PD+延迟补偿的形式：

$$r = -k_1(\dot{q} + e_z) - k_2 q \quad (18.16)$$

$$e_z = \int_{t-\tau}^{t} v(\theta)\mathrm{d}\theta \quad (18.17)$$

$$v(t) = kr \quad (18.18)$$

式中，k 为待设计系数；e_z 为输入延迟补偿项。

设计扰动观测器为

$$\begin{cases} \dot{z} = K(a\dot{q} + bq - u(t-\tau)) - K\hat{d} \\ \hat{d} = z + K\dot{q} \end{cases} \quad (18.19)$$

式中，$\hat{d}$ 为 d 的估计值；$K > 0$。

定义 $\tilde{d} = d - \hat{d}$，则

$$\begin{aligned}
\dot{\tilde{d}} = -\dot{\hat{d}} &= -\dot{z} - K\ddot{q} = -K(a\dot{q} + bq - u(t-\tau)) + K\hat{d} - K\ddot{q} \\
&= -K(\ddot{q} + a\dot{q} + bq - u(t-\tau)) + K\hat{d} \\
&= -K(d - \hat{d}) = -K\tilde{d}
\end{aligned}$$

设计

$$V_{\mathrm{ob}} = \frac{1}{2}\tilde{d}^2$$

则

$$\dot{V}_{\mathrm{ob}} = -K\tilde{d}^2 \leqslant -2KV_{\mathrm{ob}}$$

因此干扰观测器指数收敛，即 $t \to \infty$ 时，$\tilde{d} \to 0$ 且指数收敛。

设计控制律为

$$u(t) = v(t) - \hat{d}(t) \quad (18.20)$$

则

$$\begin{aligned}
\dot{r} &= -k_1(\ddot{q} + \dot{e}_z) - k_2 \dot{q} \\
&= -k_1(-a\dot{q} - bq + u(t-\tau) + d + v(t) - v(t-\tau)) - k_2\dot{q} \\
&= -k_1(-a\dot{q} - bq + v(t-\tau) - \hat{d}(t-\tau) + d(t) + v(t) - v(t-\tau)) - k_2\dot{q} \\
&= -k_1(-a\dot{q} - bq + v(t) - \hat{d}(t-\tau) + \hat{d}(t) - \hat{d}(t) + d(t)) - k_2\dot{q} \\
&= -k_1(-a\dot{q} - bq + v(t) - \hat{d}(t-\tau) + \hat{d}(t) + \tilde{d}(t)) - k_2\dot{q} \\
&= (ak_1 - k_2)\dot{q} + bk_1 q - k_1 kr - k_1\tilde{d}(t) - k_1(\hat{d}(t) - \hat{d}(t-\tau))
\end{aligned}$$

设计 Lyapunov 函数为

$$V = \frac{1}{2}\eta_1 r^2 + \frac{1}{2}\eta_2 q^2 + P + \frac{1}{2}\eta_3 \tilde{d}^2$$

其中

$$P = \omega \int_{t-\tau}^{t} \left(\int_{s}^{t} u^2(\theta) \mathrm{d}\theta \right) \mathrm{d}s$$

根据 Leibniz 积分法则（见附录 A）对 P 求导得

$$\dot{P} = \omega \tau v^2 - \omega \int_{t-\tau}^{t} v^2(\theta) \mathrm{d}\theta$$

式中，$\eta_1 > 0$；$\eta_2 > 0$；$\eta_3 > 0$；$\omega > 0$。

对 V 求导：

$$\begin{aligned}
\dot{V} &= \eta_1 r \dot{r} + \eta_2 q \dot{q} + \dot{P} + \eta_3 \tilde{d} \dot{\tilde{d}} \\
&= \eta_1 r \left[(ak_1 - k_2)\dot{q} + bk_1 q - k_1 kr - k_1 \tilde{d}(t) - k_1 \left(\hat{d}(t) - \hat{d}(t-\tau) \right) \right] \\
&\quad + \eta_2 q \dot{q} + \omega \tau v^2 - \omega \int_{t-\tau}^{t} v^2(\theta) \mathrm{d}\theta - K \eta_3 \tilde{d}^2 \\
&\leq -\eta_1 k_1 k r^2 + \eta_1 r \left((ak_1 - k_2)\dot{q} + bk_1 q - k_1 \tilde{d} \right) - \eta_1 k_1 r \left(\hat{d}(t) - \hat{d}(t-\tau) \right) \\
&\quad + \eta_2 q \dot{q} + \omega \tau v^2 - \omega \int_{t-\tau}^{t} v^2(\theta) \mathrm{d}\theta - K \eta_3 \tilde{d}^2 \\
&= -\eta_1 k_1 k r^2 + \eta_1 \left(-k_1(\dot{q} + e_z) - k_2 q \right) \left((ak_1 - k_2)\dot{q} + bk_1 q - k_1 \tilde{d} \right) \\
&\quad + \eta_2 q \dot{q} + \omega \tau v^2 - \omega \int_{t-\tau}^{t} v^2(\theta) \mathrm{d}\theta - K \eta_3 \tilde{d}^2 - \eta_1 k_1 r \left(\hat{d}(t) - \hat{d}(t-\tau) \right)
\end{aligned}$$

其中

$$\begin{aligned}
&\eta_1 \left(-k_1(\dot{q} + e_z) - k_2 q \right) \left((ak_1 - k_2)\dot{q} + bk_1 q - k_1 \tilde{d} \right) \\
&= -\eta_1 k_1 (ak_1 - k_2) \dot{q}^2 - \left[\eta_1 k_2 (ak_1 - k_2) + \eta_1 b k_1^2 \right] \dot{q} q - \eta_1 k_1 (ak_1 - k_2) \dot{q} e_z + \eta_1 k_1^2 \dot{q} \tilde{d} \\
&\quad - \eta_1 b k_1 k_2 q^2 - \eta_1 b k_1^2 q e_z + \eta_1 k_1 k_2 q \tilde{d} \\
&\quad + \eta_1 k_1^2 e_z \tilde{d}
\end{aligned}$$

根据 Cauchy-Schwartz 不等式：

$$e_z^2 \leq \tau \int_{t-\tau}^{t} v^2(\theta) \mathrm{d}\theta \tag{18.21}$$

则

$$-\omega \int_{t-\tau}^{t} v^2(\theta) \mathrm{d}\theta \leq -\frac{\omega}{\tau} e_z^2 \tag{18.22}$$

$$\begin{aligned}
\dot{V} &\leq -\eta_1 k_1 k r^2 - \eta_1 k_1 (ak_1 - k_2) \dot{q}^2 - \left[\eta_1 k_2 (ak_1 - k_2) + \eta_1 b k_1^2 \right] \dot{q} q - \eta_1 k_1 (ak_1 - k_2) \dot{q} e_z + \eta_1 k_1^2 \dot{q} \tilde{d} \\
&\quad - \eta_1 b k_1 k_2 q^2 - \eta_1 b k_1^2 q e_z + \eta_1 k_1 k_2 q \tilde{d} + \eta_1 k_1^2 e_z \tilde{d} \\
&\quad + \eta_2 q \dot{q} + \omega \tau v^2 - \omega \int_{t-\tau}^{t} v^2(\theta) \mathrm{d}\theta - K \eta_3 \tilde{d}^2 - \eta_1 k_1 r \left(\hat{d}(t) - \hat{d}(t-\tau) \right) \\
&\leq -\eta_1 k_1 k r^2 - \eta_1 k_1 (ak_1 - k_2) \dot{q}^2 - \left[\eta_1 k_2 (ak_1 - k_2) + \eta_1 b k_1^2 \right] \dot{q} q - \eta_1 k_1 (ak_1 - k_2) \dot{q} e_z + \eta_1 k_1^2 \dot{q} \tilde{d} \\
&\quad - \eta_1 b k_1 k_2 q^2 - \eta_1 b k_1^2 q e_z + \eta_1 k_1 k_2 q \tilde{d} + \eta_1 k_1^2 e_z \tilde{d} \\
&\quad + \eta_2 q \dot{q} + \omega \tau v^2 - \frac{\omega}{\tau} e_z^2 - K \eta_3 \tilde{d}^2 - \eta_1 k_1 r \left(\hat{d}(t) - \hat{d}(t-\tau) \right)
\end{aligned}$$

由于 $\omega \tau v^2 = \omega \tau k^2 r^2$，则

$$\begin{aligned}
\dot{V} \leqslant & -\eta_1 k_1 k r^2 - \eta_1 k_1 (ak_1-k_2)\dot{q}^2 - \left[\eta_1 k_2(ak_1-k_2)+\eta_1 b k_1^2\right]\dot{q}q - \eta_1 k_1(ak_1-k_2)\dot{q}e_z + \eta_1 k_1^2 \dot{q}\tilde{d} \\
& -\eta_1 b k_1 k_2 q^2 - \eta_1 b k_1^2 q e_z + \eta_1 k_1 k_2 q\tilde{d} + \eta_1 k_1^2 e_z \tilde{d} \\
& + \eta_2 q\dot{q} + \omega\tau k^2 r^2 - \frac{\omega}{\tau}e_z^2 - K\eta_3 \tilde{d}^2 - \eta_1 k_1 r\left(\hat{d}(t)-\hat{d}(t-\tau)\right) \\
= & \left(\omega\tau k^2 - \eta_1 k_1 k\right)r^2 \\
& -\eta_1 k_1(ak_1-k_2)\dot{q}^2 - \left[\eta_1 k_2(ak_1-k_2)+\eta_1 b k_1^2+\eta_2\right]\dot{q}q - \eta_1 k_1(ak_1-k_2)\dot{q}e_z + \eta_1 k_1^2 \dot{q}\tilde{d} \\
& -\eta_1 b k_1 k_2 q^2 - \eta_1 b k_1^2 q e_z + \eta_1 k_1 k_2 q\tilde{d} \\
& -\frac{\omega}{\tau}e_z^2 + \eta_1 k_1^2 e_z \tilde{d} \\
& -K\eta_3 \tilde{d}^2 - \eta_1 k_1 r\left(\hat{d}(t)-\hat{d}(t-\tau)\right)
\end{aligned}$$

则

$$\dot{V} \leqslant \boldsymbol{\beta}^\mathrm{T}\boldsymbol{W}\boldsymbol{\beta} - \eta_1 k_1 r\left(\hat{d}(t)-\hat{d}(t-\tau)\right)$$

$$\boldsymbol{\beta} = \begin{bmatrix} r & \dot{q} & q & e_z & \tilde{d} \end{bmatrix}^\mathrm{T}$$

$$\boldsymbol{W} = \begin{bmatrix}
\omega\tau k^2 - \eta_1 k_1 k & 0 & 0 & 0 & 0 \\
0 & -\eta_1 k_1(ak_1-k_2) & -\left[\eta_1 k_2(ak_1-k_2)+\eta_1 b k_1^2-\eta_2\right] & -\eta_1 k_1(ak_1-k_2) & \eta_1 k_1^2 \\
0 & 0 & -\eta_1 b k_1 k_2 & -\eta_1 b k_1^2 & \eta_1 k_1 k_2 \\
0 & 0 & 0 & -\dfrac{\omega}{\tau} & \eta_1 k_1^2 \\
0 & 0 & 0 & 0 & -K\eta_3
\end{bmatrix} \quad (18.23)$$

若存在 $\eta_1,\eta_2,\eta_3>0$，$\omega>0$，$K>0$，k_1、k_2、k 使得 $\boldsymbol{W}$ 负定，则可实现有界收敛。由于 $t\to\infty$ 时，$\tilde{d}\to 0$ 且指数收敛，如果扰动为常值或慢时变，则 $d(t)-d(t-\tau)\approx 0$，从而 $\hat{d}(t)-\hat{d}(t-\tau)\approx 0$，则

$$\dot{V} \leqslant \boldsymbol{\beta}^\mathrm{T}\boldsymbol{W}\boldsymbol{\beta} - \eta_1 k_1 r\left(\hat{d}(t)-\hat{d}(t-\tau)\right) = \boldsymbol{\beta}^\mathrm{T}\boldsymbol{W}\boldsymbol{\beta} \leqslant 0$$

由于 $V\geqslant 0$，根据 $\dot{V}\leqslant 0$，则 V 有界。根据 $\dot{V}\leqslant\boldsymbol{\beta}^\mathrm{T}\boldsymbol{W}\boldsymbol{\beta}\leqslant 0$，如果 $\boldsymbol{W}$ 负定，当 $\dot{V}\equiv 0$ 时，$\boldsymbol{\beta}=0$，根据 LaSSale 不变引理，当 $t\to\infty$ 时，$\boldsymbol{\beta}=\begin{bmatrix}\tanh r & \dot{q} & q & e_z & \tilde{d}\end{bmatrix}^\mathrm{T}\to 0$。

针对本问题，在参数满足一定约束范围条件，采用 fmincon 函数进行优化求解，取 $\boldsymbol{W}$ 的最大特征值作为优化指标，从而得到满足 $\boldsymbol{W}$ 特征值均为负的 η_1、η_2、η_3、ω、K、k_1、k_2、k。

18.3.3 仿真实例

针对模型式（18.15），取 $a=1.2$，$b=1.0$，$\tau=3$，$d=3+0.01\sin(0.1t)$。被控对象初值取 $[1\ 0]$，观测器采用式（18.18），初始值取 $\hat{d}(0)=0$。控制器式（18.20）中的参数 η_1、η_2、η_3、ω 和 K 约束取 $[0\ 10]$，k_1、k_2 和 k 约束取 $[0\ 1]$，采用 fmincon 函数按满足参数约束范围及 $\boldsymbol{W}$ 为负定来进行优化求解，可得 $[\eta_1\ \eta_2\ \eta_3\ \omega\ K\ k_1\ k_2\ k]=[\ 7.4818\ \ 4.0337\ \ 10.0000\ \ 4.0337\ \ 7.4818\ \ 0.4252\ \ 0.5928\ \ 0.4252]$，从而可得 $k=0.4252$。

此时 W 特征值的最大值为-3.3333，满足 W 负定。采用控制律式（18.20），仿真结果如图 18-8～图 18-10 所示。

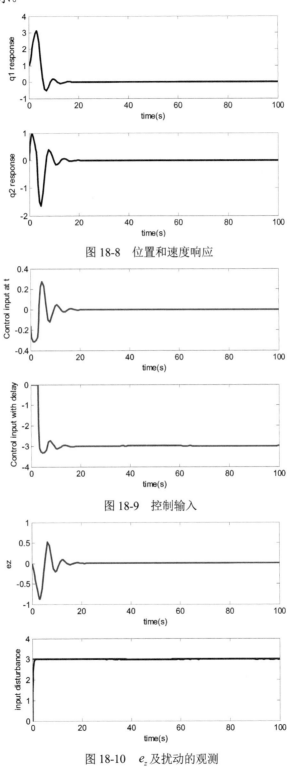

图 18-8　位置和速度响应

图 18-9　控制输入

图 18-10　e_z 及扰动的观测

〖仿真程序〗

(1) Fmincon 求解程序

① 主程序：chap18_3main.m。

```
clear all;
close all;

a = 1.2;
b = 1;
tau = 3;

%初始值 xite1,xite2,xite3,w,K,k1,k2,k
k0 = [0 0 0 0 0 0 0 0];
%三个参数的范围，分别的最小值和最大值
k_min = [0 0 0 0 0 0 0 0];
k_max = [10 10 10 10 10 1 1 1];

p = [a,b,tau];
kk = fmincon(@(k)chap18_2func(p,k),k0,[],[],[],[],k_min,k_max)
chap18_2func(p,kk)

save delay_file3 kk;
```

② 子程序：chap18_3func.m。

```
function eig_max = max_eig_new(p1,x);
a = p1(1);
b = p1(2);
tau = p1(3);

xite1 = x(1);
xite2 = x(2);
xite3= x(3);
w = x(4);      %k4
K = x(5);      %k5

k1 = x(6);
k2 = x(7);
k = x(8);

W1 = [w*tau*k^2-xite1*k1*k 0 0 0 0];
W2 = [0 -xite1*k1*(a*k1-k2) -xite1*k2*(a*k1-k2)-xite1*b*k1^2+xite2 -xite1*k1*(a*k1-k2) xite1*k1^2];
W3 = [0 0 -xite1*b*k1*k2 -xite1*b*k1^2 xite1*k1*k2];
W4 = [0 0 0 -w/tau xite1*k1^2];
W5 = [0 0 0 0 -K*xite3];
W = [W1;W2;W3;W4;W5];

eig_value = eig(W);
eig_max = max(real(eig_value));

end
```

(2)控制系统仿真程序
① Simulink 主程序：chap18_3sim.mdl。

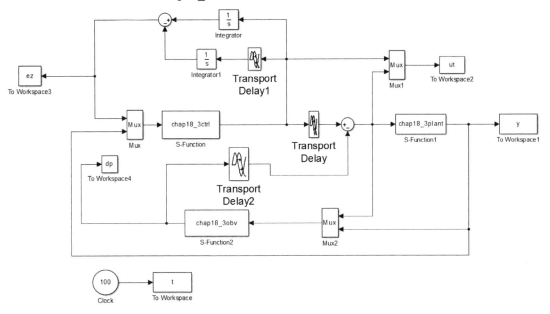

② 控制器 S 函数程序：chap18_3ctrl.m。

```
function [sys,x0,str,ts] = spacemodel(t,x,u,flag)
switch flag,
case 0,
    [sys,x0,str,ts]=mdlInitializeSizes;
case 1,
    sys=mdlDerivatives(t,x,u);
case 3,
    sys=mdlOutputs(t,x,u);
case {2,4,9}
    sys=[];
otherwise
    error(['Unhandled flag = ',num2str(flag)]);
end
function [sys,x0,str,ts]=mdlInitializeSizes
sizes = simsizes;
sizes.NumContStates  = 0;
sizes.NumDiscStates  = 0;
sizes.NumOutputs     = 1;
sizes.NumInputs      = 4;
sizes.DirFeedthrough = 1;
sizes.NumSampleTimes = 1;
sys = simsizes(sizes);
x0  = [];
str = [];
ts  = [0 0];
function sys=mdlOutputs(t,x,u)
persistent kk
```

```
ez=u(1);
q=u(2);
dq=u(3);

if t==0
    load delay_file3;
end

k1=kk(6);
k2=kk(7);
k=kk(8);

r=-k1*(dq+ez)-k2*q;
namna=0;
vt=k*tanh(r)+namna*sign(r);
%ut=vt-dp;
sys(1)=vt;
```

③ 观测器 S 函数程序：chap18_3obv.m。

```
function [sys,x0,str,ts]=s_function(t,x,u,flag)
switch flag,
case 0,
    [sys,x0,str,ts]=mdlInitializeSizes;
case 1,
    sys=mdlDerivatives(t,x,u);
case 3,
    sys=mdlOutputs(t,x,u);
case {2, 4, 9 }
    sys = [];
otherwise
    error(['Unhandled flag = ',num2str(flag)]);
end
function [sys,x0,str,ts]=mdlInitializeSizes
sizes = simsizes;
sizes.NumContStates  = 1;
sizes.NumDiscStates  = 0;
sizes.NumOutputs     = 1;
sizes.NumInputs      = 4;
sizes.DirFeedthrough = 1;
sizes.NumSampleTimes = 0;
sys=simsizes(sizes);
x0=[0];
str=[];
ts=[];
function sys=mdlDerivatives(t,x,u)
persistent kk
if t==0
    load delay_file3;
end
K=kk(5);
```

```
a=1.2;b=1.0;
u_tol=u(1);
q=u(2);
dq=u(3);

z=x(1);
dp=z+K*dq;

sys(1)=K*(a*dq+b*q-u_tol)-K*dp;
function sys=mdlOutputs(t,x,u)
persistent kk
if t==0
    load delay_file3;
end
K=kk(5);

u_tol=u(1);
q=u(2);
dq=u(3);

z=x(1);
dp=z+K*dq;

sys(1)=dp;
```

④ 被控对象 S 函数程序：chap18_3plant.m。

```
function [sys,x0,str,ts]=s_function(t,x,u,flag)
switch flag,
case 0,
    [sys,x0,str,ts]=mdlInitializeSizes;
case 1,
    sys=mdlDerivatives(t,x,u);
case 3,
    sys=mdlOutputs(t,x,u);
case {2, 4, 9 }
    sys = [];
otherwise
    error(['Unhandled flag = ',num2str(flag)]);
end
function [sys,x0,str,ts]=mdlInitializeSizes
sizes = simsizes;
sizes.NumContStates  = 2;
sizes.NumDiscStates  = 0;
sizes.NumOutputs     = 3;
sizes.NumInputs      = 1;
sizes.DirFeedthrough = 0;
sizes.NumSampleTimes = 0;
sys=simsizes(sizes);
x0=[1.0 0];
str=[];
ts=[];
```

```
function sys=mdlDerivatives(t,x,u)
a = 1.2;
b = 1.0;
u_tol=u(1);

dt=3+0.01*sin(0.1*t);
sys(1)=x(2);
sys(2)=-a*x(2)-b*x(1)+u_tol+dt;
function sys=mdlOutputs(t,x,u)
dt=3+0.01*sin(0.1*t);
sys(1)=x(1);
sys(2)=x(2);
sys(3)=dt;
```

⑤ 作图程序：chap18_3plot.m。

```
close all;

figure(1);
subplot(211);
plot(t,y(:,1),'k','linewidth',2);
xlabel('time(s)');ylabel('q1 response');
subplot(212);
plot(t,y(:,2),'k','linewidth',2);
xlabel('time(s)');ylabel('q2 response');

figure(2);
subplot(211);
plot(t,ut(:,1),'r','linewidth',2);
xlabel('time(s)');ylabel('Control input at t');
subplot(212);
plot(t,ut(:,2),'r','linewidth',2);
xlabel('time(s)');ylabel('Control input with delay');

figure(3);
subplot(211);
plot(t,ez(:,1),'r','linewidth',2);
xlabel('time(s)');ylabel('ez');
subplot(212);
plot(t,y(:,3),'r',t,dp(:,1),'b','linewidth',2);
xlabel('time(s)');ylabel('input disturbance');
```

18.4 基于状态观测器的控制输入延迟控制

18.4.1 系统描述

考虑具有控制输入延迟的系统如下：

$$\ddot{q} + a\dot{q} + bq = u(t-\tau) \tag{18.24}$$

式中，τ 为延迟时间常数，$\tau > 0$。

考虑具有控制输入延迟的系统模型如下：

$$\dot{q} = Aq + Bu(t-\tau)$$
$$y = Cq \qquad (18.25)$$

式中，$q = \begin{bmatrix} q_1 & q_2 \end{bmatrix}^{\mathrm{T}}$；$\tau$ 为时间延迟常数，$\tau > 0$；$A = \begin{bmatrix} 0 & 1 \\ -b & -a \end{bmatrix}$；$B = \begin{bmatrix} 0 & 1 \end{bmatrix}^{\mathrm{T}}$；$C = \begin{bmatrix} 1 & 0 \end{bmatrix}$。

控制目标：当 $t \to \infty$ 时，$q \to 0$。

18.4.2 控制器设计与分析

为了实现无需速度的控制，设计状态观测器为

$$\dot{z} = Az + Bu(t-\tau) + L(y - z_1) \qquad (18.26)$$

式中，$z = \begin{bmatrix} z_1 & z_2 \end{bmatrix}^{\mathrm{T}}$；$L = \begin{bmatrix} l_1 & l_2 \end{bmatrix}^{\mathrm{T}}$。

令 $e = q - z$，则

$$\dot{z} = Az + Bu(t-\tau) + LCe$$
$$\dot{e} = Ae - LCe = (A - LC)e = A_L e$$

按负定设计 A_L，便可以实现 $t \to \infty$ 时，$e \to 0$。

定义辅助变量为 PD+延迟补偿的形式：

$$r = -K^{\mathrm{T}}(z + Be_z) \qquad (18.27)$$

式中，$K = \begin{bmatrix} k_1 & k_2 \end{bmatrix}^{\mathrm{T}}$；$k_i > 0$，$i = 1, 2$；$e_z$ 为延迟补偿项。

$$e_z = \int_{t-\tau}^{t} u(\theta) \mathrm{d}\theta \qquad (18.28)$$

设计控制律为

$$u(t) = kr \qquad (18.29)$$

式中，$k > 0$。则

$$\dot{r} = -K^{\mathrm{T}}(\dot{z} + B\dot{e}_z)$$
$$= -K^{\mathrm{T}}\left[Az + Bu(t-\tau) + LCe + Bu(t) - Bu(t-\tau)\right]$$
$$= -K^{\mathrm{T}}\left[Az + LCe + Bu(t)\right]$$
$$= -K^{\mathrm{T}}\left[Az + LCe + Bkr\right]$$

设计 Lyapunov 函数为

$$V = \frac{1}{2}\eta r^2 + \frac{1}{2}e^{\mathrm{T}} Re + P$$

式中，$P = \omega \int_{t-\tau}^{t} \left(\int_{s}^{t} u^2(\theta) \mathrm{d}\theta \right) \mathrm{d}s$；$\eta > 0$；$R > 0$；$\omega > 0$。

根据 Leibniz 积分法则（见附录 A）对 P 求导得

$$\dot{P} = \omega \tau u^2 - \omega \int_{t-\tau}^{t} u^2(\theta) \mathrm{d}\theta$$

则

$$\begin{aligned}
\dot V &= \eta r\dot r + \boldsymbol{e}^{\mathrm T}\boldsymbol{R}\dot{\boldsymbol{e}} + \dot P \\
&= -\eta r\boldsymbol{K}^{\mathrm T}\left(\boldsymbol{Az}+\boldsymbol{LCe}+\boldsymbol{B}kr\right)+\boldsymbol{e}^{\mathrm T}\boldsymbol{RA}_{\mathrm L}\boldsymbol{e} \\
&\quad +\omega\tau u^2 - \omega\int_{t-\tau}^{t} u^2(\theta)\mathrm d\theta \\
&= -\eta \boldsymbol{K}^{\mathrm T}\boldsymbol{B}kr^2 - \eta r\boldsymbol{K}^{\mathrm T}\left(\boldsymbol{Az}+\boldsymbol{LCe}\right)+\boldsymbol{e}^{\mathrm T}\boldsymbol{RA}_{\mathrm L}\boldsymbol{e} \\
&\quad +\omega\tau u^2 - \omega\int_{t-\tau}^{t} u^2(\theta)\mathrm d\theta
\end{aligned}$$

根据 Cauchy-Schwartz 不等式：

$$e_z^2 \leqslant \tau\int_{t-\tau}^{t} u^2(\theta)\mathrm d\theta$$

则

$$-\omega\int_{t-\tau}^{t} u^2(\theta)\mathrm d\theta \leqslant -\frac{\omega}{\tau}e_z^2$$

将以上几式代入，则

$$\begin{aligned}
\dot V &\leqslant -\eta k\boldsymbol{K}^{\mathrm T}\boldsymbol{B}r^2 - \eta r\boldsymbol{K}^{\mathrm T}\left(\boldsymbol{Az}+\boldsymbol{LCe}\right)+\boldsymbol{e}^{\mathrm T}\boldsymbol{RA}_{\mathrm L}\boldsymbol{e} \\
&\quad +\omega\tau k^2 r^2 - \frac{\omega}{\tau}e_z^2 \\
&= \left(\omega\tau k^2 - \eta k\boldsymbol{K}^{\mathrm T}\boldsymbol{B}\right)r^2 - \eta\left[-\boldsymbol{K}^{\mathrm T}(\boldsymbol{z}+\boldsymbol{B}e_z)\right]\boldsymbol{K}^{\mathrm T}\left(\boldsymbol{Az}+\boldsymbol{LCe}\right) \\
&\quad +\boldsymbol{e}^{\mathrm T}\boldsymbol{RA}_{\mathrm L}\boldsymbol{e} - \frac{\omega}{\tau}e_z^2 \\
&= \left(\omega\tau k^2 - \eta k\boldsymbol{K}^{\mathrm T}\boldsymbol{B}\right)r^2 + \eta(\boldsymbol{z}+\boldsymbol{B}e_z)^{\mathrm T}\boldsymbol{KK}^{\mathrm T}\left(\boldsymbol{Az}+\boldsymbol{LCe}\right) \\
&\quad +\boldsymbol{e}^{\mathrm T}\boldsymbol{RA}_{\mathrm L}\boldsymbol{e} - \frac{\omega}{\tau}e_z^2 \\
&= \left(\omega\tau k^2 - \eta k\boldsymbol{K}^{\mathrm T}\boldsymbol{B}\right)r^2 + \eta \boldsymbol{z}^{\mathrm T}\boldsymbol{KK}^{\mathrm T}\boldsymbol{Az} + \eta \boldsymbol{z}^{\mathrm T}\boldsymbol{KK}^{\mathrm T}\boldsymbol{LCe} \\
&\quad + \eta e_z \boldsymbol{B}^{\mathrm T}\boldsymbol{KK}^{\mathrm T}\boldsymbol{Az} + \eta e_z \boldsymbol{B}^{\mathrm T}\boldsymbol{KK}^{\mathrm T}\boldsymbol{LCe} + \boldsymbol{e}^{\mathrm T}\boldsymbol{RA}_{\mathrm L}\boldsymbol{e} - \frac{\omega}{\tau}e_z^2
\end{aligned}$$

由于

$$\eta e_z \boldsymbol{B}^{\mathrm T}\boldsymbol{KK}^{\mathrm T}\boldsymbol{Az} = \eta \boldsymbol{z}^{\mathrm T}\boldsymbol{A}^{\mathrm T}\boldsymbol{KK}^{\mathrm T}\boldsymbol{B}e_z$$

$$\eta e_z \boldsymbol{B}^{\mathrm T}\boldsymbol{KK}^{\mathrm T}\boldsymbol{LCe} = \eta \boldsymbol{e}^{\mathrm T}\boldsymbol{C}^{\mathrm T}\boldsymbol{L}^{\mathrm T}\boldsymbol{KK}^{\mathrm T}\boldsymbol{B}e_z$$

则

$$\begin{aligned}
\dot V &\leqslant \left(\omega\tau k^2 - \eta k\boldsymbol{K}^{\mathrm T}\boldsymbol{B}\right)r^2 + \eta \boldsymbol{z}^{\mathrm T}\boldsymbol{KK}^{\mathrm T}\boldsymbol{Az} + \eta \boldsymbol{z}^{\mathrm T}\boldsymbol{KK}^{\mathrm T}\boldsymbol{LCe} \\
&\quad + \eta \boldsymbol{z}^{\mathrm T}\boldsymbol{A}^{\mathrm T}\boldsymbol{KK}^{\mathrm T}\boldsymbol{B}e_z + \eta \boldsymbol{e}^{\mathrm T}\boldsymbol{C}^{\mathrm T}\boldsymbol{L}^{\mathrm T}\boldsymbol{KK}^{\mathrm T}\boldsymbol{B}e_z + \boldsymbol{e}^{\mathrm T}\boldsymbol{RA}_{\mathrm L}\boldsymbol{e} - \frac{\omega}{\tau}e_z^2
\end{aligned}$$

从而

$$\dot V \leqslant \boldsymbol{\beta}^{\mathrm T}\boldsymbol{W}\boldsymbol{\beta}$$

$$\boldsymbol{\beta} = \begin{bmatrix} r & \boldsymbol{z}^{\mathrm T} & \boldsymbol{e}^{\mathrm T} & e_z \end{bmatrix}^{\mathrm T}$$

$$W = \begin{bmatrix} \omega\tau k^2 - \eta k K^T B & 0 & 0 & 0 \\ 0 & \eta KK^T A & \eta KK^T LC & \eta A^T KK^T B \\ 0 & 0 & RA_L & \eta C^T L^T KK^T B \\ 0 & 0 & 0 & -\dfrac{\omega}{\tau} \end{bmatrix} \qquad (18.30)$$

若存在 $\eta > 0$、$\omega > 0$、$K > 0$，R 正定，$k > 0$ 使得 W 负定，则存在 $\kappa > 0$，使 $\dot{V} \leqslant -\kappa\|\beta\|^2$。根据 Lyapunov-Krasovski 稳定性定理得，z 和 e 都为渐进稳定，则状态变量 $q = z + e$ 全局一致渐进稳定。

由 W 的表达式可见，参数 η、ω、R、K 和 k 的选取会影响系统的收敛性。

18.4.3 仿真实例

针对模型式（18.24），取 $a = 1.2$，$b = 0.1$，$\tau = 3.0$，被控对象初值取[1 0]。采用 Fmincon 进行优化，参数[η、R_{11}、R_{12}、R_{21}、R_{22}、ω、l_1、l_2、k_1、k_2、k]的约束都取[0 10]，采用 fmincon 函数按满足参数约束范围及式（18.30）中的 W 为负定来进行优化求解，可得满足 W 负定的一组参数为[η R_{11} R_{12} R_{21} R_{22} ω l_1 l_2 k_1 k_2 k]= [7.8142 4.5616 4.5616 10.0000 4.5616 7.8142 0.5459 0.5038 0.5049 0.5049 0.5049]，此时 W 特征值的最大值为-3.3333。从而可得 $k = 0.5049$，采用控制律式（18.29）。仿真时，为了提高积分求解的精度，Simulink 环境下的参数取 Relative tolerance = 0.000001，Absolute tolerance = 0.000001。仿真结果如图 18-11~图 18-13 所示。

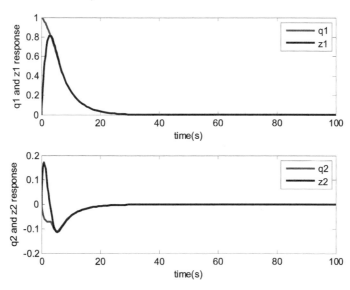

图 18-11　位置和速度响应

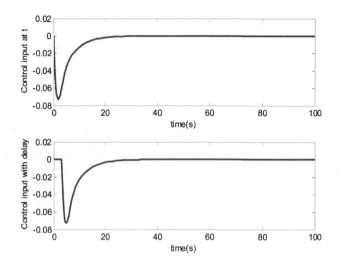

图 18-12　控制输入

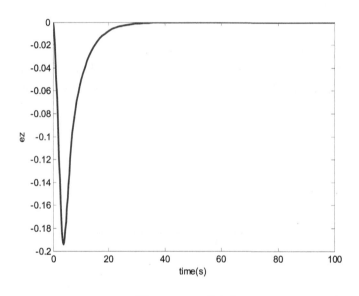

图 18-13　e_z 的变化

〖仿真程序〗

（1）Fmincon 求解程序

① 主程序：chap18_4main.m。

```
clear all;
close all;

a = 1.2;
b = 0.1;
tau = 3.0;
%初始值 xite,R11,R12,R21,R22,w,L1,L2,k1,k2,k
x0 = zeros(11,1);
```

```
%三个参数的范围，分别的最小值和最大值
x_min = zeros(11,1);
x_max = 10*ones(11,1);
x_max(end-4:end) = ones(5,1);

p = [a,b,tau];
kk = fmincon(@(x)chap18_3func(p,x),x0,[],[],[],[],x_min,x_max)
chap18_3func(p,kk)

save delay_file4 kk;
```

② 子程序：chap18_4func.m。

```
function eig_max = max_eig_new》(p1,x);
a = p1(1);
b = p1(2);
tau = p1(3);

A = [0 1;-b -a];
B = [0;1];
C = [1 0];

xite = x(1);
R = [x(2) x(3);x(4) x(5)];
w = x(6);
L = [x(7);x(8)];
K = [x(9);x(10)];
k = x(11);
AL = A-L*C;
ei_AL = eig(AL);

W0_2_2 = zeros(2,2);
W0_2_1 = zeros(2,1);
W0_1_2 = zeros(1,2);

W1 = [w*tau*k^2-xite*k*K'*B W0_1_2 W0_1_2 0];
W2 = [W0_2_1 xite*K*K'*A xite*K*K'*L*C xite*A'*K*K'*B];
W3 = [W0_2_1 W0_2_2 R*AL xite*C'*L'*K*K'*B];
W4 = [0 W0_1_2 W0_1_2 -w/tau];

W = [W1;W2;W3;W4];

eig_value = eig(W);
eig_max = max(real(eig_value));
end
```

（2）控制系统仿真程序

① Simulink 主程序：chap18_4sim.mdl。

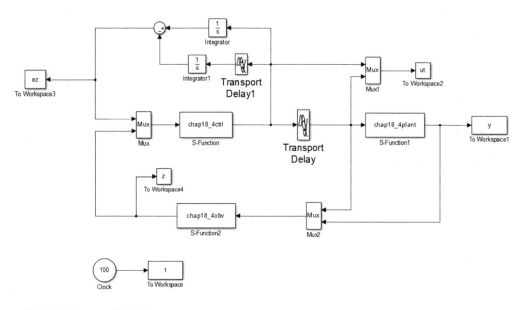

② 控制器 S 函数程序：chap18_4ctrl.m。

```
function [sys,x0,str,ts] = spacemodel(t,x,u,flag)
switch flag,
case 0,
    [sys,x0,str,ts]=mdlInitializeSizes;
case 1,
    sys=mdlDerivatives(t,x,u);
case 3,
    sys=mdlOutputs(t,x,u);
case {2,4,9}
    sys=[];
otherwise
    error(['Unhandled flag = ',num2str(flag)]);
end
function [sys,x0,str,ts]=mdlInitializeSizes
sizes = simsizes;
sizes.NumContStates  = 0;
sizes.NumDiscStates  = 0;
sizes.NumOutputs     = 1;
sizes.NumInputs      = 3;
sizes.DirFeedthrough = 1;
sizes.NumSampleTimes = 1;
sys = simsizes(sizes);
x0  = [];
str = [];
ts  = [0 0];
function sys=mdlOutputs(t,x,u)
persistent kk
ez = u(1);
z = [u(2);u(3)];

if t==0
```

```
        load delay_file4;
end
B = [0;1];
K = [kk(9); kk(10)];
k = kk(11);

r = -K'* (z + B*ez);
ut = k*r;

sys(1)=ut;
```

③ 观测器 S 函数程序：chap18_4obv.m。

```
function [sys,x0,str,ts]=s_function(t,x,u,flag)
switch flag,
case 0,
    [sys,x0,str,ts]=mdlInitializeSizes;
case 1,
    sys=mdlDerivatives(t,x,u);
case 3,
    sys=mdlOutputs(t,x,u);
case {2, 4, 9 }
    sys = [];
otherwise
    error(['Unhandled flag = ',num2str(flag)]);
end
function [sys,x0,str,ts]=mdlInitializeSizes
sizes = simsizes;
sizes.NumContStates  = 2;
sizes.NumDiscStates  = 0;
sizes.NumOutputs     = 2;
sizes.NumInputs      = 3;
sizes.DirFeedthrough = 1;
sizes.NumSampleTimes = 0;
sys=simsizes(sizes);
x0=[0 0];
str=[];
ts=[];
function sys=mdlDerivatives(t,x,u)
persistent kk
if t == 0
    load delay_file4;
end
L = [kk(7);kk(8)];

a = 1.2;
b = 0.1;
A = [0 1;-b -a];

B = [0;1];
C = [1 0];
```

```
z = [x(1);x(2)];
u_tol = u(1);
q = [u(2);u(3)];

e = q - z;

dz = A*z + B*u_tol + L*C*e;
sys(1) = dz(1);
sys(2) = dz(2);
function sys=mdlOutputs(t,x,u)

sys(1) = x(1);
sys(2) = x(2);
```

④ 被控对象 S 函数程序：chap18_4plant.m。

```
function [sys,x0,str,ts]=s_function(t,x,u,flag)
switch flag,
case 0,
     [sys,x0,str,ts]=mdlInitializeSizes;
case 1,
     sys=mdlDerivatives(t,x,u);
case 3,
     sys=mdlOutputs(t,x,u);
case {2, 4, 9 }
     sys = [];
otherwise
     error(['Unhandled flag = ',num2str(flag)]);
end
function [sys,x0,str,ts]=mdlInitializeSizes
sizes = simsizes;
sizes.NumContStates  = 2;
sizes.NumDiscStates  = 0;
sizes.NumOutputs     = 2;
sizes.NumInputs      = 1;
sizes.DirFeedthrough = 0;
sizes.NumSampleTimes = 0;
sys=simsizes(sizes);
x0=[1.0 0];
str=[];
ts=[];
function sys=mdlDerivatives(t,x,u)
a = 1.2;
b = 0.1;
u_tol=u(1);

sys(1)=x(2);
sys(2)=-a*x(2)-b*x(1)+u_tol;
function sys=mdlOutputs(t,x,u)
sys(1)=x(1);
sys(2)=x(2);
```

⑤ 作图程序：chap18_4plot.m。

```
close all;

figure(1);
subplot(211);
plot(t,y(:,1),'r',t,z(:,1),'b','linewidth',2);
xlabel('time(s)');ylabel('q1 and z1 response');
legend('q1','z1');
subplot(212);
plot(t,y(:,2),'r',t,z(:,2),'b','linewidth',2);
xlabel('time(s)');ylabel('q2 and z2 response');
legend('q2','z2');

figure(2);
subplot(211);
plot(t,y(:,1)-z(:,1),'b','linewidth',2);
xlabel('time(s)');ylabel('error between q1 and z1 response');
subplot(212);
plot(t,y(:,2)-z(:,2),'b','linewidth',2);
xlabel('time(s)');ylabel('error between q2 and z2 response');

figure(3);
subplot(211);
plot(t,ut(:,1),'r','linewidth',2);
xlabel('time(s)');ylabel('Control input at t');
subplot(212);
plot(t,ut(:,2),'r','linewidth',2);
xlabel('time(s)');ylabel('Control input with delay');

figure(4);
plot(t,ez(:,1),'r','linewidth',2);
xlabel('time(s)');ylabel('ez');
```

参 考 文 献

[1] XING L, WEN C, LIU Z, et al. Event-triggered adaptive control for a class of uncertain nonlinear systems[J]. IEEE Transactions on Automatic Control, 2017, 62(4):2071-2076.

[2] POLYCARPOUM M, IOANNOU P A. A robust adaptive nonlinear control design[J]. Automatica, 1996, 32(3):423-427.

附录 A

针对如下含有参变数积分限的积分

$$\psi(u) = \int_{p(u)}^{q(u)} f(x,u) \mathrm{d}x \tag{A.1}$$

根据文献[1]有如下引理：

引理 如果函数 f 和 $\dfrac{\partial f}{\partial u}$ 都在闭矩形 $I = [a,b] \times [\alpha,\beta]$ 上连续，函数 $p(u)$、$q(u)$ 都在 $[\alpha,\beta]$ 上可微，而且当 $\alpha \leqslant u \leqslant \beta$ 时，$a \leqslant p(u) \leqslant b$，$a \leqslant q(u) \leqslant b$，那么由（A.1）确定的函数 ψ 在 $[\alpha,\beta]$ 上可微，而且

$$\psi'(u) = \int_{p(u)}^{q(u)} \frac{\partial f(x,u)}{\partial u} \mathrm{d}x + f(q(u),u)q'(u) - f(p(u),u)p'(u) \tag{A.2}$$

取 $V_2 = \omega \int_{t-\tau}^{t} \left(\int_{s}^{t} u^2(\xi) \mathrm{d}\xi \right) \mathrm{d}s$，令 $A(s) = \int_{s}^{t} u^2(\xi) \mathrm{d}\xi$，则 $V_2 = \omega \int_{t-\tau}^{t} A(s) \mathrm{d}s$

$$\begin{aligned}
\dot{V}_2 &= \omega \int_{t-\tau}^{t} \left[\frac{\partial}{\partial t} A(s) \right] \mathrm{d}s + \omega A(t) \frac{\mathrm{d}}{\mathrm{d}t}(t) - \omega A(t-\tau) \frac{\mathrm{d}}{\mathrm{d}t}(t-\tau) \\
&= \omega \int_{t-\tau}^{t} u^2(t) \mathrm{d}s - \omega \int_{t-\tau}^{t} u^2(\xi) \mathrm{d}\xi + 0 \\
&= \omega \tau u^2(t) - \omega \int_{t-\tau}^{t} u^2(\xi) \mathrm{d}\xi
\end{aligned}$$

式中，$A(t-\tau) \dfrac{\mathrm{d}}{\mathrm{d}t}(t-\tau) = A(t-\tau) = \int_{t-\tau}^{t} u^2(\xi) \mathrm{d}\xi$。

参 考 文 献

[1] 常庚哲，史济怀. 数学分析教程（下册）[M]. 北京：高等教育出版社，2003.

反侵权盗版声明

　　电子工业出版社依法对本作品享有专有出版权。任何未经权利人书面许可，复制、销售或通过信息网络传播本作品的行为；歪曲、篡改、剽窃本作品的行为，均违反《中华人民共和国著作权法》，其行为人应承担相应的民事责任和行政责任，构成犯罪的，将被依法追究刑事责任。

　　为了维护市场秩序，保护权利人的合法权益，我社将依法查处和打击侵权盗版的单位和个人。欢迎社会各界人士积极举报侵权盗版行为，本社将奖励举报有功人员，并保证举报人的信息不被泄露。

举报电话：（010）88254396；（010）88258888
传　　真：（010）88254397
E-mail：　dbqq@phei.com.cn
通信地址：北京市万寿路 173 信箱
　　　　　电子工业出版社总编办公室
邮　　编：100036